重大工程扰动区特大滑坡灾害综合防治理论与技术

吴树仁 宋 军 王 涛等 著

"十二五"国家科技支撑计划课题（编号：2012BAK10B02）资助出版

科学出版社

北 京

内 容 简 介

本书围绕西北黄土城镇建设区、三峡库区和青藏高原交通干线等典型重大工程扰动区的特大滑坡灾害防治的若干关键问题，依托国内外重大工程滑坡空间数据库，在简要分析工程滑坡灾害放大效应基础上，分层次揭示不同类型特大工程滑坡灾害的孕灾背景、形成机理和成灾模式，研究提出重大工程滑坡主动减灾防灾理念及将有效预防、快速治理和主动减轻技术融合一体的综合防治技术体系，初步研发了 4 种快速锚固防治技术装备和工艺流程，构建了特大滑坡灾害综合防治技术信息交流平台及工程滑坡快速防治基地，编制黄土城镇区地质灾害风险评估技术指南，为国家重大工程和山区城镇建设中的特大滑坡灾害综合防治提供理论依据和技术支撑。

本书可供工程滑坡灾害调查、评价、防治与管理的工程技术人员、科研人员以及相关高等院校教师和研究生参考使用。

图书在版编目（CIP）数据

重大工程扰动区特大滑坡灾害综合防治理论与技术／吴树仁等著 . —北京：科学出版社，2018.5

ISBN 978-7-03-057195-3

Ⅰ . ①重… Ⅱ . ①吴… Ⅲ . ①建筑施工–基础（工程）–滑坡–处理
Ⅳ . ①TU753.8

中国版本图书馆 CIP 数据核字（2018）第 083153 号

责任编辑：韦　沁／责任校对：张小霞
责任印制：肖　兴／封面设计：北京东方人华科技有限公司

科学出版社 出版
北京东黄城根北街 16 号
邮政编码：100717
http://www.sciencep.com

北京汇瑞嘉合文化发展有限公司 印刷
科学出版社发行　各地新华书店经销

*

2018 年 5 月第 一 版　开本：787×1092　1/16
2018 年 5 月第一次印刷　印张：26 1/4
字数：622 000

定价：298.00 元
（如有印装质量问题，我社负责调换）

著者名单

吴树仁　宋　军　王　涛　石菊松
钟　建　汪华斌　朱立峰　辛　鹏
张　勇　梁昌玉　张小刚　石胜伟
胡　炜　孙　萍　曹春山　韩金良
石　玲　强　巴　周　博　王全成
程英建　吴　陶

前　　言

近年来，由于我国重大工程规划、大型矿产资源开发和山区城镇建设处于快速发展时期，随着我国重大工程建设不断向西部地质环境脆弱区推进，大量水利电力、铁路、公路、油气管道和城镇基础设施的规划建设遇到了前所未有的工程地质和地质灾害问题。尤其在西南高山峡谷和西北黄土高原区，发展空间有限，使很多城镇规划和工程建设不得不在滑坡易发区选址，如果不采取监测预警、风险评估与管理或工程治理等综合防治措施，会造成巨大的损失，但目前国内外缺少工程扰动区特大滑坡综合防治技术的指南，且快速有效的防治技术方法亟待提高。在此背景下，为了进一步贯彻落实《国家中长期科学和技术发展规划纲要（2006－2020)》和《国务院关于加强地质工作的决定》的精神，加强地质灾害防灾减灾科技工作，2012年，科学技术部启动了"十二五"国家科技支撑计划重点项目"地质灾害监测预警与风险评估技术方法研究（2012BAK10B00)"。

中国地质科学院地质力学研究所牵头组织多家科研院所和高校承担了计划项目课题"重大工程扰动区特大滑坡灾害防治技术研究与示范（2012BAK10B02)"，综合运用野外调查、室内测试、数值及物理模型试验、风险评估等技术手段，重点围绕黄土城镇建设区、三峡库区和川藏公路等典型工程扰动区，开展了工程滑坡的孕灾背景、发育特征、形成演化机制及防治技术研究。跟踪对比国内外典型灾难性工程滑坡，初步建立基于 ArcGIS平台的国内外重大工程滑坡空间数据库；研究提出了"有效预防、快速治理、主动减轻"三位一体的工程滑坡综合防治理念和技术方法体系；初步揭示了宝鸡市区北坡、甘肃黑方台滑坡群及川藏公路102滑坡群的形成机理和失稳模式；研发了4种快速锚固防治技术装备和工艺流程，使重大工程滑坡快速防治关键技术取得显著进展；初步完成三峡库区重大工程滑坡灾害综合防治技术方法的集成和优化；提出川藏公路（318国道）中坝段溜砂型滑坡灾害的综合防治技术；在大型深层滑坡群机理的基础上，提出宝鸡市北坡城镇扰动区重大工程滑坡综合防治技术；研究编写了"黄土城镇建设区滑坡风险评估技术指南"（初稿）；初步建立了宝鸡市和三峡库区奉节县城两处工程滑坡综合防治技术研究示范基地。

本书是课题组多年科研成果的系统总结，以重大工程滑坡综合防治的基础理论、关键技术、集成优化和应用示范为主线逐步展开。其中，前言和第一章由吴树仁、石菊松和王涛著；第二章由王涛、张小刚、张勇、朱立峰、辛鹏等著；第三章由梁昌玉、辛鹏、王涛、石菊松、朱立峰、汪华斌、张小刚等著；第四章由吴树仁、王涛、朱立峰、曹春山、石胜伟、张小刚、程英建等著；第五章由宋军、石胜伟、张勇、吴陶等著；第六章由汪华斌、张小刚、张勇等著；第七章由吴树仁、韩金良、宋军、王涛、朱立峰等著；第八章由吴树仁和王涛著；附录由吴树仁、石菊松、王涛、辛鹏等著；全书由吴树仁、王涛和石菊松统编定稿。由于不同重大工程类型的多样性以及滑坡形成演化与综合防治的复杂性，加之时间仓促、作者研究水平有限，书中难免有错漏和不足之处，殷切希望同行专家和读者给予批评指正。

　　本书依托课题能够顺利完成是多方支持和帮助的结果。课题在实施过程中，自始至终得到科学技术部和国土资源部国际合作与科技司有关领导支持和帮助，特别是国土资源部科技与国际合作司高平副司长、21 世纪议程管理中心张巧显处长、国土资源部地质灾害应急技术指导中心殷跃平总工程师对本项研究给予大力支持；中国地质科学院地质力学研究所领导及相关职能部门对本项研究给予支持和帮助，在此表示衷心感谢。在课题评审与执行过程中，中国科学院陈祖煜院士、中国工程院王思敬院士、中国工程院卢耀如院士等提出了指导性的改进意见，在此特向各位专家表示衷心感谢。共同参与"重大工程扰动区特大滑坡灾害防治技术研究与示范"课题的中国地质环境监测院张永双研究员、中国地质科学院地质力学研究所谭成轩研究员和张春山研究员、中国地质调查局西安地质调查中心张茂省研究员等给予了多方面的帮助。众多兄弟单位的领导和技术人员在野外调查和技术研讨过程中给予了大力支持，谨此向对本项研究提供指导帮助的所有领导、专家和全体课题组同仁表示衷心的感谢！

目　　录

第一章　绪　　论

1.1　工程滑坡防治研究进展

1.1.1　国外研究进展

国外的工程滑坡防治研究总体经历了两个阶段，以下分别予以回顾。

1. 第一阶段

该阶段表现为采取以工程治理技术为主的被动防治措施阶段（郑颖人等，2007）。欧美国家多从岩土力学角度出发，研究滑坡地层的物理力学性质和稳定性分析（陈祖煜，1998），以便揭示滑坡机理、提出防治措施。苏联更加偏重于地质基础研究，强调滑坡的成因、分类和性质等，开展稳定性计算方法和防治措施研究。各国结合本国防治技术研究，也分别出版了代表性专著，经国内铁道部科学研究院西北研究所翻译出版（王恭先，2010），曾在国内广泛传播，包括日本的《崩塌、滑坡及防治》（山田刚二等，1980）、捷克的《滑坡及其防治》（扎留巴和门茨尔，1975）、苏联的《滑坡过程的基本规律》（叶米里扬诺娃，1985）以及美国的《滑坡的分析与防治》（美国公路局滑坡委员会，1987）等。根据工程治理措施分类，分别取得了以下进展。

1）地下排水工程

（1）平孔排水：应用并改进在地面上机械施工使得效率高，造价比盲沟或盲洞低。仅在美国加利福尼亚州，从 1940~1980 年，作为一种经济的排水方法使用了 $30 \times 10^4 \mathrm{m}$ 的平孔排水。此外，在加拿大、日本，西欧、南美也得到广泛应用，如日本地附山滑坡就打平孔 8400m。新西兰 Clyde 电站工程中对 Brewery 河滑坡在滑坡前缘作扶壁、垫层、挡水帷幕、在库水位及滑面下作盲洞，为平孔排水的一个实例。平孔排水的作用在滑坡体内地下水分布尚不十分清楚时，在滑坡的后部和前部打平孔，降低地下水水位，减小孔隙水压力，减缓或暂时停止滑体的移动，为勘察和根治工程施工创造条件。作为一种永久排水工程可以单独使用，也可以和排水盲洞或竖井结合使用（王恭先，1998；王恭先等，2007）。

（2）虹吸排水：20 世纪 80 年代以来在法国已用虹吸排水方法稳定了约 100 个滑坡。其最大优点是可以自流排水，降低滑坡地下水水位。它是一个密封的聚氯乙烯管系统。法国 Dijon 附近用虹吸排水稳定公路路堤和下伏不稳定斜坡的例子（王恭先，1998）。

2）减重和反压工程

英国人 Hutchinson 提出"中性线"方法为减重和反压计算提供了理论依据。该方法是在滑坡断面上用稳定性计算，将滑坡上部土体移多少压于滑坡下部即可达到要求的稳定系数（王恭先，1998）。

3）支挡工程

（1）大截面抗滑桩：20世纪60年代以前，国内外在滑坡防治中，除了地表和地下排水工程以外，支挡工程方面主要采用抗滑挡土墙和小直径抗滑桩（王恭先等，2007）。60年代以来，国外在治理大型滑坡中也开始应用大截面的抗滑桩（柱），如日本采用挖孔方法，作直径 5.0～6.5m，深 50～100m 的大型桩。相比而言，国内的抗滑桩技术发展更早，居于世界前列（王恭先，1998）。

（2）微型桩群：指直径小于 300mm 的插入桩或灌注桩。20世纪50年代从意大利开始，70年代传入美国和其他国家，早期主要用于房屋地基加固。80年代以后迅速发展，用于斜坡和滑坡加固。美国联邦公路局近期立项目研究微型桩的实施状况和设计方法（王恭先，1998）。

4）物理化学方法

（1）灌浆法：始于美国，利用化学灌浆稳定黏土滑坡，其原理是利用阳离子的扩散效应，由溶液中的阳离子交换土体的阳离子，使滑体变得稳定。所用的溶液包含有石灰、三价金属阳离子、正磷酸钙、磷酸铵和氯化钙等。该方法主要用在小型滑坡中，其耐久性需经时间考验。在英国得到应用和发展，英国曾用水泥灌浆整治了一百多个滑坡，结果显示该方法对黏土、细砂和粉土质滑坡治理特别有效。该方法随后又传到法国和联邦德国（王恭先，2010）。

（2）焙烧法：最早在 19世纪末，俄国曾在一铁路路堑坡脚挖坑道时，用煤进行焙烧，以期形成地下挡墙稳定滑坡；后来苏联在尝试通过在滑带以下导洞内焙烧。目前，许多国家利用气体或液体燃料进行钻孔焙烧的方法加固地基，也逐步应用于滑坡治理（王恭先，2010）。

（3）电渗排水：L. 卡萨格郎德·卡萨格兰德最先用电渗排水法加固一铁路路堑边坡，后在美国、挪威均有应用，也可用于基坑边坡加固。但是由于耐久性差，仅作为临时稳定或加固措施，在滑坡中应用不多（王恭先，2010）。

2. 第二阶段

近些年来，国际滑坡防治技术进入发展的第二阶段，逐渐趋于建立综合防治技术体系。工程治理技术日趋精准，并照顾经济技术合理性，并有新技术方法逐渐发展起来；同时，区域性的滑坡调查评价研究也越来越为普遍，逐步形成了将滑坡工程治理与监测预警、风险管理相结合的综合防治技术体系的趋势。

1）工程治理技术

工程治理的目标仍然为旨在保证滑坡能够保持长久的稳定状态，并将安全系数作为实施治理工程的依据和检验标准。需要注意，安全系数并非一成不变，在治理工程设计和评估治理效果时，不同情况下，可以或高或低地调整安全系数的标准，具体需要综合考虑滑坡的规模和类型、调查研究的程度、失稳可能造成的潜在风险以及岩土工程师的经验等因素（Cornforth，2005）。具体的治理技术的种类包括坡形改造、排水、支挡结构和坡体加固四大类（Popescu and Sasahara，2009），相比传统技术大类差异不大。国际地科联滑坡工作组（IUGS WG/L）制定的滑坡治理措施建议表格（表 1.1），系统地总结了常用的滑坡治理技术措施（Popescu，2001）。

表 1.1 滑坡治理措施简表

序号	内容
1	坡形改造
1.1	清除滑坡源区物质（或者以轻质材料置换）
1.2	增加滑坡阻滑区的物质（反压马道或堆填压脚）
1.3	降低斜坡总坡度
2	排水措施
2.1	地表排水，将水引出滑动区之外（集水明沟或管道）
2.2	充填自由排水土工材料（粗粒填料或土工聚合物）的浅或深排水暗沟
2.3	粗颗粒材料构筑成的护坡挡墙（水文效应）
2.4	垂直钻孔（小口径）抽取地下水或自由排水
2.5	垂直钻孔（大口径）重力排水
2.6	近水平或近垂直小口径水井
2.7	集水隧洞、廊道或平硐
2.8	真空预压排水
2.9	虹吸排水
2.10	电渗析排水
2.11	种植植被（蒸腾排水效果）
3	支护结构
3.1	重力式挡土墙
3.2	木笼块石墙
3.3	鼠笼墙（钢丝笼内充以卵石）
3.4	被动桩、墩、沉井
3.5	原地浇筑混凝土连续墙
3.6	添加聚合物或金属条片等的加筋土挡墙
3.7	粗颗粒材料构成的护坡挡墙（力学效应）
3.8	岩质坡面防护网
3.9	崩塌落石阻滞或拦截系统（槽、栅栏或钢绳网）
3.10	抗侵蚀的保护性石块或混凝土块
4	坡体加固措施
4.1	岩体锚固
4.2	微型桩
4.3	土钉
4.4	锚索（有或无预应力）
4.5	灌浆
4.6	碎石桩、石灰桩、水泥桩
4.7	热处理

序号	内容
4.8	冻结处理
4.9	电渗锚固
4.10	种植植被（根系强度的力学效应）

除了传统技术以外，一些新技术逐步发展起来，如由欧洲多国的企业以及意大利热亚那大学和比利时太空应用机构（SAS）共同实施的研发计划，将先进的太空机器人技术引进滑坡和高陡边坡加固中，研发了登山机器人代替工人在高危险滑坡和高陡边坡上作业；该项技术不仅保障了施工人员的安全，同时可以将治理经费降低达30%～80%（张燕，2004）。

2）滑坡监测预警

往往从滑坡主体和诱发因素两方面入手，最为常见的滑坡诱发因素包括地震和降雨两种，鉴于至今难以准确地预测和预报地震事件，因此国内外重点开展了降雨型滑坡的监测预警研究和实践工作。国外的相关进展主要集中在20世纪80～90年代，一般通过日降雨量模型、前期降雨量模型和前期土体含水状态模型确定降雨诱发滑坡临界值，进而结合监测数据实现降雨型滑坡预警的目标。具有代表性的研究进展包括：Guidicini等分析了巴西9个地区滑坡和降雨之间的统计关系（Guidicini and Iwasa，1977）；Glade（1998）通过对新西兰惠林顿地区的滑坡和降雨资料进行研究，建立了确定降雨临界值的日降雨量模型、前期降雨量模型和前期土体含水状态模型；Caine（1980）研究揭示了全球不同地区降雨诱发滑坡的关系；Brand等（1984）研究提出了香港地区降雨诱发滑坡的临界值；Mark等利用1982年旧金山海湾滑坡和降雨数据建立了滑坡与降雨强度、持时的临界关系曲线（Mark and Newmen，1988）；Ayalew（1999）分析揭示了埃塞俄比亚64个滑坡和降雨量的关系。

在具体的滑坡监测过程中，根据监测对象的不同，可以分为四大类，即位移监测、物理场监测、地下水监测和外部诱发因素监测。目前，一些新技术方法如InSAR、三维激光扫描等已用于滑坡专业监测领域，监测数据的采集和传输也实现了自动化和远程化，监测和预警系统呈现逐步向Web-GIS发展的趋势。利用特定地区的滑坡易发性或危险性评估结果，结合降雨量临界值，可以设定不同的预警级别；通过区域布设一定数量的雨量站，监测雨量介于预报雨量，即可进行滑坡的预警预报（唐亚明等，2012）。

3）滑坡风险评估和管理

滑坡风险评估和管理迄今经历了30多年的研究和发展，目前已成为国际上完善土体利用规划和限制滑坡灾害影响区发展的强有力工具，也是减少滑坡导致的潜在人员伤亡最为有效和经济的方式（Cascini，2005）。新世纪以来，国际上越来越重视滑坡风险评估研究及其在减灾防灾战略上的推广应用。

美国地质调查局新世纪的减灾战略，把滑坡风险管理作为完善和推广的重要内容之一；意大利则在Sarno泥石流灾害事件之后的1998年，颁布了180号法令（即Sarno法令），首次以国家法律的形式确定了滑坡风险管理作为作为防治战略，通过土地利用规划限制滑坡高风险地区的开发，降低滑坡风险；澳大利亚在 2000～2008 年 3 次修改完善出版滑坡风险评估技术指南，成为国际上最有影响的指南之一；欧盟启动了针对整个欧盟成员国的滑坡风险评估与管理技术方法的综合科技规划项目"Safeland"，其中欧盟有 25 个科研机构参与，旨在开发适用于地方、区域、欧洲和社会尺度的定量滑坡风险评估与管理的工具和战略，以便提升欧洲滑坡灾害预测和确定危险或风险区的能力（吴树仁等，2012）。上述进展使滑坡风险管理的基本内含、术语、技术框架、评估层次、滑坡编录和风险区划技术方法不断完善发展；特别是在滑坡编录、风险评估模型与技术方法、滑坡风险分区成果的误差分析和可靠性验证方法等方面取得了显著进展。

国际滑坡风险评估技术方法已逐步由定性评估过渡到以定量评估为主的阶段。定量评估在数据输入、分析流程及结果描述方面均不同于定性评估。与定性评估得到的权重指数、相对分级（如低、中、高）或者数值分类等不同，定量风险评估能够定量表达发生特定财产损失或人员伤亡的概率，及其评估的不确定性。定量风险评估对各类滑坡相关主体都具有重要意义，对科学家和工程师的研究和生产工作而言，可以提供较为客观和可重现的量化风险，不同区域或场地的评估结果也可进行横向对比；不仅如此，定量评估便于识别输入数据的缺陷和理解评估方法的局限性。对于滑坡风险管理者而言，定量评估可以进行成本-效益分析，并且为预先采取灾害管理和减缓措施提供依据（Corominas et al., 2013）。但是也应注意到，定量评估并不一定比定性估算更加准确，如有时滑坡发生概率是基于主观判断计算出来的；不过好在通过定量评估更加便于地学专家、土地所有者及决策者之间的沟通和交流。

1.1.2 国内研究进展

长期以来，我国在滑坡灾害的认识和防治方面进行了大量的探索和研究，积累了丰富的经验，特别是近几十年来，随着我国铁路、公路、水电、城建等行业重大工程建设规模和范围的增大，出现了大量与工程建设相关的滑坡和高边坡治理工程（陈祖煜，1998；陈祖煜和汪小刚，1999），尤其是三峡库区地质灾害防治取得了显著的成就。这些工程实例，一方面，为工程建设者和研究人员积累了大量经验，并在防治技术方面取得了较大的进步，另一方面，由于地质条件的复杂性，工程扰动形成滑坡而引起的财产损失和人员伤亡仍不时发生，使得我国在重大工程扰动区的特大型滑坡早期识别、风险评估与管理、灾害治理等方面面临着新的挑战。

1. 水电工程区滑坡防治技术

自 1959 年法国 60m 高的马尔帕塞（Malpasset）薄拱坝左坝头发生滑动导致坝体破裂后，国际上先后有 1961 年湖南省柘溪水库塘岩光滑坡、1963 年意大利瓦伊昂（Vajont）水库滑坡、2003 年三峡库区千将坪滑坡等大型水库诱发的滑坡发生，这些水电工程区的滑坡与工程建设扰动密切相关。由于我国许多水电工程多在西部高山峡谷区建设，这些地区工程地质条件比较复杂，有些工程在施工中多次发生滑坡灾害并造成了重大的经济损失和人员伤亡。1961 年 3 月 6 日，湖南省柘溪水库塘岩光滑坡，激起 21m 高的涌浪造成巨大损失和伤亡，是中国第一例水库滑坡。2003 年 7 月 13 日，三峡水库初期蓄水至 135m 高程 30 天时，诱发了千将坪滑坡，致死 24 人，摧毁 129 间民房和 4 个工厂，致 1200 人无家可归。

为了治理滑坡灾害，我国岩土工程、地质工程领域科技人员针对岩质高边坡的失稳机理和分析方法研究（黄润秋，2005）、边坡工程的控制爆破技术、高边坡的加固工程（陈祖煜和汪小刚，1999）以及综合监测预警预报（郑颖人，2010）等问题进行了系统研究并形成了一整套水电高边坡工程勘测、设计和施工的新技术，从而成功地解决了包括三峡链子崖危岩体（殷跃平等，1996）、小浪底工程在内的一批规模巨大的高边坡工程，其中三峡链子崖危岩体和小浪底工程均采用了预应力锚索加固方案，预应力最大可达 3000kN，均取得较好的治理效果。

三峡库区自 1997 年随着"长江三峡工程库区移民迁建新址重大地质灾害防治研究"重大科技项目和三峡库区 2、3 期地质灾害防治工程的实施，取得了显著的成效，出版了一系列重要的研究成果，如《长江三峡库区移民迁建新址重大地质灾害及其防治研究》（殷跃平，2004）、《三峡库区高切坡基础性研究丛书》等（伍法权等，2010），形成了较为全面成熟的地质灾害防治技术方法体系，在此基础上编制了全国技术规范《滑坡防治工程设计与施工技术规范》（中华人民共和国国土资源部，2006）。

2. 铁路、公路等线性工程区滑坡防治技术

由于铁路、公路等线性工程的线路里程长，特别是在西部地区，由于地质构造复杂、峡谷深切、活动断裂和地质灾害极其发育，部分线路不可避免地通过地质灾害高发区，甚至在古滑坡体和大型不稳定斜坡体中穿越。铁路方面，20 世纪 60 年代建成的成昆铁路，全线分布大型滑坡 183 处，治理 103 处，危岩 500 多处，崩塌落石 300 多处，在运营期连续不断发生边坡灾害，多次中断交通，为保证通车，地质灾害治理费用巨大。90 年代通车的南昆铁路分布有大型滑坡 20 多个，其中八渡车站修建在古滑坡体上，线路以路堑从滑坡的中后部通过，在铁路的修建过程中，诱导了古滑坡的复活变形，滑坡多次滑动，后期历时多年多次治理，治理费用过亿。2010 年 5 月 23 日沪昆铁路江西余江至东乡段的山体滑坡掩埋铁路，造成列车脱轨，死 19 人，伤 70 人，治理费用 1680 万元。

在公路方面，2003 年 5 月 11 日 1 时 55 分，贵州省黔东南苗族侗族自治州三穗县台烈镇台烈村三穗-凯里高速公路平溪特大桥 3#墩附近发生滑坡，造成 33 人死亡，2 人失踪，1 人受伤，16 间工棚被毁（殷跃平，2003）。云南大保公路 K399+685 大型红层滑坡先后经过两次勘察、多次调查以及 3 次加固治理，仍未得到彻底根治。在川藏公路西藏波密县境内通麦大桥北的 102 道班附近，在长约 3km 范围内，成群分布有大小滑坡 22 处，其中直接危害川藏公路且规模较大的滑坡 6 处，通常称作"102 道班滑坡群"，规模最大的 2# 滑坡是"102 道班滑坡群"的主滑坡，通常称作"102 道班滑坡"（张小刚等，2013）。102 道班滑坡于 1991 年大规模滑动时，滑坡体积达 $510 \times 10^4 \mathrm{m}^3$，其前缘伸进帕隆藏布河床，直达对岸，阻断帕隆藏布 40 分钟，经后期河水冲刷和滑体表面侵蚀，目前残留滑坡体体积约 $267 \times 10^4 \mathrm{m}^3$，该滑坡历经多次治理，现今仍在滑动，并不时阻断交通和造成人车损毁。此外，台湾地区也发生多起公路滑坡灾难，如 2010 年台湾 3 号高速基隆滑坡冲垮高速公路，并引起人员伤亡。

在工程实践的同时，铁路、公路系统在防治经验、防治原则、防治技术和研究等方面

取得一系列成就（王恭先等，2008），如宝成线经验："对症下药，量体裁衣"，根据此方法略阳已北滑坡得到根治；成昆线经验：对大型的边坡灾害进行绕避，其中成昆线绕避了80处滑坡；南昆线经验：深化了预加固的理念，对不绕避的大型的边坡灾害和高边坡采取预加固处理。高速铁路：提高设计标准，减少高边坡的数量。并形成了预防为主，治早治小、一次根治、不留后患，因地制宜、技术先进、动态设计、信息化施工等防治原则。在防治技术方面也取得了较大的成就，从最开始20世纪50年代宝成铁路建设时采取抗滑挡墙+排水的治理措施；到60年代在成昆线中首次使用了抗滑桩，采用竖向排水孔和锚杆挡墙支护方式；70年代在太焦线中首次使用了抗滑明洞等；目前，在竖向钢化管注浆技术和压浆锚柱等方面的研究较多，并在京珠108滑坡治理和元磨高速中得到应用。

3. 城镇建设区滑坡防治技术

随着城市化进程的不断加快，城市建设不可避免由平原区向沟壑地带的地质灾害易发、高发区延伸扩展，使得这些地区地质灾害险情逐年增加。2005年初，丹巴县城后山出现明显的变形破坏迹象，整个丹巴县城遭受滑坡的严重威胁，并差点使整个县城毁于一旦。利用应急处置和变形控制技术，对滑坡实施了应急处置和综合治理，使滑坡变形迅即得到控制，监测表明，目前滑坡已处于稳定状态。自1999年开始，截至2008年国土资源部共完成了1640个全国山区丘陵县市地质灾害的调查与区划，建立了以群策群防为主的地质灾害监测预警和防治的体系，为实施地质灾害防治与管理提供宏观决策依据。2006年开始，中国地质调查局在1：5万地质灾害高易发区地质灾害详细调查的基础上，先后开展了陕西延安、四川雅安和丹巴县的地质灾害风险评估与管理示范研究；2008年汶川地震后，中国地质调查局启动了"西南山区城镇建设地质灾害风险管制方法与示范研究"，随后科学技术部、水利部、民政部等相关部委及院校启动了一批与地质灾害风险管理相关的科研和生产项目，形成国内围绕城镇安全的地质灾害风险研究的热潮。尤其是2010年，频繁的重大地质灾害事件使得地质灾害风险评估与管理研究显得尤为迫切，引起了相关政府部门的高度重视。

在滑坡监测预警方面，国内近10年来取得了丰硕的研究和实践成果，常规手段和新技术方法得到了综合运用。以三峡库区滑坡监测预警为例，新老综合监测技术在滑坡局部静态变形监测工作中取得了代表性的进展。在常规监测技术方面，主要包括：垂直位移监测方法，有几何水准、液体静力水准、微水准等；水平位移监测方法，有基准线法、导线法、前方交会法、近景摄影法和光电自动遥控监测等。应当注意，这些技术存在诸多弊端，受测区环境、天气状况、人为因素的影响较大，人力物力的投入较大，工作效率较低；尤其当滑坡变形加速时，现场工作人员的安全得不到保障；因此，滑坡监测技术方法的更新换代是大势所趋。在新的监测技术方面，目前已经用到了测量智能机器人、地表裂缝相对位移监测、GPS卫星定位监测、InSAR技术、深部位移钻孔倾斜仪监测、地下水动态监测、滑坡推力监测和时域反射（Time-Domain Reflectometry，TDR）监测技术等（何明均和黄上，2014）。同时，国内在区域暴雨型群发地质灾害的时空监测预警、滑坡光纤传感等高新关键监测技术、简易型滑坡泥石流监测预报仪器研制等领域也取得了显著进步，并在全国得到了推广应用（殷跃平和吴树仁，2013）。此外，物联网技术及4G移动网络技术更使地质灾害监测预警向智能化方向发展。也应注意到，国内在滑坡监测预警方面尽管已经取得了丰硕成果，但是统计结果表明，滑坡成功预警率却并不高，主要表现在成功预警实例中专业预警所占比例过低，而且在预警滑坡事件之外还发生了大量地质灾害。制约目前监测预警实效的主要问题在于滑坡隐患点的排查和识别问题，在未来的工作中应予以重点关注（唐亚明等，2012）。

在滑坡风险评估和管理方面，国内研究和实践工作整体起步晚于其他国家，但是与国际前沿进展的差距不断缩小。例如，香港滑坡风险研究处于世界领先水平，具备完备的滑坡编录数据库系统、形成了系统的滑坡风险评估、管理的技术体系和标准。在滑坡定量风险评估方面强调利用高精度的 LiDAR、InSAR、航空摄影等先进技术开展风险评估。中国大陆地区的滑坡风险研究晚于香港，不过近年来已逐步将滑坡空间预测模型与 GIS 系统结合，开发了基于 GIS 技术的滑坡危险性区划模块（戴福初和李军，2000；黄润秋等，2004；殷坤龙等，2007）；提出了中国滑坡风险评估的层次结构、指标体系和技术流程，编制了相应的滑坡风险评估技术指南，提出了滑坡活动强度评价思路和方法（吴树仁等，2009），为中国滑坡风险评估技术推广奠定了基础。

1.2　存在的问题与趋势

国内外滑坡防治技术先进的有日本、意大利、澳大利亚等国家和中国香港等地区。日本强调以工程治理为主，香港重视斜坡的安全与风险管理，意大利、澳大利亚等将滑坡风险与土地利用相结合，通过立法从源头主动控制滑坡风险。总体上，日益重视依靠科技手段提高防灾减灾能力，不断增加防灾减灾科技投入，加大灾害基础理论研究力度，加强防灾减灾技术研发与应用，全面建设综合灾害风险防范科技体系。

国内近 20 年来，滑坡防治技术研究方面取得了显著的进展，但专门针对重大工程扰动区的特大滑坡灾害防治技术目前还没有较为成熟和系统的技术标准，主要表现在不同行业部门具有根据本行业工程建设的勘察、设计技术标准，这些标准中一般涉及滑坡防治的技术方法，但均相对简单或片面，往往重视工程治理，缺少涵盖早期识别、风险评估与管理、监测预警到工程治理的综合防治技术体系与指南，因此，需要进行集成创新研究，以适合满足重大工程建设中特大滑坡灾害防治需求。概括起来，国内针对工程滑坡综合防治技术的研究和实践，主要存在以下 4 个方面的问题。

1）缺少系统全面的国家滑坡防治技术指南

国内不同部门均有在工程建设领域涉及地质灾害防治技术的标准或规范，是工程建设施工技术标准或规范的部分内容，如水电工程、公路、铁路工程勘察设计规范等。目前，最为全面和权威的滑坡防治工程方面的标准为地质矿产行业标准《滑坡防治工程设计与施工技术规范》，缺少专门针对重大工程扰动区特大滑坡灾害防治的技术标准或指南。

2）滑坡治理方案的集成与优化对比有待深入

滑坡防治技术的不断进步，使得人们在防治措施的选择上有更多的空间，然而在滑坡防治实践中，人们往往趋向于一种防治措施单独使用作为主体工程，缺乏优化对比分析和有效（程序化检验而不是经验）检验，不能根据滑坡的实际地质条件，因地制宜，使用多技术的集成,充分发挥各防治措施的优势,对比选择相对优化的集成技术方案。

3)缺少国家层面早期识别与风险评估技术标准

国际上滑坡灾害的防治已逐步从减轻灾害危险性走向减轻灾害风险与加强综合减灾软硬兼施的滑坡综合防治技术体系,尤为重视早期识别、风险评估与管理等技术方法的研究。如在地质灾害风险评估方面,目前还缺少国家层面的技术规范或标准,目前开展的地质灾害危险性与风险评估的成果多是概略性的成果,与社会经济发展对地质灾害风险管理的期待相比还相差甚远。

4)缺少重大工程扰动区特大滑坡灾害防治技术信息交流平台

国内重大工程扰动区特大滑坡灾害防治技术研究,分别在国土资源部、铁路、公路、水电工程和城镇建设中取得很多显著进展,为国家减灾防灾和大规模工程技术作出了重大贡献,但是,相关信息交流缺乏比较畅通的平台,阻碍了重大工程扰动区特大滑坡灾害综合防治理论与技术方法体系的快速发展,急需从国家层面上系统总结不同行业、不同部门在重大工程扰动区特大滑坡灾害防治技术方面的成功经验、失败教训,建立相关数据库和信息交流平台,为全国推广应用新技术新方法,主动减轻重大工程扰动区特大滑坡灾害提供技术支撑。

1.3 综合防治研究思路

1.3.1 总 体 思 路

本书总体研究思路:针对重大工程扰动区特大滑坡灾害特点,重点开展三峡库区、黄土城镇区、西南强烈构造活动区重大交通干线工程扰动区特大滑坡灾害形成机理与成灾模式研究、主动减灾防灾理论与技术方法研究、重大工程扰动区特大滑坡灾害前期识别与风险评估研究、综合防治技术方法集成优化研究、防治工程时效性和实用性数值模拟研究以及快速防治工程技术和特色新技术方法探索研究,结合三峡库区大型滑坡灾害防治工程技术示范、黄土城镇化工程扰动特大滑坡综合防治技术示范和川藏公路干线扰动区特大滑坡灾害防治技术研究与示范,集成研究重大工程扰动区特大滑坡灾害防治技术指南,为国家不同类型重大工程扰动区特大滑坡灾害综合防治工作提供技术支撑。主要研究内容包括以下5个部分。

1)重大工程扰动区特大滑坡综合防治理论与技术方法研究

开展不同类型重大工程(黄土城镇、水电工程、交通干线)扰动区不同地质环境条件下(黄土高原、西南深切河谷区、西南高山峡谷区)典型滑坡的变形破坏机制分析(高边坡应力调整、长期时效变形、动荷载、蠕变等),建立工程地质力学模型,利用数值模拟与物理力学模型开展工程营力与降雨、地震耦合作用下特大滑坡灾害的成灾模式研究;有效预防、快速治理和主动减轻重大工程扰动区特大滑坡灾害技术方法研究;通过锚固效应和支挡结构的力学效应的数值物理模拟试验,对支护结构与岩土体之间的相互作用机理进行模拟和分析,为优化防治工程措施的设计参数提供科学依据。在系统分析早期识别、风险评估与管理、监测预警、工程治理 4 个方面的防治技术方法，结合重大工程扰动区特大滑坡灾害从地质环境适宜性、工程技术可行性、有效性、安全性及效益等方面开展防治技术方案的对比分析、优化集成，研究特大滑坡灾害综合防治理论与技术指南。

2）三峡库区特大型滑坡防治工程技术及集成与示范

通过对库区滑坡已建防治工程的资料收集并实地调研，系统综合评价各已有滑坡防治措施的有效性、经济性、可靠性，为后续的滑坡治理在方案选择上提供指南。对比分析三峡库区大型滑坡防治技术方法，优化集成工程扰动区大型滑坡灾害综合防治技术体系，重点探索工程扰动区特大滑坡灾害实用防治技术和快速加固技术，探索库区滑坡综合治理设计理论及方法，选择库区奉节县城滑坡防治作为示范研究基地，选择合理的防治措施，优先考虑新技术的应用，优化设计、施工，总结集成三峡库区特大滑坡灾害技术方法，逐步建立库区特大滑坡灾害有效预防、快速治理和主动减灾防灾的综合防治技术方法体系和示范研究基地。

3）黄土城镇建设区特大滑坡灾害综合防治技术及集成与示范

随着黄土地区经济的加速发展，城镇工程建设所面临的特大黄土滑坡灾害日趋增多，成为制约黄土地区城镇人居安全和工程建设的重大灾害隐患。以宝鸡市区、甘肃黑方台等为研究对象，开展城镇工程建设诱发的特大黄土滑坡变形破坏机制及成灾模式研究；开展大比例尺城镇周边滑坡的调查与勘察、动态滑坡风险评估、建立滑坡风险评估与管理信息平台并提出风险管理与控制技术方案。选择典型不同成因机理的黄土滑坡，提出监测预警、快速防治工程设计方案与合理开发利用建议；提出黄土城镇建设区特大滑坡灾害风险评估与管理技术指南，初步形成以动态风险评估与管理为主、集成监测预警、防治工程措施与开发利用相结合特大滑坡灾害综合防治技术体系，在宝鸡市区北坡和甘肃黑方台开展示范研究，逐步建立工程扰动区特大黄土滑坡灾害有效预防、快速治理和主动减灾防灾的综合防治技术方法体系和示范研究基地。

4）重大交通干线扰动区特大滑坡灾害防治技术研究

随着国家支持西藏发展建设和泛亚交通网建设，在西南高山峡谷区，重大交通干线工程建设面临着场地狭窄、岩性破碎、强烈构造与地震活动、地质灾害频发等工程地质难题。选取川藏公路、泛亚交通网工程扰动区特大滑坡或高边坡，开展特大滑坡灾害判识、形成机理、活动特征及成灾模式分析，选取典型特大滑坡群或高边坡，开展特大滑坡灾害的勘察、防治工程研究，特别是公路干线特大滑坡灾害快速防治技术方法研究，高切坡特大滑坡灾害综合防治技术及其仿真数值模拟研究，探索综合防治技术方案，优化工程设计和防治效益综合分析方法，研究集成重大交通干线扰动区特大滑坡灾害综合防治技术，初步建立重大交通干线特大滑坡灾害有效预防、快速治理和主动减灾防灾的综合防治技术方法体系和示范基地。

5）重大工程扰动区特大滑坡灾害综合防治技术集成与交流平台建设

通过召开全国"重大工程扰动区特大滑坡灾害综合防治理论与技术方法"研讨会以及跟踪访问调查不同部门、不同行业成功防治经验，初步建立国家层面上重大工程扰动区特大滑坡灾害综合技术方法数据库和信息交流平台。

总结集成国土资源部、铁路、公路、水电和城建等部门在重大工程扰动区特大滑坡灾害综合防治技术成功经验和失误教训，特别是集成有效预防、快速治理和主动减灾防灾技术方法，研究提出重大工程扰动区特大滑坡灾害综合防治技术指南，构建重大工程区特大滑坡灾害防治技术推广应用与交流平台，推动综合减灾防灾技术快速发展。围绕上述5个研究内容，本书研究内容按照重大工程类别与研究区分为不同的专题，不同专题在防治技术方法、关键科学或技术问题和示范区研究方面各有侧重，互为补充（表1.2），形成一个重大工程滑坡综合防治技术方法研究的有机整体。

表 1.2 主要研究内容一览表

重大工程类别与研究区		防治技术方法			关键科学或技术问题			示范区
		主动减灾技术	防治技术集成优化	快速防治技术	成灾模式	桩土耦合作用机理	综合防治技术集成	滑坡防治技术示范基地
水利水电：三峡库区								
交通干线：川藏公路								
黄土城镇	宝鸡北坡							
	甘肃黑方台							

注：橙色区表示重点研究内容，绿色区表示一般研究内容。

1.3.2 技术路线

本书的研究方案和技术路线概括为：研究不同类别重大工程扰动诱发特大滑坡灾害的形成机理与成灾模式，评价工程扰动区特大滑坡危险性、危害性和风险，研究集成重大工程（城市）场区特大滑坡灾害综合防治理论和技术方法；初步建立两个重大工程扰动区特大滑坡灾害综合防治技术研究示范基地，初步建立全国特大滑坡灾害综合防治技术信息交流平台，研究提出重大工程扰动区特大滑坡灾害防治技术指南，为国家重大工程和山区城镇建设扰动区特大滑坡灾害综合防治提供理论和技术支撑。本书研究技术路线如图1.1所示。

（1）对国内外文献资料进行分析综述、结合国内重大工程区特大滑坡防治工程现场考察与定点观测，结合前期研究基础，开展不同重大工程类型、不同地质环境背景条件下的特大滑坡灾害研究原型的调查与选取，提供研究案例。

（2）在重大工程扰动区特大滑坡原型的基础上，系统梳理滑坡形成、演化机理与成灾模式、主动防灾减灾理论（早期识别、监测预警与风险评估）、抗滑工程结构与滑坡耦合作用机理、防治工程技术方法集成与优化，结合重大工程营力的特点，发展重大工程区特大滑坡防治的理论方法。

（3）开展重大工程扰动区特大滑坡灾害防治关键技术方法的研究，主要包括特大滑坡早期识别与成灾模式、城镇建设区动态风险评估与控制技术、防治工程技术适宜性分析与效果检验、重大工程扰动区特大滑坡灾害防治技术方法优化集成及其仿真模拟实验研究、实用技术模块探索研发、新型特色防治技术方法研发。

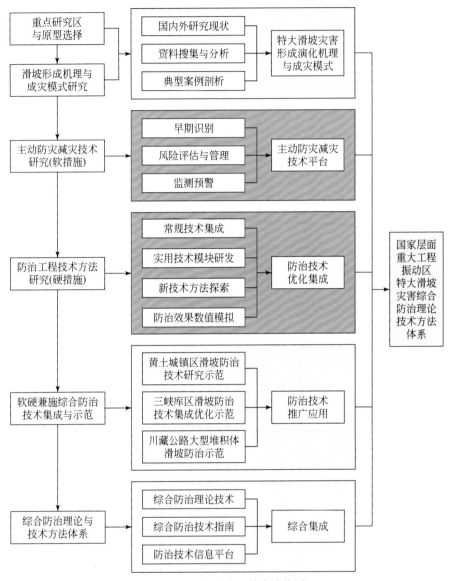

图 1.1　研究方案及技术路线图

（4）结合目前正在实施的国土资源部地质矿产调查评价项目，在前期研究基础上开展特大滑坡灾害综合防治示范区或示范工程建设，主要包括三峡库区大型滑坡防治工程集成与示范、川藏公路特大滑坡灾害防治关键技术示范研究、宝鸡市区北坡大型滑坡综合防治示范。

（5）在理论方法、关键技术和工程示范的基础上，开展早期识别、风险评估与管理、监测预警与工程治理于一体的重大工程扰动区特大滑坡灾害主动防灾减灾技术方法的集成。

（6）初步建立不同重大工程类别扰动区滑坡综合防治信息共享平台，借此实现滑坡防治信息的跨界交流与借鉴、推广应用。

第二章　重大工程滑坡防治数据库建设

2.1　概　　述

Paul J. Crutzen 将 18 世纪晚期工业化和城市化起步以来，全球二氧化碳和甲烷浓度日益增长、人类活动成为影响地质环境演化主导因素的时代命名为"人类世"（Crutzen，2002），其中，人与自然的互馈作用在很短时期内日益加剧成为该时代区别于以往地质时代最重要的特征。工程滑坡灾害（包括狭义的滑坡、崩塌及泥石流等）作为人与自然互馈机制的典型现象之一，既是人类工程活动诱发所致，又反过来危及人类自身生命和财产安全。在世界历史上，工程活动诱发灾难性滑坡比比皆是，其中因滑坡致死人数大部分集中在亚洲地区，而喜马拉雅山脉地带和中国尤为集中（Petley，2012）。中国 20 世纪以来约 50% 的灾难性滑坡为工程活动直接诱发所致（孙广忠等，1988；黄润秋，2007；王恭先等，2007；殷跃平，2007；黄润秋等，2008）。

随着国家经济社会的快速发展，尤其是西部大开发战略的实施，重大工程活动日益频繁，工程扰动区滑坡灾害问题日益突出，大型滑坡灾害对人员和财产构成了严重威胁。尤其近 20 年来，国内每年由于地质灾害造成的经济损失高达 200 亿人民币，表明我国滑坡等地质灾害减灾防灾形势严峻。所幸我国目前在国土资源、城镇、水利水电、油气管线、矿山等建设开发工程中，针对大型滑坡灾害防治已经取得了丰富的成果。然而，在积累了大量经验的同时，也遭遇了一些教训。但是这些经验和教训往往由于不同行业和部门之间壁垒森严，无法将其置于相对透明的平台上进行较好的交流融合，很大程度上限制了我国滑坡防治技术研究的长足进步。近年来，欧盟、美国、加拿大和澳大利亚南等相继实施了空间数据基础设施（Spatial Data Infrastructures）建设战略（澳新土地信息理事会，1996；高小力，2000；段恰红，2001；朱雪征和李莉，2010），较好地实现了经济社会发展涉及的各行业基础空间数据的信息化，而我国地质灾害防治领域的空间数据库建设及跨行业共享信息化程度明显偏低，不能满足国家层面滑坡减灾和管理的迫切需求。为此，本章尝试分析国内外典型灾难性工程滑坡的类型和实例，通过初步构建工程滑坡数据库，一定程度突破不同行业和部门之间的壁垒，使工程滑坡处置的经验和教训得到横向比较和广泛传播，以便更好地服务与工程滑坡防治和风险控制研究。

2.2　工程滑坡类型及特征

本章追踪分析了国内外典型工程滑坡类型及灾难性实例，较为系统地分析了各类工程滑坡灾害的发育特征、形成机制及处置措施；总结了工程滑坡成灾的教训和成功处置的经验，初步建立了国内外工程滑坡实例的空间数据库，为进一步开展不同工程扰动区滑坡综合防治及风险减缓提供基础数据。

在搜集和梳理全球一个多世纪以来灾难性工程滑坡实例的基础上，将人类工程活动诱发的滑坡分为 4 种基本类型和若干亚类（图 2.1）：①采矿工程滑坡（包括地下采空型、露天采场型、尾矿坝及排土场型）；②水利水电工程滑坡（包括库区岸坡型、水库大坝型、灌溉工程型）；③线性基础设施工程滑坡（包括公路及铁路工程型、油气管道工程型）；④城市建设复合型工程滑坡（王涛等，2013）。通过工程滑坡发育特征和成灾机理比较分析，试图从各类典型工程滑坡灾害及成功处置案例中汲取经验与教训，初步揭示工程滑坡成灾规律的共性与差异，为未来工程活动诱发滑坡以及滑坡危害工程项目运营的风险减缓提供参考。

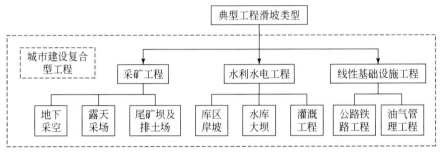

图 2.1　典型人类工程滑坡类型划分框架

2.2.1　采矿工程滑坡

由于矿山开采和水电工程建设开挖的边坡通常比其他工程切坡更高，影响范围更大，因此导致采矿工程滑坡的灾害效应也较为突出（孟晖和胡海涛，1996）。根据采矿工艺和坡体失稳模式，可将采矿工程滑坡分为 3 种类型：地下采空型、露天采场型、尾矿坝及排土场型（表 2.1）。

1. 地下采空型

地下采矿活动对地表的影响在全球许多国家形成了严重的灾害问题，主要表现形式包括 3 种：地面沉降塌陷、斜坡变形和水文地质变化（Tang，2009；Altun *et al.*，2010）；其中，地下煤矿采空引起地表滑坡灾害在世界各地分布最为广泛，如加拿大 Frank 滑坡（Cruden and Martin，2006）、斯洛伐克 Handlová 采区滑坡（Malgot *et al.*，1986；Klukanová and Rapant，1999；Marschalko *et al.*，2012）、英国南威尔士采区滑坡等（Bentley and Siddle，1990，1996）。中国典型煤矿工程滑坡主要包括重庆鸡冠岭崩塌和鸡尾山滑坡（刘传正，2010；殷跃平，2010）、陕西韩城电厂滑坡等（王恭先等，2008）；此外，还包括盐池河磷矿岩崩等其他非金属矿产地下开采诱发的滑坡灾害等（黄润秋等，2008）。

地下采空诱发滑坡的机理主要取决于坡度、采矿活动和上覆地层中的软弱夹层等因素。其共性特征主要表现在 4 个方面：①许多矿山位于褶皱或断裂等强烈的构造变形部位，岩体结构破碎，结构面控制滑带或边界特征；②在深部地下采空条件下，上覆地层内部应力场及水文地质变化会诱发大型重力构造式滑坡，诱发因素与降雨等外界因素关系甚微；③中浅部采空多与强降雨耦合作用，在陡峭山体部位诱发崩塌灾害；④上覆地层的岩溶及裂隙往往是控制滑坡形成的关键结构因素。尽管具有上述共性，但应注意到国外最具代表性的地下采矿诱发滑坡主要以区域群发性为特色，而国内则以单体崩滑灾害为主。国外典型的地下采矿诱发滑坡灾害如下。

表 2.1　国内外典型采矿工程灾难性滑坡事件列表

编号	滑坡名称	地理位置	体积/$10^4 m^3$	诱发因素	致灾描述
1	Frank 滑坡	加拿大阿尔伯塔龟山	3000	地下采矿	1903.04.29，导致 83 人死亡、23 人受伤（Benko and Stead, 1998；Cruden and Martin, 2006）
2	Handlová 滑坡群	斯洛伐克 Vtacnik 火山		地下采矿	影响面积约 156km²，危及 16 座村庄，26km 公路，4km 铁路，1 条高压线等
3	盐池河磷矿岩崩	湖北宜昌远安县	150	地下采矿强降雨	1980.06.03，摧毁矿山，284 人死亡，损失 2500 万元（黄润秋等, 2008）
4	鸡冠岭岩崩	重庆武隆乌江	450	地下采矿降雨	1994.04.03，崩塌体入江形成涌浪高 1~5m，中断水运 3 个月，损失近 1 亿元（刘传正等, 1995）
5	韩城电厂滑坡	陕西韩城	500	地下采矿	1980.03，破坏厂房设施，治理费用达 5000 余万元（王恭先等, 2008）
6	老金山滑坡	云南元阳县大坪乡	500	强降雨地下采矿	1996.06.01，致 111 人死亡、116 人失踪、16 人重伤，经济损失 1.4 亿元（黄润秋等, 2008）
7	鸡尾山滑坡	重庆武隆铁矿乡	700	地下采矿	2009.06.05，掩埋 12 户民房以及山下的铁矿矿井入口，74 人死亡，8 人受伤（殷跃平, 2010）
8	鱼洞村崩塌	贵州凯里龙场镇	24	地下采矿	2013.02.18，致 5 人死亡
9	岩口滑坡	贵州印江县东	1500	坡脚采石暴雨	1996.09.18，堰塞坝高 65m，回水 8km，淹没 1 座电站，3 人死亡，损失 1.5 亿元（黄润秋等, 2008）
10	铁西滑坡	四川成昆线铁西车站	220	爆破采石地下水	1980.07.03，掩埋铁路涵洞，堵塞隧道洞口，掩埋铁路长 160m，中断行车 40 天（胡余道, 1987）
11	Shitagura 滑坡	日本冈山县	80	采石场	2001.03.12，致 3 人死亡（Suwa et al., 2008）
12	El Cobre 滑坡	智利 El Cobre		尾矿坝地震	1965.03.28，两座尾矿坝失稳，摧毁 El Cobre 镇，200 余人死亡（Rudolph and Coldewey, 2008）
13	Aberfan 滑坡	英国威尔士 Aberfan		煤矸石堆强降雨	1966.10.21，导致乡村学校的近半数孩子遇难，144 人死亡
14	Stava 泥流	意大利北部特兰托	18	尾矿坝	1985.07.19，摧毁下游 Stava 村及 Tesero 河岸边的建筑物，268 人死亡（Sammarco, 2004）
15	Buffalo 溪泥流	美国西弗吉尼亚洛根县		尾矿库	1972.02.26，摧毁 39 座桥、507 座房屋，死亡 125 人，伤 1121 人，4000 人无家可归（Wikipedia, 2011）
16	Sedlitz 流滑	德国东部 Niederlausitz	1200	排土场液化	1987 年，极短时间内形成高 9m 的涌浪，摧毁部分设施（Wichter, 2006）

图 2.2　加拿大 Frank 滑坡全景照片

（1）加拿大 Frank 滑坡：加拿大迄今最具灾难性的滑坡，滑坡形成于龟山东坡（图2.2），属于高速远程的石灰岩质崩滑–碎屑流，堆覆面积达 $300 \times 10^4 \text{m}^2$。滑坡影响和诱发因素总结如下：①构造与岩性：原始斜坡岩体呈节理–碎裂化状态，龟山背斜东翼层面控制了坡体结构（Froese et al.，2007），龟山断裂和弗兰克湖断裂控制滑坡侧边界；②河流侵蚀：以 Gold 溪为主的 Crowsnest 河支流冲积扇使主流改道，导致主流西岸侧向侵蚀龟山东侧坡脚；③天气冷热交替形成的冰劈作用：龟山东坡下部位于阴影中，但是龟山山脊上部光照强烈，使积雪融化渗入到溶蚀拓宽的石灰岩裂隙中，夜晚气温骤降至 $-18℃$，坡体下部裂隙水结冰形成强烈的楔入冰劈作用导致坡体破坏（Cruden and Martin，2006）；④地下采矿对滑坡的影响尚存争议，支持诱发作用的观点包括：A. 山坡下部的采煤巷道使山体稳定性降低，采煤后显著的应力释放导致围岩应力调整及轻微形变，甚至使支撑采空区的岩体发生断裂；而滑后特征也显示采煤巷道明显控制了滑坡南侧边界；B. Terzaghi 分析指出龟山东坡的安全系数在不到 3 年时间中从 2.5 降至 1 左右，坡体下伏的软岩变形导致上覆坚硬石灰岩块间黏结力降低，同时石灰岩重力在软岩中形成不均匀荷载分布，使软岩蠕滑加剧，采煤则导致滑移速率进一步增加（Terzaghi，1950）。认为采矿诱发作用并不重要的观点包括：①尽管 Benko 等通过数值模拟指出采矿可以诱发滑坡，但其模拟过程忽略了主巷道上部岩体中持续两年的抽排地下水和瓦斯情况；模拟的工况是由地表向下进行开挖，而实际是从主入口平硐向上进行开采，因此未能反映实际工况（Benko and Stead，1998）；②Krahn 等模拟采矿使坡体安全系数仅降低了 1%，已证实偏高，因此推断高估了采矿对滑坡的诱发效应（Krahn and Morgenstern，1976）。Frank 滑坡自发生至今 110 年来研究工作仍在继续，通过后续的山体变形监测及风险评估，判定龟山南侧发育体积约 $5 \times 10^6 \text{m}^3$ 的危岩体；并利用 InSAR 和 LiDAR 等遥感技术对危岩体范围和活动速率、山脚废弃矿山的沉降范围及速率进行观测分析（Cruden and Martin，2006；Froese and Moreno，2007）。

（2）斯洛伐克 Handlová 褐煤采区滑坡群：煤炭开采在 Vtacnik 火山山麓复杂的工程地质条件下进行，开采范围约占山体下方面积的 50%，煤层厚约 10m，采后造成上覆坡体发生深层重力变形破坏（Malgot *et al.*，1986）。原始坡体的地层组合为：上覆厚约 300 ~ 600m 的安山岩和火山角砾岩等，中部为塑性黏土岩，下伏为古近系—新近系的褐煤层。工程扰动形式除了地下采矿以外，还有地下管线开挖、上部堆载及垃圾填埋场建设等。诱发滑坡类型包括两类：①山体坡脚下方遭到采空形成巨型深层蠕变式滑坡，厚约 100 ~ 500m 的坚硬火山岩块体沿下伏塑性黏土层滑动，蠕滑速率约 1 ~ 4cm/a，滑带绝大部分呈旋转–平移式产出。地下水对滑坡运移影响显著，滑动块体周边的拉裂陡坎地带出露泉水（Malgot *et al.*，1986）；②山体上部的地下采空诱发中小型浅表层快速岩崩，地表发育裂隙、洼地和圆形沉降凹坑等（Klukanová and Rapant，1999）。地下采空诱发斜坡变形的时序特征表现在：集中变形主要在采后 5 ~ 14 个月，此后一定时期处于休止状态；在采空对滑坡的长期影响方面，由于土体性质退化、坡体排泄条件变差及含水量增加等原因，导致未来滑坡稳定性堪忧（Malgot *et al.*，1986）。反过来，滑坡严重地危及采矿作业，尤其对运输及通风竖井等垂向矿井结构更甚，在深约 100 ~ 300m 范围内曾有竖井被剪断，而从技术层面纠正变形的竖井几乎不可能；同时，采后上覆地层沉陷过程产生的很高地应力，会诱发突泥、突水或者毁坏采煤作业面。

（3）威尔士（Aberfan）煤矿采区滑坡：英国滑坡分布密度最高地区之一，在过去 100 年中造成严重的人员伤亡和设施损毁。大部分古滑坡形成于冰缘气候时期，许多滑坡又在 19 世纪晚期威尔士地区城市和工业化初期被人类活动诱发复活。针对这些滑坡的研究约始于 1927 年，在 Aberfan 矸石堆滑坡灾害之后，再度引起关注，结果显示区内滑坡稳定性主要取决于上层滞水的水位，诱发因素除了采煤以外，斜坡下伏流沙层对滑带形成也十分关键（Bentley and Siddle，1990，1996）。

国内地下采矿诱发灾难性滑坡的研究主要始于 20 世纪 80 年代，这些滑坡呈零散分布状态，以单体滑坡灾害为主，滑坡类型较为单一，致灾效应十分严重。滑坡诱发因素往往不止于单纯的地下采矿，而是大都叠加强降雨因素。坡体变形过程一般随着采矿活动呈现逐步累积的特征，而最后失稳破坏在极短时间内完成。典型的地下采矿诱发崩滑灾害如下。

（1）乌江鸡冠岭崩塌：拉裂倾倒式崩塌–碎屑流，崩塌形成的内因是坡体位于桐麻湾背斜轴部，岩层挤压变形强烈，尤其平行于岸坡的横张裂隙发育，控制了坡体结构，岸坡陡峭，且具有上硬下软结构；外部因素以坡体下部的兴隆煤矿开采为主，但修建公路的爆破震动影响也不容忽视（李玉生等，1994；刘传正等，1995）。

（2）陕西韩城电厂滑坡：多级蠕变型砂泥岩质滑坡，滑坡形成的内因是下伏平缓岩层中的泥质软弱夹层及背斜构造，外因是横山下部煤矿开采，导致巷道顶板冒落，形成塌陷盆地和自然塌落拱，塌陷盆地随采空区移动产生层间剪切位移和水平推力，使山体产生临空蠕滑所致；同时红旗渠漏水及地表水入渗使软弱夹层强度弱化（王恭先等，2008）。

（3）湖北盐池河磷矿崩塌：高速岩质崩塌–碎屑流，影响和诱发因素包括：①岸坡具有软硬相间的地层结构，采场底板为粉砂质页岩，山体底部为薄层泥质白云岩与砂页岩互层；②岩体中北东及北西向两组节理控制了地表裂缝及其滑面发育特征；③地下采空面积大，采用爆破矿柱崩落顶板的方式释放地压，是导致崩塌的主要工程因素；④崩塌前短时降雨约 80mm，降雨入渗对垂直节理起到水楔作用，增加了下滑推力，对诱发崩塌起关键作用（孙玉科和姚宝魁，1983）。

（4）云南元阳老金山滑坡：由白云岩及石灰岩风化带形成的中−深层高速远程滑坡−碎屑流。其影响和诱发因素包括：①斜坡位于老金山背斜核部、小寨−金平断裂与小新街断裂之间，优势结构面控制了主画面和侧边界；②源区地层为岩溶风化的层状碎裂−散体状硅质白云岩；③滑源区地貌呈"鹰嘴岩"状凸起形态；④老金山群采区矿洞 144 个，巷道总长度达 120km，部分矿洞上下左右连通，内部岩溶裂隙发育，是导致坡体变形的工程因素；⑤滑前连续 4 天中到大雨，累计降雨 137mm，是诱发滑坡的关键自然因素（黄润秋等，2008）。

（5）贵州开阳磷矿崩塌：白云岩质崩塌−碎屑流，矿山沿洋水背斜两翼的垂直裂隙带形成大规模崩塌带。其影响和诱发因素包括：①磷矿层顶板为厚层白云岩，而磷矿层及底板均为软质岩类，形成上硬下软坡体结构；②厚约 4~6m 的磷块岩矿层采空后形成较大采空区，频繁爆破震动使山体产生较大卸荷裂隙，导致采空区顶板冒顶垮塌（殷跃平，2007；吴瑾等，2011）。

2. 露天采场型

通过露天切坡开采资源的行业主要包括矿产资源、建筑及工业石材开采两种。与地下开采诱发坡体变形机制不同，露天边坡属于开放的斜坡系统，由于开挖卸荷形成了回弹释放的应力环境，以及坡面形态高陡等因素奠定了坡体失稳的基础条件，往往在地震及降雨等动态因素作用下诱发形成崩滑灾害。统计显示中国约 80%~90% 的露天开采矿山发生过或存在潜在失稳危险，如果缺乏有效的控制措施，大规模的边坡失稳会摧毁整座矿山（Wei et al.，2007）。

露天采场的矿山资源以铁矿和煤矿为主，如我国的潘洛铁矿和抚顺西煤矿。露天开采的石材包括石灰岩、砂岩、花岗岩等种类多样，在国外形成了十分常见的采石场崩滑灾害，如土耳其 Izmir 采石场、日本埼玉县 Kagemori 和冈山县 Shitagura 采石场等。露天采场崩滑灾害的共性特征主要包括：①褶皱或断裂构造一般控制了大型矿山边坡地层的变形强烈及结构破碎特征，对小型采石场影响甚微；②汛期强降雨导致地下水水位上升及孔隙水压力升高，对边坡失稳具有关键作用；③基于前期坡体变形监测分析，采取恰当的防控措施，可以在保证施工安全的前提下实现经济效益（Min et al.，2005）；④爆破开采对边坡结构松弛及变形加剧具有重要影响。大型矿山露天边坡失稳的典型案例包括。

（1）潘洛铁矿滑坡：福建省最大的露天铁矿，台湾海峡 M5.3 级地震及前期异常强降雨（连续 7 日降雨，且日均雨量达 132mm）导致矿山边坡产生拉张裂隙，使古滑坡复活，滑坡体积约 $1×10^6 m^3$。通过实施变形控制措施，滑坡活动速率随支护措施变缓，尽管也随着降雨和采矿变快，但是截至 2000 年闭坑期间并未发生整体失稳，是控制露天开采工程滑坡达 10 年的成功案例（Wei et al.，2007）。降雨入渗导致滑带孔隙水压力升高是诱发滑坡的主因，而局部软弱夹层也削弱了坡体稳定性（Zhang et al.，2005）。

（2）抚顺西露天煤矿滑坡：煤田发育于浑河深大断裂带，地层为古近系内陆沼泽相沉积，开挖集中在主向斜南翼，持续百年开挖后，形成东西长 6.6km，南北宽 2.0km，深约 400m 的矿坑。自 1927 年以来，矿坑发生较大滑坡 90 余次，破坏区面积 $64×10^4 m^2$，滑体总量约 $2100×10^4 m^3$。断层及构造裂隙切割边坡形成楔形体，露天采掘台阶过高，特别在底板帮、煤层台阶坡面切断煤层底板时产生滑坡，井工开采造成边坡岩体破裂，爆破、地下水或地面水入渗使边坡变形加剧乃至滑坡（李凤明和谭勇强，2002；殷跃平，2007）。

采石场边坡的失稳机制相对简单，类型以崩塌为主，体积规模一般较小，但是其发生频次和危害呈不断增加趋势，逐渐接近于大型滑坡的致灾结果，如西班牙采石场崩塌数量约占边坡失稳灾害总数的 20% 以上，成为最常见的导致伤亡的灾害（Alejano et al.，2007）。许多国家（西班牙、土耳其和日本等）对采石场滑坡进行了较为系统的编录及研究工作，但是中国露天开采边坡的安全管理相对滞后，仅对少数造成重大伤亡及损失的灾难性事件较为关注，如贵州印江岩口滑坡和成昆铁路铁西车站滑坡等。由于采石行业产出的经济效益比金属或能源矿业少很多，因此在采场设计和运营过程中，对崩滑控制问题缺乏关注，一般根据经验进行开采作业，致使崩滑灾害相对频发（Alejano et al.，2007）。国内外采石场诱发崩滑灾害的案例如下。

（1）土耳其 Izmir 采石场崩滑灾害群：区内分布 70 处废弃采石场，人口快速增长和城市扩张，导致以往位于郊区的采石场处在目前市中心地段，崩滑数量达 84 处，边坡失稳模式主要包括弯折倾倒、坠落式崩塌以及顺层和楔形体滑坡；岩体不连续面、强风化及居民排放地表水是主要诱发因素（Koca and Kincal，2004）。

（2）日本东京琦玉县 Kagemori 采石场崩塌：1973 年 9 月 20 日，发生石灰岩崩塌，体积约 $30×10^4 \sim 40×10^4 m^3$。在崩塌前 15 个月，观测到边坡出现小型连续裂缝，得益于持续监测，没有造成伤亡和损失，但是引起了日本石灰岩工业对边坡失稳问题的强烈关注（Yamaguchi and Shimotani，1986）。冈山县 Shitagura 采石场滑坡：2001 年 3 月 12 日，发生板岩滑坡，体积约 $80×10^4 m^3$，尽管发现前兆，未及时撤离，致 3 人死亡；其影响和诱发因素包括：①坡脚河流下切形成陡坡；②顺向坡结构易发生深层滑坡；③大量节理和断层面切割坡体，导致岩体结构松弛；④采石切削使坡体更加高陡，并最终诱发滑坡（Suwa et al.，2008）。

（3）贵州印江岩口滑坡：石灰岩质滑坡–碎屑流，原始坡体为斜顺倾结构，约 $210×10^4 m^3$ 的岩体从印江河左岸滑落冲入河谷，形成高 51m 的坝体。滑源区坡脚的采石场正好处在斜坡变形体的锁固段，爆破震动导致关键部位裂隙扩展及应力集中，使坡脚在滑前 3 个月就形成鼓胀裂缝（黄润秋等，2008）；采石切削创造了工程背景条件，而短时连降暴雨是滑坡形成的直接诱因。

（4）成昆铁路铁西车站滑坡：滑体从高约 40 ~ 50m 的采石场边坡下部剪出，剪出口高出采石场坪台和铁路路基 10m，滑体厚达 14m。其影响和诱发因素包括：①原始地层为软弱砂页岩及泥岩，陡倾顺向坡结构，层面控制滑带；②采石场每天 100 余人进行频繁爆破采石，导致岩体结构日益松弛，滑前 4 年在山坡上方出现明显开裂及下错等蠕动变形；③降雨及溪流入渗，导致坡体地下水水位上涨，使滑带碳质页岩软化，最终形成滑坡（胡余道，1987）。

3. 尾矿坝及排土场型

矿山工程中露天采矿与地下开采均会形成松散废弃物堆积，如煤矿矸石堆和排土场以及金属矿山尾矿库和尾矿坝等（郑颖人等，2007）。国际大坝委员会针对尾矿坝失稳灾害进行了编录分析，结果显示全球 74% 的尾矿坝灾害集中分布在少数国家，美国 39%、欧洲 18%、智利 12%，我国分布数量中等为 2.7%（统计数据不全）（Rico et al.，2008）。

从尾矿坝高度分析，56%的坝高15m以上，23%的坝高30以上，但均低于45m高。从诱发因素分析，许多坝体破坏源于综合诱发因素，如气象因素（强降雨、飓风、快速融雪及坝体冻胀等）以及基础失稳、管理失误等；单一诱发因素以异常强降雨为主，地震液化次之（Rico et al.，2008）。遗憾的是，中国目前尚缺少针对尾矿坝失稳的系统研究工作。

欧盟对尾矿坝灾害研究的广泛关注源于2000年前后几次尾矿坝灾难，目前已建立了尾矿坝滑坡数据库，在全球147起尾矿坝失稳灾害中，欧洲各国约占18%，其中英国数量最多。异常强降雨是最常见的诱发因素，管理缺陷和工程活动是第二诱因，而地震液化诱发的案例很少。尾矿坝相比其他拦蓄工程（如水坝）发生变形失稳的危险性更高，原因在于：①筑坝材料一般就地取材，如采矿产生的表土、粗废料及尾矿等；②缺乏专门的尾矿坝设计标准；③在尾矿坝选址、建设和运营中，缺乏对坝体稳定性管理及持续监测手段；④闭矿后的尾矿坝维护成本高，因此缺乏持续维护（Rico et al.，2008）。欧美尾矿坝失稳导致的灾难事件如下。

（1）意大利 Stava 尾矿泥流：Prestavel 萤石矿的尾矿库坐落于 Stava 村上游，由上下两座尾矿库组成，坝体失稳形成灾难性泥流。导致尾矿液化及失稳成灾的因素包括：①尾矿库中存蓄大量的水，外部补给和松散尾矿中包含的水都顺着尾矿及下部管道流入尾矿库，且没有系统设施拦截降雨和地下水、有效地转移周围山坡汇流；排水系统也不健全，失稳前降雨量略高于平均值。②上部尾矿库设计粗糙、高度过大、坡度过陡，且坝体局部坐落于下部尾矿库的松散尾矿之上，因此其稳定性较差。③尾矿物质处于松散状态，尾矿坝下伏凸出地形造成刺入效应。④坝顶运输车辆和挖掘机的振动荷载，加之尾矿流体不断注入，导致尾矿液化及坝体失稳。⑤在尾矿库内部、周边以及坝体中缺少水压力控制或监测系统。⑥小型滑坡及库水渗漏等预警征兆并未引起足够重视。⑦村落位于与尾矿库相同沟谷的下游，难免受到威胁（Sammarco，2004）。

（2）美国西弗吉尼亚中北部的煤矿矸石堆滑坡：具有多级滑面特征，初始破裂主要发育在矸石堆与地面的接触部位，然后逐渐扩展传播至矸石堆积体中，形成贯通的滑带。滑坡主要诱因是浅层地下水、地层组合关系以及下伏基础的土体性质等；其中红色页岩的存在十分关键，使矸石中黏土含量高约10%~35%，导致土体活性、回弹变形和蠕变效应增强；页岩风化壳中的蒙脱石和退化伊利石吸水膨胀，进一步降低了矸石堆和基础的抗剪强度（Okagbue，1986）。典型的滑坡案例是1972年 Buffalo 溪煤矿尾矿泥流（Wikipedia，2011）。

（3）德国东部褐煤采区排土场滑坡：区域大部分矿山闭坑之后，地下水水位升高，在废弃矿坑地带形成大片湖塘，并诱发严重滑坡灾害，特别在德国东部边界的 Niederlausitz 地区。在没有人工排洪的条件下，地下水水位每年可上升1~3m，矿坑边坡被淹没后，具有突然滑动特征，在数分钟内，液化的滑体即可灌入到废弃矿硐中。滑坡体积一般超过$1000×10^4 m^3$，堆覆面积可达数千平方米。滑坡成因机制：土体为磨圆较好的松散-极松散细-中粒砂土；当矿坑水位上涨时，导致砂土液化流滑；坡体破坏由坡脚开始，逐级向上溯源破坏形成阶梯状错坎；滑体表面休止角度非常平缓，经常介于3°~5°，水下滑体休止角可以小于3°；然而，此类滑坡还缺乏诸如地表裂缝或小型滑动等易于识别的预警标志。自1955年以来至少发生大型流滑灾害15次，累计滑体体积约$4500×10^4 m^3$，共造成16人伤亡，摧毁大量森林及采矿设施。典型的滑坡案例是 1987 年 Sedlitz 流滑灾害（Wichter，2006）。

2.2.2　水利水电工程滑坡

水电工程边坡与矿山边坡相似，在高度和范围方面明显大于其他人工边坡，如我国锦屏一级水电站左岸边坡高达 540m（郑颖人等，2007；Zhang et al.，2014）；此类工程边坡的稳定性问题也更为复杂，根据边坡类型可将此类工程滑坡分为：库区岸坡型、水库大坝失稳型及灌溉工程诱发型三类（表 2.2）。

表 2.2　国内外典型水利水电工程灾难性滑坡事件列表

编号	滑坡名称	地理位置	体积/$10^4\,m^3$	诱发因素	致灾描述
1	瓦依昂（Vajont）滑坡	意大利贝卢诺	27000	强降雨，库区泄洪	1963.10.09，滑坡冲入水库形成涌浪，摧毁树木和建筑物，致 2500 人死亡（Alonso and Pinyol，2010；Paronuzzi and Bolla，2012）
2	千将坪滑坡	三峡秭归县沙溪镇	2400	强降雨，库区蓄水	2003.07.13，涌浪高 30m，堵江形成堰塞湖，14 人死亡，10 人失踪，毁房 1100 多座（黄润秋等，2008；Wen et al.，2009）
3	柘溪滑坡	湖南安化县资水中游	165	强降雨，库区蓄水	1961.03.06，涌浪高 24m，翻过坝顶，将直径 25cm 的大树连根拔起（王恭先等，2007；王恭先等，2008）
4	Mingechaur 滑坡	阿塞拜疆	1000	强降雨，库区泄洪	1989.08.23，30m 长的隧洞衬砌破坏，进水塔发生移位
5	新丰江大坝	广东河源市		混凝土坝，地震	1962.03.19，近坝发生 6.1 级地震，导致坝体上部形成 82m 长的水平裂缝，使库水渗漏（邢林生，2001）
6	梅山大坝	安徽金寨县梅山镇		连拱坝，坝基失稳	1962.11.06，右岸垛基渗漏，使垛基上抬，垛顶强烈摆动，坝体出现几十条裂缝（邢林生，2001）
7	纪村大坝	安徽泾县青弋江		重力坝，坝基失稳	1977 年建成投运不久，发生坝基红层泥化，被迫停止发电（邢林生，2001）
8	白山大坝	吉林桦甸县白山镇		重力拱坝，泄洪	1995 年汛期，最高库水位超 500 年一遇洪水位，坝基渗漏量大增，个别渗水点管涌（邢林生，2001）
9	喀什大坝	新疆喀什疏附县		黏土心墙砂砾石坝，泄洪	1998.06.01，泄洪漫过坝顶导致溃坝，毁坝一半以上，一级及下游电站全部瘫痪（邢林生，2001）
10	板桥大坝	河南省泌阳县汝河		土石坝，暴雨	1975.08.08，暴雨致库水位超过防浪墙，溃坝使下游村庄及设施尽毁，1190 万人受灾，2.6 万人死亡，京广铁路中断 50 多天（宋恩来，2000）
11	沟后大坝	青海省共和县恰卜恰镇		混凝土面板堆石坝，渗漏	1989 年，大坝右侧在开始蓄水时出现渗漏；1993 年 8 月 27 日，溃坝发出巨响，下游坝块石滚落撞击产生火花（宋恩来，2000）
12	San Fernando 大坝	美国加利福尼亚州		地震液化，大坝	1971.02.09，摧毁大坝，8000 人撤离 4 天（Stamatopoulos and Petridis，2006；Highland and Robert，2012）

编号	滑坡名称	地理位置	体积/$10^4 m^3$	诱发因素	致灾描述
13	Los Angeles 大坝	美国加利福尼亚州		历史滑坡，大坝	1928.03.12，库水沿着 Santa Clara 河冲出 54 英里，65 英里的峡谷岸坡滑塌，500 多人死亡，损失约 6.7 亿美元（Schuster and Highland，2006）
14	Rainbow 大坝	美国新泽西州		强风暴降雨，大坝	2007.04.15，溃坝后进一步摧毁两座附近的小型坝体
15	Big Bay 大坝	美国密西西比州		坝体渗漏	2004.03.12，摧毁100户民房、两座教堂、一座火电站、一座大桥及大量汽车等
16	Ka Loko 大坝	美国夏威夷考艾岛		强降雨，大坝	2006.03.14，溃坝洪水致 7 人死亡，经济损失超过 5000 万美元
17	Camara 大坝	巴西卡马拉		强降雨，大坝	2004.06.17，致 5 人死亡，毁房 2000 座
18	黄茨滑坡	甘肃省永靖县黑方台	600	灌溉渗透	1995.01.30，黄土斜坡：摧毁71户民房，因提前预报无伤亡（王恭先等，2008）
19	大名镇滑坡	陕西华县		灌渠渗漏	2006.10.06，致 24 所房屋被毁，12 人死亡（Zhang et al.，2008）
20	Thredbo 滑坡	澳大利亚新南威尔士州		水管泄漏	1997.07.30，18 人死亡，摧毁 1 座滑雪旅馆（Hand，2000）

1. 库区岸坡型

水库岸坡的滑坡问题，一直以来都是危及大坝和水库设计、建设及运营安全的重要问题之一（Schuster，1979），如意大利北部过去 150 年间自然灾害事件中，包括瓦依昂库区滑坡在内的工程滑坡共导致 2915 人死亡，约占自然灾害造成死亡人数的 60%（Hendron and Patton，1987；Sammarco，2004；Tropeano and Turconi，2004；Alonso and Pinyol，2010；Pinyol and Alonso，2010；Paronuzzi and Bolla，2012）。库区岸坡的具体危害包括：①直接损毁大坝、排水工程及其他库区设施；②形成涌浪、危及生命且导致大坝及设施毁坏；③导致库容缩减；④延误建设进度等（Cload and Webby，2007；Cojean and Caï，2011）。全球针对库区滑坡的研究正是自瓦依昂滑坡灾难之后引起广泛关注（Cojean and Caï，2011）。

库区岸坡滑坡灾害的一般特征主要包括：①由于水电工程选址一般会避开强活动构造地段，因此地震等内动力诱发库岸失稳的灾难较为少见（Zhou et al.，2010），诱发因素主要以强降雨及库水位波动等外动力因素为主（Keqiang et al.，2007）；②许多库区滑坡具有较长的变形活动历史，是已有古滑坡复活所致，正如国际大坝委员会（ICOLD）统计显示古滑坡复活的实例约占库区滑坡总数的 75%（Deng et al.，2005）；③库区滑坡具有明显的集中分布时序特征，主要表现在库区蓄水初期数年之内群发的特性；④尽管库区滑坡的灾害效应广泛，但是滑体冲入库区形成涌浪是最主要致灾方式，一般因库区滑坡导致大坝被毁的记录很少。

　　国内外最著名的、也是研究程度最高的单体灾难性库区滑坡是意大利瓦依昂（Vajont）滑坡，而围绕库区群发滑坡研究最为系统的当属中国三峡库区滑坡群。国外典型库区滑坡实例如下。

图 2.3　瓦依昂滑坡正射影像图（摄于 1998 年 8 月 6 日）

　　（1）意大利北部瓦依昂滑坡（图 2.3）：很可能是世界上相关报道和分析最多的水库诱发滑坡灾害，岩质滑体从水库左岸山坡滑下，入水速度约 30m/s，激起巨大涌浪冲击至对岸，又折回至库区，并冲击越过大坝，约 $25 \times 10^6 m^3$ 的巨大水体从坝顶猛然落下，冲入狭窄的泄洪道和 Piave 峡谷（Hendron and Patton，1987；Sammarco，2004；Alonso and Pinyol，2010；Pinyol and Alonso，2010；Paronuzzi and Bolla，2012）。坡体变形过程为：1960 年年底大坝建成蓄水时，滑坡边缘就形成连续裂缝，宽约 1m，长约 2500m，滑体向库区发生蠕滑；通过 1960～1962 年期间水库两次蓄水和排空循环之后，1963 年 9 月蓄水位达到 710m 最高水位线，坡体地表累积位移超过 2.5～3m；监测曲线显示滑坡加速变形与水位上涨关系密切，在坡体临滑之前数日，表面位移速率可达 20～30cm/d。坡体滑动模型由两个互馈楔形体组成，且上部楔形体通过内部的剪切带将部分质量传递至下部楔形体（Alonso and Pinyol，2010）。Alonso 等提出滑坡启动机制为：①根据 Vajont 河左岸的演化史，推断滑坡是古滑坡经历了多次大规模滑动之后再次复活，滑动面发育在连续分布的高塑性黏土层中；②基底滑动带的 Mälm 黏土有效内摩擦角残余值较小（~12°）；③滑前数年间多次地震对岩层造成了累进剪切作用；④滑体渗透性较好，滑体中的水压力对库水位波动响应敏感。在滑坡启动初期，随着滑动位移增加，上部楔形体质量部分转移至下部楔形体导致阻滑作用增加，使整体安全系数有所升高。随着滑动过程的持续，滑带强度退化降低，使滑移速率增至约 4.5m/s（Alonso and Pinyol，2010）。滑体入库的高速机制可以利用滑带摩擦生热产生超孔隙压力来解释：其关键条件是底层滑带发育在处于残余强度状态下的低渗透、高塑性黏土层中，而滑面孔隙压力的自激发机制最终使滑速达到约 25m/s（Pinyol and Alonso，2010）。

（2）国外其他库岸滑坡的典型实例还包括：①意大利 Pontesei 库岸滑坡，1959 年 3 月 22 日，$500 \times 10^4 m^3$ 的滑体入库形成脉冲式涌浪，使对岸街道的骑车人受冲击致死，使库容降低约 50%，但是对大坝无害；涌浪的物理模型试验结果显示，最大涌浪波幅主要取决于滑体质量或体积和初始水位，呈近似线性关系（Panizzo et al.，2005；Carvalho and Antunes do Carow，2007）。②阿塞拜疆 Mingechaur 库岸滑坡，位于水电站大坝右岸联接段的上水池部分，发生在库区泄洪导致库水位骤降阶段，主要影响和诱发因素为：A. 边坡结构为顺向坡；B. 库水侵蚀使库水降落区的坡脚被掏蚀，形成局部应力集中；C. 库水位骤降导致岩体中产生顺坡向的渗流力；D. 降雨通过岩溶孔洞及裂隙入渗以及坡体中下部饱和，导致泥岩物理力学性质劣化，岩体流动性增加（Kotyuzhan and Molokov，1990）。

针对库区群发滑坡的时序分布特征，Cojean 等指出约 50% 的库岸滑坡发生在首次蓄水期间，其余滑坡主要在大坝建成后 3～5 年期间（Cojean and Caï，2011）；Riemer（1992）对 60 例库岸滑坡统计显示约 85% 的滑坡发生在水库建设、蓄水或者建成后两年期间。中村浩之对日本库岸滑坡统计显示约 60% 的滑坡发生在库水位降落期，40% 发生在库水位上涨期（中村浩之和王恭先，1990）；Jones 等（1961）对 Ronsevelt 湖岸边 500 处滑坡统计显示约 49% 的滑坡发生在水库蓄水期，30% 发生在两次库水位降落 10～20m 期间，而其余年份的滑坡很少；在东西伯利亚的安加拉河库区及美国哥伦比亚河的大古力水坝库区岸坡也具有开始蓄水初期群发滑坡的时序特征（Trzhtsinskii，1978；Schuster，1979）。

我国河流水系十分发达，各大流域均有库岸滑坡灾害发生，其中三峡大坝是全球最大的水电工程，库区周边也是全球著名的库岸滑坡集中分布区，单体规模超过 $1.0 \times 10^5 m^3$ 的滑坡共计 428 处，而且随着水库建设和蓄水，滑坡数量和体积还在继续增加（Keqiang et al.，2007；王治华，2007）。库区水位升降波动是控制岸坡稳定性的关键因素，已有研究结论如下（Xue et al.，1997）：①在库区蓄水期间，绝大部分滑坡受到水位变动的影响，具体影响取决于滑带形状和高程、结构和物质组成及排水条件等。库水位上升对坡体稳定性的影响是双方面的，其中不利于稳定性的因素包括：孔隙水压力升高、岩土体溶蚀软化及浮托合力作用，甚至诱发水库地震或浅部断层活动（Schuster，1979）；利于坡体稳定的因素是水体面向坡体内部的逆向渗透压力。矛盾双方对坡体稳定性的综合影响是有利或有害经常因滑坡而已，如滑体渗透性较好的清江鱼洞河滑坡和鹤峰滑坡在库区蓄水引起的静态水压力作用下稳定性得到改善（Wang et al.，2007；Zhang et al.，2010）；但是树坪滑坡、千将坪滑坡及泄滩滑坡在库区蓄水时稳定性变差甚至被诱发复活（Deng et al.，2005；殷跃平，2007；Wang et al.，2008；黄润秋等，2008）。②蓄水停止后正常水位的影响，被淹没滑体的水文地质条件和滑带物理力学性质的改变，直接影响滑坡稳定性。对于滑带整体或者部分处在地下水水位以下的滑体而言，库水位上涨对强度没有必然影响；但是在水位以上的滑带部分以及由土体和角砾土组成的滑体在饱和后，强度会降低。通过对 37 处大型滑坡在库水位升至175m前后的安全系数进行比较显示，蓄水后44%的滑坡与之前相同或者有微弱增加；24%的滑坡安全系数降低了3%～10%；32%的滑坡安全系数大幅降低了11%～30%（Xue *et al.*，1997）。③库水位波动的影响，三峡水库运行包括两个明显波动阶段：①汛期前的水位缓慢降落，从每年11月至来年3月期间，大坝前水位从正常175m水位降至防洪限制水位145m，下降速率为0.2m/d，这种下降速率并未对库岸边坡的整体稳定性造成明显影响，但会导致一些稳定性较差的变形体活动。②在汛期洪峰之后，库水位在小范围内的突然降落，以1954年洪水为例，坝前水位最大降速为1.2m/d，共计降落了17m；这种大幅度快速水位降落是为了应对同时出现的暴雨和洪水，会造成岸坡岩土体细粒物质潜蚀、坡体地下水向下渗流，一般认为会对稳定性产生不利影响。例如，监测数据显示树坪滑坡、鹤峰滑坡和黄土坡滑坡，均表现出随着库水位下降，尤其是急降过程，产生强烈附加变形，且整体稳定性明显降低的特征（Wang *et al.*，2008；Zhang *et al.*，2010；Cojean and Caï，2011）。然而，也有研究通过对主流沿岸28处大型滑坡敏感性分析，发现仅有7处滑坡在水位急降时稳定性相比自然状态有所降低；对主流沿岸31处大型-特大型滑坡的宏观地质分析、稳定性计算、失效概率分析及灰色综合评价结果显示，只有龙王庙滑坡和安乐死滑坡稳定性降低，其余稳定性状态与水位降落前相似（Xue *et al.*，1997）。

　　三峡库区除了许多由库水位升降诱发滑坡以外，还有一些大型滑坡尽管并非由水库诱发，但是滑坡活动却直接影响水电工程运营安全，典型滑坡案例包括：①西陵峡新滩滑坡，属于多期活动的特大型古崩坡积体，1985年6月12日，发生高速滑坡，体积约3000×10⁴m³，滑体以10～30m/s速度摧毁新滩千年古镇，毁坏481户居民的房屋，激起涌浪高54m，波及长江航道约42km，中断航运12天；滑坡复活的主导因素是滑坡体后缘广家崖危岩逐年崩塌加载，主动滑移区崩塌堆积物不断积累，超过滑床抗力所致。②鸡扒子滑坡，1982年7月，区域性特大暴雨导致老滑坡复活，最大滑速达12.5m/s，滑体前缘推入长江并直达对岸，最大滑距超过200m，体积约1500×10⁴m³；虽未造成人身伤亡，但毁坏房屋1730间，经济损失约600万元，入江滑体形成700m长的急流险滩，导致航运中断7天，碍航达数月（黄润秋等，2008）。

　　我国除了三峡库区以外，库岸滑坡在各大流域也有分布，如1961年柘溪电站库岸滑坡是我国第一例水库蓄水诱发的大型灾难性顺层岩质滑坡（王恭先等，2007，2008）；黄土高原区延安红庄水库渗漏导致周边地下水水位上涨，诱发赵家安老滑坡复活（Zhang M. *et al.*，2012）；黄河上游拉西瓦电站果卜滑坡（Zhang D. *et al.*，2012）；金沙江流域梯级电站的库岸崩塌、滑坡群（Li *et al.*，2006）以及金沙江两家人电站的滑石板滑坡等（Zhou *et al.*，2010）。

　　2. 水库大坝型

　　目前全球许多国家的水库大坝运营安全不容乐观，且日益引起广泛关注。以美国为例，全国编录在册的大坝约79000座，历史上在供水、防洪、航运、灌溉及发电等领域发挥了重要作用；自1999年至今，超过3300座大坝处于不稳定状态，其中129座已经破坏。美国大坝安全联盟呼吁全国关注大坝安全性恶化进而危及公共安全的问题，但至今仍缺乏专门针对大坝修复的公共政策和资金支持。

我国大坝安全问题也十分突出，国内一半以上水库建成于 20 世纪 50～70 年代，建设过程一般是边勘测、边设计、边施工，工程标准和施工质量低劣，目前大量库坝处于病险状态。针对国内大坝失事机理的初步研究显示：①溃坝时间大致遵循 24 年大周期及 12 年小周期的变化规律；②在经历了长时间干旱后的集中降水会使库区大坝失稳概率增加；③北方大坝失稳主要由于泄流能力不足和大坝质量问题，而南方大坝失稳除此原因以外，超标准洪水也是主要诱因之一（何晓燕等，2005）。

通过对国内外水库大坝失稳破坏的综合分析，初步总结出 5 个主要原因（马永锋和生晓高，2001）：①坝基失稳：如法国 Malpasset 拱坝失稳，由于左岸坝肩地质条件较差，两组优势结构面切割形成不稳定楔形体；蓄水后悬臂梁底部产生拉应力，坝踵开裂，水流入渗形成巨大扬压力；坝肩渗流力和拱推力导致楔形体滑动，左坝肩产生变形，带动坝体整体破坏。②泄洪能力不足：如印度 Machhu 大坝失稳，由于前期特大暴雨漫顶，实际流量超过设计泄流能力两倍多，加之未能开闸放水所致。③渗流控制措施不当：如 1928 年美国洛杉矶 St Francis 重力坝失稳，内因是坝址存在地质缺陷，外因则是渗流。在蓄水初期沿坝体、断层和坝肩就开始渗流，由于砾岩中含有可溶性矿物，岩体吸水软化，受水流冲刷出现缺口，导致右侧坝体失去支撑。在水压力作用下，古滑坡体复活，岩体沿页岩层面楔入坝体左侧基础并将坝体抬高，最终洪水将重达万吨的混凝土坝体卷走。一般水库蓄水必然会产生渗流，随着水位抬高，孔隙水压力增加可使土体发生潜蚀及管涌破坏，进而引起坝基和坝体破坏；由于渗流多因地下水而起，常被忽视，因此破坏性比较大。④地震诱发坝体破坏：如美国圣费尔南多大坝滑坡，1971 年 $M7.5$ 级加利福尼亚州地震诱发填土坝体液化，滑坡主体在震后 25s 发生滑动，滑面位于上游坝面，切穿坝体导致溃坝（Schuster and Highland，2006；Stamatopoulos and Petridis，2006）。⑤库区滑坡导致溃坝：如美国加利福尼亚州 Los Angeles 大坝为大型重力坝，东侧坝肩处的历史滑坡在库水浸泡下滑动导致坝体破坏（Schuster and Highland，2006）。

3. 灌溉工程型

我国西北黄土高原区的农业灌溉活动诱发滑坡现象十分典型，尤其以甘肃永靖黑方台灌区的塬边滑坡群最具代表性。黄土在干燥状态下的内聚力较高，但是当含水量增加时，强度会明显降低。黑方台地区年均蒸发量约为 1600mm，远大于年均降水量约为 300mm，因此降雨对滑坡诱发因素微弱，而最近 30 多年的塬面灌溉活动导致黑方台上层滞水位显著升高，成为诱发滑坡的主要因素。

甘肃永靖黑方台黄土滑坡群：位于甘肃永靖盐锅峡镇，地处黄河和湟水河交汇处的黄河左岸，东西长约 10.7km，南北宽 13km，台塬面积约 13.7km^2，为黄河 IV 级基座阶地，台塬高出周围地形 100～133m。塬边地带共发育 35 处滑坡，总体积约 4600×10^{4}m^3，具体可分为黄土滑坡和黄土-基岩滑坡两类。①黄土层内滑坡以黄土泥流为主：具有高速远程及频繁复发特征，滑距超过 300m，平均滑速大于 5m/s。导致黄土泥流的机制：随着滞水位升高，排水条件下首先诱发黄土崩解，同时对位于黄土台塬下部饱和部分的土体施加了不排水荷载；在上覆干燥黄土的重力作用下，最终形成了不排水的流动破坏；宏观破坏方式表现为液化饱和黄土流在先，上部干燥黄土在后的发育特征（Xu et al.，2011a）。②黄土-基岩滑坡以黄茨滑坡为例，位于黑方台南缘，1995 年发生上覆厚层黄土的顺岩层滑坡，前缘宽 300m，后缘宽 500m，长 370m，体积约 $600×10^4m^3$；由于成功预报，未造成人员伤亡；2006 年滑坡复活，体积 $320×10^4m^3$，毁房 153 间且中断道路（殷跃平，2007）。灌溉诱发黑方台滑坡群的一种解释为：随着灌溉水流入裂缝，裂缝底部的未扰动黄土孔隙水压力急剧增加，进而导致土体局部液化并发生显著位移破坏（Xu *et al.*，2011a）。也应注意到灌溉水流入黄土裂隙可以导致小型破坏，大型滑坡通常是地下水水位升高诱发的结果（Xu *et al.*，2011b）。同时，地下水在冬季前后的冻胀雍高效应以及下伏砂泥岩风化壳中可溶盐淋滤流失导致剪切强度降低效应对塬边滑坡形成的影响也不容忽视（Wen and He，2012）。

在黄土高原东部地区，也不乏灌溉诱发滑坡灾害的案例，如陕西华县大名镇快速黄土流滑灾害（Zhang *et al.*，2008）以及陕西泾阳南塬塬边崩滑灾害等（范立民等，2004）。国外也有一些灌溉渠道渗漏诱发的滑坡灾害，如澳大利亚历史上最为严重的自然灾害 Thredbo 滑坡，正是由于输水管道渗漏导致 Alpine 公路填筑路堤饱和及坡体最终失稳（Hand，2000）；新西兰 Abbotsford 滑坡与原始边坡顶部的输水管道渗漏诱发作用的关系密切（Hancox，2007）。

2.2.3　线性基础设施工程滑坡

线性基础设施工程滑坡主要以公路和铁路等道路工程以及油气管道工程两类为主。出于经济及国防建设目的，这些长距离线性穿越工程，经常无法避开强活动构造区及极端气候地区，因此也造成了人类工程扰动、不良地质及异常气候因素等对沿线切坡稳定性的综合影响效应。在各类工程滑坡中，线性工程扰动区滑坡是分布最为广泛、涉及地质环境条件和形成机制最为复杂的工程类型，且通常沿线呈带状集中分布特征（表2.3）。

表 2.3　国内外典型线性基础设施工程灾难性滑坡事件列表

编号	滑坡名称	地理位置	体积/10^4m^3	诱发因素	致灾描述
1	宝成线 K190 滑坡	宝成铁路 K190	30	铁路切坡	1992.05，中断运输 35 天，砸坏明洞，改线花费 8500 万元（王恭先等，2008）
2	东乡县何坊村滑坡	中国江西省东乡县		连日降雨，铁路切坡	2010.05.23，导致火车 9 段车厢脱轨，线路中断，19 人死亡，71 人受伤
3	102 道班滑坡群	川藏公路林芝通麦段	500	公路切坡	1991~2000 年期间，堵塞帕隆藏布江，致翻车事故 20 起，9 人死亡（王恭先等，2008）
4	Attabad 滑坡	巴基斯坦北部 Hunza 河	3000	公路切坡	2010.01.04，堵河形成堰塞湖，淹没 5 座村庄，致 20 人死亡，阻断公路（Petley，2010）

1. 公路及铁路工程型

在全球范围内，从经济发达程度分析，发展中国家的经济社会发展、国防、交通及日益增加的旅游业等导致其公路及铁路交通系统快速膨胀，随之而来严重的滑坡问题也困扰着这些国家的山区道路建设。从形成发育条件分析，道路工程滑坡主要集中在极端复杂的地质及气候条件地区，如亚洲的喜马拉雅弧形地带、欧亚交界的高加索山脉地区等。以中国大陆为例，在道路切坡方面：京福高速公路福建段200km内高度大于40m的边坡达180余处；云南省元江至磨黑高速公路147km内高度大于50m的边坡160余处；宝成铁路宝鸡至绵阳段内，边坡开挖至少293处，接近或超过临界安全坡度的123处，占开挖长度53%（郑颖人等，2007）；在切坡失稳致灾方面：宝成铁路建成后35年间，沿线滑坡密度达2处/km（鄢毅，1993）；青藏公路和铁路线路总长约1268km，沿线50km宽条带内，面积大于$10^4 m^2$的滑坡多达552处（王治华，2003）。

公路及铁路工程滑坡的形成机制与发育特征主要具有以下共性：①坡体下部切削导致坡体失去支撑；②超载堆积及切削过陡的填筑边坡；③边坡自然水文地质条件改变，导致地表径流或地下水向不稳定斜坡部分汇聚；④除了工程扰动以外，与地震和极端异常降雨等内外动力因素的综合诱发作用密切相关（Sidle et al.，2010）；⑤在道路建设过程中，大多采取了滑坡治理或避绕措施，运营过程中的滑坡主要为极端因素诱发的群发小型崩滑灾害；大型滑坡灾害并不易发，然而一旦发生，则灾害效应惨重。

国内外公路及铁路工程滑坡的形成及分布类型，根据主要诱发因素可划分为三类：①内动力地质因素–地震与活动构造诱发型；②外动力气象因素–极端异常降雨诱发型；③内外动力耦合作用诱发型。以下将分别进行阐述。

（1）以活动构造、新构造运动及地震为主的诱发机制：①委内瑞拉加拉加斯–拉瓜伊拉高速公路滑坡：古滑坡紧邻断裂发育，区域水平构造应力与地震诱发滑坡复活、并毁坏了公路高架桥（Salcedo，2009）；②阿塞拜疆从首都巴库至俄罗斯的高速公路穿越高加索山麓地震构造活跃区，在一些高陡斜坡的切脚部位，不良地形条件和地震活动诱发滑坡（Novotný，2011）；③以色列耶路撒冷 Soreq-Refaim 峡谷铁路沿线，1927年死海 M_L6.2级地震诱发岩崩毁坏铁轨（Katz et al.，2010）。

（2）以异常强降雨及地下水为主的诱发机制：①在环太平洋地区，A. 南昆铁路八渡古滑坡，在不良岩体结构和物质组成条件下、由强降雨及河岸侵蚀作用诱发形成（王恭先等，2007）。B. 台湾穿岛公路的里山乡滑坡，为大型古滑坡复活形成，滑带位于风化壳的下界面部位，强降雨及排水不畅是主要诱因（Shou and Chen，2005）。C. 台湾南部莫拉克台风诱发公路滑坡，雨强可达100mm/h，累积降雨量达2000mm，阿里山 T18 公路是受灾最严重的公路之一，断层影响区的软弱破碎岩体及不透水层控制坡体稳定性（Liu et al.，2011）。D. 此外还包括日本奈良 168 号国道 Ohto 蠕动滑坡（Suwa et al.，2010）以及马来西亚槟榔屿 Tun-Sardon 公路浅层花岗岩残坡积物滑坡（Khan and Lateh，2011）等。②在环地中海地区，A. 约旦 Amman-Jerash-Irbid 国际高速公路在过去40多年中，发生许多灾难性滑坡，坡体中发育极软弱的夹层及强降雨是关键影响因素（Malkawi et al.，1996）。B. 约旦重要的公路滑坡之一 NA'UR-4 号大型平移式滑坡，降雨及地表水入渗至泥灰质夹层，使其孔压增加、物性改变和强度降低；坡脚切削及上覆石灰岩自重驱动了滑坡（AL Homoud et al.，1995）。C. 土耳其安卡拉–伊斯坦布尔–锡诺普的 Karandu 公路滑坡，体积超过$100×10^6 m^3$，滑体位于强风化不透水的复理石层中，滑带与丘状地形组合形成了大于两个大气压的高承压水头；滑体密集的裂隙面顺坡向产出，便于地下水运移；滑体中含有大量抗剪强度较低的黏土质风化物，不利于坡体稳定（Yilmazer et al.，2003）。D. 克罗地亚的亚德里亚海公路滑坡，陡坡上部为石灰岩、下部为复理石层；工程切坡导致坡度变陡，地下水的水力梯度增加，降雨诱发大量滑坡（Arbanas and Dugonjic，2010）。③在大西洋东岸地区，A. 尼日利亚 Umuahia-Bende 联邦公路滑坡，尽管滑坡已评定为稳定，但在汛期持续降雨作用下，尤其滑前一天强降雨导致地下水水位突然上涨，增加了滑体自重使滑坡复活（Okagbue，1988）；B. 威尔士北部 Trevor 公路滑坡，长期地表变形、坡脚侵蚀及地下水变动为滑坡创造了条件；前期异常强降雨和输水管道渗漏，诱发形成旋转–平移式滑坡（Nichol and Grraham，2001）。④在印度洋沿岸地区，印度南部 Nilgir 山区道路工程滑坡，具有降雨型滑坡集中群发特征，2006 年 11 月 14 日，持续 3 小时降雨150mm，在 Burliyar 地区诱发 166 处滑坡，绝大部分为浅层平移式滑坡和碎屑流滑类型，尽管规模不大，但是造成了大量伤亡和财产损失（Jaiswal et al.，2010）。从 1987～2007年历时 21 年调查揭示 901 处工程滑坡，主要是 10～12 月期季风撤退期的降雨诱发的小型滑坡；在某些铁路段的滑坡密度可达 50 处/km，而公路段的滑坡密度可达 10 处/km，每年降雨诱发群发滑坡事件最多可达 11 次，每次诱发滑坡数量最多可达 148 处（Jaiswal et al.，2011）。印度 39 号国道沿线滑坡类型主要以楔形体滑动为主，监测数据显示地下水水位紧随 6～7 月的强降雨上涨，导致土体饱和，从而引起群发滑坡（Kumar and Sanoujam，2006）。

　　（3）强活动构造或地震与强降雨综合诱发的道路工程滑坡，典型分布区之一是青藏高原腹地及周边地区。①青藏高原腹地：川藏公路然乌—鲁朗 290km 路段分布 34 处滑坡，其中包括 12 处体积大于 $5×10^5m^3$ 的滑坡；滑体物质一般由巨厚层冰积物、冲洪积物、湖湘沉积及碎裂岩组成。滑坡成因机制可表述为：地震导致坡体变形趋于不稳定，汛期强降雨使土体饱和且抗剪强度降低，河流侵蚀扰动坡脚，形成累进式破坏，公路切坡和植被破坏降低了斜坡稳定性并诱发滑坡（Shang et al.，2005）。目前绝大部分是强降雨诱发的滑坡，地震滑坡较少；除了少数不活跃滑坡以外，大部分滑坡发生或复活周期小于 50 年（Shang et al.，2005）。典型滑坡案例是 102 道班滑坡群：位于西藏通麦附近，冰洪积物从 400m 高处滑下，松散滑体又演化成数条泥石流，仅保通工程即花费 5000 余万元（王恭先等，2008）。②青藏高原东缘：岷江上游 G213 国道滑坡，经常堵塞河流或摧毁公路，由于地质结构、河流下切和人类切坡活动所致，以小宗渠滑坡为例，其形成机制机理为：A. 岷江持续下切导致坡脚累进破坏，从现有破裂面不断溯源扩展；B. 位于强震影响区，茂县–汶川断裂带的次级断裂控制滑坡区地质结构，岩体裂隙发育且在古滑坡之后风化严重；C. 2002 年秋天重修公路的切坡活动导致滑坡失稳复活（Ding and Wang，2009）。③青藏高原南缘：印度北部喜马拉雅山区的工程地质条件及诱发因素与川藏铁路相似，公路滑坡问题非常突出，集中分布区包括加瓦尔–喜马拉雅地区（Barnard et al.，2001）以及 Almora 和 Nainital 公路沿线（Haigh et al.，1988）。④青藏高原北侧：天山山脉强震活动区的亚欧大陆桥 55～70km 路段是整个铁路沿线最大水平地表变形量和平均速率分布区，同时是滑坡分布最为集中路段，主要发育在白垩系—古近系的黏土岩中，降雨及融雪是主要诱发因素（Kojogulov and Nikolskay，2008）。

　　除了青藏高原地区以外，地中海及环太平洋地区的道路工程滑坡分布也较为集中，典型案例包括：①意大利威尼斯 Fadalto 滑坡，由古老岩质滑坡从末次冰期演化而来，最初由内外动力因素综合诱发，外因是冰川融化和新构造活动，内因是下伏冰水沉积物滑带抗剪强度降低，基岩裂隙发育，岩层倾向沟谷的顺向坡结构；现代公路和铁路开挖又使滑坡再度复活（Pellegrini and Surian，1996）。②北美不列颠哥伦比亚中西部的公路及铁路滑坡类型多样，其影响因素包括岩土体强度软弱、峡谷深切、冰川活动、公路建设与开挖；诱发因素包括降雨、融雪、超载及地震活动；强降雨一般诱发浅层滑坡（如残坡积层滑坡和泥石流），在经历了较长的水文地质响应时期和累积变形则会诱发深层滑坡（如岩质滑坡、土流及流滑灾害）（Geertsema et al.，2008）。

2. 油气管道工程型

油气管道工程主要采用埋设方式穿越，因此相对公路及铁路等工程滑坡而言，由于切坡诱发的滑坡灾害较少，但滑坡对管道工程的负面影响不容忽视。油气管道工程在全球分布广泛，此类工程滑坡实例主要包括：①我国西气东输管道穿越西北黄土高原区，沿线地质灾害十分发育，尤其在皋兰至凤翔 350km 段更为集中，且以滑坡及黄土湿陷灾害为主，遥感解译显示沿管线两侧 200m 范围内至少发育 43 处滑坡，根据地层组合关系可以分为三类：Q_3 黄土滑坡、Q_3+Q_2 黄土滑坡、Q_3 黄土 $+N_2$ 红色黏土滑坡；其中 Q_3+Q_2 黄土滑坡分布数量最多，一般沿下伏新近系红色黏土风化壳发生滑动，且具有远程滑移和群发特征。尽管沿线滑坡具有局地集中的发育态势，但是在同一沟谷两侧的发育频次不同，多期活动的滑坡相互交切组合形成滑坡群，滑坡空间分布与气候、地形、地震地质及新构造运动因素密切相关。沿线自西向东的气候由干旱经历半干旱转为半湿润气候，降雨量逐渐增加，滑坡灾害也越来越密集，且重要集中在 7～8 月雨季（Wang and Zhou，1999；Wang et al.，2010）。②俄罗斯远东穿越 Makarov 山区的油气管道，区内构造活动强烈，地震活动及强降雨会诱发表层风化岩和残坡积层滑坡，滑体厚度以数米为主（Novotný，2011）。③土耳其至希腊的天然气管道，在布尔萨附近被滑坡损坏，滑坡长约 96m，宽 48m，滑带深度在地下 1.9～12.4m 处，欠固结黏土沿着与下伏黏土岩接触带发生滑移破坏（Topal and Akin，2008）。

油气管道一般以平行或者垂直于滑动方向两种方式穿越滑坡区：①当平行穿越时，如果沿管道修筑护堤，二者共同组成纵向防护结构，可以一定程度避免滑坡；否则，当滑坡发生时，尖锐石块可能会划破管道保护层；②当垂直或近垂直穿越时，由于管道由钢制材料构成，自身可以横向抵抗下滑力，尤其对小型滑坡可以起到支护作用，管道抗力的能力主要取决于的管道接头固定墩数量和间距（Ma et al.，2006）。

2.2.4　城市建设复合型工程滑坡

目前全球大部分地区人口压力在不断增长，这种趋势在未来仍会继续加速；迫于人口膨胀的压力，城市发展日趋被动地向山区推进；同时，山区自然美景以及渴望融入其中的主动意愿，也使人们不断向山区开发定居，这种发展趋势进一步加剧了城市化过程中山区滑坡的风险，并且已经形成了许多灾难性滑坡事件（表 2.4）。

表 2.4　国内外城市化复合型工程灾难性滑坡事件列表

编号	滑坡名称	地理位置	体积 /$10^4 m^3$	诱发因素	致灾描述
1	重庆武隆县城 "5·1" 滑坡	重庆武隆县城	1.6	公路及城建切坡	2001.05.01，缓倾碎裂岩切向坡，致使一幢 9 层楼房被摧毁掩埋，79 人死亡、7 人受伤（殷跃平，2001，2007）
2	天水锻压机床厂滑坡	甘肃省天水市	60	修路建厂，强降雨	1990.08.21，黄土梁斜坡，摧坏 6 个车间，7 人死亡，损失 2000 多万元（薛振勇和侯书云，1991；王恭先等，2008）
3	丹巴县城滑坡	四川丹巴县	220	长期蠕变，城建切坡	2005.02.18，堆积层斜坡，破坏房屋，损失 1066 万元，威胁整个县城安全（黄润秋等，2008）
4	八渡车站滑坡	南昆线八渡	500	建筑切坡	1997.07，深层巨型切层古滑坡，威胁车站安全，治理费 9000 万元（王恭先等，2007，2008）
5	Aldercrest-Banyon 滑坡	美国华盛顿 Kelso		城镇建设，强降雨	1998~1999 年，蠕滑滑坡摧毁 137 间房屋，造成 4000 万美元损失（Rogers，2010）
6	Cairo 滑坡	埃及开罗		城建切坡	2008.09.06，119 人死亡，山区建设活动诱发悬崖崩塌，各别巨石重达 70t（BBC，2008）
7	Abbotsford 滑坡	新西兰南岛但尼丁地区	500	强降雨，坡脚采砂，管道渗漏	1979.08.08，摧毁 69 间房屋及许多城市基础设施毁坏，损失超过 1000 万新西兰元（Hancox，2007）

　　城市建设过程中涉及的工程种类繁多，概括起来工程滑坡主要包括 5 种诱因：①工程切削形成高陡坡体或者掏空坡脚；②在不稳定斜坡或者处于临界稳定状态的坡体上部加载；③人为干扰地表径流导致坡体排水条件劣化；④由于景观灌溉或蓄水等原因，导致坡体含水量增加；⑤对森林和灌木等植被的砍伐活动等（Schuster and Hiqhland，2006）。尽管城市建设工程滑坡的诱因多样，但是其发育及分布特征一般具有以下共性：①区别于其他工程滑坡的显著特征，主要表现在其诱发机理难以归咎于某种单一的工程类型，往往具有以某种工程为主、多种工程为辅的复合诱发特征，如新西兰 Abbotsford 滑坡（Hancox，2007）；②人类世以来，工程活动由最初的外在诱发因素，逐渐演变成基础背景要素，在城市化中心或者经济社会发达地区表现尤为明显（Maruyama and Sugiura，1996）；③工程滑坡灾害几乎与城市化如影随形，无论经济发达或者欠发达地区，均无例外。例如，在意大利，近年来不合理的土地利用诱发了许多灾难性滑坡（Tropeano and Turconi，2004）；意大利南部 Basilicata 地区土地利用的改变导致 20 世纪以来的城市滑坡持续增加，而这些滑坡均为人类工程活动诱发（Oliver，1993）。在非洲肯尼亚，公路建设、池塘开挖及建筑场地整理等工程活动是斜坡失稳的直接诱因（Davies，1996）；乌干达 Bushika 地区建房切坡直接诱发许多滑坡灾害（Knapen et al.，2006）。国内外城市建设复合型工程诱发的典型滑坡灾害如下。

　　(1) 新西兰近 50 多年以来最著名的滑坡——Abbotsford 滑坡，属于快速深层平移式滑坡（图2.4），坡体在经历了几周变形之后，迅速发生整体破坏，堆覆面积$18\times10^4 m^2$。影响滑坡发生的自身因素是滑体下伏为倾角约7°的软黏土层，构成顺向坡结构，老滑坡坡脚的河流侵蚀进一步降低了坡体稳定性；人为控制因素包括坡脚处采沙和滑源区的输水渠道渗漏，由于采场已于滑前10年关闭，此间降雨量增加使地下水水位长期上涨，而渠道渗漏最终控制了滑坡发生时间（Hancox，2007）。

图2.4　Abbotsfor 滑坡航空影像（摄于1979年8月9日）

此外，尽管诱发因素与城镇建设并无直接关系，但自然因素诱发滑坡导致城镇灾难性后果的事件还包括：①波多黎各历史上迄今最具灾难性的滑坡——Mameyes 滑坡，1985年10月，Isabel 热带风暴导致每小时降雨量可达70mm，诱发岩质滑坡，体积约$30\times10^4 m^3$，导致至少129人死亡，120多座房屋被毁（Lepore *et al.*，2011）；②瑞典 Surte 敏感黏土滑坡，发生于1950年9月，体积$400\times10^4 m^3$，导致1人死亡，毁房40余栋，300多人无家可归，破坏了附近高速公路、小型公路及铁路轨道，渡轮停运一段时期（Lindberg *et al.*，2011）。

（2）国内城市建设活动诱发的典型滑坡灾害包括：①四川丹巴县城滑坡，在古滑坡的基础上发育形成，斜坡前缘位于大金河凹岸，侵蚀形成高陡临空面；在20世纪50年代至1998年期间，经历了两次浅层滑动而后处于相对稳定状态；此后，丹巴县城大量建房切坡工程破坏了坡体自稳状态。2004年3~10月，城建切坡使坡体前缘临空面进一步增高，造成坡脚支撑力减弱，坡体变形加剧，整体向前缘临空方向挤压变形。坡体后部土体被拉裂，形成明显拉裂缝，并逐渐向深部发展。坡体两侧的剪切裂缝也逐渐形成。随着滑坡后缘和两侧的剪切裂缝逐渐贯通闭合，导致丹巴滑坡整体复活（黄润秋等，2008）。②重庆武隆县城"5·1"滑坡：坡体由碎裂状的砂岩夹泥岩互层岩体组成，坡体属缓倾切向坡结构。自1989年以来，坡脚遭受两次开挖，分别是1989年兴建 G319 国道，沿乌江河谷开挖斜坡，形成高约20m，倾角达60°~80°的陡倾边坡，未加支护；1997年被规划为建设用地，形成了宽160m、深15.5m、高46.6m 的槽形场地。尽管局部采取浆砌块石挡墙支挡措施，但未设置合理防水反滤层和排水孔，导致防护效果甚微，最终发生滑坡（殷跃平，2007）。③天水锻压机床厂滑坡：暴雨诱发厂区后山发生黄土崩塌性滑坡，不合理工程主要包括：A. 修路建厂削坡挖脚，形成险陡临空面；B. 灌渠洪水对的浸泡和冲蚀导致坡体洞穴发育；C. 前期连阴雨及暴雨诱发了滑坡（薛振勇和侯书云，1991；王恭先等，2008）。④香港历史上的残坡积层滑坡灾害发生频繁，如1906年9月18日的飓风诱发滑坡，造成3000艘渔船和670艘远洋轮船损坏或失踪，15000人死亡，占当时人口的5%，成为香港史上最惨重的灾害（欧树军，2012）。

针对城市建设诱发的复合型工程滑坡，目前主要通过4种途径来控制及减缓风险：①尽量限制或禁止在滑坡易发区开发建设；②实施和执行相关规范标准指导工程切坡及建筑工程；③利用工程减灾措施保护现有的建设项目及人员安全；④开发和安装多场指标参数的监测及预警系统。此外，滑坡保险不失为风险减缓措施的选择之一，以减少滑坡灾害对个体业主造成的损失，但是目前尚处在探索和尝试应用阶段。

2.2.5　工程滑坡综合防治研究展望

通过对国内外的采矿工程滑坡、水利水电工程滑坡、线性基础设施工程滑坡及城市建设复合型工程滑坡4种基本类型及若干亚类的工程滑坡案例的回顾，比较分析了各类典型工程滑坡的发育特征、形成机理及部分防控措施，认为未来的工程滑坡综合防治技术研究趋势主要集中在以下7个方面（王涛等，2013b）。

（1）应加强工程滑坡灾害编录、建库及跨行业共享交流。与国际工程滑坡研究相比，如国际大坝委员会及欧盟尾矿坝安全管理及事故分析、印度公路与铁路工程滑坡编录、西班牙及土耳其露天采场边坡管理等，我国在工程滑坡编录、斜坡安全管理及废弃工程边坡的复垦利用方面的工作较为欠缺，这在很大程度上阻碍了工程滑坡研究进展，急需进行各类工程滑坡编录建库及动态更新工作。借此不仅可以提升行业内部研究的系统性，而且便于不同行业间的跨界交流和相互借鉴，从而进一步提升国家层面上工程滑坡研究及支撑减灾的整体水平。

（2）重视工程滑坡的综合诱发机制研究。大部分工程滑坡灾害经常并非由单一工程活动诱发形成，而是表现为以特定工程因素为主，各类内外动力因素为辅的综合诱发特征，尤其是城市建设复合类型的工程滑坡灾害更为明显。因此需要开展深入细致的现场调查评估、针对性的物理力学测试及理论分析，避免对各种影响和诱发因素顾此失彼，才能准确地揭示滑坡赋存条件、形成机制、演化历史及发展趋势，并提出相应的风险处置措施。

（3）着重进行工程滑坡区的地质背景调查。在大部分工程滑坡灾害的形成机制中，基础地质条件通常起决定性作用，而人类工程活动则起到诱发作用，如莫拉克台风诱发台湾阿里山公路滑坡。然而，多数工程诱发因素具有多变性，对坡体稳定性的影响不易把握，所幸地质背景条件相对恒定，并且可以通过系统的调查分析揭示。因此，在工程开发项目的规划、选址及建设各阶段，做好地质背景调查评估工作，是杜绝滑坡后患的重要前提。遗憾的是，在许多前期的滑坡危险性评估中，诸如断层结构面的产状信息等地质要素通常会被忽视或简化，得不到真实反映。

（4）注重古老滑坡的演化历史分析。许多灾难性滑坡是古老滑坡复活所致，活动历史有时长达数千甚至万年，如南威尔士煤矿采区滑坡。应注重从更长历史时间尺度，系统地审视滑坡演化的过程性，不宜轻视已经评判为稳定的滑坡，需要深入了解岩土体的力学特性，尤其随着位移和时间因素变化的特性；在此基础上上合理预计潜在诱发因素，评估其复活风险，避免因仅注意到暂时稳定，未顾忌潜在失稳趋势的灾难发生，如尼日利亚Umuahia-Bende联邦公路滑坡。

（5）强调坡体变形监测及早期预警分析。由于工程扰动区人员及设施等较为集中，顾及这些承灾体的安全，通常会布设监测设备或安排目视监测，滑坡早期变形迹象及临滑征兆也易于察觉或观测。由于许多灾难性滑坡通常具有较长的变形历史，留有时间进行调查评估和采取风险减缓措施，如果及时采取合理的措施，完全可以避免成灾，还在保证安全的前提下，产出经济效益并指导未来工程活动，成功案例包括我国潘洛铁矿边坡及日本琦玉县Kagemori采石场边坡等。相反，如果疏于监测或者忽视预警信息，则会酿成灾难，如意大利Stava尾矿泥流、Vajont滑坡及我国鸡冠岭崩塌–碎屑流等。同时，对监测结果的评判分析十分关键，尤其对于暂时休眠的滑坡不应疏于防范，经常会由于地震等突发因素导致加速变形致灾，如委内瑞拉加拉加斯–拉瓜伊拉高速公路滑坡。

（6）关注小型工程滑坡的重大潜在风险。许多造成灾难性后果的工程滑坡体积规模并不大，如贵州凯里鱼洞村崩塌及意大利特兰托Stava泥流等。究其原因，尽管滑坡规模较小，但是危及人员及财产甚众，因此建议对人员及设施等承灾体密集分布的工程项目区，应该着重提高滑坡调查编录精度，防微杜渐，准确地分析评估滑坡失稳造成的潜在风险，尽量避免"小滑坡、大灾难"的悲剧发生。

（7）未来工程滑坡灾害发展的趋势：随着城市规模的扩张，曾经位于郊区的工程场地逐步变成了城市中心区，对滑坡有影响的多种工程类型趋于密集交织，工程滑坡诱发因素逐渐向复合诱发类型转变。与此同时，已有静态缓变的地质环境条件，在日益加速的工业化与城市化进程中，被人类活动改造后的环境所替代，形成了"人类世"特有的背景环境条件，转变成滑坡灾害的基础诱发因素，在降雨或地震等关键诱发因素条件下易于成灾。未来滑坡防灾减灾工作，需要在深入研究单一诱发类型的机理和防治措施之后，关注复合工程扰动区的滑坡综合减灾措施及其优化组合问题。

2.3　工程滑坡防治数据库建设

2.3.1　基于 ArcGIS 软件的框架设计

1. 地理信息系统软件的选取

工程滑坡空间数据库建设是涉及多源信息综合分析过程，既包含空间数据（如空间位置），又带有属性数据信息（非图形数据）；涉及的文件包括矢量、栅格、文字、图片甚至录像等多种类型。基于地理信息系统理论和技术的软件平台具有的海量数据管理能力和空间分析功能，能够满足这种需求。

　　ArcGIS 软件系统诞生于 1981 年，当时是世界上第一个现代意义上的 GIS 软件，经过 30 多年的发展和完善，在 GIS 的数据管理、空间分析和开发建模等一般功能基础上，进一步利用 IT 技术的重大变革扩大了其影响力和适用性。通过 Web GIS 应用，使地理信息的探索、访问、分享和协作的过程更加高效便捷。因此，本项研究选取 ArcGIS 软件作为空间数据库的基础平台，其技术优势及特点主要体现在以下方面。

　　（1）卓越的数据存储、管理和表达能力。ArcGIS 应用的工业标准以及多年在 GIS 领域形成了事实上的应用标准。目前，ArcGIS 的数据格式 E00、Coverage 和 Shapefile 已经逐渐成为事实上的通用空间数据格式；采用新一代面向对象的空间数据模型（Geodatabase）使存储在 DBMS 中的空间数据对象化、智能化，为空间数据智能模型标准化奠定了基础。在滑坡研究中，ArcGIS 数据库技术为充分利用各种资料、数据、图件及遥感数据等多源数据，描述空间对象的性质，分布特征，实现空间数据的有效管理与存储，实现空间的可视化统计查询以及滑坡风险评估等提供了高效平台，同时为专业型地质灾害数据分析处理及决策模块的数据准备和成果输出奠定了软件技术基础。

　　（2）日臻完善的空间分析功能。ArcGIS 软件平台除具有简单的空间分析功能（如投影变换、数据转换、空间查询等）外，还具有较为完备的高级空间分析（如 3D、Spatial、Geostatistical 等）功能扩展模块。这些空间分析模块为滑坡空间数据库建设所需要的多元数据处理、场景模拟提供了有效途径。例如，利用 Spatial 空间分析功能生成区域的数字高程模型（TIN），应用表面分析功能生成地形坡度、坡向栅格图，利用基础地质地理数据进行空间分析和风险评估等等。

　　（3）方便灵活的开发模式。ArcGIS 软件平台支持 COM 和 Java 开发，同时提供内置的 VBA，提供 ArcObjects（AO）、MapObjects 等专业级的开发软件包，其中包含 2000 多个 COM 组件。AO 是基于微软的 COM 技术构建的，具有强大的开放性和扩展性。开放性是指在开发环境的选择上可以有 VBA、VB、VC++、DEPHI 等多种支持 COM 标准的开发工具，而扩展性是指对于 AO 组件没有提供的功能，用户可以自行定义一种新的数据格式，然后利用 COM 技术来编写所需的 COM 组件，对 AO 组件库进行扩展和补充。利用 ArcGIS 软件平台，结合滑坡风险评估常用的模型和算法（如 Newmark 模型、信息量模型等），可以开发相应的空间分析模块，实现滑坡数据管理、风险评估及灾害预警等目标。

　　2. 数据库框架和属性结构

　　为了建立工程滑坡及其工程地质分析所需的要素空间数据库，本项研究拟建立两个数据库，即工程滑坡实例及其所赋存的地质地理要素空间数据库。其中，工程滑坡实例是重点，立足课题组内部研究领域，以西北黄土城镇建设扰动区、三峡水电开发扰动区及西南高山峡谷交通干线扰动区三类重大工程扰动区特大滑坡防治技术案例为主，兼顾国内外灾难性工程滑坡，进行资料搜集及数据库建设。

　　工程滑坡空间数据库基于 ArcGIS 平台建设，针对每一例滑坡防治案例，基本框架结构包括属性表格、录像、照片、图件、遥感影像、分析测试数据、文字报告、信息来源及其他等关键字段；而属性表格又包括基本索引信息、工程地质背景、滑坡形态结构数据、滑带及地下水、危害及防治等基本属性字段（图 2.5）。

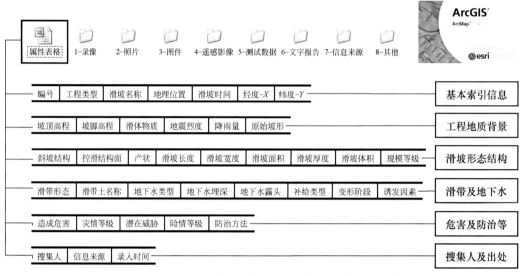

图 2.5　滑坡防治技术案例空间数据库框架设计示意图

2.3.2　地质地理空间数据库

随着科学数据共享技术的发展，可供利用的公开资源越来越便于获取，这些共享数据也更加广泛地服务于科技发展和经济社会生活。关于工程滑坡综合防治案例空间数据库建设的，很大程度上也依赖于国内外空间数据基础设施建设的成果和互联网共享发布的平台。为了全面的描述工程滑坡的背景、发育特征及其防治技术措施等信息，通过能在更开放的视角比较典型案例，我们分别建立了基础地质环境条件和工程滑坡案例的空间数据库，且以国内数据库为主，同时兼顾国外的典型案例。

在国内工程滑坡的基础地质地理空间数据库建设方面，我们初步建立了至少 9 种数据类型（表 2.5），分别包括：标准化的数字地形、自然地理要素、植被信息（利用植被指数表达）、土地覆盖类型、基础地质条件、地质构造、地震、降雨和人口等。每种因素分别以不同的比例尺表达，这些数据主要来源于国家测绘局、中国地调局和公共的网络资源等；通过上述数据分析，为揭示工程滑坡所赋存的地质环境条件和孕灾背景提供了依据。

表 2.5　国内工程滑坡主要地质环境要素图层列表

数据类别	数据名称	比例尺（分辨率）	数据来源	备注
数字地形	DLG（局部）	1:5 万	国家测绘局	涉密
	DOM（局部）	1:5 万	国家测绘局	涉密
	DOM	全球影像（多尺度）	微软 Bing maps（联网）	
	DEM（局部）	1:5 万（25m）	国家测绘局	涉密
	DEM	30m、90m、1km	中国科学院数据云	

数据类别	数据名称	比例尺（分辨率）	数据来源	备注
自然地理	行政边界、行政驻地、河流、湖泊、公路、铁路	1：100 万（局部）、1：400 万	国家测绘局	
植被指数	NDVI	1km	中国科学院数据云	
土地覆盖	Land cover	1km	中国科学院数据云	
基础地质	地质图（局部）	1：5 万、1：20 万、1：50 万	中国地质调查局	涉密
	地质图	1：100 万、1：250 万	中国地质调查局	
地质构造	活动构造	1：400 万	中国地震局	
地震	历史震中		中国地震台网中心	
	地震危险性区划图	1：100 万	中国地震局	国标
降雨	逐日降雨量逐月降雨量等	1km	中国气象科学数据共享服务网	
人口	人口密度	1km	中国科学院数据云	

在全球范围的基础地质地理空间获取方面，与生态环境相关的共享资源十分丰富，但是针对基础地质地理数据相对较少，这里初步搜集了全球的 DEM（含山体阴影）、大洲（大陆）、国家及首都分布、河流与湖泊、植被覆盖类型和历史地震震中等（图 2.6）。除此以外，还可以获取不同国家的更为详尽的自然地理和人口经济等数据资源，鉴于数据量巨大，目前尚未下载存档，可以根据需求随时下载，这里不再赘述。需要注意，上述数据资源尽管类型丰富，但是数据精度和可靠性是有限，如栅格数据空间分辨率大多在 1km 左右；不过从全球尺度而言，能够满足工程滑坡的赋存环境分析需求。

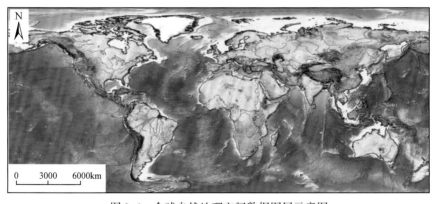

图 2.6　全球自然地理空间数据图层示意图

2.3.3　工程滑坡空间数据库

工程滑坡案例资料的搜集、整理和建库工作较为困难，主要存在 3 个方面的局限，在未来的研究中需要进一步克服：①尽管此前国内外在工程滑坡灾害防治研究方向取得了大量进展，但是多散落在不同部门，且表达方式多种多样，造成资料搜集整理的过程比较困难。专门的防治技术案例多散落在各大工程部门，在目前市场环境下，多视为相互保密的资料，难以获取。因此，目前重点依托国土部门，搜集了以往调查评价项目、公开发表的论文以及著作资料中涉及的案例。②尽管获取了关于工程滑坡的资料，但是由于此前没有建立空间数据库的需求，导致大多数滑坡的空间信息描述不详，没有空间坐标可查，目前只能借助最新的遥感影像和原始记载进行对照，进一步推断其准确的地理位置，尽管如此，位置的置信度高低不一，这种问题只能寄希望于未来持续的搜集更新过程中，做到滑坡事件发生时，实时跟进，获取准确的相关信息。③建立共享数据库的想法固然好，但是主要依托项目资助完成，在项目解体后难以获得经费的持续资助，如果没有良好的转换机制，数据库的实时更新仅靠研究人员的兴趣将难以为继。遗憾的是，目前尚未找到可以依托的能够持续运转的共享发布平台，将数据库建设和完善进一步推进。

尽管存在诸多困难，截至目前，我们已经搜集了国内外工程滑坡防治案例130余例，空间数据库已初具雏形，依托ArcGIS软件平台，绘制了空间数据图层，设计了属性结构（图2.7）（中国地质环境监测院等，2014）。该数据库包含了两个数据库：国内典型工程滑坡案例、国内外灾难性工程滑坡案例。其中，典型工程滑坡案例主要针对灾害效应在“小型、中型”级别的实例（如死亡人数小于10人，或直接经济损失小于500万元）。灾难性工程滑坡，主要针对灾害效应在“大型、特大型”级别的实例（如死亡人数≥10人，或直接经济损失≥500万元），此类滑坡灾害除了会造成直接人员伤亡和经济损失，还会导致广泛的社会效应，因此需要特别关注和单独建库。

Table

典型工程滑坡类型

Shape *	Longitude	Latitude	Lands_Name	Location
Point	95.125	30.75	川藏公路102 滑坡群2 号滑坡	川藏公路西藏境内，林芝地区波密县通麦村以
Point	98.9151	28.4856	云南德钦县城滑坡	云南德钦县城
Point	101.803	36.635399	青海西宁北山林家崖滑坡区	青海省西宁市北山林家崖
Point	101.89	30.877399	四川省丹巴县城后山滑坡	四川省丹巴县城
Point	101.96	30.044399	四川康定城白土坎滑坡	四川康定城白土坎
Point	102.006	35.996498	青海尖扎康阳-夏藏滩滑坡群	黄河公伯峡库尾，尖扎县西10km黄河右岸
Point	102.311	29.8521	二郎山隧道西引道榛子林滑坡	川藏公路（ 现国道318 线K2733+900 附近）二
Point	102.315	29.8554	川藏公路二郎山1 号滑坡	四川省天全县两路乡二郎山
Point	102.62	28.2871	成昆铁路红峰村沙北滑坡	成昆铁路喜德县红峰村车站成都端
Point	102.66	31.841299	国道317 线三家寨滑坡	四川省阿坝藏族羌族自治州境内，鹧鸪山隧道
Point	102.85	36.349998	甘青公路(国道109 线)享堂滑坡	青海省民和县享堂镇东0.75km，甘青公路K117
Point	103.586	35.5611	洒勒山滑坡	甘肃省东乡自治县果园公社西3km那勒寺河左岸
Point	103.587	31.0189	紫坪铺水利枢纽工程2 号导流洞出口	四川省成都市都江堰市紫坪铺
Point	104.272	28.315001	云南盐津县滩头乡	云南盐津县滩头乡滩头车站
Point	104.308	26.433901	贵昆铁路格里桥滑坡	贵昆铁路邓家村车站
Point	104.489	26.613501	昆铁路扒挪块滑坡	贵州省毕节威宁彝族回族苗族自治县树舍扒挪
Point	104.505	25.8794	盘西铁路清水塘古滑坡	贵州省盘县，盘西铁路盘关－平田区间
Point	104.644	27.535601	大水沟水库右岸溢洪道滑坡	云南昭通镇雄县大水沟水库
Point	104.665	24.9561	鲁布革水电站发耐滑坡	黔西南布依族苗族自治州兴义市鲁布革水库
Point	105.258	32.032398	四川江油305厂高空台试验区滑坡	四川绵阳江油市任家山

图2.7　工程滑坡属性表格（略图）

在典型工程滑坡案例库中，按照工程类别分为六类：城镇建设复合型、采矿工程型、水利水电工程型、铁路型、公路型和其他类型。借助 ArcGIS 软件平台，可以十分便捷的查询各类工程滑坡实例的地理位置、形态几何特征、变形历史、伤亡损失等相关信息；以便选择感兴趣的滑坡进行针对性的深入研究。同时可以根据需求，按照不同比例尺、选择相应的要素制图，如既可以展示全国范围内的工程滑坡分布，又可以针对特别案例（如洒勒山滑坡），基于联网的微软 Bing maps 资源进行大比例尺的遥感影像制图或者基于大比例尺地形数据制图。

在全球的灾难性工程滑坡案例库中，按照工程类别分为四大类（7 个亚类）：城市建设复合型、水利水电工程型（库区岸坡、水库大坝、灌溉工程）、线性工程型（公路-铁路）以及采矿工程型（地下采空、尾矿坝-排土场、露天采场）。同理，也可以根据不同需求和不同比例尺，分别选取相应的要素进行制图（图 2.8、图 2.9）。

图 2.8　全球灾难性工程滑坡分布图

Table

灾难性工程滑坡

FID	Shape *	编号	工程滑坡类	滑坡名称	地理位置	致灾描述	latitude
0	Point	1	采矿工程-地下采	Frank滑坡	加拿大阿尔伯塔龟山东	1903.04.29，导致83人死亡、23人受伤	49.59994
1	Point	2	采矿工程-地下采	Handlovb滑坡群	斯洛伐克Vtacnik火山	影响面积约156km2，危及16座村庄，26km公路，4km铁路，1条高压电	48.722226
2	Point	3	采矿工程-地下采	盐池河磷矿岩崩	湖北宜昌远安县	1980.06.03，摧毁矿山，284人死亡，损失2500万元	31.516667
3	Point	4	采矿工程-地下采	鸡冠岭岩崩	重庆武隆乌江	1994.04.03，崩塌体入江形成涌浪高1~5m，中断水运3个月，损失近1	29.483333
4	Point	5	采矿工程-地下采	韩城电厂滑坡	陕西韩城	1980.03，破坏厂房设施，治理费用达5000余万元	35.486667
5	Point	6	采矿工程-地下采	老金山滑坡	云南元阳县大坪乡	1996.06.01，致111人死亡、116人失踪、16人重伤，经济损失1.4亿	22.85
6	Point	7	采矿工程-地下采	鸡尾山滑坡	重庆武隆铁矿乡	2009.06.05，掩埋12户民房以及山下的铁矿矿井入口，74人死亡，8	29.236667
7	Point	8	采矿工程-地下采	鱼洞村崩塌	贵州凯里龙场镇	2013.02.18，致5人死亡	26.657778
8	Point	9	采矿工程-露天采	岩山滑坡	贵州印江县东	1996.09.18，堰塞坝高65m，回水8km，淹没1座电站，3人死亡，损失	27.994444
9	Point	10	采矿工程-露天采	铁西滑坡	四川成昆线铁西车站	1980.07.03，掩埋铁路涵洞，堵塞隧道洞口，掩埋铁路长160米，中	28.690833
10	Point	11	采矿工程-露天采	Shitagura滑坡	日本冈山县	2001.03.12，致3人死亡	34.717222
11	Point	12	采矿工程-尾矿坝	El Cobre滑坡	智利El Cobre	1965.03.28，2座尾矿坝失稳，摧毁El Cobre镇，200余人死亡	-33.446111
12	Point	13	采矿工程-尾矿坝	Aberfan滑坡	英国威尔士Aberfan	1966.10.21，导致乡村学校的近半数孩子遇难，144人死亡	51.69
13	Point	14	采矿工程-尾矿坝	Stava泥流	意大利北部特兰托	1985.07.19，摧毁下游Stava村及Tesero河岸边的建筑物，268人死	46.315278
14	Point	15	采矿工程-尾矿坝	Buffalo 溪泥流	美国西弗吉尼亚洛根县	1972.02.26，摧毁39座桥、507座房屋，死亡125人，伤1121人，400	37.796944
15	Point	16	采矿工程-尾矿坝	Sedlitz流滑	德国东部Niederlausi	1987年，极短时间内形成高9m的涌浪，摧毁部分设施	51.551667
16	Point	17	水利水电-库区岸	Vajont滑坡	意大利贝卢诺	1963.10.09，滑坡冲入水库形成涌浪，摧毁树木和建筑物，致~2500	46.27
17	Point	18	水利水电-库区岸	千将坪滑坡	三峡秭归县沙溪镇	2003.07.13，涌浪高30m，堵江形成堰塞湖，14人死亡，10人失踪，	30.970556
18	Point	19	水利水电-库区岸	柘溪滑坡	湖南安化县资水中游	1961.03.06，涌浪高24m，翻过坝顶，将直径25cm的大树连根拔起	28.043611
19	Point	20	水利水电-库区岸	Mingechaur滑坡	阿塞拜疆	1989.08.23，30m长的隧洞衬砌破坏，进水塔发生移位	46.793966

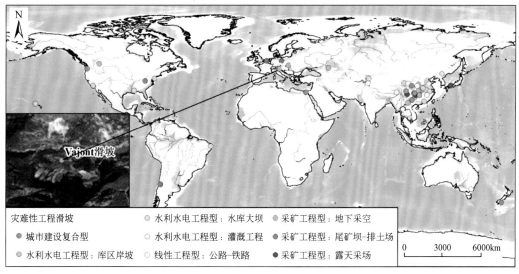

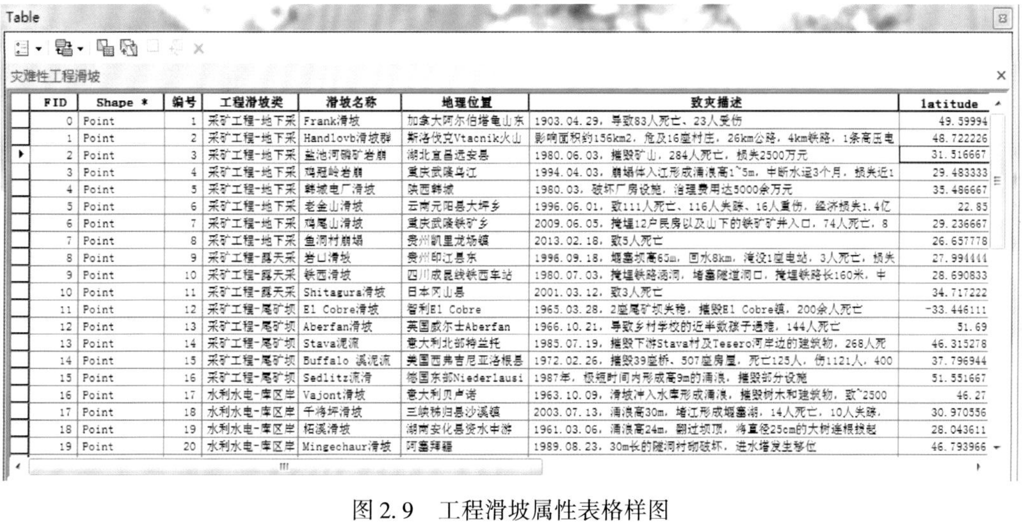

图 2.9　工程滑坡属性表格样图

需要强调的是，在现有的工程滑坡防治案例数据库的基础上，长效动态的数据更新是必要的，这既是数据库维护和完善的例行动作，又是满足未来不断多样需求的必然选择。随着数据库的扩充和完善，将日趋建成跨行业的工程扰动区大型滑坡防治技术方法数据库和信息交流平台，借助该平台有利于国家层面的滑坡防治理念和技术的融合以及滑坡减灾管理和技术水平的提升。

2.4　典型工程扰动区滑坡概况

2.4.1　西北黄土城镇区滑坡

1. 陕西宝鸡黄土区滑坡

总体发育特征：宝鸡市地质灾害形成和发育特征是静态背景要素和动态诱发因素综合作用的结果，因此其总体空间分布与地质环境条件和降雨等诱发因素关系密切，尤其在活动构造密集部位、地貌分区边界或转换地带以及人类工程扰动强烈等地区分布相对集中。通过对全区地质灾害密度分析，结果显示地质灾害重点分布在宝鸡市版图中部的黄土塬边、丘陵、河谷及秦岭山麓等地貌复合交汇部位。根据地质灾害点密度分布图可知，地质灾害全区的地质灾害具体分布特征至少具有以下 4 点鲜明特征（石玲等，2013）。

（1）在区域活动断裂带周边集中：宝鸡地区发育多条区域性活动断裂带，地质灾害中–高密度区明显集中在部分主要断裂带周边，由南向北依次包括凤县–鹦鸽咀断裂带、秦岭北缘断裂带、宝鸡–眉县断裂带及陇县–宝鸡断裂带（由一系列近平行的次级断裂组成）。

（2）在特定的地貌类型区集中：可将宝鸡市分为 3 个部分进行描述：①南部和中西部秦岭、陇山基岩山区的山间盆地区，由于发育下伏基岩+上覆黄土等松散堆积层斜坡结构，同时多为人类活动密集区，导致地质灾害较为多发，地质灾害以中–高点密度为主；②中部渭河谷地周边黄土塬边、丘陵沟壑岸坡地带多发育大型阶地及接触型黄土滑坡，同时也是宝鸡市工程活动最为密集地区，地质灾害以高密度为主；③北部塬边向基岩山区过渡带、黄土丘陵区及泾渭分水岭沿线地质灾害较为密集，发育黄土滑坡及接触型黄土滑坡，地质灾害以中–高密度为主。

（3）在河流水系侵蚀切割影响区集中：区域主干河流及其一级支流岸坡沿线通常是地质灾害优势分布的地段，其中干流主要包括长江流域的嘉陵江、黄河流域的渭河沿岸；一级支流包括嘉陵江一级支流安河、红岩河，汉江一级支流滈水河，渭河一级支流清姜河、石头河、长寿沟、金陵河、千河、漳河等。相对嘉陵江和汉江而言，渭河流域控制了全区大部分的地质灾害分布。

（4）在人类工程切坡扰动区分布集中：尽管宝鸡市发育众多大型及以上规模的黄土滑坡，但是地质灾害现今发育特征却以人类工程活动诱发大型古老滑坡局部复活、新生的浅表层黄土泥流、黄土崩塌及山区残坡积坡体失稳为主要特色。尤其在基岩山区，绝大部分地质灾害与人类工程扰动有直接关系，其中浅表层工程扰动包括建房切坡、筑路切坡以及农田开垦导致的表层植被破坏等，较深部的工程扰动主要指地下矿山开采，同时还伴有表层弃渣堆积隐患等问题。

需要特别注意的是，在于渭河北岸黄土塬边，集中分布了许多古老深层大型黄土滑坡，最大面密度达到93%，这些大型黄土滑坡多为古老滑坡，其整体稳定性较好，现今局部复活主要是滑坡后缘扩展、滑体陡坡小型崩塌和小规模滑坡，特别是不同人工边坡形成的崩塌和老窑洞坍塌是造成宝鸡地区人员和财产损失的主要地质灾害（图2.10、图2.11）。而浅层中小滑坡主要分布在渭河南岸秦岭北缘、凤县嘉陵江两岸、陇县和麟游县中北部；崩塌灾害主要集中分布在公路两侧人工边坡、城镇居民房前屋后人工边坡，具有数量多、分布广、潜在危害大的特征，是宝鸡市地质灾害防治的重点。

图2.10　宝鸡北坡罗家楞铺滑坡汛期　　　　图2.11　宝鸡北坡金台区张家底滑坡

2. 典型工程滑坡实例

1）麟游县招贤镇岭南滑坡

岭南滑坡位于麟游县招贤镇永丰移民新村，由于移民新村建设，在古黄土滑坡前缘开挖切坡，形成3~5m高人工黄土边坡，自2002年招贤镇19户居民搬迁到此地后，每年雨季引发小规模变形和滑塌，一直被列为陕西省重大滑坡监测防护对象（辛鹏等，2012，2015）；2008年10月1日，在集中降雨情况下，再次发生小规模滑动和泥流，掩埋部分村民房屋，并在边坡前缘，形成圆弧型张裂缝长约180m，宽20~50cm，下挫高度约40cm。

滑坡周边地貌上系中高山黄土梁区，海拔位于1200~1400m。岭南滑坡体平面呈后缘尖棱的三角形，存在完整的3级弧形滑动边界，边界陡坎高度从外向内逐次降低，表明滑坡存在多次块体滑动。最外层边界为老滑坡的活动边界（D边界），其北侧边界走向东北40°，南侧边界走向东南35°。内部的边界（边界B）为最新活动边界，保留完整。新老滑坡体呈等轴状，主滑方向为98°，平均坡度20°~30°，在切坡地段或活动过的前缘坡度陡峭。目前，滑坡特别是坡体前缘仍处于极不稳定状态，2008年9月和10月降雨时，坡体前缘多处发生流滑，并形成了两个次级的小滑坡体，对坡下岭南组19户、85口人生命财产安全构成威胁。岭南滑坡倾向约110°，顺坡向长约280m，中部宽近100m，前缘宽度约270m，滑体平均厚度约8m，体积近500000m³，属中型规模滑坡（图2.12、图2.13）。从斜坡顶部至坡脚，发育3级下挫陡坎，与滑动面贯通，对应于斜坡不同期次的活动。

图 2.12　岭南老滑坡全景　　　　　　　图 2.13　滑坡坡脚流塑状堆积体（镜像北）

2）凤县双石铺镇十里店滑坡

十里店滑坡位于凤县双石铺镇十里店村二组 54 号 316 国道北东侧，由于村民修建房屋，顺山坡开挖切坡，破坏表层坡积物的支撑，降雨诱发表层坡积物顺层滑动，滑坡变形的拉裂陡坎高达 0.8m，其持续变形威胁到公路与人员安全。2005 年汛期，降雨诱发的堆积体掩埋了房屋，具有较大的危险性。在凤县地区，降雨诱发的松散堆积层滑坡极为发育。全县发育类似滑坡多达上百处，均为坡积物、残坡积物及冲洪积物组成的松散堆积层。

滑坡平面上呈半圆形，后缘及侧壁陡坎清晰，侧壁陡坎高约 3～5m，后缘陡坎高 1～2m，在滑坡后部形成平行于后缘边界的不规则拉裂缝（图 2.14）。该滑坡在剖面上近于直线性，整体坡度约 35°，斜坡坡向 200°。在滑坡体局部形成拉裂槽，宽约 2m，最深处约 0.8m。滑坡体前缘两侧形成陡坎，局部有崩塌现象。滑体岩性为次生黄土和基岩风化残破积物，滑床为泥盆系变砂岩，产状 355°∠21°，与斜坡体构成反向坡。滑坡长约 45m，宽 28m，滑体平均厚度 3～5m，整体滑向 200°。滑坡体积约 5292m³，属小型滑坡。滑面位于残坡积层与下伏基岩的接触带，滑带厚约 10cm，在滑坡体后缘局部可见滑动面，产状 197°∠36°。

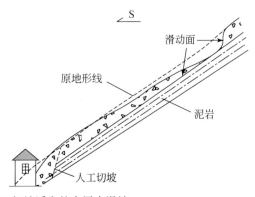

图 2.14　宝鸡凤州镇人工切坡诱发的表层小滑坡

滑坡后缘陡坎由于卸荷裂隙作用，常发生不规则拉裂缝，宽 8～10cm，长 5～10m。滑坡体岩性为次生黄土和基岩风化残破积物，土质较为松散，在雨后坡体发生变形，局部形成坡面流。据现场调查，当地老乡于 2001 年在坡体前缘切坡建房，没年雨后该滑坡体均有不同程度活动，致使屋后淤积，其中 2005 年大雨后掩埋前缘房屋近 1m。

3）太白县鹦鸽镇梁家山老矿山滑坡

鹦鸽镇梁家山大理岩老矿滑坡位于鹦鸽镇北部、石头河右岸，为一中型矿山失稳边坡。纸房头一级支沟的大理岩老矿区内，滑坡地段地貌类型为低中山区，周边地区植被覆盖较好，多年平均降水量约 750mm。滑坡发育地段地处境内凤县–鹦鸽咀断裂（F1 断裂）南东盘断裂影响带中，岩体结构较为破碎。滑坡区岩性为古元古界（Pt_1y）秦岭岩群雁岭沟岩组含石墨大理岩、白云石大理岩、蛇纹石大理岩等。随着自西向东不断远离 F1 断裂，滑坡地段出露岩性呈现由灰黑色断裂带碎裂岩（图 2.15）、大理岩质断层角砾岩、白云质大理岩、白色–灰白色片麻状大理岩等依次过渡的序列，岩体结构逐渐趋于完整。

滑坡发育的老矿山坡位于支沟右岸，坡面形态为直型坡，原始坡高约 130m，坡形较陡，原始坡角约 40°（图 2.16）。根据滑体中块石结构可以判断，原始斜坡中岩体结构很大程度上与西侧碎裂岩相似，已有石墨质或白云质大理岩经历构造动力作用，岩石内部形成密集的节理裂隙，角砾在后期被淋滤钙质为完全胶结，仍然保留较高孔隙率，相比原岩力学性质差得多。就斜坡岩体的宏观结构分析，坡体为缓倾的顺向–斜向坡，岩层产状为 235°∠32°，另外发育两组反倾结构面，分别为 10°∠72°和 100°∠55°，上述优势结构面组合切割坡体形成潜在滑动块体。不仅如此，调查发现矿洞内沿贯通结构面由坡顶向下有渗水现象，表明裂隙张开程度和导水性能较好，指示岩体结构的松动较明显，十分不利于斜坡稳定。此外，矿洞内大理岩剖面显示坡体岩性并非完整均一的坚硬大理岩，而是新鲜灰白色白云质大理岩与黄色的强风化碎裂–散体状岩层呈韵律状产出，单层平均厚度约 20~40cm，形成软硬相间的岩性组合关系。

图 2.15　滑坡西侧碎裂岩

图 2.16　鹦鸽镇梁家山大理岩老矿滑坡全景

由于原始斜坡的地形较为陡峭，岩性强度不均，软硬相间；岩体结构相对松散，坡体发育大型结构面，且贯通性较好，基础背景条件不利于斜坡稳定。同时，大理岩采掘过程中主要采用钻孔爆破法施工，在坡体内部施加了强烈动荷载，造成岩体和斜坡结的松动，为坡体失稳提供了主要诱发条件，采掘剥露的基岩面更加易于风化，导致强度进一步软化；加之采矿过程中，未对滑坡隐患保有充分预期，未能保留总够数量和规模的支撑矿柱，导致坡体内部日趋形成架空结构，最终导致坡体变形不断累积，最终形成坐落式瞬间垮塌。通过走访矿工获悉，该滑坡发生期间，首先以坡顶后缘的块石滚路为主，然后才发生整体坐落式滑动；滑坡将坡底的道路掩埋、对面坡脚的工棚摧毁，所幸未造成人员伤亡。

4）陈仓区县功镇新建水泥厂滑坡

县功新建水泥厂位于县功镇以北 1km 左右，地理上位于渭河一级支流金陵河北的一近南北向河谷中，该水泥厂投产后将成为县功镇主要支柱产业之一。坡体前缘由于新建水泥厂的工程开挖，边坡前缘牵引式变形，2009 年 7 月雨后，前缘出现长约 100m，宽约 5cm 的裂缝，并发生滑动，形成两处滑坡变形体，威胁工厂的安全运营。

水泥厂滑坡位于黄土二级台塬以北地区（图 2.17），金陵河北的一近南北向河谷中，海拔 750～950m。区内沟谷纵横，切割较深，主沟切深 150～350m。斜坡地形近东西向倾伏，坡顶海拔为 900m，坡脚海拔 750m，相对高差为 150m，总体坡度为 20°左右，上缓下陡。该区在重力地质、风化剥蚀作用下，地形起伏较大，坡体有多级台坎，坎高一般在 1～2m，坡体中下部有两道冲沟，走向与斜坡倾向一致，沟谷自上而下逐渐变宽加深，其中南侧冲沟较宽，两个冲沟都切至滑坡前缘河谷中。

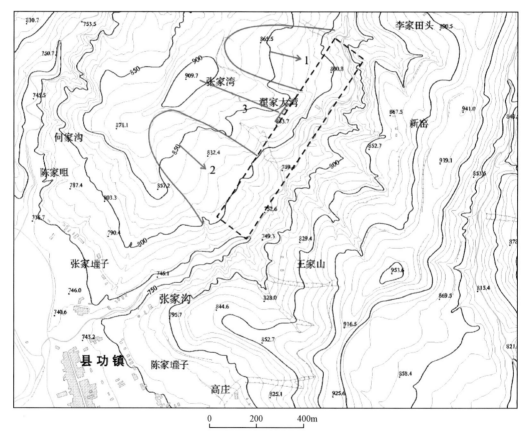

图 2.17　县功新建水泥厂厂区滑坡分布图

水泥厂滑坡由两个老滑坡组成，平面上呈簸箕状，后缘及侧壁陡坎较为明显，整体坡度较缓，两老滑坡之间的稳定地段为县功镇安台村，坡体前缘由于新建水泥厂的开挖，有一高约50m的台阶型陡坎。其中，北侧滑坡后缘后缘高程为880m，前缘高程760m，相对高差120m，该滑坡长约500m，宽约250m，滑坡体厚约30m，面积为$12.5×10^4 m^2$，体积约$375×10^4 m^3$，主滑方向为15°；南侧滑坡后缘地理坐标为东经107°04′10″，北纬34°32′14″，后缘高程为880m，前缘高程750m，相对高差130m，该滑坡长约550m，宽约300m，滑坡体厚约30m，面积为$16.5×10^4 m^2$，体积约$500×10^4 m^3$，主滑方向为40°。勘察资料显示：坡体组成物质由新到老依次主要有全新统滑坡堆积黄土（Q_4）、上更新统马兰黄土（Q_3）、中更新统离石黄土（Q_2）及新近系红黏土（N）。

5）太白县火烧滩滑坡

鹦鸽镇火烧滩村两组不稳定斜坡位于鹦鸽镇北部、低中山区、石头河水库右岸一级支沟倒回沟沟口地段，周边地区分布若干居民点、农田开垦和筑路建房切坡较为强烈，对原始植被覆盖造成一定程度破坏，特别是削坡建房引起的边坡失稳，导致新建房屋开裂，成为新农村建设的重大隐患。

火烧滩周边地区地处斜峪关断陷变形带，区内地质构造相对简单，地层岩性为震旦系—奥陶系斜峪关岩群文家山组（Z—Ow）凝灰质砂岩、石英砂岩、千枚岩、石灰岩及大理岩等，属于较硬-较软工程地质岩组，具体软硬岩组的分布因地段而异。区内多年平均降水量约为700mm，在太白县境内处在中等水平。滑坡所在倒回沟沟口地段原本为深切冲沟地貌，在姜眉公路修筑过程中，大量建筑工程垃圾堆积在沟口地段，最终将沟口峡谷填平，形成沿沟走向的狭长建设场地，随后火烧滩村两组从周边山区搬出集中在此地选址，进行了移民搬迁新村建设。由于需要搬迁的居民较多，但是建筑场地相对狭小，因此在新村建设过程中，对沟岸两侧原始斜坡进行切割和进一步拓宽场地，形成目前建筑场地规模。民房后侧大多紧靠陡峭切坡，预留缓冲空间不足，沟口南侧和北侧的斜坡呈带状连续分布（图2.18、图2.19）。北侧斜坡东西宽约180m，南侧斜坡东西宽约270m，两侧斜坡高度均为5～12m，斜坡形成的角度均为陡峭-近直立状态，整体不利于斜坡稳定。

倒回沟南北两侧斜坡岩性组成有所差异，其中北侧主要为单纯岩质切坡，南侧斜坡西部主要为岩质斜坡，但东部上覆新近堆积黄土和残坡积物层位较厚。南北两侧斜坡岩性均为凝灰质砂岩、砂质板岩，整体呈节理-碎裂化状态，尤其表层风化较为强烈，岩体呈散体状。就斜坡结构分析，两侧斜坡岩层产状约为220°∠55°，北侧斜坡为顺向-斜向坡，发育一组优势节理145°∠85°；南侧斜坡为反向-斜向坡，发育两组优势节理250°∠50°、75°∠45°。

对上述基础背景条件和人类工程因素综合分析可知，组成斜坡的岩性为抗风化能力较弱的凝灰质砂岩和千枚岩、尤其坡体表层岩体结构十分破碎，不利于斜坡稳定；同时，北侧斜坡结构为顺向-斜向坡，利于表层结构松弛的岩体发生滑移破坏。南侧斜坡西部岩体受反向和斜向节理的切割，易形成小规模崩塌楔形体，但是不易发生较大规模滑坡；东部由于上覆松散层厚度较大，且坡体陡峭，坡体在降雨条件下易发生滑移破坏。在此不稳定斜坡地段形成发育过程中，人类工程活动对原始地质环境的扰动和破坏，起到关键的诱发作用，具体表现为工程切坡和未能采取措施使回填土充分固结两个方面。工程切坡导致植被破坏、加剧了表层岩体风化和斜坡过陡等问题出现，为崩滑灾害发生提供重要条件。场地中央地带填土未完全固结，直接新建房屋前缘地基发生不均匀沉降，导致墙体开裂乃至建筑物变形。

图 2.18　太白县火烧滩村 2 组北侧不稳定斜坡及民房全景（镜像北）

图 2.19　TB184 火烧滩村 2 组南侧不稳定斜坡及民房全景（镜像南东）

6）扶风县天河寺滑坡

天河寺滑坡位于扶风县城小韦河右岸天和寺旁。地貌上位于黄土台塬与小韦河阶地接触的斜坡部位。天河寺崩塌为工程斜坡开挖所引起的滑移式崩塌，持续的变形威胁坡脚幼儿园、居民等重要生命财产安全，特别是连阴雨天气，成为该地区人工切坡活动诱发黄土崩滑的典型案例。崩塌斜坡体顶部高程为 546m，坡脚的高程为 503m，分为两级平台（图 2.20），均为人工切坡形成。其中第一级平台为有残存的居民居住的窑洞，目前均已废弃，该级边坡高约 14m；下部边坡高约 25m，坡前为居民区。两级平台为黄土陡坡，坡度均在 80°以上，近直立。斜坡岩性为中更新统风积黄土，褐黄色，可塑–硬塑，中密–密实，可见古土壤隐约出露，底部发育钙质结核层。

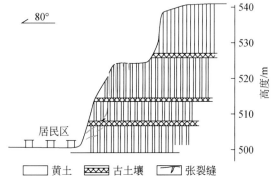

图 2.20　天和寺崩塌全貌（镜像北）和剖面图

　　两级平台之间下部边坡坡体垂直节理、卸荷裂隙发育,卸荷裂隙最大宽约20cm,长约27m,土体外倾,形成危岩体。部分地段黄土侵蚀,可见落水洞。2011年雨季,东北角卸荷黄土体向坡脚崩滑,崩塌体积达到170m³,直接堆积于幼儿园后的院子中,所幸未造成人员伤亡。经垮塌作用后,卸荷裂缝出现继续扩展的趋势。因2011年9~10月的持续降雨入渗,该斜坡体南部再次变形,向坡脚垮塌。2010年县国土局在部分危险的地段进行了削坡、减载处理,对张裂较为严重的坡肩进行的开挖,而对侵蚀的落水洞进行的填埋。但经过一年的雨雪侵蚀,斜坡持续变形,危险仍然存在。

　　3. 甘肃黑方台塬边滑坡群

　　据调查,黑方台周缘斜坡地带密集发育35处滑坡,包括焦家、黄茨、水管所和方台4个滑坡群,大致以野狐沟为界,东均为黄土滑坡,西以黄土–基岩滑坡为主(图2.21,表2.6)。

　　1) 黄土滑坡

　　分布在黑台南缘焦家–野狐沟口之间以及磨石沟内,方台南缘也有少量分布,共发育24处,占滑坡总数的68.6%,系上更新统黄土(Qp_3^2)沿冲积粉质黏土层(Qp_3^1)顶面滑动,规模以中小型为主,但均为高速远程滑坡。

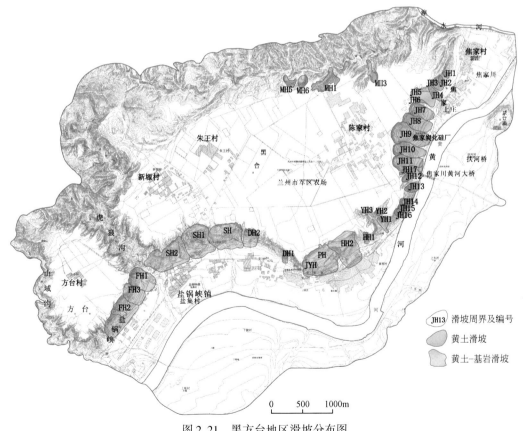

图2.21　黑方台地区滑坡分布图

野狐沟以东到湟水桥之间长约 3.8km 的台缘，坡体走向近南北，共发育 17 处黄土滑坡，线密度 4.47 处/km，滑坡左右相连，相互叠置，且均为高速远程滑坡，统称为"焦家滑坡群"，滑坡每次滑动都能危及村庄、公路，是区内灾情最为严重的地段。

野狐沟口至扶河桥头之间的焦家崖头段长约 1km，坡体走向北偏东 30°，是黑台台缘高差最大、坡度最为陡峻的地段。斜坡前缘地域空间狭窄，黄河二级阶地宽不足 10m，盐（锅峡）兰（州）公路紧临坡脚，路宽 7～10m，公路东侧即为黄河八盘峡库区，库区水面宽 200～230m。该段共发育滑坡 4 处，线密度为 4 处/km，高位高速黄土滑坡滑动后不仅常堵埋坡脚的公路，而且滑体借助高速滑动时产生的气垫效应飞行进入八盘峡库区，激起的巨大涌浪。例如，"2012.2.7" JH13 号滑坡规模约 12×10^4 m³ 的滑动，造成 1 死 3 失踪的重大人员伤亡，滑体涌入库区激起涌浪高达 6m，波及黄河南岸最远达 270m。

扶河桥头到湟水桥头之间长约 2.8km，斜坡之下至黄河八盘峡库区岸边为较为宽阔的 II 级阶地，人口密集，分布有焦家村、G309 国道及数个乡镇企业。这一带是斜坡变形最为剧烈的地段，也是滑坡危害最大的地段。沿台缘发育 13 处黄土滑坡，线密度 4.64 处/km。滑坡多为原位继承性溯源扩展式滑动，剪出口位置较高，加之早期滑坡堆积物常堵塞地下水排泄通道，地下水将早期滑坡堆积物浸润后转化为间歇性泥流顺坡向下流淌，致使坡体下部形成相对较缓平直斜坡，故新发生滑坡冲击前期饱水残余滑体产生液化而形成高速远程滑坡，每次滑动都造成较大危害。

磨石沟内沿黑台台缘发育有 3 处黄土滑坡，发育密度约 0.5 处/km。同时，因流水侵蚀影响，坡脚发育众多的小型滑塌体（2012 年以来，磨石沟内黄土滑坡发生频次显著增高）。

此外，值得注意的是，之前因滑坡零星发育且规模相对较小而被广大研究者所忽视的党川段斜坡自 2014 年以来发生两次大中型黄土滑坡，高位滑动的滑坡均产生高速远程运移，如 2015 年 4 月 29 日 7 时 55 分党川村罗家坡段发生滑坡，滑坡体积约 144×10^4 m³，最大滑距 373m，摧毁房屋 142 间，3 家乡镇企业 6020m² 厂房毁损，破坏 100kV 送电线路 1000m，农田 80 亩，直接经济损失 5654 万元。而此段斜坡下人口居住密集，乡镇企业众多，应是下阶段黑方台地质灾害综合整治的优先首要之处。

表 2.6　黑方台滑坡汇总表

序号	点号	滑坡名称	长度/m	宽度/m	厚度/m	体积/10⁴ m³	稳定状态
1	JH1	焦家 1 号滑坡	82	150	2～5	3.7	较稳定
2	JH2	焦家 2 号滑坡	130	83	2～5	3.8	不稳定
3	JH3	焦家 3 号滑坡	105	105	3～5	4.4	较稳定
4	JH4	焦家 4 号滑坡	190	49	3～10	6.5	不稳定
5	JH5	焦家 5 号滑坡	475	230	7～9	87.4	不稳定
6	JH6	焦家 6 号滑坡	98	80	3～5	3.1	不稳定
7	JH7	焦家 7 号滑坡	275	195	6～8	37.5	不稳定
8	JH8	焦家 8 号滑坡	300	142	2～3	10.7	不稳定
9	JH9	焦家 9 号滑坡	580	306	4～12	142	不稳定

续表

序号	点号	滑坡名称	长度/m	宽度/m	厚度/m	体积/10⁴m³	稳定状态
10	JH10	焦家 10 号滑坡	450	160	2~6	28.8	较稳定
11	JH11	焦家 11 号滑坡	423	180	4~5	34.3	较稳定
12	JH12	焦家 12 号滑坡	270	131	5~10	24.8	不稳定
13	JH13	焦家 13 号滑坡	104	144	5~15	14.9	不稳定
14	JH14	焦家 14 号滑坡	—	99	—	—	较稳定
15	JH15	焦家 15 号滑坡	—	60	—	—	不稳定
16	JH16	焦家 16 号滑坡	—	155	—	—	不稳定
17	JH17	焦家 17 号滑坡	200	70	8~15	16.8	不稳定
18	YH01	野狐沟 1 号滑坡	116	88	20~30	26	较稳定
19	YH02	野狐沟 2 号滑坡	134	128	2~5	5.2	较稳定
20	YH03	野狐沟 3 号滑坡	88	30	10~15	3.4	较稳定
21	HH01	黄茨 1 号滑坡	162	52	15~20	15.2	稳定
22	HH02	黄茨 2 号滑坡	370	480	35~45	650	不稳定
23	PH01	苹牲滑坡	370	420	30~40	544	较稳定
24	JYH	加油站滑坡	270	78	25~35	570	较稳定
25	SH	水管所滑坡	330	490	30~40	566	较稳定
26	SH1	水管所 1 号滑坡	370	450	30~40	583	稳定
27	SH2	水管所 2 号滑坡	440	550	25~35	726	不稳定
28	DH1	党川 1 号滑坡	180	69	2~5	4.9	较稳定
29	DH2	党川 2 号滑坡	200	230	20~30	115	较稳定
30	MH1	磨石沟 1 号滑坡	450	100	6~11	80	不稳定
31	MH3	磨石沟 3 号滑坡	360	160	13~15	81	不稳定
32	MH5	磨石沟 5 号滑坡	110	193	4~5	10.6	较稳定
33	FH1	方台 1 号滑坡	380	315	20~30	299	较稳定
34	FH2	方台 2 号滑坡	340	480	30~35	538	不稳定
35	FH3	方台 3 号滑坡	260	230	8~10	53.8	较稳定

2）黄土-基岩滑坡

分布在黑台南缘的野狐沟至虎狼沟口之间，共发育 11 处，占滑坡总数的 31.4%，发育线密度 2.33 处/km，包括"黄茨"和"水管所"两个滑坡群。该段斜坡坡向 170°～185°，与下伏基岩倾向之间夹角小于 20°，坡体呈黄土+黄河四级阶地+基岩的多层结构顺向坡。滑坡系黄土和白垩系河口群（K_1HK）基岩沿顺倾泥岩夹层层面滑动的顺层滑坡，规模为大中型，均为低速近程滑坡。例如，1991 年 6 月 1 日发生的水管所为区内规模最大黄土-基岩滑坡，体积达 $550×10^4m^3$，但最远滑动距离仅 40m 左右。

2.4.2　三峡库区滑坡

1. 刘家包滑坡

刘家包滑坡位于奉节县新县城中心地带,是移民安置和市政建设工程重点区域。该滑坡位于长江北岸支流李家大沟的右岸,政通桥南侧 100～250m,滑坡沿李家大沟右岸斜坡呈南北向展布,后缘少陵路紧邻交通局、环卫局、老干局,前缘临近李家大沟沟底,北边以少陵苑南侧为界,南边以老人球场南侧斜坡为界。滑坡东西长 200～260m,南北宽 200～320m,面积约 $6.5×10^4m^2$,规模约 $235×10^4m^3$,高程 230～315m,属不涉水堆积层滑坡 [图 2.22 (a)]。

防治前刘家包滑坡整体处于欠稳定状态,蠕滑变形痕迹明显,变形趋势比较严重,前缘局部已产生溜滑,牵引现象突出。交通局、环境卫生局大楼和老干部局门口的老人球场地面,出现大量弧形延伸裂缝。一旦滑坡发生,估计直接经济损失 6355 万元以上。

滑坡防治方案为“削坡回填+护坡工程+地表排水工程”。坡体前缘斜坡坡脚李家大沟按 1∶2 的坡比借土分层碾压回填,前缘李家大沟沟底纵坡 2‰;斜坡中上部坡面按 1.75 的坡比平整。每 10m 高差为一级台坎,共 7 级,台坎间设 2m 宽的马道。土方回填工程完成后,坡面采用浆砌块石格构护坡 [图 2.22 (a)～(d)],护坡面积约 $3.54×10^4m^2$。护坡格构骨架断面尺寸 0.5m×0.5m,方格内空尺寸为 3.0m×3.0m;格构横向每 15m 为一个单元格,每个单元格同侧设宽 1m 的踏步,单元格之间设变形缝;格构护坡坡脚设脚墙,顶部用顶墙封顶。在格构内种植草皮,以稳定地表土体,同时结合地表截、排水工程,有效防止前缘高陡斜坡变形坍塌。

2. 猴子石滑坡

猴子石于三马山小区下三马山平台以下的斜坡地带,西起白杨坪沟,东至水井沟,北至 1#连接道,南抵长江河床,南北长 360m,东西宽 320m。滑坡平面呈扇形,前缘高程 100m (已淹没),后缘高程 250m,面积 $12.19×10^4m^2$,体积 $450×10^4m^3$,属涉水土质滑坡。目前猴子石滑坡体上有县港航运输中心与码头、县汽车客运中心、汽车运输公司、集贸市场、妇幼保健站、人民法院等 20 个迁建单位及居民住宅楼 [图 2.23 (a)]。

该特大滑坡分两期治理,前期防治措施为“排水+回填压脚+护坡”,2003 年 6 月竣工。由于滑坡位置关键,为了提高安全保障,续建工程 2006 年 5 月开工,治理措施为“阻滑键+水下抛石+护坡 (岸)+排水”系统防治工程。

其中,置换阻滑键工程技术难度最大,设计分别在 175m、160m 和 45m 3 级高程设置的平硐与竖井相互贯通,在各竖井和水平支洞内浇注钢筋混凝土形成连续的阶梯型阻滑键。阻滑键的竖直段长度为 15m,滑带上下各 7.5m,水平段长度根据不同位置处滑面形态进行确定,长 20～50m。主平硐断面尺寸 2.8m×3m (宽×高),水平支硐断面尺寸 2.5m× 3m (宽×高),竖井断面尺寸 3m×4m。阻滑键隔段平行布置,间距 7～13m,整个滑坡共布置 38 排 [图 2.23 (b)、(c)]。

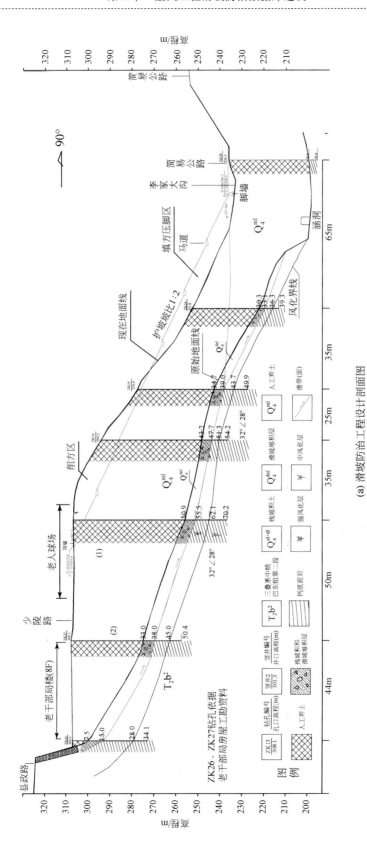

(a) 滑坡防治工程设计剖面图

图2.22　刘家包滑坡综合防治工程

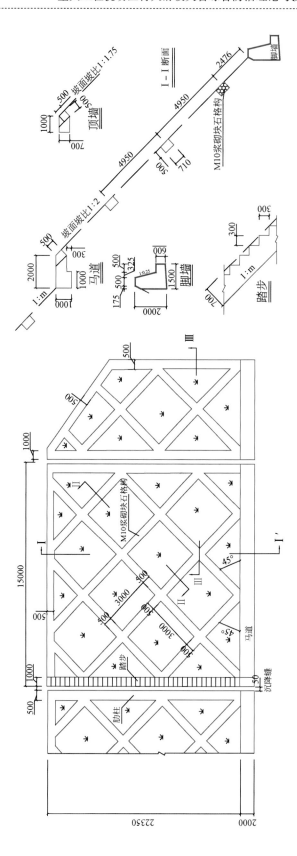

(b) 滑坡格构设计大样图(单位: m)

图2.22　刘家包滑坡综合防治工程（续）

(c) 削坡+格构护坡工程　　　　　　　　(d) 格构护坡及排水工程

图 2.22　刘家包滑坡综合防治工程（续）

(a) 猴子石滑坡全貌　　　　　　　　　(b) 防治工程施工

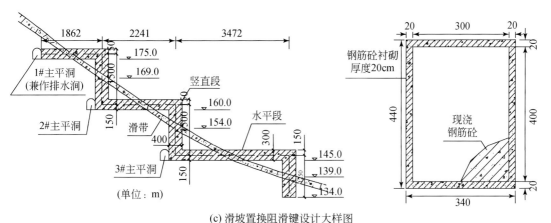

(c) 滑坡置换阻滑键设计大样图

图 2.23　猴子石滑坡概况及综合防治工程

　　续建工程于 2008 年 5 月竣工，保障了三峡水库 156m 和 175m 如期蓄水。该工程是三峡库区地质条件最复杂、保护对象最多、单体投资最大、治理措施最难、科技含量最高的地灾治理工程，备受各级部门重视（图 2.24）。

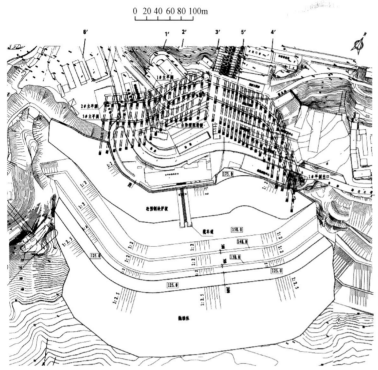

主要工程量表

序号	项目	单位	数量	备注
一	回填压脚及护岸工程			
1	土石方开挖	m³	23623	
2	碎块石回填碾压	m³	108490	
3	抛石	m³	512865	
4	砼预制块护坡	m³	6564	15cm厚
5	坡面排水孔及保护	m	49424	
二	地表排水工程			
1	土方开挖	m³	2348	
2	浆砌块石	m³	1147	
三	阻滑键及排水洞工程			
1	土方开挖	m³	404	
2	石方开挖	m³	80047	
3	现浇砼	m³	49053	C25
4	衬砌砼	m³	11529	C20
5	喷砼	m³	2306	
6	洞底板砼找平层	m³	1219	C15
7	钢筋制安	t	4438	
8	锚杆支护	m	18602	1~3m
9	洞内素砼回填	m³	11980	C15
10	排水孔(φ110mm)	m	11865	孔深10~30m
11	洞顶回填灌浆	m²	27533	

说明:
1. 图中高程除注明外,均为黄海高程;
2. 高程以m计,尺寸单位以cm计;
3. 方案四为台阶型阻滑键为主结构抛填压脚及地下排水方案;
4. 分别在175m、160m、145m高程设3条主平洞和3级台阶型阻滑键,尺寸间距见HZXJ-33;
5. 175m高程处的1#主平洞兼作排水洞,洞内布设辐射状排水孔,排水洞采用自排水方式;
6. 125m高程以下采用水下抛填块石脚压,150~175m回填 碎块石进行护坡。

图2.24　猴子石滑坡续建防治工程平面布置图(据水利部长江水利委员会)

3. 植物油厂滑坡

植物油厂滑坡位于奉节新县城三马山小区的南缘沿江一带 [图2.25(a)],位于猴子石滑坡与老房子滑坡之间,滑坡分布范围西起水井沟,东至植物油厂东沟,南北长286m,东西宽120~140m,沿江大道于高程185.5~189m处通过滑体。其中沿江大道与2号连接道间坐落着植物油厂、风景园林管理所等单位。

滑坡防治方案为"抗滑桩+排水+护坡"。因地制宜,滑坡体上建筑物密集,从保障城市功能考虑,该滑坡不宜进行削坡减载,且滑坡体前缘厚度不大基岩(为 T_2b^2 紫红色薄-中厚层黏土岩、粉细砂岩)埋深较浅,适宜利用抗滑桩进行防护。结合地表(下)排水工程和系统库岸护坡,起到有效的防治效果 [图2.25(b)]。

4. 老房子滑坡

老房子滑坡位于商业大道以下的斜坡地带,滑坡体上及其周缘坐落有港航运输公司、人民路小学、计生委、国税局等迁建单位,沿江大道及连接大道(长约1.5km)分别从滑坡中、后部通过。滑坡分布范围西起陈家沟,东至孙家沟,南北长530m,东西宽170~220m,为一基岩顺层-切层深层滑坡,滑坡堆积厚度为42~60m,分布面积为 $9.71×10^4 m^2$,体积为 $480×10^4 m^3$。滑坡平面呈"葫芦状",坡面在高程241~252m(三帽山)、154~167m(新房子)发育两级缓倾长江的平台(常称为"上、下滑坡")[图2.26(a)]。

防治方案为"抗滑桩+排水+护岸+抛石压脚"。从保障城市功能考虑,宜采用抗滑桩等进行支挡阻滑,分别选取下部滑体前缘和下部滑体中后部土体较薄处设置抗滑桩。结合地表（下）排水工程、系统库岸护坡，起到有效防治效果［图 2.26（b）］。

(a) 植物油厂滑坡全貌　　　　　　　　　(b) 系统格构护坡工程

图 2.25　植物油厂滑坡概况及综合防治工程

(a) 老房子滑坡全貌　　　　　　　　　(b) 浆砌片石护岸工程

图 2.26　老房子滑坡概况及综合防治工程

5. 丝绸厂滑坡

丝绸厂滑坡位于三马山小区东部荫里坪高程 305m 以下的斜坡地带，滑坡平面呈两个扇形叠加的不规则形状，坡面在高程 270～280m、180～190m、140～150m 发育有 3 级缓倾平台。滑坡分布范围西起孙家沟，东至十里铺沟，南北长 630m，东西宽 270～310m，滑体面积为 $19.3 \times 10^4 \mathrm{m}^2$，体积为 $1080 \times 10^4 \mathrm{m}^3$。其中连接大道与沿江公路间坐落有丝绸厂、5 栋移民统建房及部分民房；连接大道以上主要分布有三马后山连接道、气象局、两栋移民统建房及十余栋移民自建房。

根据滑坡的基本地质特征采用"回填压脚+地表（下）排水+系统护岸"工程措施分两期对其进行治理（图 2.27）。从现有监测数据来看，防治措施有效防止了滑坡体整体失稳滑动、分块失稳滑动和滑坡前缘库岸再造，使滑坡体的整体稳定性满足设计要求。

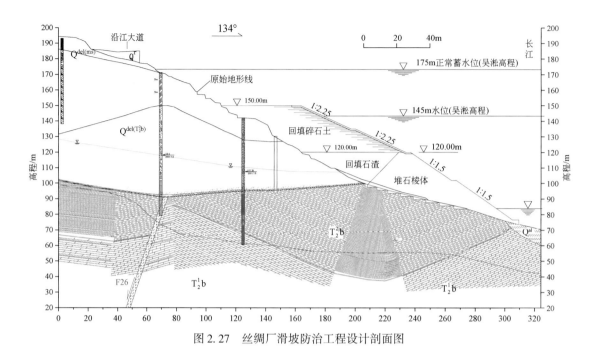

图 2.27　丝绸厂滑坡防治工程设计剖面图

6. 陈家沟滑坡

陈家沟滑坡位于奉节老县城梅溪河左岸河口地段，场地高程为 82~410m，滑坡平面呈多个扇形叠加的不规则形状，滑体平均厚度为 53.86m，最厚可达 99.35m，分布面积为 $28.5×10^4m^2$，体积约 $1500×10^4m^3$。由于规模巨大，严重威胁到水陆交通运输和宝塔坪小区少部分民居的生命财产安全，属特大涉水土质滑坡。

为防治三峡电站蓄水后，库水位变化对滑体前缘形成的不利影响，防治措施选择了"回填压脚+护岸+地表排水"，并进行实时地质监测。水库蓄水后，该古滑坡整体处于基本稳定，无大规模复活迹象，但由于奉节—白帝城公路的开挖修建，边坡陡峻，剪出口高悬，滑体前缘出现了小规模次级浅层滑动。因此，结合公路路基边坡治理 [图 2.28（a）、（b）]，路堑陡坡路段选择了"抗滑挡墙+格构护坡+地表排水"的防治措施，防治效果良好。

(a) 公路上边坡防滑挡墙　　　　　　　　　(b) 格构护坡防治工程

图 2.28　陈家沟滑坡综合防治工程

7. 黄瓜坪滑坡

黄瓜坪滑坡处奉节县鱼复开发试验区窑湾一社及金盆四社，渝巴公路横穿滑体中上部约300m，华兴烟花爆竹厂、移民迁建运煤码头、金盆小区民居及巫山路桥公司办公楼均在滑坡体上。地形总体呈鼓丘微地貌形态，前缘高程约150m，后缘高程约389m，前后缘高差达239m；该滑坡东、西两侧边界较明显，为两条季节性冲沟，后缘边界根据地形及基岩露头确定；滑坡南北轴向长约500m，东西宽平均约400m，面积约$20.0×10^4m^2$，滑体平均厚约20m，滑体体积约$400×10^4m^3$，属特大涉水土质滑坡。

根据滑坡变形特征的不同，将滑坡分为A1、A2和B 3个区。其中，A1、A2区均选用"地表排水+抗滑桩"防治措施（图2.29），B区涉水塌岸段选择"削坡+框格砌片石护坡"防治方案。

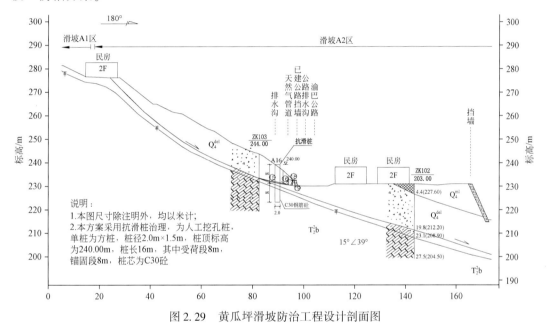

图2.29　黄瓜坪滑坡防治工程设计剖面图

排水沟共设计排水沟3条，即2横1纵。其中后缘外围横向截水沟1条，长208.3m，断面尺寸0.6m×0.6m，矩形断面；横向排水沟1条，长302.7m，矩形断面，尺寸0.7m×0.7m；滑体中部纵向排水沟1条，长263.5m，梯形断面，尺寸为上宽0.9m，下宽0.7m，高0.8m，以上3条排水沟挡土墙厚0.25m，均采有M7.5块石浆砌，内侧每隔5.0m设置一道泄水孔。

抗滑桩布于滑坡前缘滑面（带）比较平缓的地段，桩顶高程309.50～327.00m，横向上布置一排，设计C、D两类桩，均为人工挖孔桩，桩数28根，其中C类桩截面为2m×3.0m，桩数12根，单根桩长20.0m，桩间距6.0m，锚固段7.5～10.5m；D类桩截面为2.5m×3.5m，桩数16根，单根桩长30.0m，锚固段11.5～15.5m，桩间距6.0m，该两类桩芯均为C30砼。

经现场走访，防治后滑体已趋于稳定，但局部排水槽遭受人为破坏，效果丧失，不排除在强降雨，地表排水不畅，发生局部滑崩的现象。

8. 水田坝滑坡

位于奉节老县城梅溪河左岸 2 期移民迁建区金盆小区，北起沙坪子太山庙，南至窑滩，东起沿江大道西抵梅溪河漫滩，滑体上有民统建房、脐橙厂、金盒锅厂及农村移民房，水田坝滑坡纵向长 180～330m，横向宽 160～280m，滑体厚 2.60～25.6m，平面分布面积 $5.6×10^4 m^2$，总体积约 $84×10^4 m^3$，属涉水特大土质滑坡。滑坡防治方案选择"抗滑桩+地表排水"：沿 175m 高程布置悬臂式抗滑桩支挡；在控制范围抗滑桩沿码头公路路堤挡墙外侧布置，桩顶标高在路堤挡墙面下 2m 支挡；并对滑坡体采取截排水措施，避免雨水入渗［图 2.30（a）、（b）］。通过长年监测发现，变形量不大，基本处于稳定状态。

(a) 水田坝滑坡全貌　　　　　　　　　(b) 滑坡防治抗滑工程

图 2.30　水田坝滑坡概貌与综合防治工程

9. 白衣庵滑坡

白衣庵滑坡位于奉节老县城，是一个由古滑坡、老滑坡和新滑坡组成的滑坡群，位于永安镇白马村，老县城上游约 1km 处，有两千多居民及沿江大道通过。滑坡北自柑子林，南抵烟草公司附近，东至 3 号桥（五七沟），西临钟家沟。滑体面积 $80×10^4 m^2$，体积约 $3600×10^4 m^3$。古滑坡防治方案采用"地表排水+护岸（护坡）"并监测等辅助工程措施；二道沟老滑坡在三峡水库建成正常运行后，稳定性显著降低，可能再次滑动或局部复活，采用"减载压脚+地表排水+护岸"进行综合防治，同时兼治古滑坡［图 2.31（a）、（b）］；钟家沟、幸福沟老滑坡蓄水前后均处于稳定状态，可不予治理。

(a) 二道沟滑坡后缘截水槽　　　　　　(b) 滑坡体位移监测

图 2.31　白衣庵滑坡监测与综合防治工程

2.4.3　青藏高原交通干线滑坡

川藏公路从成都到拉萨，全长 2000 余千米，从海拔 500 多米跃至 4000m 以上，横跨我国四川盆地、横断山脉高山峡谷区及喜马拉雅山脉东段高山高原区，沿线地质地貌背景十分复杂，地形高差大，地质构造和新构造活动强烈，风化卸荷严重；加之穿越多个气候区，气候多变，多极端天气。因此地质灾害十分发育。其中，滑坡是最突出的灾害之一。据西藏林芝公路管理分局统计，仅 102 道班滑坡从 1991 年 6 月至 1996 年 12 月，累计断道593 天，1996 年以后，每年断道 50 天以上。每逢雨季，102 路段坡面泥石流、小型崩塌、滚石频频发生。

在对川藏公路滑坡普遍调查的基础上，对 9 处典型滑坡案例进行了研究和分析。这些典型滑坡都是西藏公路滑坡中规模较大、危害较重、性质较复杂的滑坡，具有较强代表性。在川藏公路选择典型案例，研究其发育特征与防治对策，不仅有利于保障西藏交通畅通，维护西藏经济繁荣和国防安全，更能了解川藏公路滑坡发育及防治工作的现状，明晰滑坡机理研究中急待解决的主要问题，取得具有说服力的道路工程减灾理论与关键技术，达到提高川藏公路滑坡防治水平，促进西部山区交通建设的目的。通过案例分析，初步得出以下认识。

（1）沿线大型灾害性滑坡集中分布于线路东段的横断山脉区和邻近雅鲁藏布大拐弯处的培隆藏布流域，而雅鲁藏布大拐弯地区是世界上地形高差变化最大的地区。显示出地形地貌因素对大型滑坡发育的绝对控制作用。在这些区域，道路工程除翻山越岭地段外，大部分都是沿溪而行，展布于深切峡谷中，这些地段发生滑坡灾害后，往往断道阻车时间久、治理难度大，其危害十分严重。

（2）川藏公路各种类型滑坡均有分布。其中，以古冰碛、冲洪积、古泥石流体等为主的新生代松散堆积物滑坡发育最多，如通麦—东久段帕隆藏布沿岸广泛分布巨厚（100～300m）的冰水堆积和冰碛层，成为滑坡灾害较为集中发育的地段。这些地段也将是潜在滑坡发育的主要路段。开展冰碛物工程地质特征的研究，正确认识冰碛物滑坡的发育机理，对合理有效地防治及预测该类滑坡具有非常重要的科学意义。此外，从滑坡触发因素分析，降雨型滑坡仍是川藏公路滑坡的主要类型，深入研究水体作用对滑坡发育的影响，成为滑坡机理研究的重要内容。

（3）溜砂坡灾害是一种较为特殊的灾害类型，川藏公路的溜砂坡灾害十分发育。特别在帕隆藏布上游峡谷段，溜砂坡连续成群分布，如沿帕隆藏布干流川藏公路（G318 线）米堆沟口—中坝段，仅 20km 左右路段内就分布溜砂坡超过 30 处，危害公路长度达4290m，给当地的交通建设带来了极大的困难，频繁发生块石和砂粒溜向公路、覆盖路面、埋没工程设施、中断交通的事件，甚至时常发生溜砂中挟带的大块石、巨石砸坏车辆和砸伤行人的事故。国内外对溜砂坡的研究较少，对溜砂坡的发育环境、发生机理及防灾对策进行综合性的研究，对提升川藏公路的通行能力、促进沿线地区经济跨越式发展具有重要的科学意义与现实意义。

（4）西藏滑坡防治水平与内地相比还有一定的差距，同时，由于西藏地区特殊的环境条件，如极大的温差变化、复杂的冻融环境、强烈的紫外线等因素，一些新的防治技术还存在适宜性及可靠性的问题。预应力锚固技术在西藏滑坡防治上具有较好的适宜性，成为川藏公路滑坡治理最常使用的工程结构。但已逐渐出现预应力损失、锚头破坏等问题，因此，加强特殊环境下工程措施的可靠性研究，提出缺损工程修复技术，十分必要。

（5）川藏公路滑坡的防御工作已历经数十年的历史，先后多期提出了规划、研究、设计方案。其中，已有部分方案付诸实施，极大地减轻了滑坡对公路的危害，改善了公路的通行条件。从已有的工程实践可以看到，滑坡防治要达到好的效果，必须建立在准确认识滑坡灾害发育机理与成灾过程的基础上。川藏公路滑坡防治工作也走了一条曲折的路，有很多经验教训值得总结，如102道班滑坡防治工作经历了临时保通工程、全面保通整治工程到最后选择的隧道绕避工程。除了国家决策、投资力度等方面的因素，也反映了对102道班滑坡发育机理中水体作用机制认识有一个不断深入的过程。同时，防治工程不能仅仅以增加滑坡整体稳定性为唯一出发点，还应重点考虑被保护对象的特点及承灾能力。

川藏公路沿线滑坡（崩塌、溜砂坡）灾点分布零散不均，具有局部集中的特征。滑坡等灾点常连成灾害群或灾害带，在如下地段集中分布：金沙江海通沟段、八宿嘎玛沟—怒江沟段、然乌—鲁朗段。川藏公路调查崩塌338处，体积$4.2 \times 10^7 m^3$；溜砂22处，体积$1.0 \times 10^6 m^3$；滑坡29处，体积$0.6 \times 10^8 m^3$。全线崩塌、滑坡、溜砂的分布密度为0.31处/km，危害长度67.55km（表2.7）。首先，然乌—鲁朗段是崩塌、滑坡、溜砂坡发育的主要地段，1966年暴发的拉月大滑坡、1991年大暴发的加马其美滑坡、102道班滑坡群、东久滑坡群以及经常频繁不断的崩塌和一年四季都在运动的中坝溜砂坡；其次，竹卡段和白马段，计有崩塌147处、滑坡6处，危害长度16.86km；再次，百巴段有36处崩塌，危害长度6.26km；墨竹工卡—拉萨段的坡面块体运动较为少见。

表2.7　川藏公路各段崩塌、滑坡、溜砂坡灾害统计

路段名称	地理位置	路段长度/km	滑坡		崩塌		溜砂坡		危害总长/km	分布密度/(处/km)
			处	延伸/m	处	延伸/m	处	延伸/m		
墨竹工卡段	米拉山–拉萨	153.95			5	800			0.80	0.03
百巴段	更张村–米拉山顶	208.30			36	6260	9	3400	9.66	0.22
八一段	迫龙村–更张村	180.00	14	4800	67	7780			12.58	0.45
扎木段	82道班–迫龙沟	207.61	7	2300	51	8790	6	6700	17.79	0.31
白马段	邦达–82道班	201.00	1		55	6560	2	1800	8.36	0.26
左贡段	东达山顶–邦达	169.30	2	150	32	4910	4	2500	7.56	0.22
竹卡段	金沙江大桥–东达山	166.00	5	2950	92	7350	1	500	10.80	0.66
合计		1286.17	29	10200	338	42450	22	14900	67.55	0.31

2.4.3.1　川藏公路（G317线）K351滑坡

K351滑坡位于G317线K351+040～K351+195，即妥坝—昌都段方向约7.5km处，公路从滑坡中前部通过。K351滑坡在平面上呈横展形，剪出口位于路面附近（海拔3787m），后缘位于坡-崩积斜坡中部（最高海拔3848m）。滑坡体长130m，均宽150m，均厚20m，体积约39×10⁴m³。主滑方向96°，近垂直于妥曲。

1. 滑坡基本特征

K351滑坡为老滑坡的局部复活，从地貌形态看，滑坡区从下至上分为5段（图2.32）。其上分布的"马刀树"与"醉汉林"表明老滑坡一直处于缓慢滑动。近年来，滑坡活动逐渐加剧，中、前部发生过一次快速滑动。此段公路边坡于2002年5月下旬竣工。6月初的一次暴雨后，滑坡区发生很多地表裂缝并逐渐加宽，公路也被少量滑体覆盖。此后滑坡快速滑动，掩埋部分路面。滑体各部位的启动和运动速度差异，滑坡发生了分块解体。在平面上，滑坡可明显分为右（I#滑块）、左（II#滑块）两块。I#滑块长69m，宽约65m，滑体厚度为20m，体积约8.9×10⁴m³。并且，I#滑块具典型的牵引式滑动特点，在纵向上可分为前后两级。II#滑块长51m，宽约90m，松散体厚度15～25m，体积约9.1×10⁴m³。

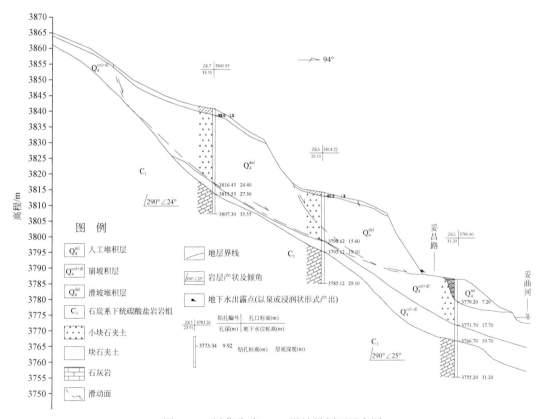

图2.32　川藏公路K351滑坡纵剖面示意图

滑坡区内的地面裂缝、陡坎、地表拗陷及平台等变形形迹明显。两滑块后部地表拉张裂缝极发育。滑体右侧（即I#滑块平台）可见两级平台，后级平台位于基岩坡体前部，目前整体处于极限平衡状态，前级平台与后级平台之间为陡坎。前级平台以下至公路的斜坡较陡，受公路路基开挖的影响，多处形成浅层滑塌，堆积约100～400m³。在勘察期间前缘浅层滑塌时有发生。K351 滑坡的 II# 滑块表面裂缝密布，以弧形拉张裂缝为主，在雨季不断加宽。

2. 防治对策

K351 滑坡在 2002 年 6 月初快速滑动后，目前滑坡整体上处于缓慢变形并重新积聚能量的阶段，而复活滑坡也处于不稳定的状态。如果发生大的暴雨或继续进行不适当的工程活动，滑坡仍会产生大规模滑动，并将不断向后部牵引、扩大，危害公路正常施工及今后的运行。因此，对 K351 滑坡进行综合治理是完全必要的。根据 K351 滑坡的发育特征及稳定性评价，提出了如下防治方案（表 2.8）。

1）钢筋砼格梁加预应力锚索方案（方案 1）

据地形特征和滑坡特征分析，抗滑工程既要阻止沿新滑动面的滑动，又必须考虑沿古滑动面滑动的可能。由于坡面较陡，斜坡上到处都有坍滑现象，为了保护的面积大一些，采用面广、孔多、分散加力的平面布置方法。格梁带下部与公路内侧护坡挡土墙相距 1.0m，格梁上部高程 3756.8m，横向长 158m，顺坡间宽 25m 左右，共计 190～200 个锚孔。锚固端深入下伏基岩 8m。格梁土钉护坡，置于滑坡后壁，长 50m、宽 8m，土钉深入坡体 3～4m。防止后壁被牵引滑动。在滑坡后部稳定坡面上设置弧形截水沟。同时，沿 2# 冲沟设置地下排水渗沟。在公路外侧滑坡中部和北部修筑路肩墙及挡水墙。此外，配套一些坡面平整、填实裂缝等辅助工程。方案一的主要优点是能有效地防治防止滑坡的滑动，技术成熟、工程单一；缺点是施工技术要求较高，需专业队伍进行施工。

表 2.8　K351 滑坡防治方案对比表

主要工程类型	单位	方案 1	方案 2
		格梁预应力锚索	抗滑桩
抗滑桩	根		33
格梁预应力锚索	m²	158×25	
格梁土钉（锚杆）	m²	50×8	150×20
其他工程		排水工程；公路内外挡土墙工程；河边挡水墙工程；南侧、北侧边坡防护工程	同方案 1

2）钢筋混凝土抗滑桩方案（方案 2）

在公路内侧沿高于公路面 13m 的等高线（长 158m）布置钢筋混凝土抗滑桩。桩截面为 1.5m×2m，桩心距 5m，共布设 33 根桩。桩长 20～25m，桩下端需深入现滑动面之下 6m。为防止表层坍滑，在桩上部的斜坡表面上仍需布置格梁土钉工程。格梁土钉工程沿公路长 150m，宽 20m，土钉深入斜坡 4～8m。其他工程项目同方案 1。方案 2 的优点是工程针对性强，施工简便。缺点是投资比方案 1 略大，此外，由于边坡较陡且处于不稳定状态，开挖桩基础易造成边坡滑动速度增大。

经技术经济比选，推荐方案 1。目前，方案已部分设施。

2.4.3.2　川藏公路（G317）K438 滑坡

K438 滑坡位于 G317 线妥坝—昌都段（以下简称妥昌公路）K438+608～K438+770

处，滑坡南距昌都镇 15km，妥昌公路从滑坡中部通过。K438 滑坡为多年来一直处于缓慢变形的老滑坡，长 140m、宽 175m，均厚 25m，体积 $61.25 \times 10^4 m^3$，滑动方向 275°，与扎曲近直交。

1. 基本特征

K438 滑坡为典型的圈椅状地貌，滑坡前缘位于扎曲左岸 I 级台地斜坡下部（扎曲岸边），前缘陡坡段形成坍滑。后缘位于 I 级台地与 II 级台地之间的斜坡上，滑坡体后部可见两组牵引裂缝。后缘和两侧可见明显的滑坡台坎。滑坡体各部位岩性、地形条件不同，使老滑坡前部解体并形成两块次级滑体。1# 滑体位于老滑坡体左前部，2# 滑体位于老滑坡体右前部。这两个滑体在地貌上都形成了明显的次级圈椅状洼地，两个次级滑体的中间形成突出的山脊。

1# 滑体为整体滑动，在地貌上，滑体斜坡呈阶梯状。并形成了明显的圈椅状洼地。滑体长 116m，宽 73m，坡度为 15°，滑动方向 250°。滑坡体后部和左侧有 3 组弧形地表拉张裂缝。滑体前缘陡坡段因受扎曲淘蚀而不断地坍滑，并导致原便道路基发生沉降和向外侧移动。1# 滑体处于缓慢的整体蠕滑变形状态。2# 滑体为牵引式滑动。老滑坡前缘右侧斜坡坡陡、坡积层厚，前缘位移较快，牵引老滑坡前缘右侧部分坡体滑动，形成圈椅状次级洼地。滑体长 93m，宽 58m，厚 14～20m，滑动方向 294°。滑体后部和右侧有一条明显的地表裂缝。滑体变形并使原便道路基沉降。前缘坍滑明显，坡体分块滑动。2# 滑体为缓慢变形，处于不稳定状态。由于滑坡后部的滑面较陡，且坡体结构较为松散，地表水易于渗入坡体，降低了滑动面的强度，老滑坡仍具有较大的下滑力，处于临界稳定状态或不稳定状态，仍将缓慢滑动。

2. 防治对策

K438 滑坡属整体性滑动，老滑坡整体上处于临界稳定状态或不稳定状态。近年来，在坡体前部左右两侧出现明显地变形加快，并形成两块次级滑体。在老滑坡体的中部和后部又发育有多组裂缝，并形成陡坎，变形明显加快。因此，需设置抗滑构筑物体系阻止滑坡的进一步发育。根据 K438 滑坡野外现场勘察以及有关勘探资料，应采用原线路综合抗滑治理工程为主，提出以下 3 套防治方案。

1）单排抗滑桩方案（方案 1）

主体抗滑工程为单排抗滑桩。抗滑桩采用人工成孔。抗滑桩采用两种截面，中部滑坡推力较大部分为 2m×2.5m，两侧为 1.5m×2m。其配筋由计算确定。桩长按滑面埋深的差异而略有不同，但均应埋入下伏基岩 2～3m（即中风化基岩中）。抗滑桩布置在滑坡前缘，距河边约 10～15m 处，公路外侧与抗滑桩之间边坡采用格梁锚杆护坡。由于水体作用在本滑坡中有着重要的影响，可在滑坡前部修筑防冲挡水墙，滑坡后部修建 1～2 条截水沟，以拦截降雨时的地表径流。同时，在滑坡体内修建排水盲沟，使浅层地下水快速流出滑坡体。此外，可考虑滑坡段公路需增设暗涵一个，滑坡表面应进行平整坡面、夯实裂缝等辅助工程。方案一的主要优点是单排抗滑桩能有效地防止本滑坡的整体滑动，技术成熟、施工方便；缺点是抗滑桩的截面较大，此外，由于滑坡前缘较陡，存在滑坡从桩顶剪出的可能。

2）双排抗滑桩方案（方案 2）

主体抗滑工程仍为抗滑桩，采用双排梅花形布置。第一排抗滑桩布置在滑坡前缘，截面采用 1.2m×2.0m；第二排抗滑桩布置在滑坡前部公路外侧约 10m 处，截面采用 1.5m×2.0m。抗滑桩的配筋由计算确定，桩长按滑面埋深的差异而略有不同，但均应埋入下伏中风化基岩 1m，两排抗滑桩之间边坡采用钢筋混凝土格梁连接。其他工程同方案 1。方案 2 的主要优点是双排抗滑桩能有效地防治本滑坡的滑动，同时考虑了滑动面转移的可能，虽然增加了抗滑桩的数量，但由于单桩的截面变小及配筋减少，同时滑坡前部边坡防护工程的简化，其工程投资并不比方案 1 大很多；缺点是增加了一定的施工难度。

3）改线方案（方案 3）

由于滑坡后部为河流冲积平台，地势平坦，公路可选择逐渐上坡至平台上通过。通过野外勘察，需改线 5km 左右。方案 3 最大的优点是彻底避开了滑坡的危害；缺点是投资较大，公路线性较差，部分新建公路地段可能出现新的公路病害。

经过技术经济分析显示：方案 2（双排抗滑桩方案）技术成熟、合理，工程的可靠性高，投资适中，可作为推荐方案（表 2.9）。

表 2.9　K438 滑坡防治方案对比表

主要工程类型	单位	方案 1	方案 2	方案 3
		单排抗滑桩方案	双排抗滑桩方案	改线方案
抗滑桩	根	31	41	
新建公路	km			5
其他工程		排水工程；公路内侧挡墙工程；公路外侧护坡工程；挡水墙工程	同方案 1	公路上下挡墙等工程

2.4.3.3　川藏公路（G318）嘎玛沟 1#滑坡

嘎玛沟路段位于昌都地区八宿县邦达镇嘎玛沟同侃村一带，路段自澜沧江-怒江分水岭业拉山（垭口海拔 4950m）经嘎玛沟盘山线下至怒江岸边，落差千余米，是川藏公路的险要路段之一。嘎玛沟 1#滑坡北距邦达 30km，穿越川藏公路的上、下两线盘山公路，上线公路里程为 K3727+714～K3737+840，下线公路里程为 K3728+250～K3728+380。嘎玛沟 1#滑坡使上、下两线公路路基向外平移 2.5m，下沉 0.8～1.2m，雨季时每日滑移可达 10～20cm。路基严重不稳，阻车现象时有发生。嘎玛沟滑坡为牵引式堆积层滑坡，系老滑坡的右前部局部复活结果。从滑坡后缘地表裂缝的宽度和错距来看，嘎玛沟滑坡并非沿着坡向（即垂直于等高线）滑动，而是偏向左（北）方（即嘎玛沟上游方向）运动。

1. 基本特征

嘎玛沟 1#滑坡长约 150m，沿下线公路宽 130m，沿上线公路宽 125m，滑体平均厚度约 20m，滑体规模约 $39×10^4 m^3$，滑体表面平均坡度 32°。滑体后壁直立，高 1.5～2.0m，可见清晰滑痕。在滑体后方坡面上，距后壁不远处有 3 条与后壁近于平行的拉张性地表裂缝，缝宽 10~20cm。滑体后部为多级梯田，滑坡中、下部受上、下线公路的切割，形成高陡的阶梯形。滑坡南侧边界错坎明显，高差 1.0~2.0m，从上线公路下挡墙的错裂来看，滑坡南侧垂直下错 1.5m，水平错距约 2.0m。滑坡北侧边界水平、垂直错距均较小，高差 0.5~1.0m。在下线公路以下的滑坡前缘南部，由于原始地形坡度变陡，滑体形成多级错坎，前缘坍塌。在滑坡前缘北部，由于滑移量较小，只出现少量地表鼓胀裂缝。

2. 防治对策

嘎玛沟 1#滑坡呈整体性滑动，稳定系数 K 值略小于 1，时滑时停。1#滑坡滑距较小，但是滑动势能仍较高，一旦雨季来临，如遇暴雨或连续降雨，由于降水入渗 1#滑坡体将饱和、增重，加之载重车辆通过时的动载荷使得 1#滑坡滑带将进一步软化，容易再次失稳，造成滑坡进一步整体下滑。同时，1#滑坡范围也可能向后方、向两侧进一步扩展，甚至殃及整个老滑坡体的稳定性，必须尽快采取工程措施。鉴于嘎玛沟 1#滑坡区域的地质地貌环境条件差，改线避绕难度大、造价高。防治原则以原线路综合抗滑治理工程为主。

1）预应力锚索抗滑桩与预应力锚索框架方案

嘎玛沟 1#滑坡主体抗滑工程为预应力锚索抗滑桩、预应力锚索框架组合抗滑结构。预应力锚索抗滑桩共设 19 根，锚索桩中-中间距为 6m，截面取 1.5m×2.0m，桩长 30m，桩头设置 3 孔锚索，上、下排距桩顶分别为 0.3m 和 1.3m。每束锚索设计为 7 根 Φ^j15 钢绞线，桩身材料采用 C25 级钢筋砼，护壁采用 C20 级钢筋砼。在滑坡体的中、上部，设置两排预应力锚索框架，其中，上排框架共计 3 片 9 根肋，下排框架共计 11 片根 33 根肋，每根肋柱上设上、下两孔锚索，锚索长度平均取 42.0m 左右，锚固段长度 14m，锚索总长888m。锚索框架所用锚具采用 OVM 系列锚具，锚具型号采用 OVM15-7 型，并辅以地表排水沟和地下仰斜排水孔排水。本方案的主要优点是能充分发挥预应力锚索抗滑桩和预应力锚索框架的优势，联合对滑坡进行有效防护；对滑坡体的扰动较小，施工机械化作业程度高，易于保证施工质量，缩短施工周期；同时，工程投资相对较低。

2）双排预应力锚索抗滑桩方案

嘎玛沟 1#滑坡主体抗滑工程仍为双排预应力锚索抗滑桩组合抗滑结构。第 1 排预应力锚索抗滑桩共设 19 根，位于滑坡体下部，锚索桩中-中间距为 6m，截面取 1.5m×2.0m，桩长 30m，桩头设置 3 孔锚索，上、下排距桩顶分别为 0.3m 和 1.3m，每束锚索设计为 7根 Φ^j15 钢绞线，桩身材料采用 C25 级钢筋砼，护壁采用 C20 级钢筋砼。第 2 排预应力锚索抗滑桩位于滑坡体中上部，共计 13 根，预应力锚索抗滑桩的构造与第 1 排抗滑桩完全相同，并辅以地表排水沟和地下仰斜排水孔排水。本方案的主要优点是双排预应力锚索抗滑桩能有效地防治本滑坡的滑动，可靠性高；缺点是施工强度大，对坡体扰动大，施工作业实践长，工程投资较高。

通过技术经济分析可知，预应力锚索抗滑桩与预应力锚索框架方案技术成熟、合理，工程的可靠性高，投资适中。已实施的整治工程选定了这一方案，目前工程运行良好。

2.4.3.4　川藏公路（G318）中坝 13#溜砂坡

G318 线中坝段 26km 范围内发生了 18 处较大的溜砂坡灾害。现以 13#溜砂坡作为溜砂坡灾害研究及防治的典型实例。中坝路段 No.13 溜砂坡位于西藏波密县冬茹弄巴沟东南

3.1km 处，帕隆藏布右岸，公路里程桩号为 K3924+480 ~ K3924+840。本段公路外侧为河水直冲段，建有钢筋石笼和圆木框架石笼挡水墙，高 6.0m，有 3 处已被冲坏；后山为高近 200m 的花岗岩陡崖，坡面呈微风化状，并生长有许多小树、灌木，无明显的产砂和坍垮现象；崖脚为老溜砂坡，由中、粗砂夹较多大岩块组成，宽 100 多米，长满树木和灌丛；公路内侧设有高 2.5m 的挡砂护坡墙，临近公路处，因公路开挖拓宽，有 70 ~ 100m 的溜砂坡垮塌。

1. 基本特征

溜砂坡位于帕隆藏布右岸，岸坡十分陡峻。斜坡中、上部为岩层裸露急陡坡、陡崖，坡度 50° ~ 70°；中、下部为溜砂堆积锥，坡度 34° ~ 39°；河床边有少量冲洪积砂砾石缓坡滩地。出露的地层岩性单一，岸坡中、上部基岩以燕山期晚期中-酸性黑云母花岗岩为主，两侧分布少量泥盆系变质砂板岩；中、下部基岩多为溜砂、坡-崩积物或冲-洪积块碎石覆盖，厚度 10 ~ 15m。当地属藏东南湿润区内的河谷半干燥气候区，年降水量大多在 500 ~ 700mm 以下。河谷地区内植被总体较好，适宜植被生长，植被覆盖率大于 70%。除高山岩石裸露区、溜砂坡强烈活动区无植被覆盖外，其余均有植被覆盖，以高山松、灌丛、草为主。

2. 防治对策

东段溜砂坡因处于相对稳定状态，不会产生大的危害，但从长远分析，溜砂仍会绕过挡砂墙覆盖公路。西段溜砂坡正处强烈活动阶段，产生较大的危害，因此对此段应作重点治理。东、西两端溜砂坡稳定性各不相同，治理强度各有侧重。

东段溜砂坡：加高现挡砂墙到 4.0m。平整挡砂墙以上的裸地砂坡，清除坡面上的大块危石，裸地坡面实施土钉挂网植被护坡工程。

西段溜砂坡（重点治理）：溜砂坡中、下部大块危石太多，需首先清除。溜砂坡下部太松散，需进行深部固砂处理。在原挡砂墙内侧布设 5 排微型花管树根桩，排距桩间距都为 1.0m，梅花型排列。溜砂坡灾害严重段有 60m 长，可选用抗滑挡砂棚硐方案，其余可采用加高原挡砂墙方案。将高 2.5m 的原挡砂墙加高到 5.0m，但加高后的挡砂墙难以满足抗倾覆稳定性的要求，故还应采用锚杆挂网喷护混凝土加固挡砂墙。当坡面基本稳定、不发生溜砂后，应立即实施格梁锚杆植被护坡工程，护坡宽度 20m 左右，其余自然恢复植被。

2.4.3.5 川藏公路（G318）松宗滑坡

松宗滑坡位于波密县松宗乡以西 4km，迫隆藏布中游右岸，地理坐标为东经 96°03′30″，北纬 29°44′6″，海拔高度 3020 ~ 3110m，滑坡沿 G318 线长度达 620m。松宗滑坡发育在由第四系冲洪积与冰碛构成的松宗平台西缘，由一系列浅层松散层滑坡组成，组成物质结构松散和不同成因堆积物透水性的差异成为其垮塌破坏的主要原因。

1. 基本特征

经综合分析，松宗滑坡发育在松散层内部，滑动面略呈弧形，剪出口普遍位于公路附近，滑坡体按平均长 50m、宽 600m，均厚 6m，总体积约为 $20 \times 10^4 \text{m}^3$。

松宗滑坡东侧为松宗沟，其中、下游呈弧形环抱松宗平台，沟内常年径流深入坡内。在雨季降雨时沟道径流量加大，地下水量也随之增加和活动更加强烈。松宗滑坡区地层产状平缓（355°~10°∠3°~15°），由砂砾石（卵石）夹厚达24.2m的洪积粉砂黏土层构成。砾（卵）石砂土粒径粗大，结构疏松，孔隙大，透水强，是松宗滑塌区的地下水运行强透水层；而粉砂黏土层粒径小，结构相对致密，孔隙小，透水性差，是松宗滑塌区的隔水层。本地层以上含水量极为丰富。由于地下水作用，松散物质发生塑性流动或滑塌，特别是公路上、下边坡出露地层厚度大，滑塌十分发育；加之帕隆藏布洪水对坡脚的强烈冲刷，使滑坡规模及范围逐渐扩大。

2. 防治对策

1）已建防治工程评价

20世纪80年代初期，松宗滑坡有所显现，特别是公路下粉砂黏土层上部的地下水顺层面溢出，使坡面形成带状的塑性流，导致公路上、下多处滑塌，加之帕隆藏布洪水对坡脚的强烈冲刷，松宗段灾情不断加剧。90年代末期，松宗路段坡脚建了长约180m、高5~6m的防洪护坡挡墙，防洪挡墙高出枯水面8.5m左右；在公路内侧建了长约560m、高2~3m的挡墙；公路东侧上边坡增设了长180m、高5~20m的浆砌片石护坡。防洪护坡挡墙和上边坡挡墙对上边坡和整个坡体的稳定起到了一定的作用，但由于上边坡的护坡未设足够的排水孔，在静水和土体等的压力作用下，表面清缝破裂，护坡变形。3年后，设置了3段片石木笼，总长约90m。由于工程质量和使用年限，加之木笼基础设置于富含地下水的黏土层上，致使木笼底部多处出现地下水渗出，并出现多处基础暴露临空面。

2）治理方案

经调查比选，形成如下主体工程和配套工程综合防治方案。

主体工程：为保护滑塌公路边坡滑塌，在公路下含水层位外侧设置既能透水排水、又能稳坡固壁的拦挡工程。近期采用中–短期（20~30年）保通工程方案，即采用木笼加片石结构的整治措施。从长远出发，考虑永久性工程方案，即将木笼加片石结构的整治措施改为100#浆砌块石整治措施。

配套工程：平台截水排水工程；松宗滑塌段上边坡处理工程；公路内沟清理维修工程；公路下边坡木笼基础处理工程。

2.4.3.6　川藏公路（G318）拉月滑坡

拉月滑坡（俗称拉月大塌方）位于林芝县排龙门巴民族乡境内。在习惯上，将滑坡东起排龙乡政府西180m处的川藏公路南线（G318）东久3#桥东侧的排龙电厂冰川泥石流沟（K4105+800，跨沟公路桥面海拔2048m）、西端止于东久2#桥（K4109+100）长3.3km的路段称为拉月滑坡路段。1962年6月，拉月河北（左）岸公路内侧山坡多处出现地表裂缝，此后经常发生小型崩塌或滚石，一直持续达5年之久。1967年8月25~28日，公路不均匀下沉，滚石不断；8月29日近中午，半坡上（即剪出口一带）喷出约10.0m高的水柱；1小时后，约1000×10⁴m³以上的坡体从400~700m高处滑落。东侧主滑塌体前缘堵断了拉月河，形成拉月湖，堰塞坝高达70~90m，蓄水量达600×10⁴m³，回水淹没公路近3.0km。越过拉月河的滑坡物质推到对岸近300m的范围内，当场死亡15人（含汽车17

团 10 人、交通部重庆公路研究所 2 人以及西藏交通科学研究所 3 人），毁坏掩埋汽车数十辆。1977 年，历经两年建成滑坡体东、西水泥桥两座（即西端的东久 2# 桥和东端的东久 3# 桥），跨河绕行并进行便道改造。1978 年 5 月，刚刚试通车之际，滑坡体再次活动，毁坏东侧东久 3# 桥，只好又在原公路侧（北岸）新辟便道临时通行。1986 年，由西藏交通厅工程公司（原公路工程局）准备于原公路侧（北岸）在原便道基础上进行加固整治，调整线型，并增建了部分上、下挡墙，维持运营至今。目前，零星崩塌和滚石时有发生，公路上、下边坡经常出现坍塌。

1. 基本特征

滑坡平面上呈横展形，长 450m，最长达 500m；均宽 500m，最宽可达 600m；均厚约 50m，体积约为 $1000 \times 10^4 \mathrm{m}^3$。滑坡后壁位于海拔 2700～2800m 附近，高约 50m，坡度 60°～70°。从坡体地貌形态及坡体地层结构分析，拉月滑坡为高位岩质滑坡，剪出口位于坡体中段，即海拔 2450m 左右。拉月滑坡在运动过程中解体，若按 1.2 的松散系数计算，其松散物质体积可达 $1200 \times 10^4 \mathrm{m}^3$。拉月滑坡启动时，主滑方向为 159°，受滑坡中、前部基岩梁子的阻隔影响，滑体被分为东、西两个滑块。东滑块为拉月滑坡的主体，滑动方向逐渐转为 140°，西滑块的滑动方向则转为 200°。东滑块的运动速度和运动距离远较西滑块大，部分物质还冲过拉月河堆积在对岸 300m 的范围内；西滑块的大部分物质则停积在坡体的中、下部。

拉月滑坡由于剪出口位置高，滑体具有很大的势能，因而滑体的运动速度很快。根据野外调查分析，拉月滑坡的平均滑速估计在 8～10m/s。拉月滑坡启动后不久即迅速解体，演变为碎屑流，部分物质沿 30°～40° 的坡面泻入拉月河，堵江成湖，表现为滑坡→碎屑流→堵江的灾害链，这种灾害链极大地加剧了拉月滑坡的危害。

2. 防治对策

通过拉月滑坡的综合分析研究，制订了北上线、北下线、南下线、南中线和南上线 5 个整治改建预案。

1）北上线方案

起点约于 K4108+0，分路标高 2203m；根据地形，路线应于滑坡体后缘平缓地带通过，故需将公路标高提到 2600m 附近（即升高 397m）；从展线地形看，只能在东久 2# 桥沟东岸采用回头弯，将标高从 2203m 提高到 2440m（即回头弯抬高路面 237m），在标高 2440m 跨东久 2# 桥沟，通过拉月滑坡后缘；按 7% 降坡，到排龙东沟（电厂沟）展线长 2.9km 左右，即可从标高 2600m 降到 2400m，以中桥跨排龙电厂沟；过排龙沟电厂沟后，要从标高 2400m 降到原公路标高 2050m 处（需降坡 350m）。按公路降坡规定，需展线 5km，利用拉月河人行吊桥后山的缓坡地形，采用回头弯降坡到原公路上。本预案新建公路 14700km；其中，简单工程段 1500km（排龙乡以东），一般工程段 2600km（滑坡体），较难工程段 10.6km；建小桥、中桥各 1 座。

2）北下线预案

原则上展布于原线，但由于东久 2# 桥至拉月滑坡西端近 1.0km 长的路段处于拉月西滑坡地段，沿线上边坡不稳定，加之下边坡处于拉月河凹岸，故应补建上挡墙 800m、下挡墙500m，设小防洪三角挑坝4座，挑坝中直线长1.0～2.0m。其次，在经过拉月滑坡体东侧主滑坡路段时，上边坡的活动性危石密布，经常出现滚石，甚至小规模崩塌，故应补建上挡墙600m。在基岩地段，应加宽路面和减小弯度，在无基岩路面建下挡墙100m，以防止冲刷。在西滑坡段建上挡墙300m、下挡墙150m。本预案需建上挡墙1700m、下挡墙750m、路面改造550m、小型防洪挑坝4座。

3）南下线预案（经东2#老桥）

南下线预案是在东2#桥维修的基础上，经东2#桥跨拉月河，沿原老路基2.200km，新建公路0.180km至拉月滑坡中的东、西滑块之间的基岩峡口，新建中桥返回原线路。南下线原老路基大体完好，仅局部垮塌，补建下挡墙200m；需清方加固3处岩崩，其间采用小桥跨过小型泥石流沟一条（拉南2#沟）。本预案恢复改造路面2.200km，新建简单工程段路为0.180km，新建中桥、小桥各1座。

4）南中线预案

南中线预案是在南下线老路基的基础上，沿河按原下线2.550km旧路基新建公路0.350km，中桥跨拉南2#沟，再新建公路0.560km，于原东久3#桥位置大桥跨拉月河回到北岸老路。

5）南上预线预案

南上预线预案是在东久2#桥以西600m（K4106+300）的拉月河凸处新建一座大桥跨拉月河。新建公路1.060km，以小桥跨拉南3#沟后，新建公路1.650km，以中桥跨拉南2#沟。在拉南1#沟以西返回北岸，以避免沟内泥石流及崩滑；拉南2#沟在桥头标高2200m，东久河南岸标高2061m，需降坡139m。按工程规范，展线长1986m，由于地形限制只能采用回头弯降坡，尽量避开东侧拉南1#泥石流沟，在拉月滑坡东侧的原东久3#桥位置以大桥跨回拉月河，连接原公路。南上线预案需建大桥两座，中桥和小桥各1座；新建公路4.696km，其中，简单工程段0.600km，一般工程段0.350km，较难工程段3.746km；整治工程中，新建上挡墙2500m、下挡墙1800m经技术经济对比。推荐北下线预案。

2.4.3.7 中尼公路（G318）卡如滑坡

卡如滑坡位于拉萨市尼木县境内，沿雅鲁藏布江左（北）岸展布的中尼公路（G318尾段）曲（水）大（竹卡）路段，与日喀则地区仁布县德吉乡隔江相望，公路里程为K4770+740～K4770+900。滑坡东距尼木大桥12km，西距卡如乡政府驻地约1km。中尼公路沿卡如滑坡的前部通过，沿雅鲁藏布北岸展布，穿行于雅鲁藏布宽窄相间的谷地之中。谷坡平均坡度27°～35°，沟梁相间、冲沟发育。公路路基为半挖半填型，高出江面20m左右。卡如滑坡属牵引式滑坡，自1990年公路通车以来，每年都有不同程度的活动，原沿公路建的干砌上挡墙已全部被毁，每年滑坡崩塌下来的土体都造成公路堵塞。公路向江边外移达10m以上，局部路段路面仅剩4～5m宽，公路外侧边坡越来越陡。大量土体到入江中，也降低了河道行洪能力。

1. 基本特征

卡如滑坡后壁最高海拔3900m，剪出口位置在河床附近，高程为海拔3725m。西部边界为卡如1#沟，东部边界为卡如2#沟西侧基岩出露之西，后部为一逆断层破碎带（F1）所控制。滑动面后部呈弧形，前部呈折线型。滑动面后部穿过F1断层破碎带；中部沿中-强风化的花岗闪长岩顶面滑动，由于花岗闪长岩的顶面凹凸不平，因此滑动面局部穿过辉绿岩；下部穿过卵石层，至河边剪出。滑体长近300m，最宽150m，平均宽110m，厚20～30m，均厚25m，估算体积约82×10⁴m³。滑坡区出露的地层主要为中-强风化花岗闪长岩，构成了滑床；滑坡体的主要组成物质为基岩基岩块碎石（花岗闪长岩、辉绿岩）与中砂-粉砂。滑体可分为3段（图2.33），滑体前部地形陡峻，近年来变形、活动明显，形成1#、2#滑块；中部为宽60～80m的滑坡平台，坡度为9°，平台中前部裂隙密布；后部为近40°的陡坡，高60～70m，表层为破碎基岩。

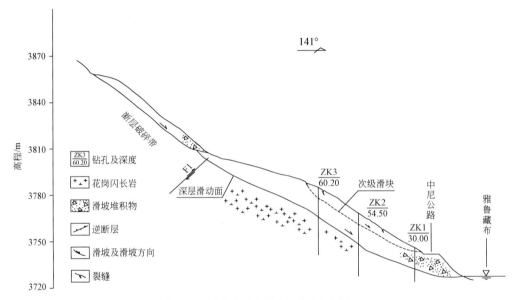

图2.33　川藏公路卡如滑坡剖面示意图

卡如滑坡滑动后，在中后部形成宽阔的滑坡平台，在滑体的牵引作用下，发生浅层滑动，堆积在卡如滑坡平台后部。1989～1990年公路建设时，卡如滑坡主体3825m高程以下部分再次滑动，致使滑坡平台进一步扩大，平台坡度也更缓，此次滑体积46.8×10⁴m³。1995年以后，卡如滑坡前部滑体在自身重力、降雨及人为开挖边坡等作用下解体，形成1#滑块（体积5.2×10⁴m³）、2#滑块（体积8×10⁴m³）。剪出口位于公路面以上，构成了对公路危害最大的两个次级滑块，其中尤以2#滑块对目前公路的危害最大。

卡如滑坡经历了3次较明显的滑动过程。①首次滑动：地震、河水冲刷等因素触发较大规模的滑动，估算体积82×10⁴m³，形成了卡如滑坡的最大边界及滑坡平台，同时牵引后部表层滑动，覆盖在平台后部。②再次滑动：在建公路期间（1989～1990年），开挖坡脚导致3825m高程以下再次滑动，造成3800～3825m高程间的平台更加平缓宽阔。滑动面中部仍在花岗闪长岩顶面，但剪出口在公路路基面附近，滑动体积近46.8×10⁴m³。③第3次滑动：1995年之后，在滑体中前部分解成1#、2#两个滑块。

2. 防治对策

针对卡如滑坡的发育特征及稳定性评价，编制了4套防治方案。

1）预应力锚索抗滑桩、框架护坡（方案1）

在公路内侧设置一排大断面预应力锚索钢筋砼抗滑桩，防治深部滑动；公路外侧河边建挡水护坡墙，防止江水冲刷坡脚；公路内侧坡体上建二排预应力锚索框架，防治表层滑动；夯填地表裂缝、建地表排水工程，防治地表水入渗滑体内。本方案的优点为对深层、浅层滑坡的治理和河水冲刷作了充分的考虑，方案的可靠性和可操作性较好；缺点是未考虑桩基开挖可能对滑坡前部造成扰动以及滑体中、下部地下水的疏导问题。

2）综合治理（方案2）

本方案是在方案一的基础上经完善而成。在公路内侧设置钢筋砼格梁–预应力锚固抗滑体系（格梁加预应力锚索工程、格梁加锚杆护坡工程和公路内侧挡土墙工程）；在公路外侧河边建防冲、挡水护坡体系（钻孔灌注桩、挡水墙，钢筋石笼压脚和片石护坡工程）；在滑体中、下部设置地下排水盲沟；在滑体平台凹地，滑坡后缘等处建地表排水沟；此外，建1#沟导流护坡工程与桥外侧的潜坝工程，保护卡如桥基础；在3#沟口处建过水路面，排泄泥石流。本方案的优点为考虑全面，施工技术已较成熟，可靠性较高，此外，还综合考虑了1#沟、3#沟泥石流防治和卡如桥基的保护；缺点为施工技术及工艺要求较高，需专业施工队伍施工。

3）顺河桥–抗滑桩（方案3）

从2#和3#沟之间至1#沟西侧山嘴建一座长250m左右跨卡如滑坡的桥梁；在现公路内侧设置预应力锚索钢筋砼抗滑桩，防止深层滑动。本方案的优点为工程简单，投资相对较少；缺点是未考虑1#、3#沟泥石流的治理，还存在一旦卡如滑坡发生深层滑动，顺河桥将会受侧向推力而被毁的可能性。

4）过河绕避（方案4）

修建两座过雅鲁藏布江的大桥，下游桥位于K4769+330，上桥位于K4771+112，需新建公路近2km，避开了卡如滑坡及1#、3#、4#沟泥石流的危害。本方案的优点为彻底避开了此段公路滑坡泥石流的危害；缺点为在上述方案中，投资最大，此外，下桥过河需爬高30m到阶地面，线路设置十分困难，若沿阶地前缘坡展布，将引起新的崩塌、滑坡，且路基短期内不会稳定。

经技术经济对比，推荐方案2。目前卡如滑坡防治工程已实施。

2.4.3.8　中尼公路（G318）友谊桥滑坡

中尼公路樟木—友谊桥路段自樟木口岸沿波曲河左岸蜿蜒展布，于中尼友谊桥出境。在8.5km路线上设置了5处回头展线，形成了自上而下的6层公路（分别称为1、2、3、4、5、6线公路）。公路海拔高程自2300m（樟木镇）急降至1770m（友谊桥），两岸山峰海拔高程平均约3600m，相对高程约1800m。波曲河经坡脚由北向南流过，河道较顺直。区内谷坡（左岸）坡度30°~50°，植被茂密，古木参天，直立挺拔。波曲河常年流水，河床宽度仅8~10m，河床纵坡却达9%~10%。该处坡体滑坡发育，堵车断道经常发生。

根据地貌形态、坡体结构以及坡体稳定性等因素综合分析，友谊桥滑坡为一处巨型的古滑坡。首次古滑坡活动后，在该区域又多次发生次级的滑动，使得友谊桥滑坡具有多期、多层、多条、多块、多级的特点（图2.34）。

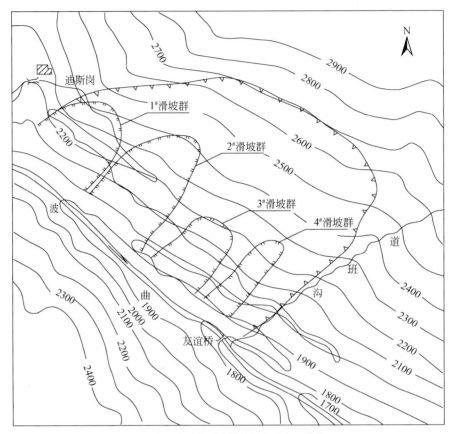

图2.34　中尼公路友谊桥滑坡平面图（单位：m）

友谊桥古滑坡的原始结构仅在坡体后段还可见到，其前段经过了后期改造，许多地方发生了现代滑坡。研究中将已经解体但仍具有相同性质的一组现代滑坡体归于一个滑坡（群），沿波曲河流向划分为4个滑坡（群），即1#滑坡群、2#滑坡群、3#滑坡群和4#滑坡群，它们的规模、包含滑坡体数量、发生位置、活动性、危害方式、危害程度均有差异。

1. 基本特征

1）1#滑坡群

1#滑坡群分布于老滑坡右部，由6个小型滑坡体组成，1线公路通过1#滑坡群后壁处，1线公路内边坡即为滑坡后壁；壁高50m，斜长70m。在平面上，1#滑坡群长510m，平均宽410m，按平均厚度为20m计算，体积约为4.3×10^6m³。1#滑坡群是1981年6月12日波曲河支沟长藏坡沟冰湖溃决洪水冲蚀坡脚而诱发的古滑坡局部复活，1983年波曲河上游堰塞湖溃决洪水（水头仅次于1981年洪水）再次冲蚀坡脚，坡脚失稳牵引了1#滑坡群中、后部坡体下滑，从而加剧了滑坡的活动。

1#滑坡群在滑动过程中，分解为多个块体，其变形活动有如下特点：具有自前而后分级、分块逐步滑动的性质；滑坡体的前后、左右的错裂、陡坎已经相互连通，边界清晰；发育阶段成熟，正处于剧滑阶段；滑坡体直抵河床；河宽10m左右；前缘稳定性直接受到河水影响，已发生大面积坍塌（含4处小型滑塌体），直径达2~3m的巨型块石及碎石夹杂着树木时有滚落，坍塌范围内的高差40~50m，地面坡度达50°左右；组成滑坡体的物质结构松散；滑坡体内富含地下水并多处出露，汇成小溪；公路病害严重。随着前缘不断的滑塌，牵引中、后部滑动，造成公路大幅度下沉、错断；滑坡后缘一带发育的几条天然冲沟流水直接灌入本滑坡群之内，破坏了滑坡的稳定性，不仅加剧了滑坡后壁坡面的后退，而且也促使滑坡物质很容易地转化为坡面泥石流。

2）2#滑坡群

2#滑坡群在平面上呈长条形，紧邻1#滑坡群，前缘达波曲河边。滑坡群长560m，均宽350m，按平均厚度20m计算，2#滑坡群体积为$3.9×10^6m^3$，其变形活动有如下特点：具有明显的纵向分级解体发育过程。后缘发育有长5~20m的3条地表裂缝，错距1~2m，并有树干被拉裂的现象；中部也发育有两处错裂坎，高差2m，表明滑坡群新近仍在活动。滑坡群前缘出露于波曲河的平水位之上，形成一道高3~4m的陡坎，陡坎上有地下水渗出，巨砾岩块时有塌落。2#滑坡群右侧边界明显可见长度为350m的错动壁，错距达2m。左侧以一条小冲沟为界，无明显变形迹象。滑坡群对1线、2线、3线公路都产生了较大的危害。

3）3#滑坡群

3#滑坡群位于2#滑坡群南（左）侧。在平面上呈长条形，长400m，均宽280m，按平均厚度10m计算，体积约为$1.1×10^6m^3$。滑坡前缘至波曲河边。其变形活动主要表现在后缘发展迅速。1988年12月，滑坡后缘位于3线公路内边坡上部（海拔2050m），时隔一年，滑坡后缘已发展到海拔2100m，即上升了50m。现滑坡后缘已达海拔2250m左右。3#滑坡群的活动直接危害了3线、4线、5线公路，主要表现为后壁坍塌，掩埋了公路，并产生了2级高2~3m的错台。

4）4#滑坡群

4#滑坡群位于3#滑坡群南侧，古滑坡的左部。在平面上4#滑坡群呈狭长的窄条状，后缘不断向上发展，目前已达海拔2280m一带。滑坡体长460m，宽130m，按平均厚度10m计算，体积约$5.9×10^5m^3$，其变形活动有如下特点：滑坡活动明显地具有牵引性质。滑坡解体明显，滑体破碎，尤其是在4线公路一带，4#滑坡群与3#滑坡群连接在一起，二者的分界线仅能从公路路基下沉幅度和残留植被的差异才可加以区分。4#滑坡群的后山上残留有典型的滑坡后缘洼地，洼地中有巨型块石充填，有的块石间隙深不见底，块石之间还夹有为数不少的枯木。滑坡洼地景观说明现代滑坡病害确实是在古滑坡背景中发展起来的。3#滑坡群的活动危害3线、4线、5线公路，以路基沉陷为主，沉陷幅度达3~6m，形成3级错台，高3~4m。

2. 防治对策

根据友谊桥滑坡的发育特征分析，可提出两种防治方案：局部改线方案和原线整改方案。

1) 局部改线方案

路线过 1 线公路后,开始偏离正线,利用一段交通武警开辟的新线,向南直走跨过道班沟至青藏布北岸回头再向北展线。其间,共设 3 个回头弯。其中,1# 和 2# 回头弯设在道班沟以南附近,3# 回头弯设在青藏布北岸附近,改线公路共计 7km。本方案仍要通过 1# 滑坡和 2# 滑坡的后部,因此,应对 1# 滑坡和 2# 滑坡的后段和后壁设置抗滑工程,可在 1# 滑坡和 2# 滑坡的后段 1 线公路附近采用挡土墙及抗滑桩工程。该方案基本避开了现代滑坡病害,充分利用已有的交通武警后来开辟的雏形路线,可节省一定的工程量,同时也充分利用了道班沟以南较稳定的岩质边坡。但方案有一些不确定的因素,由于需新建公路 7km,新建公路后,对边坡的应力状态产生了较大的改变,公路边坡一般有 3~5 年的调整期,后期的公路养护费用较大,且有诱发新的崩塌、滑坡的可能。

2) 原线整改方案

沿原有路线(正线)布设病害防治工程。原线整改工程的要点是治理现代滑坡、崩塌、落石等病害。因此,相应的治理工程包括滑坡治理工程、坡面加固工程、地表排水工程、落石加固工程以及波曲河边的防洪工程等。

原线整改工程包括如下项目:①抗滑桩工程:主要用于抗滑稳定滑坡,该段滑坡用 135 根抗滑桩,建于公路外坡,其中 2 线公路 1# 滑坡抗滑桩 58 根,3 线公路 2# 滑坡抗滑桩 34 根,4 线、5 线 3# 滑坡抗滑桩共 43 根;②土钉墙工程:用于 3 线、4 线 4# 滑坡高陡边坡防护;③地表水疏导工程:对坡体自然沟谷进行疏通、理直,在其中、下游段采用浆砌块(片)石衬砌,局部修筑排水沟,断面依地形而定;④挡土墙工程;⑤顺河建河岸防洪堤。

本方案的优点为原有路线布线合理,便于边境管理,原有的建筑物(如海关、边防哨卡、居民房屋等)可继续使用,采取的工程措施技术成熟、可靠;缺点为施工难度大、工程投资略高。

2.4.3.9　川藏公路(G318)102 道班滑坡群

川藏公路 102 道班滑坡群位于西藏自治区波密县易贡乡(北纬 30°04′15″~30°04′57″,东经 95°07′20″~95°08′43″),雅鲁藏布江下游一级支流帕隆藏布的汇入口上游,通麦以东约 10km 的帕隆藏布右(北)岸,因属川藏公路(国道 318 线)原公路养护第 102 道班所辖路段而得名。102 道班路段滑坡十分发育,沿帕隆藏布右岸约 3km 长的路段内,共有崩塌、滑坡 22 处,其中直接危害公路且规模较大的滑坡有 6 处(图 2.35)。自上游至下游将滑坡分别编为 1#~6# 滑坡,其中,规模最大者为 2# 滑坡,即通称的 102 道班滑坡,除 2# 滑坡外,其余均为中、小型滑坡(表 2.10)。

表 2.10　102 滑坡群主要滑坡基本特征

滑坡编号	分布高程/m	坡度/(°)	长/m	宽/m	均厚/m	体积/10⁴m³	备注
1#	2180~2276	37	98	65.7	15.0	10.0	
2#	2120~2525	32	550	380.0	25.0	510.0	通称 102 道班滑坡
3#	2111~2329	35	240	100.0	30.0	79.0	
4#	2125~2327	38	107	103.0	13.5	15.0	

续表

滑坡编号	分布高程/m	坡度/(°)	长/m	宽/m	均厚/m	体积/10⁴m³	备注
$5_A^\#$	2135~2240	36	250	160.0	20.0	60.0	
$5_B^\#$	1995~2300	36~45	150	150.0	8.0	18.0	
$6^\#$	2125~2215	36	120	90.0	5.0	5.4	

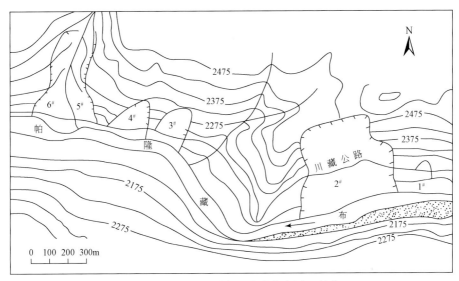

图 2.35　102 道班滑坡群主要滑坡分布图（单位：m）

1991 年 6 月 20 日，$2^\#$滑坡发生了大规模快速滑动，滑坡前缘堵江 40 分钟，其后的溃决洪水冲蚀下游河湾坡脚，导致 $3^\#$、$4^\#$滑坡形成，继后出现 $5^\#$、$6^\#$滑坡。这样，连同原来就已存在的 $1^\#$滑坡，构成了规模宏大的滑坡群，致使 2km 公路毁于一旦，另有 1km 长的公路部分被毁坏，成为川藏公路通行条件最差的卡脖子路段。

1. 基本特征

滑坡主要分布在第四系松散堆积物覆盖较厚的地段，102 滑坡群分布地区的地表广泛覆盖了厚约数百米的第四系残–坡积物、冲–洪积物、泥石流堆积物和冰碛物等松散堆积物。这些覆盖层物理力学性能差，所形成的高陡边坡稳定性也差。滑坡主要分布在帕隆藏布右（北）岸，帕隆藏布右岸分布有较大规模的滑坡共 6 处，左（南）岸仅有两处，且规模较小。滑坡主要分布在河流的凹岸，帕隆藏布右岸的 6 处滑坡均处于河流的凹岸，反映了河流长期对岸坡的侵蚀作用是 102 滑坡群发育的基本因素之一。滑坡主要分布在自然斜坡的中、下部，102 滑坡群分布高程在海拔 2100~2500m，即自然斜坡的中、下部。这里是边坡地应力集中的地带，除了河流侵蚀作用外，也是地下水和坡面径流、集中活动的区域。

$1^\#$滑坡位于古冰碛（冰水）台地前缘陡坡地带。滑坡体纵向长度 98m，沿公路宽 65.7m，体积约 10×10^4m³；滑坡后壁倾角 61°，下错 2~4m，见有明显擦痕；滑坡剪出口位于海拔 2165m，高出江面 50m；滑体坡度为 37°；现滑坡表面植被茂密，凹槽内生长喜湿植物，江边坡脚—带出露花岗片麻岩。

2#滑坡（即102道班滑坡）是滑坡群的主滑坡，也是滑坡群中规模最大、地下水最发育、环境条件最复杂的滑坡，位于国道318线K4078+640~K4079+125段，为一大型堆积层滑坡。该滑坡的发育特征、形成机理及成灾过程将在后面篇节详细论述。

3#滑坡后缘海拔2329m，前缘海拔2111m，高出水面15m。滑体顺坡面堆积长240m，滑坡舌宽60m并形成陡坎，中部宽160m，后部宽120余米，均宽100m。钻孔揭示深33m处为结构杂乱的碎石土，33m以下为具有层理的含碎石砂土。按照平均厚度约30m计算，滑体体积79×10⁴m³左右。滑坡滑动过程中即解体，分为东、西两滑块，东滑块体积较小、滑面埋深较浅；西滑块体积较大、滑面埋深较深。

4#滑坡前缘海拔2125m，后缘海拔2327m。滑坡体沿公路位置宽104m左右，平面纵长107m左右，滑坡堆积物厚度13.5m，滑坡体积15×10⁴m³左右。4#滑坡后壁及侧缘出露节理、裂隙极为发育的花岗片麻岩，岩体破碎呈角砾碎块状。岩体中裂隙水发育，后壁上可见地下水渗流，后壁坡度约50°~70°。公路从滑坡体中部通过，以公路高程为界，公路以上滑坡体较薄，上覆坡积土层厚度5m左右，时常发生坍塌或坠石；公路以下滑体较厚，滑坡体坡面顺直，坡度约40°，物质成分以碎石为主。

5#滑坡为发育在加马其美沟沟口东（左）侧的老滑坡，受帕隆藏布的侧蚀及加马其美沟的下切共同作用产生了局部复活。滑坡沿公路宽约50m，前缘宽度约128m，呈不规则弧形状；5#滑坡后壁走向约为135°，后壁6~8m；从植被覆盖特征上呈圈椅状，滑体坡面顺直；坡脚由于长期处于临空状态，局部已产生坍塌。

以滑体中部的冲沟为界，5#滑坡可分为东西两块。冲沟西为5#A滑体，滑坡体宽275m，前缘海拔1997m，后缘海拔2224m，滑坡壁坡度达65°~70°，整个滑壁均由古滑坡基岩风化带组成。滑体顺坡面长250m，前舌宽60m并形成陡坎，高出水面14m，中部宽160m，后缘宽120余米，纵坡20°~35°，平均厚约20m，滑体体积60×10⁴m³左右。冲沟东为5#B滑体，平面上似梯形，宽250m，前缘海拔1995m，后缘海拔2734m，后壁高103m。滑坡已在滑动中解体，堆积体前缘宽200m，长150m，平均厚8~9m，纵坡36°~45°，按滑坡体长150m、平均宽度150m、平均厚度8m计算，5#B滑坡体积18×10⁴m³左右。

6#滑坡为发育在加马其美沟沟口西（右）侧的老滑坡局部复活。据资料记载，1991年2#滑坡滑动堵江后，滑坡段局部路基仅剩余2.5m左右，后向山内开挖形成目前的路面。滑坡前缘宽117m，后缘宽约50m，滑坡堆积长120m，厚10~15m，滑坡体积5.4×10⁴m³左右；滑动方向约为113°，滑坡表面坡度30°~40°；小冲沟发育，植被茂密；滑坡后壁陡直，高13m。

2. 防治对策

102滑坡群是各种环境因素的发展共同促成的结果，从滑坡发育条件分析，高陡边坡和松散地层是相对静态的基本因素；丰沛的降水、持续的沟谷侵蚀、强烈的地下水活动是发生102滑坡群的最重要的促滑因素；天然振动（地震）和人为振动（车流、工程爆破与切割）等则是第二位的促滑因素。102滑坡群灾害的防御工作历经数十年的历史，先后多次提出了规划、设计方案，已有部分方案付诸实施。

1#滑坡系浅层小型滑坡主要是由于长时间的大量降雨和地下水作用，使松散堆积的高陡坡体达到饱和或过饱和，从而使土层的物理力学性质大幅度降低，坡体稳定性严重失衡。故在工程措施方面，在原线路的内边坡坡脚修筑支挡结构，坡脚设置排水边沟，并考虑坡体排水措施如排水沟、截水沟及仰孔排水等。

2#滑坡的防治对策见 6.3 节。

3#滑坡目前的稳定性较差，不能满足公路设计要求，建议在路基下方适当增加支挡工程，提高滑坡的稳定性，同时利用工程作为公路路肩，确保公路安全。此外，在滑坡前缘河岸处设置防冲挡墙，为防止后壁坍塌，需在堑顶设置截水工程。

4#滑坡目前已修筑抗滑支挡工程，但其稳定性仍不能满足公路设计要求，建议在公路下方现支挡结构外侧增加支护，以提高 4#滑坡稳定性并保护原有肋板墙基础；公路内边坡设置拦石网，以防范落石对行车的危害。

5#滑坡目前稳定性一般，考虑到加玛其美沟新桥施工将对 5#滑坡体的坡脚进行开挖，可能导致稳定性降低并威胁到新建桥梁，建议在 5#滑坡体公路内侧进行支挡防护，以确保桥梁的安全。

6#滑坡目前整体基本稳定，但安全储备较低，随着加玛其美沟下切侵蚀作用以及降雨的激发，可能导致 6#滑坡的重新复活，影响公路的正常运营。为保证公路的长期安全运营，建议对 6#滑坡现有坡脚防冲墙进行加固，路基下方设置一排抗滑桩，公路内侧设置抗滑挡墙进行支挡。

2.5　小　　结

本章通过国内外典型灾难性工程滑坡实例综述，初步划分了工程滑坡的 4 种类型和若干亚类，主要包括：①采矿工程滑坡；②水利水电工程滑坡；③线性基础设施工程滑坡；④城镇建设复合型工程滑坡。较为系统地比较分析了各类工程滑坡的发育特征和成灾机理，初步总结了工程滑坡灾害及成功处置案例中的经验与教训，为后续开展工程滑坡综合防治研究的工程扰动类型和原型选择提供了参考。

初步建立了基于 ArcGIS 软件平台的国内外与工程滑坡有关的地质地理和滑坡案例空间数据库，一定程度上打破了不同行业的资料和成果共享的界线，为工程滑坡的公共研究提供了案例检索和共享交流的平台。基于工程滑坡空间数据库，初步梳理我国西北城镇建设区、三峡水利水电库区和西南青藏高原交通干线区典型工程滑坡案例的分布概况和发育特征，为下一步开展典型工程滑坡机理和防治研究奠定了数据基础。

第三章 重大工程滑坡形成机理与演化过程

3.1 概　　述

认识重大工程滑坡的形成和演化机制是开展滑坡综合防治技术研究的基础，也是工程滑坡科学防治的重要依据，工程滑坡的形成机理研究需要系统地关注各类因素的作用原理和坡体变形过程问题。通过第二章的灾难性工程滑坡案例分析可知，工程活动是主要的诱发因素；大部分工程滑坡表现为以特定工程因素为主、各类内外动力因素为辅的综合诱发特征，尤其城市建设活动中诱发的工程滑坡灾害此种特征更为明显。如此一来，从科学防治的角度对工程滑坡机理研究提出了更高的要求，需要从工程滑坡的孕灾背景、形成机制、演化历史及发展趋势等多方面，系统地揭示滑坡的形成和演化机制，指导防治工程设计中对各种因素的轻重主次的考虑，从而保证防治工程的技术可行性、安全性和经济性等。

鉴于此，本章利用上文建立的工程滑坡防治数据库，运用非饱和土力学、土工离心机试验、数值模拟和地貌过程重建等技术手段，重点对西北黄土城镇区和灌溉区滑坡、三峡库区滑坡和川藏公路沿线针对松散堆积层开展了典型工程滑坡形成机理和演化过程研究；主要探讨了西北黄土和新近系硬黏土、三峡库区土石混合体以及川藏公路松散堆积体的工程特性和变形机制；初步揭示了切坡、渗流和冻融等因素对工程滑坡的诱发机制及滑坡演化过程，为面向滑坡机制的工程滑坡防治技术研究提供了理论和技术依据。

3.2 黄土高原城镇建设与灌溉区滑坡

3.2.1 宝鸡黄土在入渗增湿条件下的力学特性

1. 宝鸡地区典型斜坡失稳模式

在综合分析宝鸡地区地质灾害发育特征及形成机理研究成果的基础上，参照国际常用的广义滑坡分类体系，围绕区域内最具代表性以及目前当地亟须解决的关键崩滑流灾害问题，总结提炼了宝鸡地区5种滑坡、两种崩塌及1种泥石流灾害，共计8种典型坡体失稳演化模式。其中，滑坡形成演化模式包括：①多级旋转型黄土边坡滑坡；②旋转-平移式黄土滑坡；③平移式岩质滑坡；④折线型黄土滑坡；⑤浅表层黄土及残坡积层滑坡。崩塌形成演化模式包括：①裂隙黄土边坡崩塌；②弯折倾倒式岩质崩塌。泥石流重点剖析了浅层新近堆积黄土坡面泥流形成演化模式（表3.1）。为进一步开展重点地质灾害问题的风险评估及综合防治研究提供了基本依据和科技生长点。

表3.1　宝鸡地区典型斜坡失稳模式一览表

类型	失稳模式亚类	模式示意图	典型实例
滑坡	1.1 多级旋转型黄土滑坡	河床改造	黄土塬边及丘陵地区的大量纯黄土滑坡均属此类，分布数量约210余处
	1.2 复合多级旋转型黄土滑坡	阶地阻滑	滑坡分布数量约80余处，典型实例如金顶寺滑坡、卧龙寺滑坡及店子街滑坡等
	2 旋转-平移式黄土滑坡	降雨	滑坡分布数量约50余处，典型案例包括白头窑滑坡、仝家坡滑坡、王家坡滑坡、岳家坡滑坡等
	3 平移式岩质滑坡	风化卸荷　拉裂槽　解体平移　褶曲　挤压河道	滑坡分布数量约90余处，典型实例如陇县李家下砂砾岩质滑坡、秦岭山区太白县及凤县境内公路沿线的大量层状岩质滑坡等
	4 折线型黄土滑坡	降雨	滑坡分布数量约10余处，典型实例如张家台滑坡、祈家村滑坡，文家山滑坡和店子街滑坡等
	5.1 浅表层黄土滑坡		滑坡分布数量约260多处，典型实例如麟游县酒房乡景家庄村押河滑坡等
	5.2 浅表层残坡积层滑坡		滑坡分布数量约100余处，典型实例如太白县太洋公路34km以下路段、高龙乡半山滑坡等
崩塌	6 裂隙黄土边坡崩塌	废弃窑洞	崩塌分布数量约180余处，典型实例如陇县东南镇东兴峪崩塌、麟游县天堂镇西坡村崩塌等
	7 弯折倾倒式岩质崩塌	卸荷　重力蠕变弯折　坡脚切削　山区公路	崩塌分布数量约60余处，典型实例如太白县黄柏塬乡太洋公路57km+700m崩塌等
泥石流	8 浅层新近堆积黄土坡面泥流	破坏植被　切割坡脚	坡面泥流分布数量约数十处，典型实例如麟游县招贤镇岭南村、金台区福临堡罗家塄、太白县四林庄及强里川村泥流灾害等

2. 黄土工程边坡类型及特征

中国西北黄土的颗粒组成具有明显的地带性分布规律，粒度自东西向东南趋于变细，分为砂黄土带、黄土带和黏黄土带；宝鸡地区处于黏黄土分布区。宝鸡塬边是地质环境脆弱区，地质灾害频发，大型古、老滑坡密集发育。近年来随着人类工程活动的加剧，切坡建窑、建房及修路等活动形成的人工切坡在降雨作用下失稳形成的浅层崩塌与滑坡成为该区主要灾害类型。

降雨是宝鸡地区地质灾害频发的一个关键诱因，局地暴雨引发的极端地质灾害屡有发生。宝鸡历年降水量多集中在 500～1000mm，为暖温带半湿润气候，雨量充沛，是关中降雨最多的地区，年降水量历史极值可达 1197mm。统计发现降雨多发生在 6～10 月，以 8～9 月最为集中；从以往地质灾害集中发生时间来看，也多集中在 8～9 月，易知降雨与该区地质灾害关系密切。同时，日降雨量极值统计结果显示 1953 年以来，发生暴雨（日降雨量≥50mm）的频次为 321 次，其中特大暴雨（日降雨量≥100mm）26 次。结合宝鸡地区极端降雨诱发地质灾害的统计结果，发现大到暴雨极易在该区形成崩滑流和塌窑事件。图 3.1 梳理了区内典型工程黄土边坡分布情况。

宝鸡工程边坡主要包括两大类（直线型和阶梯型边坡）、5 个小型（公路边坡、铁路边坡、引渭渠边坡、窑洞边坡、城镇化工程边坡）。边坡防护程度总体较低，多数未防护。边坡高度从小于 10m 到大于 30m 的均有；其中窑洞边坡一般小于 10m，而大于 30m 的多为路堑边坡和引渭渠边坡，具体详见表 3.2。

宝鸡地区边坡坡型主要包括两大类：一类为单坡，即直线型坡，如窑洞边坡和开辟宅基地形成的高陡边坡，高度较低，一般小于 10m，亦有高度达 15～25m 左右的单面坡，如扶风县资源局院内边坡、天河寺陡崖边坡。此类边坡的共同特点是边坡坡度较陡，几近直立。另一类为阶梯状，边坡高度一般大于 20m。通过对野外地质调查资料进行梳理，发现宝鸡地区的阶梯型边坡坡度、台高、平台宽度等均没有统一的规划，有的取土地利用之宜，如蔡岐公路蔡家坡段高边坡、扶风县胜利小区高边坡等，边坡坡度可达 70°。此类边坡在开挖之初没有考虑到边坡长期演化引起的变形，即没有从"一劳永逸"、"长治久安"的角度设计边坡，因此其安全性令人担忧。根据公路 [《公路路基设计规范》（JTG D30-2004）]、铁路路基规范 [《铁路特殊路基设计规范》（TB10035-2002）]，20～30m 阶梯型边坡坡比范围为 1∶0.75～1∶0.5，30～40m 的阶梯型边坡坡比范围 1∶0.75～1∶0.5。然而，统计结果显示，宝鸡地区阶梯型边坡坡比范围为 1∶0.5～1∶0.1。图 3.2 为几个典型阶梯型边坡的剖面图，其中，绛帐公路边坡属于宽台、陡坡、矮坡型 [图 3.2（b）]，安全性较其他边坡要好，但是经济性差、开挖方量大，而安全性和经济性是边坡工程设计时应该协调的矛盾，因此该边坡坡型不宜多采用。

3. 黄土水力–力学特性与变形机制

降雨入渗引起黄土抗剪强度降低，进而引发灾害，即降雨劣化了黄土性质。降雨入渗致黄土劣化变形直至失稳过程中，即降雨与黄土土体相互耦合作用过程（Sun et al.，2015），土水特征曲线（SWCC）及增湿应力路径（UDL）能很好地阐释这一过程。黄土作为典型的非饱和土体，基质吸力在降低侧向土压力、增加边坡临界高度、承载力以及边

图3.1　宝鸡地区典型工程边坡分布及其崩滑灾害

表 3.2　典型工程黄土边坡分类

基本特征		边坡实例		变形特征
坡高 /m	坡度 /(°)	实例	照片	
<10	70~85	常兴镇到塬顶的简易公路边坡 $H<10\text{m}$		边坡无防护，平行坡面的卸荷裂隙发育，贯穿坡顶，利于雨水下渗，易于发生崩塌灾害
	87	扶风县南台村 $H=5\sim8\text{m}$		坡面无防护，坡肩卸荷裂隙明显，雨后崩塌，掩埋窑洞，损毁烟囱，危及崩塌前建筑
	89	簸箕庄窑洞 $H=6.6\text{m}$		窑洞开挖于次生黄土中，但状态稳定，未见明显变形痕迹；窑洞高 3.3m
	75~80	岭南滑坡前缘切坡护坡 $H=2\sim2.5\text{m}$		斜坡坡脚开挖，挡墙简单防护；雨后坡面发生泥流，排水沟错断，挡墙局部发现裂缝，指示坡体在活动

续表

基本特征		边坡实例		变形特征
坡高/m	坡度/(°)	实例	照片	
10~20	80~90	郭河村窑洞边坡 $H=10$m		边坡无防护，裂隙发育，但未贯通至顶部，为中等危险性边坡
	75~80	天河寺陡崖 $H=18$m		边坡无防护，平行边坡走向的卸荷裂隙发育，贯通性良好，为高危险性边坡
	75~85	扶风县职业学校滑塌后边坡 $H=15\sim20$m		坡顶居民生活废水排放以及雨水作用，入渗深度达8m；突然崩塌，现为人工顺势开挖形成
	80~85	扶风县资源高边坡 $H=15$m		边坡无防护，单面坡，坡脚应力集中可见压裂裂纹，坡面剥皮状变形现象明显

续表

基本特征		边坡实例		变形特征
坡高/m	坡度/(°)	实例	照片	
20~30	65~70	蔡岐公路蔡家坡段西侧公路 $H=25.6\mathrm{m}$		边坡无防护，为顺势开发形成；坡体整体稳定，但局部可见小崩塌；双面临空的位置更易发生变形破坏
	70	扶风县胜利小区边坡 $H=29\mathrm{m}$		坡面无防护，坡顶为村路，边坡平台无排水沟；坡脚有压致裂纹，为考虑土地利用性质的典型人工边坡
	66	长寿沟沟口公路边坡 $H=24\mathrm{m}$		坡面无防护，有冲沟和小崩塌掉块，坡脚变形明显，冲蚀现象严重，顶部发育冲沟及崩塌，单级合高6~11m

续表

基本特征		边坡实例		变形特征
坡高/m	坡度/(°)	实例	照片	
>30	75~85	蔡岐公路边坡蔡家坡段 $H=32.2$m		坡面无防护，顶部有信号塔，边坡变形明显，坡面冲刷，平台坡肩卸荷裂隙明显；坡脚以上1m可见压裂纹；单级坡高 12~20m。
	71~80	扶风-绛帐公路边坡 $H=30~35$m		新修边坡，未见明显变形迹；阶坡高5m，平台宽3m；边坡底部挡墙简单防护，挡墙高1.6m
	55~60	引渭渠高边坡蔡家坡段 $H=64$m		坡面可见小冲沟，部分平台设置在钙质结核层上，坡面设有排水沟，坡脚附近设有挡土墙，坡体整体稳定；台高 $H=13~15$m
	65~71	政府大院西侧蟠龙公路入口边坡 $H=45$m		新开挖边坡，坡面格构防护，平台反倾小于10°，平台内设排水沟，其局部已被崩塌堵塞或变形破坏；阶台高8m，顶部台高 $H=19$m

续表

基本特征		边坡实例		变形特征
坡高/m	坡度/(°)	实例	照片	
>30	60~70	政府大院西侧蟠龙公路边坡 $H=36.7\,\text{m}$		凹级平台、格构防护、坡面反翘，平台内侧有排水沟，台高 8m
	65	政府大院西侧蟠龙公路边坡 $H=42\,\text{m}$		格构+植被防护，植被葱郁；在双面临空处，坡面及排水沟均发生卸荷损坏；台高 7.5~9m

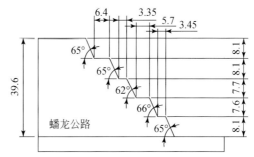

(a) 蟠龙公路剖面

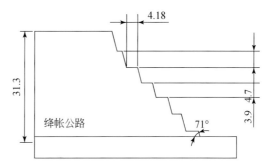

(b) 绛帐公路剖面

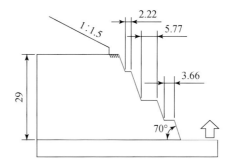

(c) 胜利小区边坡

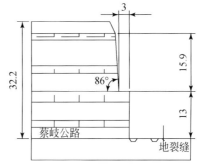

(d) 蔡岐公路

图 3.2　阶梯型边坡及其剖面图

坡稳定相方面发挥了显著作用。为进一步深化黄土区域性对黄土水力力学性质具有显著影响的认识，弥补对降雨增湿导致非饱和黄土边坡变形破坏规律研究成果认识的不足，本节选取位于黏黄土区的宝鸡原状黄土作为研究对象，揭示宝鸡黏黄土水力学特性，阐释入渗增湿诱发黄土滑坡的力学机制。本研究将为黄土区地质灾害防治提供理论依据，同时为边坡稳定性科学评价提供基础数据支撑（陈祖煜，2002）。

1）取样

试验土样取自宝鸡渭北塬顶，为减少水分流失，现场进行蜡封［图3.3（a）、（b）］。为尽可能不扰动土样，首先清除50cm厚的表土层，然后切割除边长30cm左右的块状土样，进而用土工刀切割除20cm×20cm×20cm的立方体土样［图3.3（c）］，土样一经削好，立即进行封蜡处理，见图3.3（d）；之后将封好蜡的土样装入黑色的厚的塑料袋中，并放入按照一定尺寸定制的试样盒中（试样盒四周均有薄的泡沫板用来防震）［图3.3（e）］；最终装入定制的木箱［图3.3（f）］运回实验室。

(a) 煮蜡　　　　　　　　　　　　　　　(b) 纱布

(c) 削样　　　　　　　　　　　　　　　(d) 封蜡

(e) 装盒　　　　　　　　　　　　　　　(f) 装箱

图3.3　宝鸡黄土现场取样

2）试验方法

土水特征曲线试验：采用 Fredlund SWCC 仪器进行测定。试验之前，在削样台上削取直径 61.8mm，高 20mm 的原状土样。共开展 3 组 SWCC 试验，每组试验各包括脱湿和增湿两条曲线，且静轴向荷载分别为 0kPa、40kPa 和 80kPa。试验采用分级平衡的方法即记录不同时间水的体积变化情况，当其在一定时间内不再发生明显变化，可进行下一步增压。平衡所需时间与土壤陶土板进气值相关，最后一个吸力增量结束后，记录读数，去掉配重，释放压力，断开仪器，把试样取出；记录潮湿试样的重量，并把试样放到烘箱中；在 110℃下烘干试样至少 24 小时，记录干重量；进一步换算每个吸力增量的释放的水量、含水率或饱和度。

非饱和三轴增湿试验采：用仪器为 GDS 非饱和土三轴仪。试验前首先切取直径为 76mm，高度为 152mm 的试样，然后开展非饱和土三轴试验，各试验阶段典型应力状态如表 3.3 所示。试验 UDL 1、UDL 2 应力比 $\sigma_1/\sigma_3 = 3.8$；在预试验无变形后，取 UDL 3、UDL 4 应力比 $\sigma_1/\sigma_3 = 4.3$。试验前需先对陶土板进行饱和，然后利用轴平移技术得到试样的起始吸力，并按照表 3.3 的固结压力进行非饱和试样的等压固结，围压施加速率 3kPa/h；该阶段平衡的判别标准为 24 小时内孔隙水压力变化小于 1kPa。偏压固结阶段，维持孔隙气压力、孔隙水压力和围压恒定，同时按照表 3.3 施加轴向压力，使试样偏压固结，轴向压力施加速率 3kPa/h；该阶段平衡的判别标准为 24 小时内孔隙水压力变化小于 1kPa。增湿剪切过程中，维持围压和偏压不变，以恒定速率降低基质吸力，对非饱和试样进行增湿，基质吸力降低速率 3kPa/d。试验结束标准为最小基质吸力 0kPa 或最大轴向变形 12%。

表 3.3　非饱和恒载增湿试验方案和主要结果

试验方案	等压固结	偏压固结			临界状态/实验结束	
	p'/kPa	p/kPa	q/p'	σ_1'/σ_3'	p'/kPa	q/p'
UCL1	60	116.67	1.46	3.8	116.67	1.48
UCL2	40	78.67	1.47	3.9	78.67	1.47
UCL3	20	42	1.57	4.3	42	1.57
UCL4	10	21	1.57	4.3	21	1.57

注：p' 为平均有效应力；q 为偏应力；σ_1' 为有效最大主应力；σ_3' 为有效最小主应力。

3）土水特征曲线

图 3.4 为考虑应力状态影响的黄土 SDSWCC（stress-dependent soil-water characteristic cuves）。非饱和土的进气值时土体孔隙中开始出现气泡时的吸力，与土体孔隙的最大半径相关。进气值按照近饱和段直线与过渡段直线相交点对应的基质吸力确定，从曲线上可知，0kPa、40kPa 和 80kPa 对应的进气值分别为 7kPa、15kPa 和 20kPa，即轴向力越大，进气值越大；且轴向力越大曲线位置越低，在增湿曲线中表现的更明显，很可能是因为在较高的轴向荷载条件下相应的平均空隙尺寸会相应降低的缘故。

此外，各土水特征曲线的脱湿脱湿和增湿曲线存在滞回性；在 5kPa 基质吸力水平下，含水率的滞回差为 1.1% ~ 1.9%，说明土壤增湿过程水分并不能完全填充孔隙，存在一定的残余含气值。考虑应力影响，当荷载≤40kPa时，轴向荷载的大小对滞回环具有明显的影响，滞回环随轴向荷载的增大而变得更明显；当荷载大于40kPa时，应力影响减小。

滞回效应与土体微观组织或土颗粒的水吸附性有关，因此土颗粒排列或孔隙尺寸的任何变化均会导致脱湿与增湿曲线之间存在滞回环Langroudi。应力的增大或者减小均会改变土颗粒的排布、孔隙尺寸及其连通性，进而影响滞回环的大小。采用 Van Genuchten（VG）模型，运用matlab程序对试验结果进行拟合，得到非饱和黄土在脱湿和吸湿过程的SDSWCC参数（Genuchten，1980）（表3.4）。

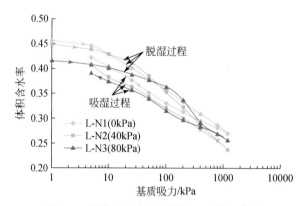

图3.4　黏黄土与应力相关的土水特征曲线

表3.4　非饱和黄土在脱湿和吸湿过程中的SDSWCC参数

静轴向荷载	状态	α	n	θ_s	θ_r	m
0kPa	脱湿过程	0.0992	1.1149	0.4603	0.0188	3.62×10^{-5}
	吸湿过程	0.2207	1.1545	0.4530	0.138	1.41×10^{-5}
40kPa	脱湿过程	0.032	1.1773	0.4465	0.011	2.68×10^{-5}
	吸湿过程	0.1073	1.1131	0.4197	0.0012	1.46×10^{-4}
80kPa	脱湿过程	0.0148	1.1797	0.4104	0.0241	2.49×10^{-4}
	吸湿过程	0.1191	1.1393	0.4046	0.1103	4.35×10^{-5}

注：θ_s 为饱和体积含水率；θ_r 为残余体积含水率；α，n，m 为模型参数。

从拟合的参数可以看出，均方差均达到10^{-4}数量级，拟合效果良好，说明VG模型对宝鸡地区离石黄土具有较好的实用性。VG模型的适用，将有利于非饱和土力学参数的确定，减少试验成本，弥补试验数据的不完善，同时可以预测一定含水量条件下的基质吸力值，反之亦然。实测宝鸡地区饱和渗透系数的均值为3.6×10^{-6}m/s，根据SWCC试验结果及VG模型拟合的参数，采用van Genuchten提出的统计传导模型，确定不同应力状态下土体非饱和渗透系数。

根据试验测得基质吸力、体积含水率及通过SWCC曲线拟合得到参数，获取黄土的非饱和渗透系数随体积含水率的变化情况（图3.5）。易知，在不同净围压条件下，非饱和渗透系数均随体积含水率的增加而增加，且相同含水量条件下，不管是脱湿还是吸湿过程中，净围压越大渗透系数越大。同时，与0kPa、40kPa和80kPa相应，当体积含水率分别小于 0.37、0.385 和 0.40 时，脱湿过程对应的渗透系数大于吸湿过程；而当体积含水率超过上述值时，脱湿过程渗透系数则小于吸湿过程。结合"Ink bottle"理论，可以推测空隙含水量的大小会影响水分在土体中的存在状态，进而影响土体吸湿和脱湿过程，含水量越高越容易入渗，反之越难，这与土体渗透能力是一致的。

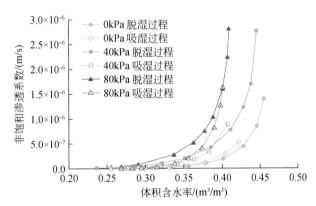

图 3.5　各应力条件下渗透系数随体积含水率变化情况

4）非饱和恒载增湿试验

图 3.6 为黄土非饱和三轴增湿试验的基质吸力–轴向应变的关系曲线。对于初始状态与吸力相同的试样，净有效应力较大的试样 UCL 1、UCL 2 在增湿过程中应变较大，达到了 12%。对于试样 UCL 3，随着吸力减小也发生了轴向压缩，当吸力降至 0 时其轴向应变约为 1%。说明在净有效应力较小的条件下，增湿过程可能导致土体失稳。对于试样 UCL 4，随着吸力减小并未发生明显的轴向应变，当吸力降至 0 时其轴向应变亦非常微小，说明在该应力状态下土体较为稳定。

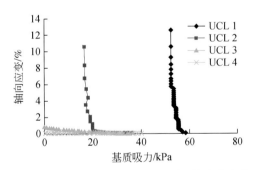

图 3.6　常剪应力–增湿试验基质吸力–轴向应变关系

图 3.7 为增湿过程中的基质吸力–体变的关系曲线。试验 UCL 1 的应力水平较高，在增湿过程中，体积应变加速发展，说明土体不断压缩。试验 UCL 2 的应力水平低于 UCL 1，在增湿的初始过程中，体积应变加速发展，土体不断压缩；随后体积应变增加减小，并反向发展，说明土体在加速变形与破坏过程中发生了剪胀。UCL 3 在整个增湿过程中体积应变加速发展，但直至试验结束总体积应变仍然较小。对于试样 UCL 4，随着吸力减小并未发生明显的轴向体积应变，当吸力降至 0 时其体积应变亦非常微小。

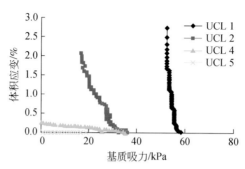

图3.7　常剪应力–增湿试验基质吸力–体积应变关系

图3.8为4个土样在增湿过程的应力路径，随着吸力减小，剪应力基本维持稳定，路径向左发展。UCL 1和UCL 2在试验结束时土体变形较大，可认为土体达到破坏状态，而UCL 3开始失稳变形。土体尚未达到饱和状态，土体中尚存在一定的"残余含气量"，土体强度应高于饱和强度。

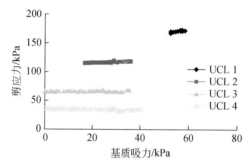

图3.8　常剪应力–增湿试验基质吸力–剪应力路径

5）入渗诱发黄土斜坡变形破坏的机制探讨

原状黄土是具有大孔隙、钙质和黏粒胶结等亚稳定结构的土体。维持原状黄土高边坡的稳定性主要靠基质吸力和胶结结构。随降雨入渗增湿，基质吸力降低，根据Fredlund双变量强度本构方程（Fredlund *et al.*，1993），可知黄土抗剪强度随之降低。黏土和碳酸钙是黄土胶结结构的主要贡献者，增湿过程伴随着胶结结构的破坏及土体颗粒的再分布，如物理冲刷或力学剪切、颗粒接触点或接触面处的应力释放、土体颗粒在重力或储存的骨架力作用下发生运动，引起颗粒碰撞或颗粒边缘的磨损；同时，黏粒或因撞击形成的粉粒、黏粒尺寸的石英颗粒向大孔隙迁移，土体发生变形甚至破坏。增湿过程中，胶结连接的破坏程度随基质吸力降低而加大。

不同围应力条件下土体变形行为存在差异，说明入渗增湿过程中土体变形行为和强度与围应力有关，对此陈正汉、蒋明镜在其文章中均有阐述。高围应力条件下，随着基质吸力的降低，黄土变形量剧增；低围应力条件下，黄土变形不明显，说明基质吸力的降低不是构成土体变形破坏的必要条件，而胶结连接的破坏才是土体强度降低和最终变形破坏的根本原因。

4. 黄土垂直节理形成机理

工程边坡地段多是构造节理及地裂缝等不发育的地段，故原生节理（即垂直节理）是值得关注的一种地貌形态。垂直节理是工程边坡中分割黄土的软弱结构面，使得黄土体各向异性、土质恶化；也是侵蚀土壤、洞穴的优势面，将使得工程边坡选择性侵蚀加剧、水土流失严重；还是孕育地质灾害控制和分离面，将在此基础上孕育地大量崩滑流灾害。因此，科学认识垂直节理的生成机理是有效减灾防灾的前提。

弯液面表面张力是由液气分界面孔隙气压力与孔隙水压力之间的压力差产生的。按照非饱和土力学理论，液气分界面两侧孔隙气压力与孔隙水压力之间的压力差就是基质吸力，因此，基质吸力与表面张力之间存在必然联系。本节从基质吸力角度出发进行讨论，由基质吸力的变化反映弯液面表面张力在黄土垂直节理生成过程中的作用；总吸力包括基质吸力和渗透吸力、渗透吸力与孔隙水中的含盐量有关；无论是饱和土或非饱和土，渗透吸力都同样起作用；降雨或积水等环境因素的改变主要影响基质吸力，渗透吸力随土体含水量（%，w）的变化较基质吸力的变化要小的多（图3.9）。

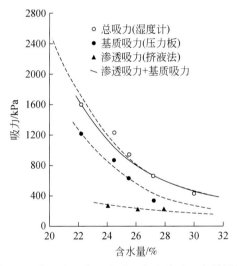

图 3.9　黏土总吸力、基质吸力和渗透吸力量测值

基质吸力使得水气交界面（即收缩膜弯曲）为抑制平衡产生与收缩膜相切的表面张力。如图3.10所示，作用于薄膜上的压力分别为 u 和 $(u+\Delta u)$，薄膜的曲率半径为 R_s，表面张力为 T_s，作用于薄膜上的力相互抵消。为保持垂直分力平衡，有

$$2T_s\sin\beta = 2\Delta u R_s\sin\beta \tag{3.1}$$

式中，$2R_s\sin\beta$ 为投影在水平面上的长度；则曲率半径为 R_s、表面张力为 T_s 的二维曲面两侧的压力差 Δu 为

$$\Delta u = \frac{T_s}{R_s} \tag{3.2}$$

对于鞍形翘曲表面（三维薄膜）（图3.11），应用拉普拉斯方程，可将式（3.2）延伸写成

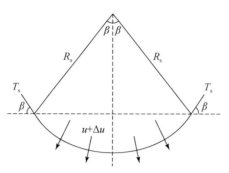

图 3.10　水气分界面上的表面张力现象

$$\Delta u = T_s \left(\frac{1}{R_1} + \frac{1}{R_2} \right) \tag{3.3}$$

式中，R_1、R_2 为翘曲薄膜在正交平面上的曲率半径。

如果曲率半径是各向等值，亦即 $R_s = R_1 = R_2$，式（3.3）则成为

$$\Delta u = \frac{2T_s}{R_s} \tag{3.4}$$

在非饱和土中，收缩膜承受大于水压力 u_w 的空气压力 u_a。压力差（$u_w - u_w$）称为基质吸力。压力差使收缩膜弯曲。则

$$u_a - u_w = \frac{2T_s}{R_s} \tag{3.5}$$

即 $T_s = (u_a - u_w) \dfrac{R_s}{2}$，其中（$u_a - u_w$）为作用于收缩膜上的孔隙气压力与孔隙水压力的差值，亦即基质吸力。

式（3.5）称为 Kelvin 毛细方程，随着土的吸力增大收缩膜的曲率半径减小，弯曲的收缩膜通常称为弯液面；当孔隙气压力和孔隙水压力的差值等于零时，曲率半径 R_s 将变为无穷大。因此，吸力为零时，水-气分界面是平的。

假设黄土颗粒为等直径的均匀球体，如图 3.12 所示，当含水量变化时，基质吸力（$u_a - u_w$）产生变化，则弯液面表面张力 T_s 发生变化。将表面张力 T_s 沿两土颗粒连线方向进行分解，得到连线方向不平衡力 F_{unbal}，即

$$\begin{aligned} F_{unbal} &= T_{s_1} \cos \beta_1 \times 2\pi r - T_{s_2} \cos \beta_2 \times 2\pi r \\ &= 2\pi r \left[(u_a - u_{w_1}) \frac{R_{s_1}}{2} \cos \beta_1 - (u_a - u_{w_1}) \frac{R_{s_2}}{2} \cos \beta_2 \right] \end{aligned} \tag{3.6}$$

假设初始沉积环境中黄土土体为均质、各向同性，任取一土粒单元可认为其水平侧压力系数为常数，因此，土粒单元水平方向受到的侧压力等大反向，可以将其抵消、约去。由于不考虑渗透吸力的作用，所以，认为不平衡力 F_{unbal} 是作用在其上的合力。因此，不平衡力 F_{unbal} 的存在会造成土体体积收缩；当 F_{unbal} 大于土壤抗拉强度，则形成颗粒间的拉裂，造成土壤破坏。

研究发现，黄土拉伸破坏时破裂面基本上垂直于拉应力方向，且拉伸过程中无颈缩现象，变形只沿拉伸方向发生。尽管属于宏观层面的研究，然而岩土体的宏观性质往往是其

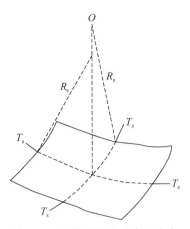

图 3.11　翘曲薄膜上的表面张力

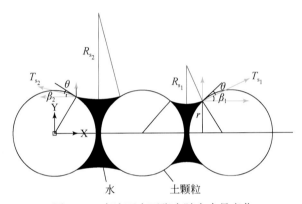

图 3.12　弯液面表面张力随含水量变化

细微观结构特征和力学特征的综合反映。因此，在表面张力产生的不平衡力 F_{unbal} 作用下，会产生垂直于其的破裂面；且在表面张力作用下，裂隙两侧没有或者基本上没有发生相对运动，这与野外观测结果一直，很好地印证了垂直节理成因机理的说法。

　　由于黄土天然结构强度的存在，在相同应变条件下，原状黄土强度比重塑黄土抗拉强度值大很多；黄土抗拉强度很小，一般仅有几到几十 kPa，在 100kPa 范围内，而基质吸力一般从几十到几百 kPa 不等，黏黄土其基质吸力甚至可达到 1000kPa 以上。黄土抗拉强度与基质吸力变化随与含水量密切相关；随含水量变化，黄土中基质吸力的变化量远远大于黄土抗拉强度的变化量，且基质吸力（$u_{\mathrm{a}} - u_{\mathrm{w}}$）与抗拉强度 σ_{t} 符合如式（3.7）所示的关系。因此，在含水量变化时，黄土抗拉强度变化相对于其基质吸力产生的不平衡力的变化弱很多。

$$\sigma_{\mathrm{t}} = \frac{(u_{\mathrm{a}} - u_{\mathrm{w}})}{0.0311(u_{\mathrm{a}} - u_{\mathrm{w}}) + 0.7698} \tag{3.7}$$

　　由以上研究易知，饱和度大处的土体受到的表面张力小，强度低；饱和度小处的土体受到的表面张力大。颗粒受到两侧的土体产生的表面张力，当二者不平衡时，不平衡力使颗粒间产生拉力、产生拉破坏、生成垂直节理。尤其在地表浅处，干湿变化明显、土壤饱和度变化迅速、地表易处产生裂缝；而深处，干湿变化不明显、饱和度变化不明显，引起不平衡力作用减弱、不足以造成颗粒间破坏、裂缝产生困难、垂直节理发育深度有限。

3.2.2　宝鸡黄土边坡失稳机制的离心试验研究

以宝鸡地区典型工程黄土边坡为主要研究对象，进行概化并建立地质模型，采用大型物理模型离心机试验的方法，利用大尺寸原状黄土试件，采用几何相似、边界条件和应力相似原则，制作离心机模型，在离心机试验场中模拟不同工况条件（高陡阶梯型路堑边坡和近直立高边坡），研究降雨条件下宝鸡黏黄土边坡变形破坏模式和力学机制，为边坡防治及其优化设计提供重要依据。

1. 模型制备与仪器安装

模型试验已宝鸡地区蟠龙公路、引渭渠边坡以及飞凤山陡崖为地质原型，通过概化典型工程黄土边坡地质结构，根据香港科技大学离心机设备参数，最大模型尺寸为 1.5m，离心机最大加速度计划采用 50g（模型不同部位布设应力应变记录和监视仪器两个模型）。图 3.13（a）～（d）和图 3.14（a）～（d）显示的分别是 IR50 和 IUR90 模型边坡的侧视图和平面图以及降雨喷嘴分布的侧视图和平面图。模型箱净尺寸为 1245mm 长、350mm 宽、851mm 高。模型边坡的倾角为 50°、60° 和 90°，边坡高度为 500mm（20g 时相应原型中的 10m，30g 时相应 15m，以此类推）。每个模型边坡的左侧、右侧和底部边界均为固定的不透水边界。各模型箱上装有降雨装置，试验中可实施不同雨强和持时的降雨。

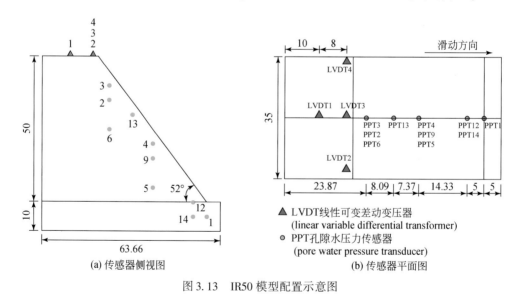

(a) 传感器侧视图　　　　　　　　　(b) 传感器平面图

图 3.13　IR50 模型配置示意图

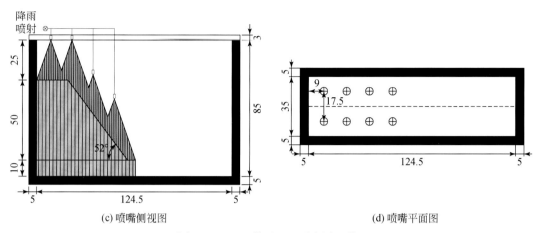

(c) 喷嘴侧视图　　　　　　　　　(d) 喷嘴平面图

图 3.13　IR50 模型配置示意图（续）

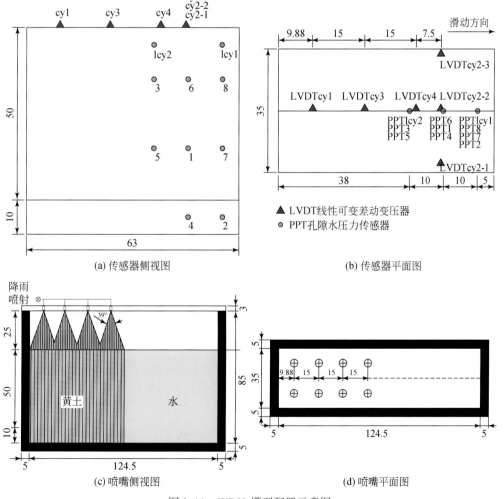

图 3.14　IUR50 模型配置示意图

原状土为块状样，毛尺寸为420mm×600mm×720mm，取土及包装均与非饱和土块装样同，一共取土两块。试验前将原状土样蜡封层打开，检查土样的完好度，接着用削土工具将长方体试样切割成52°边坡模型。成坡过程中要保证坡面的平整度，一方面有利于土体表面与玻璃表面的吻合，减少降雨过程中雨量在玻璃一侧的入渗；另一方面，由于原状黄土的硬度很大，若平整度不够，则在封箱过程中由于局部应力集中造成土体被压裂。土坡修好之后，通过一定型号的钻头钻取小孔后安装PPT，然后即可封箱（箱壁均涂有硅脂）。

为了在实验之前保持PPT的饱和，将小孔中塞入足量的高岭土，同时PPT头部和进土的线上均涂有高岭土。最后在封箱之前再在土体表面涂一层较厚的高岭土，一方面防止雨水入渗小孔中；另一方面防止降水过快沿土层与模型箱孔隙入渗。同时，为防止雨水在侧边入渗，影响边坡变形，在有玻璃一侧涂有一层薄薄的玻璃胶。最终形成IR52模型边坡（图3.15），而IUR90边坡则为近90°陡立边坡（图3.16）。

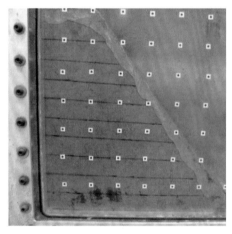
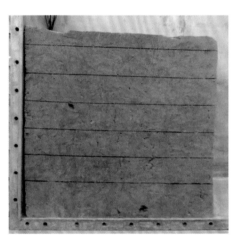

图 3.15　原状土边坡 IR52 模型制备　　　　图 3.16　IUR52 陡立边坡模型制备

在模型制备过程中的，特定位置处均安装了微型孔隙水压力（孔压）传感器（PPT）——Druck PDCR81，用于监测孔隙水压力（PWP）的响应。考虑降雨条件下，黄土层内滑坡一般为浅表层，PPT的布设也是按照这一原则布置的。在模型中安装PPT之前，每个PPT均经过了严格的饱和。PPT标定过程中发现，当PWP低于-50kPa时线性关系稳定，未出现滞后或气穴现象。需要指出的是，PPT的布置在4个模型中是相同的，但是不幸的是其中一些传感器在离心机转动过程中产生故障或气穴现象。因此，在后续试验成果图中仅列出了正常工作的PPT数据。此外在边坡坡顶均布设了位移传感器（LVDT），在实验前均对传感器进行了标定。模型制作、仪器标定及安装，降雨装置安装等准备就绪后，就进入测试阶段。图3.17为准备进入测试的典型离心机模型组成（IUR90）。

2. 试验结果分析

1）IR50 变形破坏过程

边坡变形与孔压具有较好的一致性，即随着基质吸力下降，边坡顶部位移逐渐增长，如图3.18所示。g值达到40g之前，即边坡高度小于20m时，边坡沉降量不明显；然而当其高度20m，降雨条件下，边坡沉降量可达2mm，相应于原型为8cm。之后在升g和降

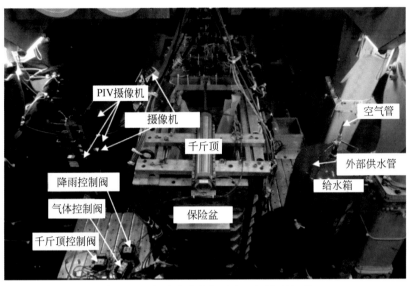

图 3.17　降雨试验中典型离心机模型组成

雨过程中沉降量均有较快增长；在接近 18500s 时，边坡顶部位移急剧增长，位移增至 15mm，相应于原型 90cm，边坡发生破坏。

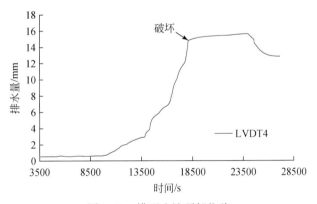

图 3.18　模型边坡顶部位移

经过渐次性变形 IR52 最终发生如图 3.19 所示的破坏。如图 3.19（a）~（d），在各次升 g 过程中，边坡均发生较为明显的沉降，但是在 g 值达到 50g 即第五次降雨之前，边坡在降雨过程中降雨微乎其微；而在第五次降雨过程中边坡出现了较为明显的位移，且边坡位移矢量在坡面附近倾向临空面，说明边坡在向坡面蠕动；边坡位移矢量方向指示边坡变形或潜在滑面方向，如图 3.19（c）~（e）中红色虚线所示。当 g 值达到 60g 时，边坡位移矢量出现了明显的倾向坡外的变形，但仍以坡面附近和坡底为主，说明边坡变形由边坡底部蠕动变形始，随着变形的进一步发展，根据边坡位移矢量的发展，边坡中下部出现两条潜在滑面位置，如图 3.19（f）所示；边坡在之后的降雨中发生大规模的滑动-流动，发生速度快，坡体表面土体由滑动转为流动破坏，破坏深度为 40~70cm［图 3.19（f）中虚线 1]，相应于原型的 2.4～4.2m，属于浅层破坏，为降雨诱发黄土边坡浅表层滑坡范畴；其他两条潜在滑面如图 3.19（f）中虚线 2 和 3 所示。综合来看，IR52 为复合型破坏，即坡面浅表层滑动-流动与较深层蠕滑拉裂滑动相结合的破坏。

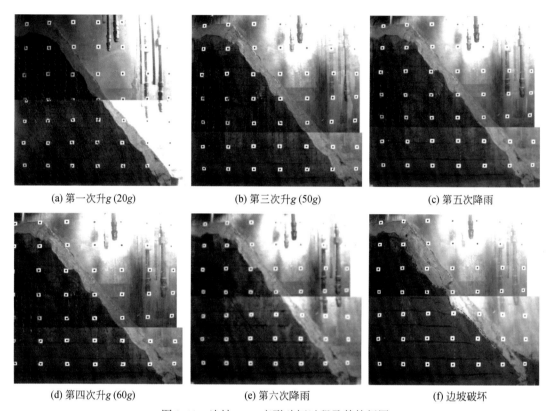

(a) 第一次升 g (20g)　　　　　　(b) 第三次升 g (50g)　　　　　　(c) 第五次降雨

(d) 第四次升 g (60g)　　　　　　(e) 第六次降雨　　　　　　(f) 边坡破坏

图 3.19　边坡 IR52 变形破坏过程及其特征图

2）IUR90 变形破坏过程

IUR90 边坡在升 g 及首次降雨过程中，孔压基本上没有变化，一方面说明与 IR52 情况类似，边坡土体在升 g 过程中并没有发生孔隙水的流动；另一方面说明 90°边坡降雨入渗量非常小。而在第二次降雨过程中传感器数值发生了突然跃升，边坡发生破坏。第一次降雨破坏了边坡的完整性，改变了边坡渗流路径，因此在两次降雨过程中边坡土体内的传感器均有较明显的变化。

值得一提的是黄土边坡土体负孔压值无论试验过程如何，均有恢复到初始值的趋势，尤其是原状黄土；笔者推测该因该黄土粉黏粒含量较高，土体中的水绝大部分均以结合水的形式存在，而自由水则会在试验过程中发生迁移，从而保证一定位置土体含水量的基本稳定，进而维持了负孔压值的恒定；对于原状土边坡而言，边坡基质吸力恢复的另一个原因可能是土体的钙化。在长期地质历史过程中，边坡土体内部分布大量小孔，而孔壁基本上是钙化了的，存水能力有限，极易迁移，尤其是在离心机试验中。如图 3.20 所示，边坡顶部位移在升 g 和降雨过程中均有增长，尤以降雨过程中位移最为明显，而监测结果显示孔压变化微乎其微，说明直立边坡的变形破坏当以位移变化为判断标准适宜。

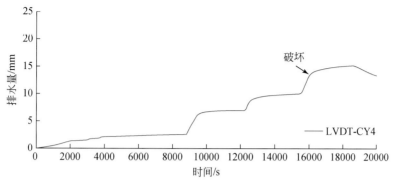

图 3.20　IUR90 边坡顶部位移

图 3.21 为 IUR90 边坡破坏过程中表面位移矢量图，18m 高的边坡开挖诱发边坡表面发生倾向临空面的卸荷变形，根据矢量大小估计卸荷深度约为 4.8m。根据位移矢量的差异，推测边坡在此处已经产生一条潜在拉裂缝，此将为降雨的入渗提供了优势通道。之后在持续大到暴雨天气影响下，边坡卸荷变形持续发生，并在降雨停止后向边坡内部延伸，说明变形在降雨后持续发展，同时下部变形矢量较上部大，产生了拉裂缝，说明边坡变形由坡脚的蠕动变形逐渐向上发展，并在第二次降雨过程中边坡在顶部形成拉裂缝或者拉开开挖过程中形成的深约 5.0m 的潜在裂缝 [图 3.21（c）]，边坡发生错动，并以大角度下滑。如此高角度的临空面意味着边坡将有后期的持续卸荷作用发生。

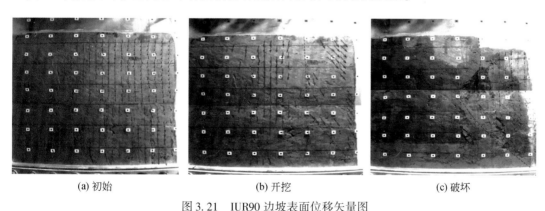

(a) 初始　　　　　　　　　　　(b) 开挖　　　　　　　　　　　(c) 破坏

图 3.21　IUR90 边坡表面位移矢量图

3. 边坡破坏模式

根据试验结果，持续强降雨作用下，滑动-流动和卸荷-蠕滑-拉裂是黄土路堑边坡的主要破坏模式：路堑高边坡持续降雨条件下以浅表层滑动-流动为主，伴以 1~2 个较深层潜在滑面，并在坡肩产生拉裂缝，如 IR52；直立高边坡则因前期开挖形成的卸荷裂隙成为降雨优势入渗通道或成为薄弱面，在持续降雨条件下坡体沿该面滑动破坏。

1）路堑高边坡破坏模式

图 3.22 为 IR52 模型边坡变形破坏特征图。高边坡在持续强降雨条件下，边坡坡脚首先发生蠕滑，并向上发展，在坡肩形成拉裂缝。坡体表面土体由于降雨入渗，基质吸力下

降，且坡脚附近出现超静孔隙式水压力促使流动灾害发生，而且深层两条贯通性较好次级滑面清晰可见。此破坏模式为表层滑动-流动与较深层蠕滑-拉裂相结合。

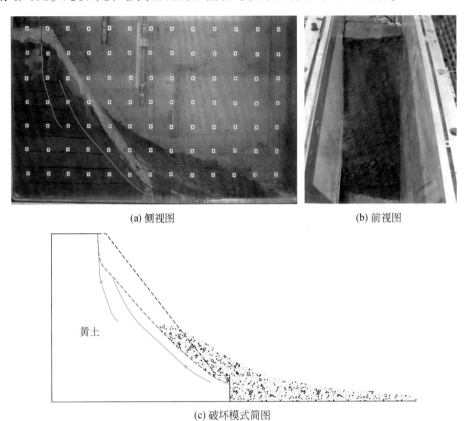

(a) 侧视图　　　　　　　　　　　　　　　(b) 前视图

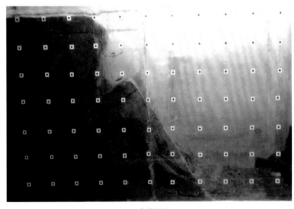

(c) 破坏模式简图

图 3.22　IR52 边坡破坏模式

2）直立高边坡破坏模式

图 3.23 为 18m 高边坡经开挖形成近 90°边坡后在降雨条件下的变形破坏特征。开挖后，

(a) 侧视图　　　　　　　　　　　　　　　(b) 前视图

图 3.23　IUR52 边坡破坏模式

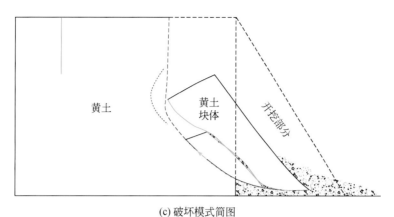

(c)破坏模式简图

图3.23　IUR52边坡破坏模式（续）

边坡土体卸荷，形成潜在的平行于坡面的拉裂缝。边坡坡脚存在的高应力比，使得边坡底部首先发生蠕滑，并逐渐向上发展；最终在降雨条件下边坡顶部因卸荷产生的潜在裂缝进一步夸大，并形成优势入渗通道，最终边坡发生错动。蠕滑-拉裂是边坡主要的破坏模式。说明高角度包括90°边坡破坏以蠕滑-拉裂破坏为主，破坏横向深度为4.8m，这与在现场观察到的高角度边坡发生的倾倒破坏并不矛盾；发生倾倒破坏的边坡破坏深度一般很小，而当边坡卸荷横向深度很大时，边坡则会以蠕滑拉裂模式破坏。

3.2.3　宝鸡硬黏土工程特性与灾害效应

宝鸡市区位于黄土高原南端，根据黄土粒径分区，属黏黄土分布区（粒径小于0.005mm≥25%）。黄土塬区发育有最大厚度158.4m的第四纪32层黄土古土壤，其下为新近系不同沉积相的红色黏土与砂砾石互层，是西北黄土高原地区广泛分布的黄土、红色黏土与河湖相堆积的最具代表性地区之一。根据最新第四纪研究成果，将宝鸡市区新近系地层分为"三趾马红土"和"古三门湖河湖相堆积"（统称三门组）的黏土层与砂砾石互层两个同期异相地层，其中"三趾马红土"是以富含三趾马动物群为特征的红色土状堆积（或称红层），是近年来古环境演化研究的热点，并被认为与其上覆的黄土古土壤一样同为缝积成因；"古三门湖河湖相堆积"主要以陕西关中盆地、河南西部为沉积中心，分布于陕西、河南、山西三省，是黄土高原中最具代表性的古湖盆沉积。工程上常用无侧限抗压强度用于黏性土工程分类，即软硬程度分类，一般单轴或无侧限抗压强度介于0.3~1.5MPa属于硬土-软岩，宝鸡市区新近系三门系硬黏土的无侧限抗压强度处于0.588~1.80MPa，三趾马红土的无侧限抗压强度处于0.328~1.10MPa，两者均属于极硬的土，比极软岩要低，属于硬土-软岩的过渡类型，简称为硬黏土。为了查清该类特殊岩土的工程特性对滑坡灾害的影响，采集了宝鸡市区黄土塬边斜坡出露的新近系硬黏土样品和工程钻孔岩心30余个（图3.24），完成了物质组成、黏土矿物成分定量分析，利用典型三趾马红土和三门系地层黏土矿物定量测试结果，分析其膨胀性，拟揭示该套地层的斜坡失稳效应（石菊松等，2013）。

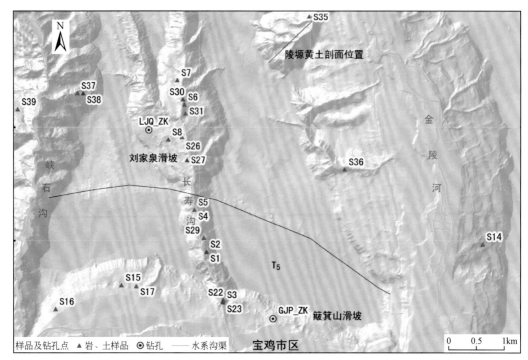

图 3.24　宝鸡市北坡黄土塬地貌及新近系硬黏土样品位置图

1. 分布特征

宝鸡市区北坡主要地层包括黄土古土壤、三趾马红土、古三门湖堆积和下伏基岩，在地层层序上具有以下特征：①黄土塬区三趾马红土与上覆黄土古土壤基本是连续堆积，并呈相渐变关系，在黄土丘陵山区斜坡两者呈不整合接触；②古三门湖堆积（三门系）包括早更新世三门组、上新世游河组与灞河组，其中三门组与午城黄土下部为同期异相堆积，游河组及灞河组与三趾马红土为同期异相堆积；③渭河 T_5 阶地砾石层与午城黄土上部为同期异相堆积。在空间分布上，新近系中的三趾马红土主要分布在西北侧的黄土塬区，一般与上覆黄土呈渐变关系，在黄土梁区及丘陵山区属剥蚀残余，一般分布在近分水岭处。三门系主要分布在黄土塬、黄土台塬区，且具有由西北侧向东南侧厚度增大，埋深变浅，在局部地段两种堆积具有交替过渡相特点且局部三趾马红土压覆古三门河湖相堆积，揭示了新近纪—早更新世早期古三门湖由北西侧逐渐向东南现今渭河谷地消亡，渭河河流阶地逐步形成的古地形地貌的演化过程。

2. 成因类型

区域上三趾马红土为风尘堆积，其颗粒成分均一，一般不含砂及砾石成分（仅底部含砾石层），但含大量经淋滤作用形成的灰白色钙质结核或钙质结核层，一般呈半成岩状态，土块表面及节理，裂隙边缘可见大量黑褐色铁锰胶膜，无层理发育，属风成成因。三门系硬黏土在地层层序上一般与砂、砾石层互层，呈浅棕红色，黏土层表层可见洪水改造的水平层理及侵蚀面，一般含有大于 0.5mm 粗砂和大于 2mm 的角砾（砾石无磨圆现象），这是其与三趾马红土在岩性上的本质区别，在成因上属河湖相沉积，具明显层理，且节理裂隙发育。

宏观结构是区分三趾马红土与三门系硬黏土的主要依据。三趾马红土无层理，但具有分层特性，类似于黄土古土壤地层系列的条带状红色"黄土"与红色"古土壤"相间出现的沉积序列。在斜坡地带，三趾马红土一般与上覆黄土呈不整合接触，由于三趾马红土表层受强烈风化、剥蚀和侵蚀作用，表层形成古风化壳，黄土覆盖之后在构造动力或重力作用下易发生剪切错动，形成层间剪切带，为斜坡地带滑坡奠定了滑动面基础（图3.25）。三门系硬黏土具有水平层理，裂隙发育，且与砂、砾石层互层，黏土层表面侵蚀面发育，在斜坡地段局部可见层间剪切带，其剪切镜面与擦痕发育（图3.26）。

图3.25　三趾马红土与黄土之间的层间剪切带

图3.26　三门系硬黏土与砂砾石层界面及层间剪切带

3. 硬黏土工程地质特性

1）粒度成分与比表面积

利用移液管法，颗分样品采用全分散法处理即采用0.5N（$NapO_3$）$_6$10mL，用双氧水去除有机质，超声波作用5分钟。为精细研究黏土的颗粒组成，采用精细取样，黏性土颗分测量至胶粒（<0.002mm）（表3.5）。无论是三趾马红土还是三门系黏土层均具有黏粒含量高的特点，黏粒（<0.005mm）含量大都在32%～45%，最低的黏粒含量32.27%，最大黏粒含量44.32%。胶粒（<0.002mm）含量介于21%～39%，最低胶粒含量

21.89%，最高39.04%。二者在黏粒和胶粒组成上无明显的差异，且粉粒含量均介于55%~61%，但总体上三趾马红土粉粒含量略高。采用乙二醇乙醚极性有机分子吸附法测得的比表面积结果表明（表3.5），三门系硬黏土的比表面积最小126.37m²/g，最高达236.4m²/g，三趾马红土的比表面积最小值为156.22m²/g，最高达258.27m²/g，总体上三趾马红土的比表面积高于三门组系黏土。

表3.5　新近系硬黏土物质组成和物理水理性质表

名称	样品编号	颗粒组成/%				蒙脱石/%	比表面积/(m²/g)	CaCO₃/%
		>0.075mm	0.075~0.005mm	<0.005mm	<0.002mm			
三门系黏土	S3	7.67	58.04	34.29	21.89	18.87	168.10	8.16
	S4	**12.80**	54.92	32.27	25.87	13.91	148.30	1.48
	S16	2.07▲	55.80	42.13	**39.04**	22.33	236.42	1.67
	S17	10.48	56.19	33.33	23.71	14.34	126.37	5.43
	S14	1.51	54.17	**44.32**	36.75	15.91	154.50	—
三趾马红土	S1	0.81	**60.69**	38.51	38.19	19.05	156.22	—
	LJQ*	0.08	60.51	39.41	35.04	19.10	219.25	1.08
	S31	3.41▲	55.91	40.69	32.99	**23.74**	**258.27**	6.32
	S35	1.53▲	60.36	38.11	31.87	20.02	214.16	6.64
	S36	7.40▲	60.17	32.43	28.99	18.49	206.98	**9.00**

注：①蒙脱石含量采用有机染料次甲基蓝选择吸附法测定，其结果包括单矿物蒙脱石和混层矿物中的蒙脱石晶层；②比表面积采用乙二醇乙醚吸附法测定，内外表面积之和；③▲表示在大于0.075mm粒组中，分布有较多的钙质团块（结核）；④LJQ*为钻孔岩心，深度54.95~55.0m。

2）黏土矿物成分

黏土矿物（黏土矿物类型、含量）对黏性土工程性质特别是水理性质有重要的影响和控制作用，尤其是膨胀性黏土矿物（蒙脱石和其混层矿物）。为精确研究新近系硬黏土的黏土矿物成分，除采用精细的X射线衍射（XRD）技术进行黏土矿物测定外，还采用有机染料选择吸附法进行有效蒙脱石含量测定，此测定结果既包括单矿物的蒙脱石又包括混层矿物中蒙脱石晶层的含量（表3.5）。

从宝鸡新近系硬黏土的黏土矿物组成综合测定结果可以看出，三门系硬黏土和三趾马红土黏土矿物都是以伊利石-蒙脱石混层矿物为主，次要矿物为伊利石并伴生高岭石、绿泥石的组合（表3.6）。

（1）湖相沉积的三门系硬黏土的黏土矿物以伊利石-蒙脱石混层矿物为主，次要黏土矿物为伊利石，同时含有少量高岭石、绿泥石等。伊利石-蒙脱石混层矿物占黏土矿物的相对含量的65%~82%，其混层比介于45%~75%左右，属中等、高混层比矿物，次要矿物伊利石相对含量12%~22%，同时伴生分别占3%~7%的绿泥石和6%的高岭石。根据试验结果，伊利石-蒙脱石混层矿物占天然干土重的22.63%~25.98%（绝对含量），伊利石占3.31%~8.59%，高岭石占1.66%~2.34%，绿泥石占1.08%~2.73%。

（2）三趾马红土以伊利石–蒙脱石混层矿物为主，次要矿物为伊利石，并伴生高岭石和绿泥石，其中蒙脱石主要以中等混层比的伊利石–蒙脱石混层矿物形式存在，混层比在40%～55%，相对含量62%～76%，绝对含量17.97%～29.25%，次要矿物伊利石相对含量15%～26%，绝对含量5.61%～9.93%，同时伴生的高岭石、绿泥石相对含量均介于2%～8%，绝对含量0.77%～2.80%。

（3）总体上，无论从黏土矿物相对含量、绝对含量以及 XRD 衍射图来看，三趾马红土与三门系黏土在黏土矿物成分上基本相似，而且所取样品的空间位置、深度的差异不明显，因此，初步判断三趾马红土与三门系黏土为同一物质来源，三趾马红土为直接风尘堆积，三门系黏土为河湖相沉积，其物质来源为直接风尘或三趾马红土受侵蚀搬运后沉积。

有效蒙脱石含量是蒙脱石占天然干土的重量百分比，而不是在黏土矿物中的相对含量，它属于黏土单矿物定量方法之一。自 20 世纪 80 年代初曲永新等采用有效蒙脱石含量测定方法以来，大量测试结果表明，中国膨胀性岩土有效蒙脱石含量下限为 10%～12%，随着有效蒙脱石含量的增高，硬黏土的膨胀势将急剧增大。宝鸡市区新近系硬黏土有效蒙脱石含量采用有机染料次甲基蓝选择吸附法测定，其结果包括单矿物蒙脱石和混层矿物中的蒙脱石晶层，蒙脱石含量介于 13.91%～23.74%，均高于膨胀性岩土有效蒙脱石含量下限，属膨胀性黏土。

表3.6　新近系硬黏土矿物定量测试结果

名称	编号	<2μm/%	黏土矿物相对含量/%				混层比/%	黏土矿物绝对含量/%			
			I	I/S	C	K		I	I/S	C	K
三门系黏土	S_{16}	39.04	22	65	7	6	50	8.59	25.38	2.73	2.34
	S_3	31.89	14	75	5	6	75	4.47	23.92	1.60	1.91
	S_{32}	36.08	19	72	3	6	45	6.86	25.98	1.08	2.17
	S_9	27.60	12	82	—	6	45	3.31	22.63	—	1.66
三趾马红土	S_{34}	38.48	18	76	2	4	55	6.93	29.25	0.77	1.54
	S_{31}	32.99	17	72	4	7	45	5.61	23.75	1.32	2.31
	S_{35}	31.87	21	69	4	6	40	6.69	21.99	1.28	1.92
	S_{36}	28.99	25	62	6	7	45	7.25	17.97	1.74	2.03
	S_1	38.19	26	67	—	7	40	9.93	25.59	—	2.67
	S_{11}	37.90	15	75	3	7	55	5.69	28.43	1.14	2.65
	LJQ *	35.04	22	63	7	8	40	7.71	22.08	2.45	2.80

注：① S. 蒙脱石；I. 伊利石；I/S. 伊利石–蒙脱石混层矿物；K. 高岭石；C. 绿泥石。②混层比是指蒙脱石晶层在混层矿物中所占比值（%），比值越高活性、膨胀性越强。从工程应用角度，曲永新将混层比大小进行工程分级：≤35% 为低混层比，35%≤中等混层比 <55%，≤55 高混层比<75%，75%≤极高混层比≤90%，90%～100% 称单矿物蒙脱石。③中等混层比以上的黏土沉积物通常都属于膨胀岩土。④ LJQ * 为钻孔岩心，深度 54.95～55.00m。

4. 硬黏土的膨胀性及斜坡失稳效应

1）膨胀性分析

国内通常采用粉末样品的自由膨胀率（δ_{ef}）来判别膨胀土的膨胀势，自由膨胀率在一定程度上反映黏土矿物、粒度成分和交换阳离子成分等基本特性，采用中国膨胀土判别标准，$40 \leqslant \delta_{ef} < 65$ 为弱膨胀土、$65 \leqslant \delta_{ef} < 90$ 为中等膨胀土、$\delta_{ef} \geqslant 90$ 为强膨胀土，宝鸡市区新近系硬黏土自由膨胀率介于 33%～76%，属于弱–中等膨胀土（表 3.7）。国际上采用的南非威廉姆斯（Williams）膨胀势判别图法［利用塑性指数和胶粒（<2μm）含量（%）来分析］把膨胀势分为低膨胀、中等膨胀、强膨胀和极强膨胀四级（Williams *et al.*，1980）（图 3.27）。按威廉姆斯膨胀势判别图法，研究区新近系三门系黏土和三趾马红土都属于中等–强膨胀性土。同时，根据研究区硬黏土有效蒙脱石含量判别，主要样品均为弱–中等膨胀性土。按照有效蒙脱石含量判断别，研究区新近系硬黏土都属于中等–弱膨胀性土。

表 3.7　新近系硬黏土膨胀势判别表

原号	塑限 /%	塑性指数	自由膨胀率 /%	<2μm /%	蒙脱石 /%	比表面积 /(m²/g)	膨胀势判别		
							自由膨胀率	威廉姆斯	蒙脱石含量/%
S31	22.96	25.88	72	32.99	23.74	258.27	中等	强膨胀	中（20～30）
S32	22.20	23.67	68	36.08	21.44	227.90	中等	中膨胀	弱（12～22）
S34	22.83	26.82	74	38.48	25.46	262.90	中等	强膨胀	中（22～30）
S35	22.48	20.60	64	31.87	20.02	214.16	中等	中膨胀	弱（12～22）
S36	20.35	19.68	41	28.99	18.49	206.98	弱	中膨胀	弱（12～22）
S39	16.83	18.89	33	26.80	15.50	174.47	非	中膨胀	弱（12～22）
S16	22.75	31.62	76	39.04	22.33	236.42	中	强膨胀	中（22～30）
LJQ	20.33	21.87	58	35.04	19.10	219.25	弱	中膨胀	弱（12～22）

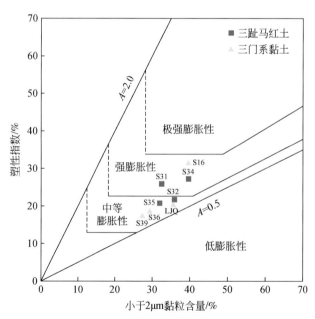

图 3.27　新近系硬黏土威廉姆斯（Williams）膨胀势判别图

2）斜坡失稳效应

宝鸡市区新近系硬黏土地层是宝鸡市区北坡黄土塬边大型滑坡的易滑地层，其中三门系硬黏土层是渭河北岸沿宝鸡峡引水渠道分布的长98km大型滑坡的滑动地层，如著名的卧龙寺滑坡、簸箕山滑坡和狄家坡滑坡，其主滑动面和次级滑动面均位于三门系黏土层内或三门系黏土层界面；三趾马红土是金陵河、长寿沟两岸大型滑坡的易滑地层。新近系硬黏土为易滑地层主要原因在于首先，是主要在斜坡底部出露，是典型的隔水层，同时也是河流沟谷主要的侵蚀地层；其次，虽然新近系硬黏土在自然条件其抗剪强度高于上覆黄土古土壤，但在饱和状态下其抗剪强度剧降幅度远高于黄土古土壤，具有应变软化的强度特性；同时，根据黏性土的残余强度与固结程度、原始密度、含水量无关，其随土中黏粒含量增大而减小，由于宝鸡地区新近系黏土层的黏粒含量一般高于黄土古土壤，当滑坡启动后，其在新近系黏土中的滑面残余强度低于在黄土古土壤中的残余强度，其等效内摩擦角可降低到8°～10°，这也是大型滑坡在新近系黏土中的滑动面平缓的原因所在；最后，在干湿交替环境下新近系黏土具有显著的强度弱化和变形性状改变，且在长期高陡边坡重力或构造作用下，在斜坡坡脚应力集成，形成层间剪切带，为滑动面形成提供了可追踪的界面，且在末次冰期冰后期渭河冲蚀强度增大、构造活动增强，是古老滑坡的形成机制。现今渭河北岸斜坡中前部均为滑坡堆积体，且渭河冲蚀条件不再存在，发生大规模滑坡的可能性低。

在宝鸡市区新近系硬黏土分布区的边坡灾害类型主要包括边坡剥落、局部滑塌、挡土墙变形和支护衬砌的破坏等，主要原因是硬黏土工程开挖暴露后，在干湿交替条件下膨胀、易风化崩解，具有明显的强度弱化和变形性状改变。总之，干湿交替可导致新近系硬黏土工程性质恶化，建议硬黏土工程边坡应采取快速施工、快速封闭和支护。

3.2.4　宝鸡塬边坡体结构控制作用

渭河宝鸡—扶风斜坡段位于关中平原最西端，其西端的宝鸡峡系渭河中游的起点，顺流而下至东端的扶风县，全长98km。渭河盆地间歇性断陷，河流侵蚀下切，不同时期黄土覆盖在各期漫滩上，形成Ⅵ阶地。南岸各级阶地均有发育，塬面较小；北岸仅存Ⅵ级阶地，其他阶面多被侧向侵蚀破坏，塬面宽阔，其中第Ⅵ阶地拔高达150～210m。渭河北岸河流阶面残存，大型滑坡高密度分布；斜坡带被长寿沟、金陵河、千河分成四段；地形上塬面向东南部倾斜，西高东低。

研究区所在汾渭盆地内部与边缘正断裂发育。宝鸡-西安断裂西段（即渭河北缘断裂F）沿渭河北岸塬边斜坡带穿行，同样表现为正断裂机制。部分研究认为塬边数百米的高的斜坡带系正断层向盆地带中心倾斜、跌落的结果，但证据较少。最新研究表明：中更新世以来，宝鸡-西安断裂（西段）以0.05～0.09mm/a的活动速率断陷，扶风断裂带直至晚更新世仍具有活动性，对宝鸡—扶风段塬边斜坡的坡度、滑坡运动变形有影响（辛鹏等，2013，2014）。

1. 渭河北缘斜坡的结构

渭河宝鸡—扶风段北岸地层以长寿沟剖面为标准剖面，高度在130m。其中斜坡体岩土体厚度约 160m，主要有 3 个部分：上部为第四系松散堆积物、中部为渭河的五级阶地砾石层（Qp^{1}al）、底部为三门组（Qp^{1}s）。古近系、新近系后续岩层呈近水平状，古近系、新近系与第四系平行覆盖于白垩系古风化基底上。长寿沟段北岸斜坡体［图 3.28（a）］上部由第四纪黄土（L0—L15）与古土壤（S0—S15）组成，水平状交错沉积，堆积厚度在 80m 左右，其中黄土为疏松、大孔隙粉土，古土壤为棕红色黏性土。斜坡中部为渭河五级阶地（Qp^{1}al）砾石层，厚度在 15m 左右，胶结特征明显，呈块状剥落；底部为三门组层（Qp^{1}s），由近水平紫红色黏土岩、砂砾石组成，厚度在 44.2m 左右。

宝鸡峡—扶风段塬边斜坡形成的地质背景类似、地层组成相同，北缘断裂结构面与地层的水平沉积层面系区域主结构面。渭河北缘断裂展布分段性、不连续性明显，千河以西、千河至蔡家坡、蔡家坡至扶风 3 段断裂结构面出露密度、位置稍有不同。结构面在斜坡的不同部位均有出露，主断裂从基底岩石折射到顶部松散黄土体内部后，高角度状将黄土斜坡切割成块体结构。

1）千河以西斜坡结构特征

千河以西段斜坡为水平层状结构［图 3.28（a）］，部分斜坡后壁发育陡峭断裂结构面。滑坡结构受水平层状结构影响，以金顶寺［图 3.28（b）］、卧龙寺滑坡［图 3.28（c）］为代表，滑体呈多级旋转状，或勺型。金顶寺滑坡钻探剖面显示：滑动面发育于Ⅵ级阶地下部三门组黏土层内，在滑坡体中部与前部呈近水平状，具有延伸性；前缘坡脚滑动面位置一般在地面 25～35m 以下，前缘滑面反翘，倾角在 5°～25°；后缘滑面近圆弧形，后缘滑面深度达 90m，滑面倾角较大。

滑坡的后壁滑面以渭河北缘断裂结构面为边界是该段滑坡结构的显著特征，文家山、店子街两处明显。文家山断裂面由 5 条断面（F1～F5）组成［图 3.28（d1）、（d2）］，产状分别为 209°∠71°、50°∠58°、48°∠66°、54°∠63°、46°∠57°，以古土壤层 S5、S6、S7 为标志层，斜坡体被切割呈块状，交错下降。断面 F1 附近牵引构造发育，其中断面 F1 擦痕、阶步具有一定的延伸性。断面 F1 切穿古土壤 S5、S6、S7 标志层向下滑动 7.1 m。同时断面几何形态表现出向外凸出、牵引下滑特征。该类断面具有压剪滑动的机制，区别于滑坡重力作用所形成的张性卸荷结构面。断面 F2、F3 所夹持的块体相对于黄土塬面呈下降趋势。滑坡后壁破裂面依断面 F1 为边界，坡度在 70°以上。与文家山断面稍有不同，店子街断面较少［图 3.28（e）］，在滑坡后缘见发育两组地堑状断面，产状为 330°∠75°、175°∠68°。渭河北缘断裂临近斜坡后缘发育，成为滑坡壁的边界。

2）千河至蔡家坡段斜坡结构

该段滑坡体上部覆盖较薄马兰黄土，多为古滑坡。滑坡结构呈 L 状，与千河以西相比，斜坡五级阶地砾石层上部的黄土体厚度低于千河以西地区。以王家台滑坡［图 3.28（f）］、蔡家坡滑坡为代表，滑坡的滑动面同样发育于五级阶地下部三门组黏土层内，在滑坡体中部与前部呈近水平状，滑动带近水平剪出，具有延伸性。调查未见断裂结构面，但该段发育密集节理结构面。前人调查显示该段节理与劈理明显的裂隙达 270 条，由 3 组组成：第 1 组产状走向 90°，倾向南东，倾角 72°～85°，节理面光滑，具有明显的水平或斜向擦痕；第 2 组走向 150°，倾向西，倾角 80°～85°，节理面平直；第 3 组为南北走向，倾角 85°～90°。节理裂隙的发育是北缘断裂活动结果，但并未影响滑坡结构（陈云等，1999）。

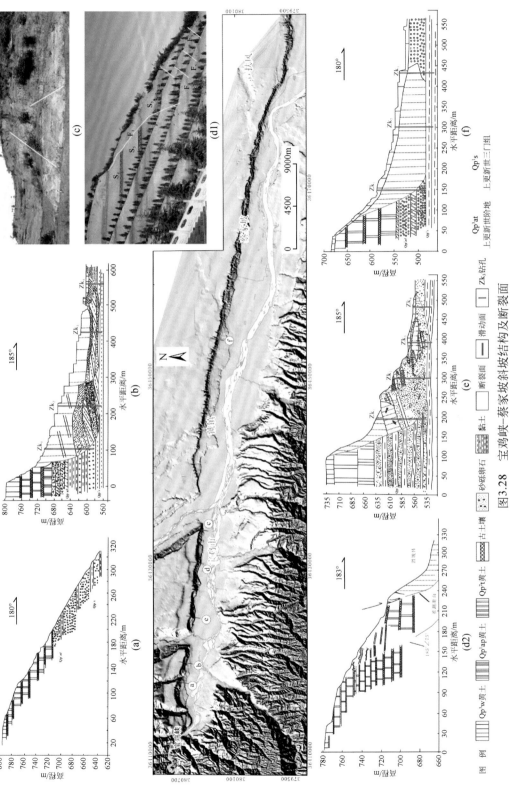

图3.28　宝鸡峡-蔡家坡斜坡结构构及断裂面

(a)长寿沟斜坡；(b)金顶寺滑坡；(c)卧龙寺滑坡；(d1)文家山断裂剖面图；(d2)文家山断裂剖面(镜像东)；(e)庄子街断裂剖面(镜像西)；(f)王家台滑坡

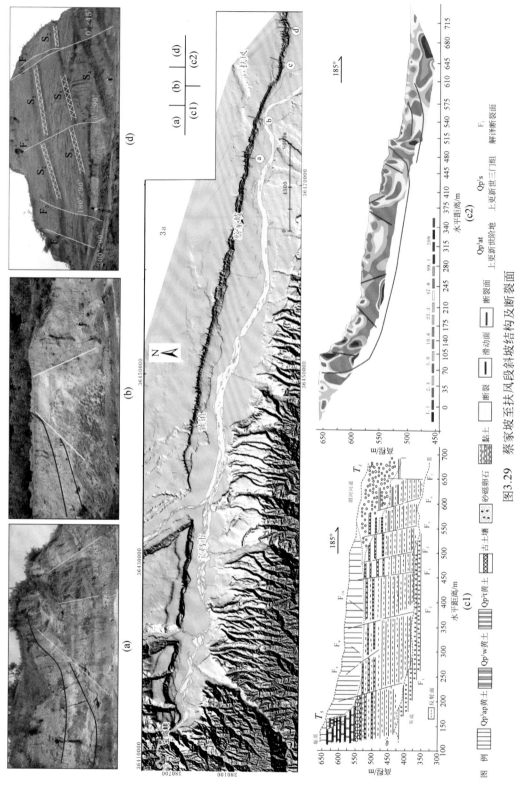

图 例 | ▨ Qp²ap黄土 | ▨ Qp⁴w黄土 | ▨ 古土壤 | ▨ 黏土 | ▨ 砂砾卵石 | ▣ 断裂 | ▣ 滑动面 | ▭ 断裂面 | ▭ 解译断裂面

Qp³at 上更新世阶地　Qp³s 上更新世三门组　F₁

图3.29　蔡家坡至扶风段斜坡段坡结构及断裂面

(a)沂家村滑坡剪出口(镜像东)；(b)张家台滑坡剪出口(镜像东)；(c1)杨家村浅层地震解译剖面(镜像东)；(c2)杨家村电法剖面；(d)郭河村断裂面(镜像西)

3) 蔡家坡至扶风段斜坡结构

蔡家坡至扶风段斜坡地层仍呈水平层状，但该段斜坡有 4 处渭河北缘断裂结构面出露，是断裂面出露高频度段，紧邻古水断裂剖面（冯希杰等，2003）。与千河以西段不同，断裂面多在坡体中部与坡脚出露，大型滑坡滑带在运动产出的过程中，或坡体内部断裂面控制滑坡的多级滑动面，或顺优势坡脚断层结构面高角度产出，其中眉县祈家村［图 3.29（a）］、张家台剖面［图 3.29（b）］较为清晰。但大部分滑坡的滑动面沿着三门组黏土层近水平产出，在坡脚至滑段稍有逆冲，逆冲结构面的角度在 10°～25°。

杨家村滑坡是该段的典型老滑坡，浅层地震结果显示断裂结构面深延伸特征清晰，层次结构组合特征明显［图 3.29（c1）］。水平方向上，有两组反射面（第Ⅰ反射面与第Ⅱ反射面），滑动面是第Ⅰ反射界面，位于阶地砾石层下部，呈平躺的"S"型，水平从后缘向前缘延伸；第Ⅱ反射界面为基底面，总体呈水平状。垂直方向上，断裂深延结构面呈阶梯状向盆地中心沉降，主断面倾向一直，越深倾斜度越大。根据解译与统计，坡内有 10 个（F1～F10）正断层面，F9、F10 断面倾向北西，其他断层倾向东南。其中解译 F4 断面产状为 183°∠72°，10 个断面倾角平均为 68°，最深延伸达 300m。F9、F10 断面因位于滑面以上部位，不具延伸性，浅层断面发育可能与滑坡的运动相联系，次级断面控制了滑坡的多级滑动面的结构及其形成演化过程。

电法剖面显示：杨家村滑坡体内部断裂结构面、滑动剪切面均有发育，整体形态呈"L"状。其中结构面集中在两个区域发育［图 3.29（c2）］，斜坡的后缘断续的呈地堑状集中，为滑坡的后缘张拉应力区，受到高陡渭河北缘断裂面影响；前缘结构面顺次向坡脚地面倾斜，指向滑动方向，与滑坡运动相关。滑坡中部的断裂结构面陡峭，呈节理状，次级降落。较为清晰的是自沿滑坡底部自后壁陡坎至坡脚位置（略去陡坎高电阻区）现一近水平状中电阻层，深度显示为滑动带。勘探显示：滑动面发育于五级阶地砾石层下部三门组黏土层中，可见滑坡面分布于同一高程 510m 附近，与电法勘探剖面结果吻合。

滑坡在剪出过程中受断裂面影响是该段滑坡结构的另一显著特征，较清晰的为祈家村滑坡剪出口与张家台滑坡剪出口。祈家村滑坡剪出口剖面全长 210m 左右［图 3.29（a）］。宏观结构特征上，近水平三门组黏土剪切带沿北缘断裂结构面逆冲，发生皱曲，断裂结构面保留其地堑结构面形态，由两组断裂面组成，断裂面产状为 73°∠72°、230°∠83°。微观运动特征上，滑动带在产出过程中结构发生了变化，产生较大的塑性变形，其运动速度较快，多见黏土层与断面接触。与祈家村滑坡类似的为张家台滑坡［图 3.29（b）］，同样表现出滑带沿断裂面逆冲剪出现象。

郭河村北缘断裂剖面位于坡脚，未经滑坡崩塌改造，全长约 45m［图 3.29（d）］。出露 8 条断裂面，整体呈地堑状，断层面交替反向出现。北缘断裂分支断裂面的产状依次为：F1 断面 200°∠90°、F2 断面 180°∠90°、F3 断面 0°∠50°、F4 断面 0°∠45°。断层错断晚更新世古土壤层 S2、S3，断面 F2、F3、F4 呈地堑式滑移，滑移下挫的距离在 2～3m。其中 F2、F3 夹持的断块与 F4 及后部夹持的断块相对临近块体下挫滑动，两块体滑动距离差别不大。

2. 斜坡结构与滑坡形成关系

1）斜坡结构面的分类特征及斜坡结构

按照岩体结构面分类方法，渭河北缘斜坡的结构面可分为以沉积层面为主的原生结构面、以北缘断裂结构面、滑动面为主的次生结构面（表3.8）。其中各期黄土、古土壤、阶地砾石层及三门组黏土组成的原生结构面，呈近水平状；高角度断裂面是次生结构面，将塬边斜坡切割呈块体状。滑坡的滑动面有两种类型：低角度与高角度两种，低角度剪出口在不受断裂影响的情况下，倾角在23°左右，甚至更低；剪切面受高角度断裂的牵引，沿着断裂面逆冲剪出口的角度达72°。

表 3.8　渭河北缘斜坡部分结构面几何特征

分类	位置	经度	纬度	海拔/m	倾向	倾角	位移/m	描述
I 类	祈家村	107°47′21″	34°17′28″	496	230°	83°	–	地堑式断面，与滑带接触
	张家台	107°40′56″	34°19′06″	520	168°	65°	–	地堑式断面，与滑带接触
	郭河村	107°59′09″	34°16′54″	504	200°	85°	−2.9	地堑式断面
	古水剖面	–	–	–	195°	85°	−0.9	地堑式断面
	文家山	107°71′352″	34°22′30″	633	209°	71°	−7.1	地堑式断面
	杨家村	107°43′45″	34°18′46″	524	183°	72°		地堑式断面
II 类	车圈村	107°46′23″	34°17′59″	507	175°	9°	–	近水平地层层面
	蔡家坡	107°36′57″	34°19′53″	526	178°	10°	–	
	三刀岭	107°38′04″	34°19′26″	540	181°	5°	–	
	虢镇	107°23′34″	34°22′06″	610	178°	8°	–	
	卧龙寺	107°16′28″	34°21′56″	588	180°	7°	–	
III 类	簸箕山	107°08′11″	34°21′46	557	182°	20°		近水平三门组黏土滑带
	张家台	107°40′56″	34°19′06″	520	168°	65°		高角度三门组黏土滑带
	柳巷	107°49′18″	34°17′11″	503	4°	24°		低角度三门组黏土滑带
	魏家东堡	107°44′56″	34°18′32″	492	50°	18°		低角度三门组黏土滑带
	祈家村	107°47′21″	34°17′28″	496	73°	72°		高角度三门组黏土滑带

注：I类. 渭河北缘断裂结构面；II类. 渭河北岸斜坡地层结构面；III类. 渭河北岸大型滑坡滑带结构面。

各类结构面形成背景、力学机制不尽相同。渭河北缘正断裂结构面几何形态、与滑动面的交切关系对斜坡变形具有控制作用。上述三类结构面组合的滑坡结构同样有三类，形式上分别以文家山、张家台、祈家村三类为代表，分为后壁以断裂面为边界滑体 ［图3.30（a）］、未受断裂影响的多级旋转滑体 ［图3.30（b）］ 以及剪出口以断裂面为边界、次级断面控制多级滑动面的滑体 ［图3.30（c）］。

2）斜坡向滑坡转换中的结构效应

斜坡中面与面的组合特征、夹角关系影响了斜坡的力学变形破坏机制。根据主应力方向分析：渭河北缘断裂面的产生受到伸张应力背景的控制，第一主应力方向与重力相同。在交切关系上，断裂的第一主应力与滑坡中前部近水平的剪切面夹角超过45°，而与滑坡体后壁坡面夹角却小于45°，因此，塬边斜坡的中部近水平的剪切面与断裂关系较小，滑

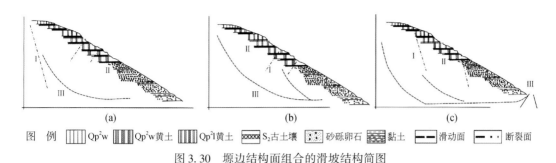

图例　▥ Qp²w　▥ Qp²w黄土　▥ Qp²l黄土　⬚ S₂古土壤　⬚ 砂砾卵石　▨ 黏土　— —滑动面　—·—断裂面

图 3.30　塬边结构面组合的滑坡结构简图

Ⅰ. 渭河北缘断裂结构面；Ⅱ. 渭河北岸斜坡地层结构面；Ⅲ. 渭河北岸大型滑坡剪切结构面

坡后壁可以以断裂结构面为边界。对于剪出口角度达到78°，类似祁家村的滑坡，断裂面的完整形态，说明滑动带高角度产出现象，系滑坡剪切带在产出运动的过程中受到断裂优势结构面的牵引，空间组合的逆冲滑动牵引构造反映黏土层与周围土体、砂砾石层相比处于非协调变形状态。

易滑地层在滑动过程中角度从近水平层状向剪出口过渡，应力路径、边界条件导致其运动学特征差异。据结构面赤平投影与主应力分析：低角度剪切口所处角度是滑坡坡面与地层层面夹角的平分角，水平剪切力是第一主应力，在45°-φ/2 内（φ 为黄土内摩擦角28°），滑动面的剪切口是重力与水平剪切应力共同作用的结果。因此，对于塬边大多数具有低角度剪出口，甚至近水平的滑坡而言，近水平的剪切力是导致其失稳的本质原因。

由此可见：在斜坡向滑坡转换过程中，组成三门组岩层的为砂砾石层与黏土滑动带的变形破坏是滑坡形成的主要原因，断裂结构面是滑坡体内的优势结构面，作为应力边界，限制了边界的扩展，影响滑坡的形态。运动堆积过程中，滑动面剪切变形贯通后，黏土层较砂砾石层运动速度快，沿着优势结构面产出，甚至与断裂面接触。

3.2.5　黑方台黄土滑坡形成机理

3.2.5.1　灌溉诱发型滑坡机理

1. 灌溉引起地下水位抬升，造成饱和带厚度增大和非饱和带增湿

黑方台自1968年开始灌溉以来，已是累计灌溉达40余年的成熟灌区，长期沿袭粗放的大水漫灌方式，加之，黄土以具有大孔结构和垂直裂隙发育为典型特征，灌溉水流常在灌渠和田间冲蚀形成落水洞，故灌溉渗透除了台面中部的活塞流缓慢入渗之外，渠系沿线和台缘周边多沿黄土大孔隙、裂隙、垂直节理和落水洞等快速通道的优势流快速入渗，水体入渗至粉质黏土层顶面时因其相对隔水而在黄土孔隙孔洞中蓄存转化为地下水（董英等，2013；朱立峰等，2013a，2013b）。因黑方台大面积的持续超灌改变了原生水文地质条件，使地下水长期处于正均衡状态，且入渗补给量远远大于泉水排泄量，造成地下水位逐年上升，多年平均升幅0.3～0.4m/a，截至目前仍处升势。地下水位之下的黄土呈饱和状态，随着地下水位的上升，饱和黄土层的厚度也渐趋增厚，同时，其上包气带因常年灌溉

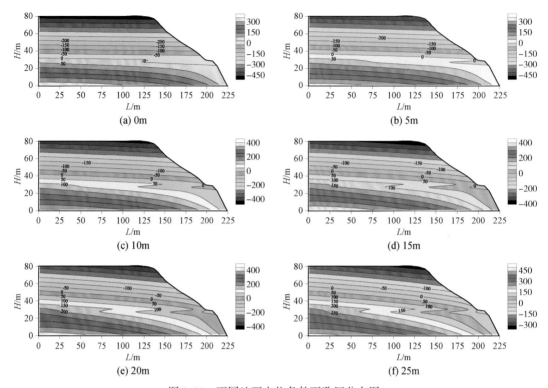

图 3.31　不同地下水位条件下孔压分布图

增湿发生含水量重分布，非饱和带水势场与饱和带孔隙水压力场相应发生变化，进而改变斜坡体的渗流场（董英等，2013）。

　　考虑到地下水位上升是一个缓慢的过程，采用稳定流的方法通过改变不同的地下水位，模拟不同时期灌溉造成坡体内部的渗流特征，得到坡体内部的孔压分布（图 3.31）。由图 3.31 可知，灌溉初期，地下水位较低，黄土区域内无稳定的地下水位，孔压等值线近水平状，非饱和区范围较大，孔压较低。随着灌溉量及灌溉时间的增加，地下水位上升，黄土底部饱和，水流在基质吸力的作用下从内侧的饱和区缓慢的流入非饱和区，边坡内侧孔压上升速度大于外侧上升速度，孔压等值线发生偏转。随着地下水位的增加，流入非饱和区的水量增加，非饱和区的孔压上升，饱和区域面积增大。地下水位上升，加大了斜坡的水力梯度，使渗流速度加大，致使水流对斜坡的渗透力增强，边坡的稳定性降低（胡炜等，2013；贾俊等，2013）。

　　图 3.32 显示了不同地下水位下坡体内部基质吸力的分布曲线。由图 3.32（a）基质吸力为 0kPa（即地下水位线）的等值线图可知，随着边坡内侧地下水位上升，坡体内部地下水位线也随之上升。地下水位上升，造成坡体内部基质吸力下降，斜坡内部基质吸力的降低与地下水位基本上呈线性关系。根据 Fredlund 的抗剪强度理论，基质吸力下降导致土体的抗剪强度降低，边坡的稳定性随之下降。

　　2. 水-岩作用产生岩土强度"劣化弱化"效应

　　伴随着地下水位的上升，饱和带厚度的增大和非饱和带增湿过程中的水-岩作用引起

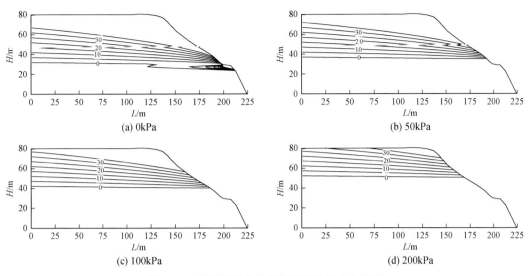

图 3.32　不同地下水位条件下基质吸力变化图

黄土强度呈现出显著的"劣化弱化"效应。

　　饱和-非饱和渗流分析需要土水特征函数和非饱和土渗透系数函数等两个重要指标。土水特征曲线是研究非饱和水-力特性的基础和桥梁，非饱和土的力学行为及水理特征与土水特征曲线有着密切关系。采用 TRIM 土水特征快速测试系统进行测试，以试验装置自带的 Hydrus-1D 程序分别对脱湿和吸湿过程数据采用 Van Genuchten 模型和 Mualem 模型、吸应力模型进行拟合，分别得到完整的脱湿、吸湿过程的土-水特征曲线 SWCC 和渗透系数函数曲线 HTC（图 3.33）。

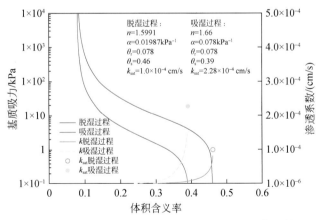

图 3.33　脱湿、吸湿过程土-水特征曲线及其渗透系数函数对比图

　　采用 GDS 的非饱和三轴试验模块，采用轴平移法控制基质吸力进行了应变控制的三轴剪切试验，测定了黑方台黄土的非饱和抗剪强度公式

$$\tau_f = 19.0 + (\sigma - u_a)\tan 16.2° + (u_a - u_w)\tan 15.1° \tag{3.8}$$

根据 3 组控制基质吸力分别为 20kPa、50kPa 和 100kPa 的应力摩尔圆，拟合出其抗剪

强度包络面（图3.34）。

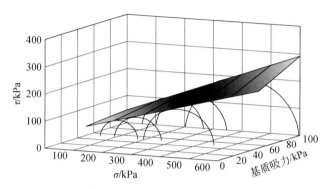

图3.34　控制基质吸力的非饱和黄土抗剪强度包络面

　　灌溉之前，在自重或附加荷载作用下，黄土以弹性压缩变形为主，土体具较高的抗剪强度。随着灌溉入渗，土体含水量及基质吸力产生重分布，黄土饱和度增加，基质吸力减小，土体结构中可溶盐淋溶后大大削弱了土体的黏聚力，土颗粒间的联结强度大幅降低，抗剪强度劣化弱化，尤其是饱和黄土在极小的剪切力作用下强度也可能完全丧失（孙萍萍等，2013）。为此，将上述分析结果导入FLAC³ᴰ中，利用最小二乘法对非饱和蠕变试验得到的基质吸力与非饱和土抗剪强度进行拟合，并以此为依据分析地下水位上升条件下各单元黄土抗剪强度的变化（图3.35、图3.36）。

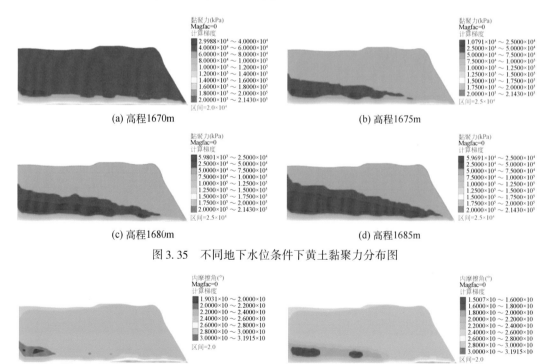

图3.35　不同地下水位条件下黄土黏聚力分布图

图3.36　不同地下水位条件下黄土内摩擦角分布图

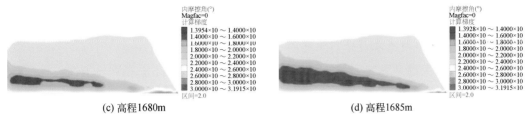

(c) 高程1680m　　　　　　　　　(d) 高程1685m

图 3.36　不同地下水位条件下黄土内摩擦角分布图（续）

3. 灌溉诱发型滑坡形成与启动

采用 FLAC³ᴰ对不同地下水位下进行非饱和稳定性分析（图 3.37），可知最危险滑动面入口位于斜坡的上部黄土层内，距斜坡边缘约 30m，剪出口位于黄土层与粉质黏土层交界面，潜在最危险滑动面的位置对地下水位升降敏感度较低。随着地下水位的上升，边坡的稳定性降低，地下水位超过 21m 后进入极限平衡状态，在灌溉、冻融等因素诱发下，随时可能发生失稳。

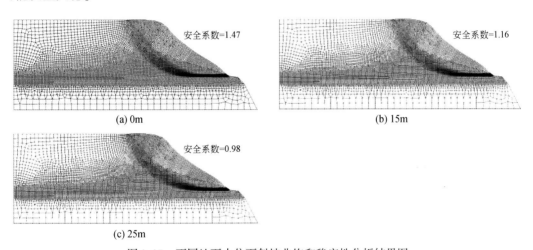

(a) 0m　　　　　　　　　　　　　(b) 15m

(c) 25m

图 3.37　不同地下水位下斜坡非饱和稳定性分析结果图

地下水位的上升对斜坡稳定性影响显著，边坡安全系数随地下水位的上升而下降，线性关系明显。引灌初期，地下水位埋藏较深时，斜坡稳定性较好；随着灌溉时间的延续，地下水位持续上升，斜坡内部饱和土体范围扩大，非饱和区增湿造成基质吸力降低，土体强度劣化，从而引发斜坡失稳滑动。从形成滑坡过程中斜坡塑性区、剪应变增量、水平位移特征因素的变化规律可以看出，灌溉触发型黄土滑坡是剪出口近水平的牵引式滑坡，因剪出口位置较高，高位滑动后具较大势能，常发生高速远程运移。

3.2.5.2　冻融诱发型滑坡形成

通过原位冻结水热运移及冻结滞水效应联合监测，验证了冻结滞水效应的真实存在，并确定了冻结引起的地下水位壅高幅度和影响范围，结合冻结与冻融循环条件下黄土介质力学强度变化初步探讨了冻结治水促滑机理，但是冻结滞水效应的关键是冻结对土体渗透性能的影响，以往工作未能涉及该部分。故本次通过变温度及冻融循环条件下渗透系数试验，深入探讨了冻结滞水效应，进一步深化了冻结滞水促滑机理（程秀娟等，2013）。

1. 冻融作用下黄土渗透性能研究

冻结滞水的关键是季节性冻结对黄土介质渗透系数的影响，包括两个方面：一是温度变化对土体中赋存的流体性质的影响，包括容重和动力黏滞系数；二是温度变化对黄土介质本身的影响，介质中流体冰相变改变了介质的孔隙度和渗透率，故本次着重开展了冻融作用下黄土渗透性能的试验测试，以深入探讨冻结滞水促滑机理。

1）冻融作用下黄土渗透试验设备

冻融设备采用可控式高低温温控箱（图 3.38），该设备能够自动化控制温度，箱体内最低温度可实现−30℃，最高温度达 40℃，精度为±0.1℃，不足之处为温控箱内正负温度相互转化缓慢，也就是说冻融循环过程相对缓慢。渗透试验采用 TST-55 型渗透仪（图 3.39）。为得到在冻融循环条件下黄土渗透系数，将渗透仪放入温控箱中，通过温控箱侧壁的预留孔引出水管施加水头。

图 3.38　可控式高低温温控箱　　　　　　　图 3.39　TST-55 型渗透仪

2）冻融作用下黄土渗透试验方案

本次试验试样采自黑方台陈家东斜坡，取样点埋深 2m，位于潜水面以上，原状试样未经过冻融作用，主要物理指标见表 3.9。

表 3.9　冻融作用渗透试验试样主要物理指标表

指标	含水量 /%	密度 /(g/cm³)	天然孔隙比	孔隙率 /%	饱和度 /%	液限 /%	塑限 /%
平均值	9.11	1.54	0.92	0.48	28.17	25.05	16.69

（1）变温度黄土渗透系数测定试验。由地下水动态监测可知，地下水的实际温度常年保持在 14℃，理论上来讲一旦低于 0℃的冰点时，地下水就会因冻结而失去流动性，土体渗透系数表现为无限小，接近于 0。因此，本节只探讨温度 0～30℃时黄土渗透系数随温度的变化关系。采用上述测试装置，将试样装入 TST-55 渗透仪中，进行排气饱和，试验温度条件为 30℃、25℃、20℃、15℃、10℃、5℃、3℃、1℃、0.5℃。保持 1 小时确保土体温度为预设温度，将水温调制为 10℃。

（2）冻融循环作用后黄土渗透系数测定试验。本试验分为两个阶段：首先，对试样进行冻融循环。采用 TST-55 型渗专用环刀（61.8mm×40mm）制样并饱和，结合原位地温监测数据，区内黄土一般经历 7～15 次昼夜冻融循环即可完全解冻，从而模拟野外实际工况，试验分别设计冻融循环 1、3、5、7、9、11 次，冻融循环温度在 ±10℃。第二步，按土工试验规程进行标准变水头渗透试验，获得冻融循环作用下的黄土渗透系数。

3）冻融作用下黄土渗透试验结果分析

（1）温度对渗透系数的影响。变温度下黄土渗透系数试验结果如表 3.10，图 3.40 和图 3.41 所示，渗透系数与温度呈明显的正相关关系，渗透系数随温度下降呈线性下降，函数关系式 $K_x = 0.000579T + 0.0156$，$K_y = 0.00378T + 0.103$。其实质为水的黏滞系数随温度下降而下降，降至冰点时因冻结而阻塞黄土孔隙，导致渗透系数迅速下降，直至变为 0。

表 3.10　变温度条件下黄土渗透系数测试结果表

T/℃	0.5	1	3	5	10	15	20
K_y/(m/d)	0.1066	0.1065	0.1097	0.1207	0.1448	0.1547	0.1810
K_x/(m/d)	0.01579	0.01588	0.01688	0.01862	0.01929	0.02455	0.02700

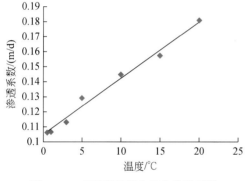

图 3.40　变温度下黄土垂向渗透系数

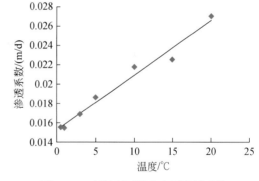

图 3.41　变温度下黄土水平渗透系数

（2）冻融循环作用对渗透系数的影响。对天然及饱和黄土进行冻融循环后，再进行渗透试验，重复 3 次试验获取平均值作为最后结果（表 3.11，图 3.42）。结果表明，随着冻融循环次数的增加，经历 3～5 次循环后黄土渗透系数即趋于稳定，渗透系数总体来说减小，但相对来说，其对水平方向渗透系数影响较小，而垂向渗透系数则大幅度减小，约60%。原因是黄土发育垂直节理和大孔隙，土体孔隙中水分冻结成冰体积增大，使得土体的孔隙体积增大，破坏了黄土的垂直节理和大孔隙，当土体中的冰融化后，土颗粒之间的孔隙没有了支撑，重力作用下下沉，土体重新固结，土体中大孔隙体积就减小，如此反复冻融破坏土颗粒之间的原始结构，5 次冻融后土体孔隙趋于稳定，土颗粒的级配趋也于稳定，因大孔隙总数减小从而渗透性降低。

表 3.11　　冻融循环作用下黄土渗透系数测试结果表

冻融次数	0	1	3	5	7	9
K_y/(m/d)	0.181	0.121	0.086	0.069	0.072	0.073
K_x/(m/d)	0.027	0.023	0.018	0.021	0.018	0.019

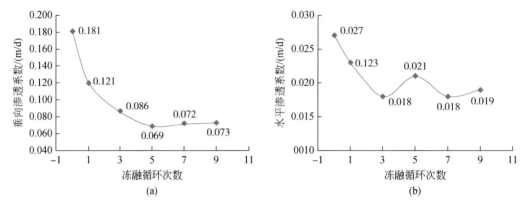

图 3.42　冻融循环作用下饱和黄土垂向渗透系数（a）和水平渗透系数（b）变化图

4）冻结滞水效应

（1）模型建立及边界条件的设定。为了定量分析整个斜坡体内冻结滞水效应影响范围，在原位冻结滞水效应动态监测的基础上，利用改变渗流场边界条件的方法来表征斜坡地下水排泄通道受冻融作用的影响，模拟一个冻融周期内渗流场随时间的变化情况。以 2012 年 2 月 7 日因冻结滞水效应诱发的 JH13 号滑坡为例，采用 GEO-SLOPE 进行有限元非稳定流模拟（图 3.43），模拟冻结滞水引起的地下水壅高幅度和范围（张茂省等，2013）。模型将黄土下伏的粉质黏土视为隔水层，其顶部作为黄土地下水出露位置，坡体之后的台塬中部位置处的地下水位采用整个台塬区地下水位模拟结果。

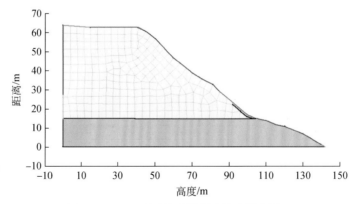

图 3.43　JH13 号滑坡冻结滞水效应模拟剖面

据台塬区地下水动力场模拟结果，台塬区地下水整体自西向东径流，加之滑坡区宽度较之整个台塬相对较窄，故其左右两侧视为定水头边界（第一类边界条件），前缘为排泄边界（即第三类边界条件），黄土底部粉质黏土层视为隔水边界。

（2）计算参数的选取。根据野外监测，区内季节性冻结作用始于11月中下旬，坡脚地下水溢出带因冻结渗透系数骤减，次年2月底冻结消融地下水排泄正常，渗透系数趋于正常，冻结滞水历时约100天，本次模拟为瞬态渗流场分析，包括100天冻结滞水期和地下水正常排泄期两种工况，计算参数取值见表3.12和表3.13。

表3.12　不同工况下渗透系数取值

工况	时间/天	黄土渗透系数/（m/d）	
		K_y	K_x
初始	稳态	0.181	0.027
冻结期	100	1×10^{-7}	1×10^{-7}
消融后	30	0.073	0.019

表3.13　不同工况下土水特征曲线取值

工况	时间/天	n	α/kPa^{-1}	θ_r	θ_s
冻结期水位上升吸湿	100	1.62	0.066	0.082	0.42
消融后水位下降脱湿	30	1.51	0.019	0.082	0.5

（3）模拟结果。根据所建立的数值模型计算不同冻融时期坡体渗流场见图3.44。

为揭示斜坡不同位置处地下水位的变化情况，在斜坡剖面上设置了9个观测井，距坡脚地下水溢出带的水平距离分别为10m、15m、20m、25m、30m、35m、40m、45m和50m，各观测井地下水位变化见表3.14、表3.15及图3.45、图3.46。

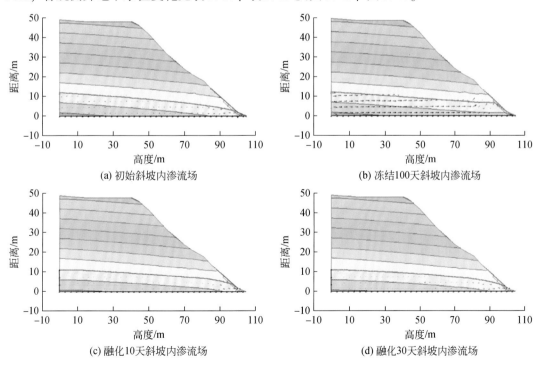

(a) 初始斜坡内渗流场　　　　　　(b) 冻结100天斜坡内渗流场
(c) 融化10天斜坡内渗流场　　　　　　(d) 融化30天斜坡内渗流场

图3.44　不同冻融时期坡体渗流场

表 3.14　各观测井不同时间的地下水位高度

距离/m 时间/天	1 号 10	2 号 15	3 号 20	4 号 25	5 号 30	6 号 35	7 号 40	8 号 45	9 号 50
初始	3.4	4.31	5.06	5.7	6.22	6.81	7.22	7.62	8.08
20	4.75	5.01	5.37	5.86	6.33	6.81	7.22	7.62	8.08
60	5.53	5.70	5.93	6.23	6.59	6.94	7.36	7.68	8.12
100	6.15	6.29	6.46	6.73	7.05	7.35	7.61	7.74	8.19
110	4.34	5.45	6.22	6.67	7.08	7.33	7.55	7.81	8.22
120	3.92	5.00	5.80	6.41	6.90	7.28	7.55	7.81	8.22
130	3.72	4.73	5.50	6.13	6.53	7.10	7.43	7.76	8.21
140	3.50	4.46	5.26	5.91	6.47	6.99	7.40	7.72	8.18

表 3.15　各观测井水位壅高最大幅度

距离/m	10	15	20	25	30	35	40	45	50
最大壅高幅度/m	2.75	1.98	1.40	1.03	0.83	0.54	0.39	0.12	0.11

　　斜坡地下水渗流场数值模拟结果显示，季节性冻结滞水效应显著，以 2 月冻结层融化前，地下水位最高：1 号观测井距地下水溢出带水平距离 10m，其水位冻结初期迅速攀升之后，水位壅高速度变缓，到冻结层融化前期水位上升约 2.75m，冻结层融化后水位快速下降，大约 40 天基本恢复稳态；2 号观测井距地下水溢出带水平距离 15m，其水位变化规律与 1 号井相似，最大上升高约 1.98m；3 ~ 5 号观测井距地下水溢出带水平距离分别为 20m、25m、30m，冻融期内其水位与时间基本为线性关系，增长或下降速率稳定，最大上升高分别为 1.40m、1.03m、和 0.83m；6、7 号观测井距地下水溢出带水平距离分别为 35m、40m，在冻结期初期水位无变化，从冻结 60 天呈现缓慢增长的趋势，分别增长 0.54m、0.39m，解冻后短时间内水位变化不大，富积地下水需缓慢排泄；8、9 号测井水位变化不大，上升幅度分别为 0.12m 和 0.11m，50m 以后地下水几乎不受冻融影响。

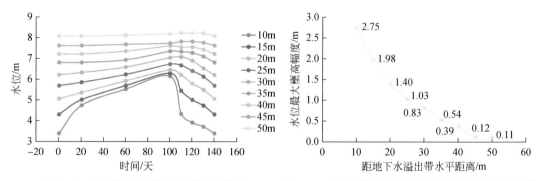

图 3.45　各观测井地下水位历时曲线图　　　图 3.46　坡内不同位置地下水位最高壅高幅度曲线

　　斜坡地下水渗流场数值模拟结果表明，冻结滞水效应引起地下水位壅高，最大抬升高度约 2.75m，冻结滞水最远可以影响到距地下水溢出带 50m 处，其总体规律为，黄土斜坡坡脚剪出口部位的水位壅高幅度最大，特别初冻时水位上升迅速，对黄土斜坡的稳定性影响较大，春融期地下水位下降迅速，越向斜坡后缘，水位上升缓慢，上升幅度越小，春融期排泄越缓慢。

5）冻结滞水促滑机理研究

按照上述 JH13 号滑坡模型将冻结滞水渗流场数值模拟所得到的含水率和地下水位高度作为斜坡稳定性分析与计算的基础，根据温度场的野外动态监测和数值模拟，在不同时间对坡脚冻结带赋 3 种不同材料未冻土、冻土、冻融土。实现温度场、渗流场和斜坡稳定行的耦合分析。模型包含了 4 种材料，非饱和黄土、饱和黄土、冻土和冻融循环土，各材料的物理力学参数见表 3.16。

表 3.16 冻结滞水促滑模拟计算参数取值表

材料	容重/(kN/m³)	黏聚力/kPa	内摩擦角/(°)
非饱和黄土	$\gamma=\gamma_w\dfrac{G+Se}{1+e}$	26.4	25
饱和黄土	19.9	12.7	14.4
冻土	19.9	1480	10.5
冻融循环土	19.9	16.4	17.1

温度场和渗流场同时影响着斜坡稳定性，为实现 3 场的耦合分析，本次稳定性计算分为 6 个工况，将温度场和渗流场模拟结果，作为斜坡稳定性分析的条件，故设置以下 6 种工况进行稳定性评价与计算（表 3.17）。各工况下计算结果见图 3.47。

在未发生冻融作用之前，原始地下水渗流场处于稳态，地下水位相对较低，斜坡稳定系数为 1.12，随着气温下降，地下水排泄通道被冻结，坡体自外向内产生地下水壅高，一方面阻滑区部分黄土由非饱和状态变为饱和状态，黄土具有很强水敏性，遇水同时发生化学变化和物理变化，饱和黄土较非饱和黄土力学强度大幅度下降；另一方面含水量低的非饱和土含水量增，基质吸力随之下降，抗剪强度降低。但此时坡脚地下水溢出带为冻结状态，抗剪强度很大，其中黏聚力增加 100 倍，斜坡表面形成"挡土墙"，斜坡稳定系数反而增加，为 1.390；当冻结 100 天时，由于坡脚地下水的进一步富集，斜坡稳定系数相对下降为 1.322。当春融期，坡脚地下水溢出带解冻，其抗剪强度变迅速下降，黏聚力丧失99%，之前在坡脚富集的大量地下水开始从新排泄，泉的流量也较大，水体的渗流范围和水头差也较大，所以在融化初期内可产生较大的动水压力和机械潜蚀作用，斜坡的稳定系数迅速下降，仅为 1.007，此时斜坡随时有破坏的可能。随着地下水位的排泄，斜坡趋于稳定，冻结层融化后 10 天、20 天、30 天，稳定系数分别为 1.061、1.105、1.110。

表 3.17 各工况参数取值表

工况	工况 1	工况 2	工况 3	工况 4	工况 5	工况 6	工况 7
时间/天	0	60	100	100	110	120	130
坡脚水位壅高幅度/m	0	2.13	2.75	2.75	0.94	0.52	0.32

工况	工况1	工况2	工况3	工况4	工况5	工况6	工况7
冻结层状态	未冻	冻结	冻结	融化	融化	融化	融化
水位变化趋势	稳定	上升	最高	最高	下降	下降	下降

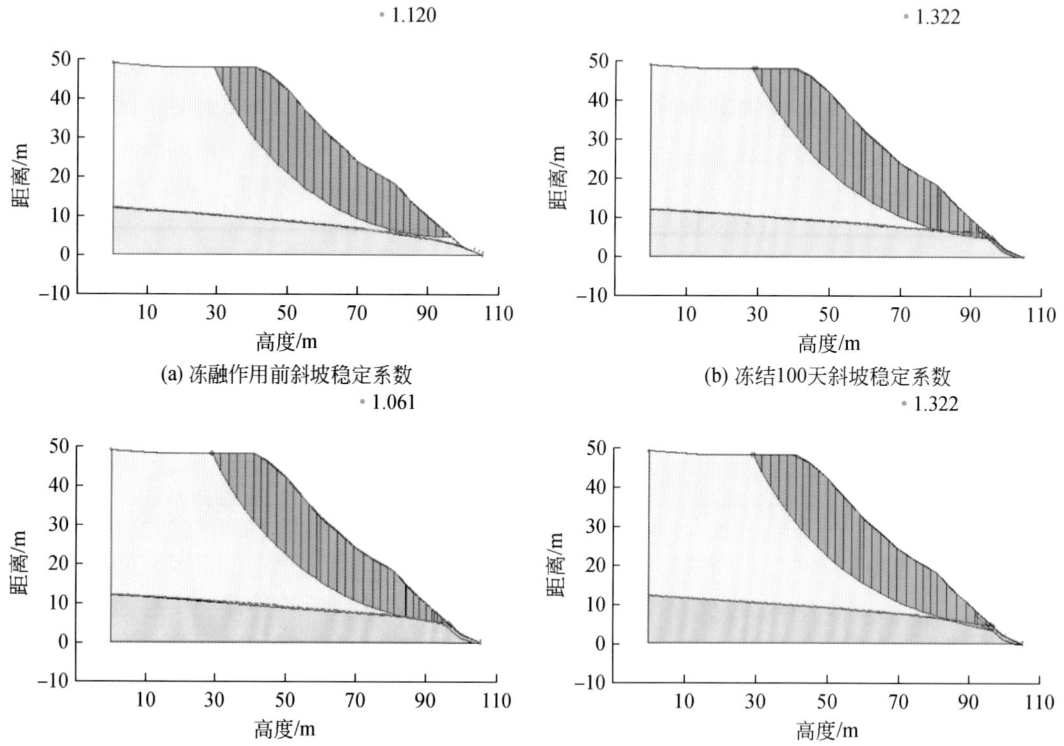

(a) 冻融作用前斜坡稳定系数

(b) 冻结100天斜坡稳定系数

(c) 融化10天斜坡稳定系数

(d) 融化30天斜坡稳定系数

图3.47　不同冻融时期斜坡坡稳定系数

3.3　三峡库区土石混合体滑坡

3.3.1　土石混合体工程特性

3.3.1.1　基于均匀化理论的本构关系

以某高速公路路基土石混填料主要由残积粉质黏土与风化花岗岩碎石混合而成。根据地质资料显示花岗岩的弹性模量为 $11.1 \sim 12.7 \mathrm{GPa}$。因此可近似取风化花岗岩弹性模量为 $10 \mathrm{GPa}$。对残积粉质黏土进行了3组常规三轴实验。实验试样为室内重塑样，试样干密度为 $1.9 \mathrm{g/cm^3}$，含水率为0.17。三轴压缩实验的应力应变图如图3.48所示。根据土体元的应力应变曲线，并依据摩尔-库仑强度准则，可求出土体元的内摩擦角 $\varphi = 27.3°$，内聚力

$c=12\text{kPa}$。取 $R_f=0.8$，根据经验公式可以确定邓肯-张待定参数（周博等，2013）。

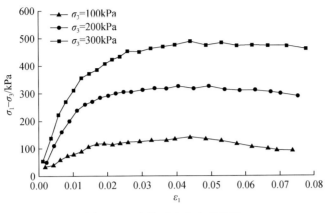

图 3.48　土体元应力应变曲线

选取邓肯-张模型定义土体的本构关系，并引入块石元局部应变系数 C 来实现土石混合体代表单元体积平均应变与其中块石元、土体元微应变的桥联关系。其中，块石元局部应变系数 C 是代表单元在某一应力状态时，块石元应变与代表单元平均应变的比值。C 为代表单元的动态内参量，与代表单元的细观结构组成，初始状态以及应力状态直接相关。通过简单化的均匀化理论对土石混合体代表单元的应力应变关系进行了探讨并得到了相应的关系式。

借用 Matlab 中隐式函数求解方法。可以绘出土石混合体代表单元应力应变随围压以及其含石率的关系曲线（图 3.49、图 3.50）。

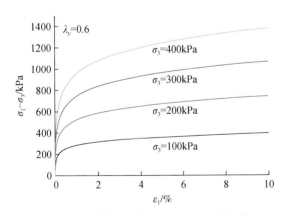

图 3.49　土石混合体单元应力应变与围压关系

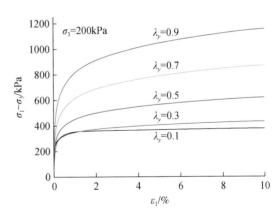

图 3.50　土石混合体单元应力应变与含石率关系

图 3.49 为当含石率为 0.6 时，土石混合体应力应变随其围压变化的曲线，可以看出在低围压时，土石混合的硬化效应不明显，这如土体元的弹塑性性能相关。图 3.50 为当围压为 200kPa 时，土石混合体应力应变与含石率变化的曲线，随着含石率的提高，土石混合体的剪切强度大大提高；含石率越高，块石元的结构支撑作用越明显，剪切强度越大，其硬化效果也越明显。同时对比于纯土体元的应力应变曲线，可以发现当土石混合体含石率低于 0.3 时，块石元对土石混合体的力学性质影响不大，土石混合体的屈服破坏主

要表现于土体的屈服破坏。

3.3.1.2　黏性材料细观与宏观力学参数相关性

通过 PFC^{2D}数值仿真技术对接触黏结材料进行了大量的平面双轴压缩实验，并绘制材料弹性阶段的应力-应变曲线、轴向应变-体变曲线对材料的弹性模量（E）和泊松比（v）进行标定；记录不同围压下样本的轴向应力峰值并采用摩尔-库仑强度准则对材料内摩擦角（φ）和内聚力（c）进行标定，采用控制单一微观参数变化引起宏观响应的方法对各微观参数的敏感性进行分析，剔除敏感性较小的变量，对敏感性较大的微观参数，采用多元非线性拟合的方法，建立颗粒流微观参数与黏结材料宏观力学特性之间的联系，为后续的研究提供重要的理论基础。

1. 单一细观参数对材料宏观表现的影响

1）颗粒接触刚度比对材料宏观参数的影响

试验中保持 $SBS=10\text{kPa}$，$\mu=1.0$，$K=2.0$。通过调整 k_n/k_s 值（0.5~10 共 12 组）大小探究其对样本宏观力学参数的影响（图 3.51、图 3.52）。从曲线上看颗粒法向和切向刚度比对材料宏观力学响应敏感性较小，总体影响不大。但随着 k_n/k_s 的增大，材料内摩擦角和内聚力都呈一定的规律变化，因此不能忽略其影响。

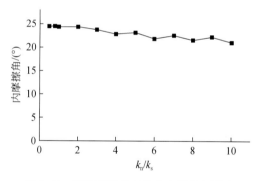

图 3.51　颗粒刚度比对样本内摩擦角影响

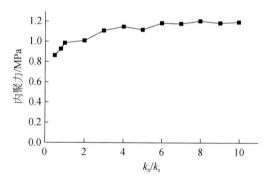

图 3.52　颗粒刚度比对材料内聚力影响

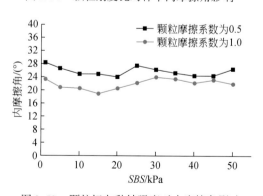

图 3.53　颗粒切向黏结强度对内摩擦角影响

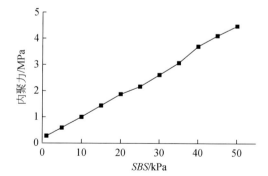

图 3.54　颗粒切向黏结强度对内聚力影响

2）颗粒黏结强度对宏观参数的影响

试验中保持 $k_\text{n}/k_\text{s}=2$，$\mu=1.0$，$K=2.0$。通过调整颗粒切向黏结强度（0~50kPa 共 12

组）的大小探究其对材料宏观强度参数的影响。试验结果整理如图 3.53 和图 3.54 所示。
从图 3.53 可以看出材料内摩擦角随颗粒切向黏结强度增加，其变化规律呈现出随机跳跃
性，一方面是由于离散元的算法所决定。另一方面在计算材料内摩擦角所采用的强度准则
所决定。莫尔-库仑强度准则有两个不足：第一，它假设中主应力对土的破坏没有影响；
第二，它通常令其强度包络线为直线，即内摩擦角不随围压的变化而变化，因此对内摩擦
角计算造成了一定的影响。但从曲线上数据点的整体分布来看所有点的数值都在 22°±2° 和
28°±2° 之间，所有数据点的整体偏差较小且呈随机性分布。因此可以忽略颗粒切向黏结强
度对材料内摩擦角的影响。从图 3.54 可以看出材料的内聚力随着颗粒切向黏结强度的增
加呈线性增长趋势，拟合公式如 $c = 117.9 + 86.8 \times SBS$（$R^2 = 0.997$）。

　　3）颗粒摩擦系数对宏观参数的影响

　　试验中保持 $k_n / k_s = 2$，$SBS = 10\text{kPa}$，$K = 2.0$。通过调整颗粒摩擦系数 μ（0.1~6.0 共
16 组）的大小探究其对材料宏观力学参数的影响。并整理结果如图 3.55 和图 3.56 所示。

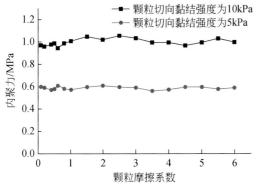

图 3.55　颗粒摩擦系数对内聚力的影响

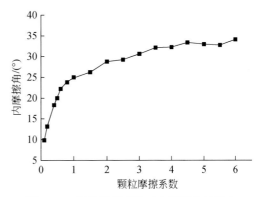

图 3.56　颗粒摩擦系数对内摩擦角的影响

　　从图 3.55 可以看出当颗粒内摩擦系数不断增大时，材料内聚力表现细微的波动，但总
体上分别维持在 0.6MPa 和 1.0MPa 水平左右。这种波动，一方面是由离散元计算特性造成，
另一方面是大量颗粒集内锁力的宏观反映。但总体上内聚力的波动范围在 8% 以内。因此，
可以认为颗粒细观摩擦系数的变化对材料宏观内聚力没有影响。从图 3.56 上可以看出材料
内摩擦角随颗粒摩擦系数增加先急剧上升，然后上升速度变慢，最后趋于稳定。大量的数值
实验表明采用非线性曲线拟合结果较为接近真实结果。拟合公式：$\varphi = 5.9927 \ln \mu + 24.039 \times$
SBS（$R^2 = 0.989$）

　　4）K 值对材料宏观参数的影响

　　对于随机生成的非连续颗粒集，在加载的过程中颗粒间相对法向和切向应变同时发
生，并伴随着整个加载过程。颗粒黏结点的破坏形态（剪切破坏、拉裂破坏）主要取决于
颗粒的法向黏结力和切向黏结力谁先达到破坏点。因此 K 值的变化必然会引起颗粒间黏结
点破坏形态的变化（图 3.57、图 3.58）。

　　材料的峰值强度受颗粒之间黏结强度（法向、切向）和颗粒摩擦系数的共同影响，同
时颗粒摩擦系数又直接影响材料峰后破坏包络线形态特征。将颗粒的摩擦系数固定为 1.0，
颗粒间切向黏结强度固定为 10kPa。通过调整 K 值（0.1~10 共 15 组），并记录不同围压

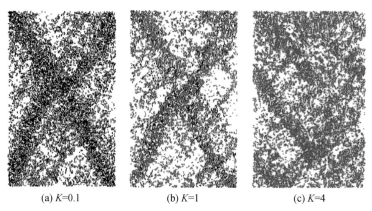

(a) $K=0.1$　　　　　　　(b) $K=1$　　　　　　　(c) $K=4$

图 3.57　不同 K 值颗粒黏结点破坏形态对比

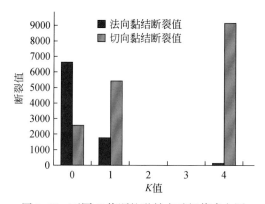

图 3.58　不同 K 值颗粒黏结点破坏值直方图

下的样本峰值偏应力。研究 K 值变化对材料宏观强度参数的影响以及对材料破坏形态的影响。

　　从图 3.59 可以看出，当 K 在 0 到 1 之间时，样本的偏应力峰值和 K 值近似呈线性增长关系；当 K 在 1 ~ 4 时，偏应力峰值随着 K 值的增长而增大，但增长速度逐渐变慢；当 K 大于 4 时，曲线表现为水平发展，偏应力峰值基本不变。这是由于，当 K 小于 1 时，偏应力峰值强度由颗粒法向黏结强度决定；当 K 在 1 ~ 4 时，其由颗粒法向和切向黏结强度联合决定；当 K 大于 4 时，其由颗粒切向黏结强度决定。

　　从图 3.60 和 3.61 可以清晰地看出当 $K \geqslant 4$ 时，材料的内聚力和内摩擦角都基本保持不变。这是由于当 $K \geqslant 4$ 时，材料的强度完全受控于颗粒间的切向黏结强度，材料破坏时颗粒间以剪切破坏为主。材料在细观尺度上表现的颗粒破裂方式属于材料的固有属性，因此应通过观测样本剪切带内的颗粒运动状态以及颗粒黏结点破坏形态来定义 K 值。因此对于黏结材料可认为颗粒黏结点破裂形态应是拉裂破坏和剪切破坏共存，单纯的靠提高 K 值以确保强度参数的稳定性是不科学也不合理的。综上所述，为了同时满足颗粒黏结点破坏形态的真实性和材料参数的稳定性，宜取 K 在 1 ~ 4。

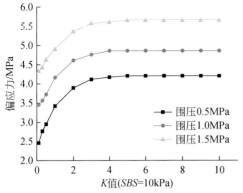

图 3.59　不同 K 值样本的偏应力峰值曲线

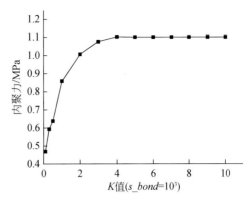

图 3.60　不同 K 值对材料内聚力的影响

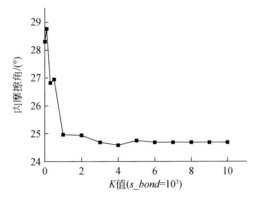

图 3.61　不同 K 值对材料内摩擦角的影响

5）细观参数对材料宏观表现的联合影响

综合单一细观参数对宏观表现影响的分析，可以认为颗粒间黏结强度（SBS）是影响材料内聚力变化的直接因素，且二者呈线性增长关系；颗粒间摩擦系数（μ）是影响材料内摩擦角的直接因素。颗粒刚度比和 K 值是影响材料内聚力和内摩擦角的次要因素，但其影响不能忽略。因此可以将调整简化为如下。

$$\frac{c}{s\_bond} = \varphi_c\left(K, \frac{k_n}{k_s}\right) \tag{3.9}$$

而前面提出为了保证颗粒破坏形态的真实性，拟对 K 取到 1～4；当 K 大于 1 时，材料的内摩擦角基本没有变化，误差波动 2% 之内。因此，可以不考虑 K 值对材料内摩擦角的影响。于是整理简化为如下关系式。

$$\varphi = \varphi_\varphi\left(\mu, \frac{k_n}{k_s}\right) \tag{3.10}$$

为了定量分析各细观影响因子对材料强度参数的影响，对不同的 K 值（1～4），不同的颗粒刚度比（1～6）进行工况组合，并对所得的 24 组数值结果采用 ORIGIN 软件自带的多元函数拟合程序对图 3.62 和图 3.63 的数据点进行拟合，拟合函数如下

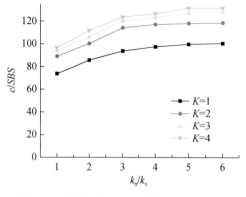

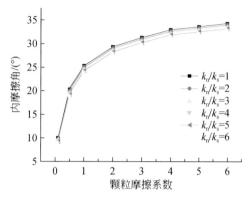

图 3.62　颗粒刚度比和 K 值对内聚力影响　　　图 3.63　颗粒刚度比和摩擦系数对内摩擦角影响

$$\frac{c}{SBS} = 73.76 + 19.51\ln K + 18.38\ln\left(\frac{k_\mathrm{n}}{k_\mathrm{s}}\right) \quad (R^2 = 0.96053) \quad K \subset [1, 3] \quad (3.11)$$

$$\varphi = 24.56 - 0.21\frac{k_\mathrm{n}}{k_\mathrm{s}} + 6.15\ln\mu \quad (R^2 = 0.99472) \tag{3.12}$$

3.3.2　基于离散元的砂土细观力学特性

1. 颗粒抗转动效应对砂土力学特性影响

基于 PFC$^\mathrm{2D}$ 离散元模拟平台，建立了数值样本，其尺寸为 100mm（宽）×200mm（高），其中包含 8355 个砂土颗粒 [图 3.64 (a)]，砂土颗粒的粒径范围为 1.2~2.0mm，且其粒径服从线性分布 [图 3.64 (b)]，其不均匀系数 C_u（$C_\mathrm{u} = d_{60}/d_{10}$）为 1.23。

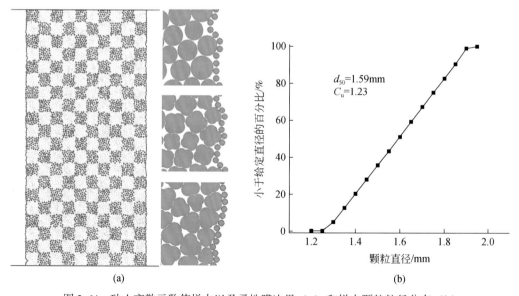

图 3.64　砂土离散元数值样本以及柔性膜边界 (a) 和样本颗粒粒径分布 (b)

当所有的数值样本生成以后，样本的两侧边界墙替换成柔性膜边界，膜边界是由一组竖向排列而成的小颗粒组成，颗粒之间通过黏结键进行接触，颗粒间的表面摩擦系数设置为0，这样组成的膜边界可以自由地变形和移动，与真实三轴压缩实验中橡皮膜的力学特性较为吻合，同时也能保证砂土样本的剪切变形不会受到限制。随后，对样本的所有边界施加一组均匀的围压应力进行初始等向固结（100kPa）。

当所有的数值样本固结平衡完成后，样本的上下边界墙开始相对移动加载并赋予一个恒定的应变加载速率约为6%每分钟，同时采用伺服机制保证两侧的膜边界受到一个恒定的均匀围压 $\sigma_3 = 100$kPa。通过对比研究圆形颗粒赋予不同的抗滚动系数 η 以及不同颗粒形状对砂土材料宏-微观力学特性的影响，着重于从颗粒尺度下的能量输入-输出机制，颗粒转动场分布，剪切应变局部化以及剪切引起的能量耗散带局部化等关键问题进行深入探讨。

1）砂土的宏观力学响应

由砂土数值样本在剪切过程中宏观力学行为可知（图3.65），对于不规则形状的颗粒集样本（即较高的 SF/AF 值），其相对于圆形颗粒集样本在剪切过程中拥有更高的偏应力峰值；同时对于圆形颗粒集样本，当颗粒表面抗滚动系数 η 越高时，其偏应力峰值也越显著 [图3.65（a）]。相对应地，随着抗滚动系数 η 的增强，样本在临界状态下的体胀效应也越明显；但相比与不规则形状颗粒集样本，其体胀量依然比较小 [图3.65（b）]。

当抗滚动系数 η 设定为一个较高的值时（如 $\eta = 10^{-3}$m），颗粒间的相互转动受到明显的约束，但是颗粒结构体系可能因为颗粒间的相互滑移而逐渐破坏，颗粒间表面摩擦系数则支配了颗粒集样本的强度特征，因此可以说抗滚动接触模型并不能达到真实颗粒形状所能产生的强度增强效果 [图3.65（a）]。另一方面对于不规则形状颗粒，一般认为颗粒间的嵌固咬合力可以显著提高样本的剪切强度。

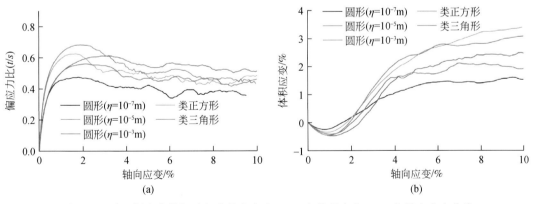

图3.65　砂土样本在剪切过程中偏应力比（a）和体积应变（b）与轴向应变曲线

从图3.65亦可以看出，不管对于较高的抗滚动系数还是形状系数，颗粒集样本在峰值时对应的轴向应变都相应较大，这从某种程度上说明样本能够承受更大的外界功，而样本本身可以通过储存更大的应变能来消耗外界功。需要注意地是，颗粒表面抗滚动系数的提高可以储存更高的粒间相对转动势能，而不规则形状颗粒则通过自锁力使其储存最高的法向与剪切弹簧的弹性势能。

2）颗粒形状对宏观抗剪性能的影响

由砂土颗粒集各能量部增量比随轴向应变发展的演化过程可知（图3.66），当所有能量部的增量比都是取0.3%的轴向应变过程进行累积计算时，令各能量部增量与外部功增量比 dE_e/dW、dE_s/dW、dE_r/dW 以及 dE_d/dW 分别表示为弹性应变能增量比、滑动摩擦耗能增量比、滚动摩擦耗能增量比以及阻尼耗能增量比。则各能量部的增量比的变化主要发生在小应变阶段（约为5%轴向应变前），当达到临界阶段时，各能量部的增量比也基本进入较稳定状态，这也反映了剪切过程中砂土颗粒集存在一个稳定的能量分配机制。

系统的阻尼耗能和摩擦耗能消耗了绝大部分外界功；弹性应变能增量比在小应变阶段都从一个初始值迅速降到0附近，说明在随着剪切发展，样本弹性势能储存量逐渐减小，到达临界阶段时，剪切带形成，系统弹性势能保持不变。

对于圆形颗粒集样本采用抗滚动模型：

（1）随着表面抗滚动系数的提高，阻尼耗能的增量比曲线峰值对应的轴向应变值逐渐增大，然而在临界状态下的稳定值大小基本保持不变，说明颗粒集的阻尼耗能与颗粒本身的几何性质无关［图3.66（a）］；

（2）随着表面抗滚动系数的提高，该增量比的下降斜率则逐渐减小［图3.66（b）］；

（3）随着表面抗滚动系数的提高，颗粒集的滑动摩擦耗能增量比的稳定值显著下降［图3.66（c）］；

（4）而随着表面抗滚动系数的提高，颗粒集滚动摩擦耗能增量比的稳定值则显著增加［图3.66（d）］。

由于不规则形状颗粒采用的是传统的接触–滑移模型，颗粒之间可以自由的相对转动，因此其滚动耗能增量比 dE_r/dW 始终为0［图3.66（d）］。总地来看，对于不规则形状颗粒集样本，dE_e/dW 和 dE_s/dW 的发展趋势与圆形颗粒赋予较低的抗滚动系数相似，特别是在小应变阶段。当颗粒形状系数 SF/AF 越高时，样本的偏应力比峰值越显著，同时对应的弹性应变下降的斜率也越低，这意味着对于形状不规则的颗粒，由于较高的内锁力，颗粒集可以储存更高的弹性势能，这也是颗粒形状引起样本抗剪强度提高的内在原因。

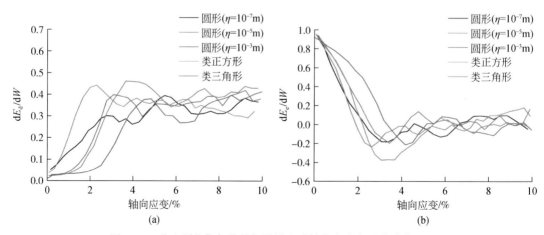

图3.66　砂土颗粒集各能量部增量比随轴向应变发展的演化过程

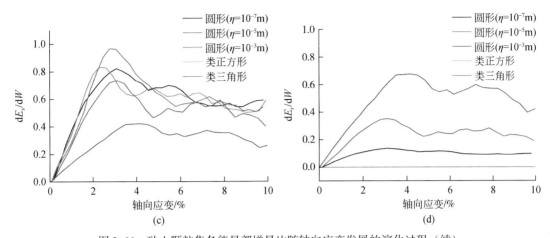

图 3.66 砂土颗粒集各能量部增量比随轴向应变发展的演化过程（续）

（a）阻尼耗能增量比；（b）弹性应变能增量比；（c）滑动摩擦耗能增量比；（d）滚动摩擦耗能增量比

另一方面，颗粒表面抗滚动系数的提高也促使了 dE_e/dW 衰减斜率的降低（甚至大大低于类三角形颗粒集的衰减斜率），需要注意地的是从 dE_r/dW 的发展来看，较高的颗粒抗滚动能力意味着在剪切过程中颗粒间相对转动角度可以储存更高的相对转动势能，从而提高颗粒集的整体弹性势能储存。也正因为此，对于圆形颗粒集采用较大的抗滚动系数相比与不规则形状颗粒集需要通过更大的剪切应变来充分发挥样本的抗剪性能。

因此，从颗粒尺度上的能量耗散分配机制上来讲，这两种抗转动机制对弹性势能的储存以及摩擦耗能的分配也存在本质区别。

图 3.67 和图 3.68 显示所有的砂土颗粒集样本在剪切峰值阶段以及大应变阶段（10%的轴向应变）的累积剪切应变、累积颗粒旋转量以及累积摩擦耗能的空间分布情况。要注意的是，颗粒集的剪切应变是指样本在空间某处的局部应变而并非样本的体积剪切应变。

由图 3.67 和图 3.68 可以看出，3 种变量在大应变阶段的局部化模式在应力峰值阶段已经有所显现，而且具良好的一致性。然而，对于不同的颗粒抗转动因素，剪切引起的局部化剪切带的形态则存在较大的差异。比较有趣的是在应力峰值阶段，对于不同的颗粒集样本，剪切带的发展程度也存在明显的差异。相比之下，对于圆形颗粒集，剪切带的初始形态在应力峰值阶段已经初具雏形，同时通过与大应变阶段的对比可以发现这个初始形态最终发展为完整的剪切带，另外，随着颗粒表面抗滚动系数 η 的增大，这种趋势也越为明显。

另一方面，对于不规则的颗粒集样本，在应力峰值阶段，局部剪切应变以及颗粒累积旋转量的局部化现象非常弥散且不可观察，然而可以发现颗粒间的摩擦耗能分布的局部化现象却较为明显，如图 3.67（n）、（o）所示，这有趣的现象从另一个角度也说明了不规则形状所产生的颗粒内锁力可以有效地阻碍颗粒在剪切过程中其微观尺度上运动行为的局部化发展过程，而正是这么种作用使得不规则形状颗粒集样本能够储存更高的弹性应变能，从而增强其宏观抗剪强度。而对于高抗滚动系数的圆形颗粒集，其应力峰值对应的应变较大，也使得颗粒在剪切过程的旋转量非常显著，并且局部化现象明显，如图 3.67（c）所示，甚至存在很多突变值噪点。

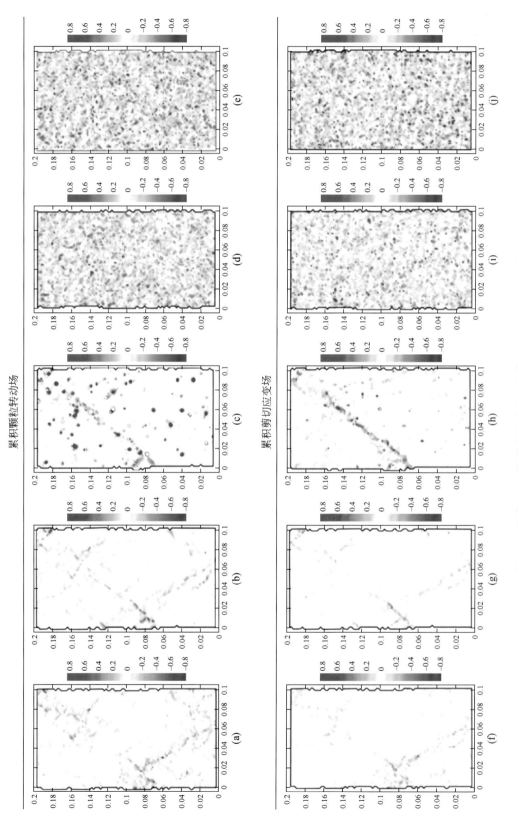

图3.67　所有砂土颗粒集样本在应力峰值时的材料局部化现象

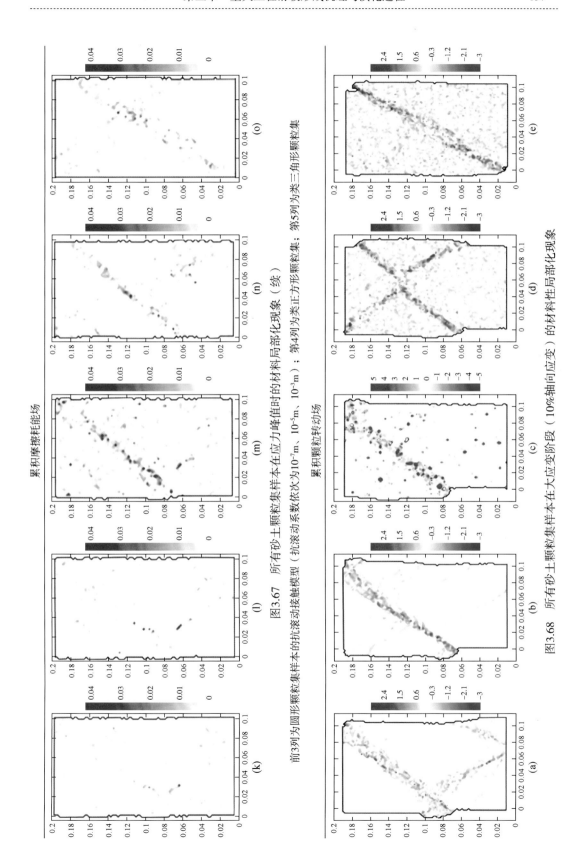

累积摩擦能场

图3.67　所有砂土颗粒集样本在应力峰值时的材料局部化现象（续）

前3列为圆形颗粒集样本的抗滚动接触模型（抗滚动系数依次为10^{-7}m、10^{-5}m、10^{-3}m）；第4列为类正方形颗粒集；第5列为类三角形颗粒集

累积颗粒转动场

图3.68　所有砂土颗粒集样本在大应变阶段（10%轴向应变）的材料性局部化现象

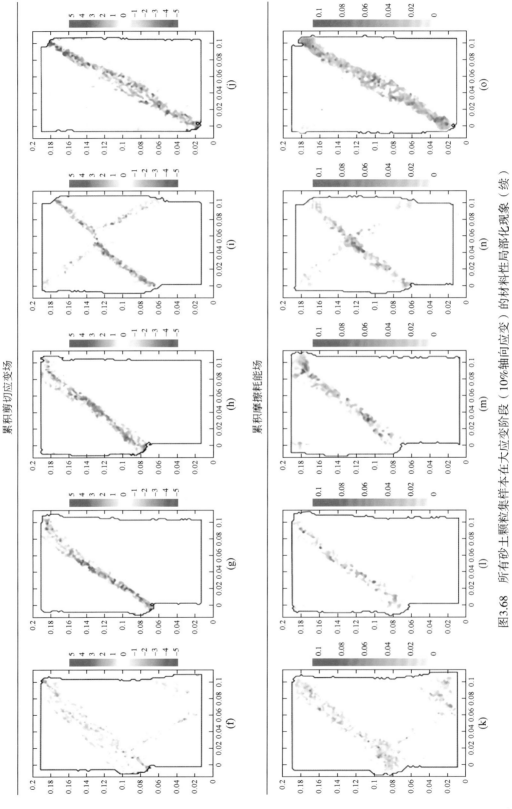

累积剪切应变场

(f) (g) (h) (i) (j)

累积摩擦耗能场

(k) (l) (m) (n) (o)

图3.68 所有砂土颗粒集样本在大应变阶段（10%轴向应变）的材料性局部化现象（续）

前3列为圆形颗粒集样本的抗滚动接触模型（抗滚动系数依次为10^{-7}m、10^{-5}m、10^{-3}m）；第4列为类正方形颗粒集；第5列为类三角形颗粒集

总之，颗粒表面抗滚动阻力有效地增强了颗粒间的抗滚动能力，而颗粒形状的不规则性则有效地减缓了剪切带的发育过程，从而使得不同颗粒集样本的剪切带形式各有差异。

2. 颗粒破碎对砂土力学特性的影响

1）可破碎性砂土宏观力学响应以及破碎特征

探索建立了完整的可破碎性砂土数值样本，其生成流程图如图 3.69 所示：

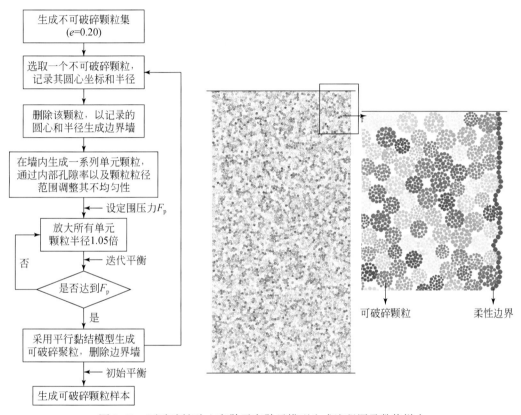

图 3.69　可破碎性砂土离散元离散元模型生成流程图及数值样本

①在高 200mm，宽 100mm 的矩形边界内，按最小粒径为 1.5mm，最大粒径为 2.5mm 生成服从均匀粒径分布的圆形颗粒集，样本的初始孔隙比为 0.2。生成的颗粒集由 5347 个不可破碎刚性颗粒组成，其不均匀系数为 $C_u = 1.25$（$C_u = d_{10}/d_{50}$）。②从生成的不可破碎颗粒集中取出一个颗粒，记录其圆心坐标和半径。删除该颗粒，并以该圆心坐标和半径生成圆形边界墙。③设定可破碎颗粒在形成过程中受到的挤压力 $F_p = 2，5，10kN$ 分别对应与高破碎性（H），中等破碎性（M）以及低破碎性（L）砂土颗粒，随机在圆形墙内生成 30 个单元子颗粒，并控制圆形墙内部空隙比为 0.24，单元组成颗粒在圆形边界墙内呈游离状态。④对边界墙内所有子颗粒的半径赋予一个微小的放大系数 1.05，然后进行静力迭代平衡，并监测圆形墙所受总径向膨胀力，当其大于或等于 F_p 时，停止迭代。采用平行黏结模型定义墙内所有子颗粒间接触点生成可破碎聚粒。⑤搜索下一个不可破碎颗粒，然后重新执行步骤①～④，直到所有的不可破碎颗粒全部替换成可破碎性聚粒。⑥当所有的

可破碎性聚粒生成完毕后，将样本两侧边界墙替换成柔性膜边界，颗粒之间通过黏结键进行接触，颗粒间表面摩擦系数设置为 0。

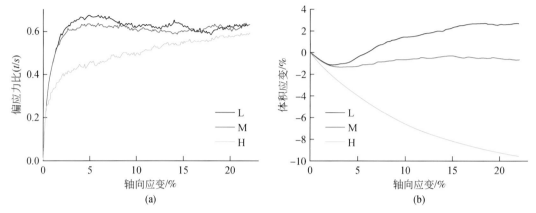

图 3.70　可破碎性砂土的偏应力比（a）和体积应变比（b）与轴向应变关系

当所有的数值样本达到初始平衡后，赋予上下加载板一个恒定的相向速度（约为 6% 轴向应变每分钟）对样本进行加载。在加载过程中，采用伺服机制维持柔性边界的围压恒定为 100kPa。

图 3.70 为 3 种强度的可破碎性砂土在 100kPa 围压下的偏应力比 t/s [$t = (\sigma_1 - \sigma_3)/2$，$s = (\sigma_1 + \sigma_3)/2$] 以及体积应变与轴向应变的发展关系。对于高破碎性砂土，样本在临界状态下的应变强化特征非常明显，同时其体积应变随着轴向应变的发展持续剪缩。这种持续剪缩现象是由于高破碎性砂土颗粒在剪切作用下不断破碎形成小颗粒并填充到原有的孔隙中所造成的。对于中等破碎性砂土，偏应力达到峰值时并维持在一个稳定的状态，同时其体积变化在临界状态也维持在一个稳定值附近，在剪切过程中，由于颗粒的破碎引起的体积缩小与颗粒重新排列引起的体积膨胀相互抵消，使其体积变化达到一个动态平衡状态。而对于低破碎性砂土，由于围压较小，在剪切过程中颗粒破碎程度较小，其力学特性与刚性颗粒材料的剪切性能相似，偏应力比随轴向应变的发展先达到峰值再软化达到临界稳定状态。相应地，其体积变化也是先剪缩再剪胀达到稳定的临界状态。

总之，不同破碎强度的砂土，在剪切作用下，应变硬化和软化特征以及体积变化行为存在明显差异，然而所有砂土样本在临界状态下的偏应力比却很相近。这与临界状态下砂土破碎演化规律以及稳定剪切破碎带形成有密切联系。

为了进一步阐述砂土在剪切过程中的颗粒破碎演化规律，引入了两个指标来评价样本的破碎情况，原有完整颗粒破碎率 C_r 以及样本平均破碎程度 C_d，分别定义如下。

$$C_r = \frac{N_{crushing}}{N_{total}} \times 100\% \quad C_d = \frac{N_{broken-bond}}{N_{crushing}} \tag{3.13}$$

式中，N_{total} 是样本中原有完整颗粒的总数；$N_{crushing}$ 是发生破碎的原有颗粒个数；$N_{broken-bond}$ 是发生断裂的黏结键个数。区别于 Hardin 提出的相对破碎率（B_r）概念（Hardin，1985），本章提出的破碎指标是从颗粒尺度本身出发，一方面描述了砂土样本的整体破碎情况，另一方面也描述了单个砂土颗粒的破碎程度。完整砂土颗粒破碎后形成新的小碎片颗粒，而新的小碎片颗粒也会继续破碎形成更小的碎片颗粒，随着颗粒破碎程度的不停发展，颗粒内部黏结键的断裂个数将会不停增加，因此采用平均破碎程度 C_d 能够很好地反映样本的反复破碎程度。

　　图 3.71 分别统计了 3 种不同颗粒强度砂土的破碎率 C_r 以及平均破碎程度 C_d 随轴向应变发展的演化过程。从图 3.71（a）中看出，颗粒破碎率随轴向应变发展一直增加，但破碎率的增长速度随轴向应变发展却逐渐变缓，即使在 20% 的大应变阶段，仍有颗粒发生破碎，但此时颗粒破碎的增长速度却非常缓慢。这与 Luzzani 和 Coop 的实验现象相符，其认为三轴压缩实验的有限应变范围并不能使砂土剪切破碎演化为砂土的终极级配（Luzzani and Coop，2002），因此在三轴实验中并不能明确地观察到颗粒破碎的停止。图 3.71（a）深入地描述了不同砂土样本中颗粒破碎的演化规律，在偏应力峰值之前，样本的平均破碎程度增长很快，这是由于原有大颗粒的破碎所引起的，当达到临界状态后，样本平均破碎程度增长缓慢。低破碎性土的平均破碎程度在临界状态下基本达到稳定，而高破碎性土在临界状态下平均破碎程度依然存在显著地增长。这是由于当剪切带形成后，低破碎性土的新形成碎片很难再发生连续破碎，而对于高破碎性土，剪切带中的反复破碎却一直在持续，因此认为：颗粒的破碎服从分形理论，小颗粒的产生是由大颗粒反复破碎形成的。

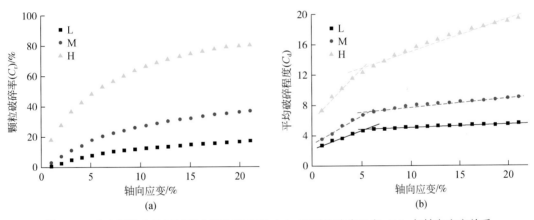

图 3.71　砂土颗粒在剪切过程中颗粒破碎率（a）和颗粒破碎程度（b）与轴向应变关系

　2）可破碎性砂土的剪切带发展以及各向异性演化过程

　　为了解释可破碎性砂土在剪切过程中剪切带和颗粒破碎带的发展过程以及不同颗粒强度对剪切带和颗粒破碎带发展的影响。对不同颗粒强度的砂土样本在剪切过程中剪切破碎带形成以及黏粒黏结键断裂方向的各向异性特征进行了模拟分析。其中，剪切破碎带是根据每 5% 轴向应变增量加载过程中颗粒破碎发生的空间位置来描述，对于砂土颗粒集，剪切破碎带的发展可以直接反映样本的剪切带发展。另外为了统计在剪切过程中黏结键断裂方向的各向异性情况，在 360° 的极坐标空间内选取 36 个截断区间进行统计，每个截断区间为 10°，在每 5% 的轴向应变增量统计出现在每个截断区间的方向角度中的黏结键断裂个数，并采用所有截断区间平均黏结键断裂数作标准化进行极坐标分布统计（图 3.72）。

　　由于低破碎性砂土和中等破碎性砂土的剪切带发展基本一致，图 3.72 显示了中等破碎性砂土和高破碎性砂土的剪切破碎带形成以及黏结键断裂方向的各向异性随轴向应变发展的演化过程。

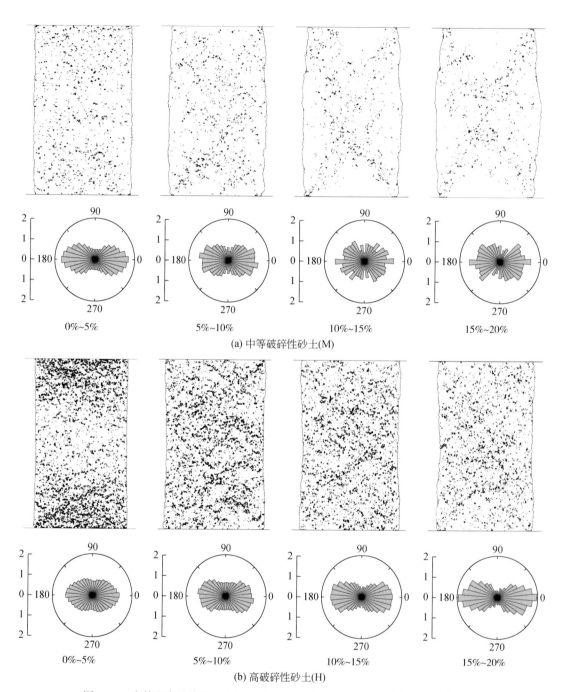

(a) 中等破碎性砂土(M)

(b) 高破碎性砂土(H)

图 3.72　中等和高破碎性砂土的剪切破碎带形成以及断裂键各向异性演化过程

　　从图 3.72（a）中看出中等破碎性砂土，在小应变阶段（0～5% 的轴向应变），颗粒破碎均匀随机地分散在整个样本范围内，所对应的断裂键的方向以水平向分布为主，这是由于样本所受的主应力方向为竖直向，颗粒主要承受竖直向的强力链，对于一个由黏结键黏结而成的可破碎聚粒受力破碎，当聚粒承受竖向接触力时，产生水平向拉应力，因此断裂键的方向为水平方向，而颗粒的破裂面则为竖直方向。随着轴向应变的发展，样本达到临界状态后，颗粒破碎的局部化现象逐渐显著，直到剪切破碎带完全形成。

同时，可以注意到颗粒黏结键断裂方向的各向异性程度随着剪切带的发展逐渐减弱，特别在大应变阶段（如 10% ~ 20% 的轴向应变）颗粒黏结键的断裂方向在 360° 方向上近似呈均匀分布。这是由于当砂土颗粒集样本形成稳定的剪切带后，颗粒破碎则主要发生在剪切带内，带内颗粒由于错动以及破碎行为使得带内应力偏转，接触力分布以颗粒受力特点非常的复杂，因此黏结键的断裂方向也更加随机，角度分布也更加均匀；另一方面由于剪切带反复破碎的发生也使得黏结键的断裂方向分布更为均匀。

从图 3.72（b）可以看出对于高破碎性砂土，在整个剪切过程中，样本均未发生明显的破碎带局部化现象，同时黏结键的断裂方向也一直以水平方向为主，各向异性在水平向显著。这是由于对于高破碎性砂土，整个剪切过程中所有的颗粒都在持续破碎，剪切带无法形成，由于破碎颗粒大多受竖直的强接触力链，容易发生水平向的受拉破坏。而正是由于高破碎性砂土无法形成稳定的剪切带，因此可以持续的储存弹性应变能，这也解释了为什么高破碎性土的剪切过程是一个应变硬化的过程，同时也是一个体积不断压缩的过程。

3.4　青藏高原交通干线区滑坡

3.4.1　川藏公路 102 道班滑坡概况

102 道班滑坡位于西藏自治区波密县易贡乡（北纬 30°04′15″ ~ 30°04′57″，东经 95°07′20″ ~ 95°08′43″），雅鲁藏布江下游大拐弯左岸的二级支流易贡藏布汇入帕隆藏布的汇入口上游，通麦以东约 10km 的帕隆藏布右（北）岸。因属川藏公路（G318 线）原公路养护第 102 道班所辖路段而得名（图 3.73）。滑坡东距波密县城区约 82km，西距林芝县城区约 143km。

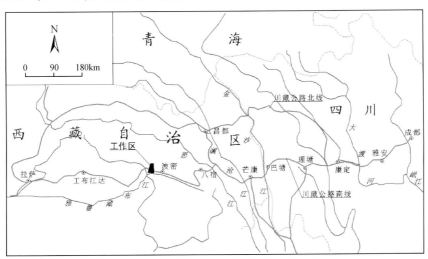

图 3.73　川藏公路 102 道班滑坡位置

102 路段滑坡十分发育，沿帕隆藏布右岸约 3km 长的路段内，共有直接危害公路且规模较大的滑坡 6 处，构成了 102 道班滑坡群。其中 2# 滑坡（即 102 道班滑坡，下同）是滑坡群的主滑坡，也是滑坡群中规模最大、地下水最发育、环境条件最复杂的滑坡，位于国道 318 线 K4078+640 ~ K4079+125 段，为一大型堆积层滑坡。2# 滑坡由老滑坡发展而成。在 60 年代，老滑坡有明显的活动迹象。公路部门曾设置防泥走廊，但多次遭到毁坏。1987 年老滑坡又发生蠕动，边坡坍塌，路基每年下沉 0.5 ~ 1.0m。1991 年 6 月 20 日，2# 滑坡发生了大规模快速滑动。滑坡前缘堵江 40 分钟，形成 2.61×10^{6}m^3 天然水库，回水长 3km。其后的溃决洪水冲蚀下游河湾坡脚，导致 3#、4# 滑坡形成，继后出现 5#、6# 滑坡。这样，连同原来就已存在的 1# 滑坡，构成了规模宏大的沿江总长度达 1.5km 滑坡群，致使 2km 公路毁于一旦，另有 1km 长的公路部分被毁。102 滑坡群形成后，2# 滑坡体又被其上的数条坡面泥石流沟所切割。林芝—波密公路停止运营达一年多。自 1991 年以来，经常断道。1995 年以后，每年断道 50 天以上。每逢雨季，滑坡表面的坡面泥石流、小崩塌、滚石频频发生。在此期间发生翻车事故 17 起，翻毁卡车 16 台，报废推土机两台，死亡 6 人，成为 G318 线上的卡脖子路段。为了确保 G318 的正常运营，在 102 道班滑坡体上修筑了一条保通线路，勉强维持断续通车。

3.4.2　地质环境条件

1. 地貌

102 道班滑坡地区的现代地貌明显受第四纪冰川作用影响，并经现代流水作用改造。其基本特征为山高坡陡、斜坡组成物质松散、河流侧蚀作用强烈、河漫滩和河流阶地发育差。中更新世时期，冰川曾充填了帕隆藏布 U 形谷地。当冰川退运后，其冰碛物充填在谷地内的厚度达 256.4m，即构成了沿江两岸连续台地的物质基础。中更新世至今，当地新构造运动强烈，山体抬升速度快，河流下切迅速。经冰后期的河流切割作用，形成了嵌于 U 形谷之内的 V 形谷。冰碛物被流水侵蚀形成了 V 形谷的高陡岸坡。由于地质构造和地层岩性的控制，帕隆藏布在此段的河谷狭窄、水流湍急，河流阶地发育较差。而晚更新世（Q$_3$）的冰碛物构成了两岸的山麓冰碛平台。这些山麓冰碛平台除局部被沟谷破坏外，较连续、完整。区内地貌类型可划分为水体、河漫滩及河流阶地、裸露陡崖及滑坡区、冲沟侵蚀区、冰碛斜坡区、冰碛平台区和残-坡积裙等地貌单元区。

（1）水体、河漫滩及阶地：帕隆藏布水面宽度在不同季节相差很大。河漫滩在枯水季节宽度为 40 ~ 80m，相对高度 15m 左右，砾石磨圆较好，主要为花岗岩和花岗片麻岩。在一些滑坡区和泥石流堆积区，砾石的磨圆度差。河流阶地只分布在的凸岸，共有 3 级。阶地面都较缓，一般小于 10°。Ⅰ 级阶地高出河床 20m；Ⅱ 级阶地高出河床 30 ~ 40m；Ⅲ 级阶地高出河床 60 ~ 80m。各级阶地的物质组成不同，Ⅰ、Ⅱ 级阶地为现代的冲-洪积物，分选及磨圆较好。Ⅲ 级阶地由古冰碛物组成，分选及磨圆都较差。

（2）裸露陡崖及滑坡区：裸露的陡崖主要分布在岸边，由黑云母花岗岩和花岗片麻岩组成，坡度都大于 70°，高度在 40 ~ 80m 不等。滑坡后缘在海拔 2500m，下部海拔 2100m，长达 500m，宽 400m。滑坡表面的坡度大于 37°，由多级台地和陡坎组成，其中后缘最大陡坎高度超过 100m，个别地段陡坎大于 70°。滑坡表面被泥石流切割成多条较大的冲沟。

（3）古冰碛斜坡区：古冰碛斜坡区在两岸连续分布。在公路展布的北岸，其上限可达海拔 2450～2500m，在南岸为海拔 2200～2250m。本区的宽度在 300～500m，坡度 35°～40°。砾石主要为花岗片麻岩，砾径一般为几十厘米，也有个别砾径达数米的黑云母花岗岩砾石，分选及磨圆都较差。

（4）老冰碛平台区：老冰碛平台区（海拔 2450～2570m）沿江连续分布，自东向西高度有所降低，局部地段被冲沟切割。平台坡度较缓，为 10°～25°，宽度 300～600m。

（5）残-坡积裙区：本区位于冰碛平台之上，海拔高度大于 2550m，坡度约 37°。其组成物质无磨圆与分选。

（6）冲沟侵蚀区：冲沟侵蚀了残-坡积裙、冰碛平台及斜坡，堆积于江边，演化成为泥石流沟。最典型的是加马其美沟和 102 沟。102 沟为滑坡直接提供地下水之外，也是一条小规模低频泥石流沟。固体物质源于上游及源头的寒冻风化物或残-坡积物。泥石流仅堆积在冰碛平台上，在滑坡之后缘冰碛平台下形成小型扇形堆积地，坡度小于 10°，面积约 5000m²。

2. 地层岩性

1）分布地层

滑坡附近第四系以来沿谷坡发育了厚达 400m 以上的松散堆积层，为第四系坡积物、冲-洪积物、和冰水沉积物（冰碛物）。第四系地层主体为晚更新世（Q_3）早期（距今 7.3 万年）的古冰碛物（厚 256.40m）及其间冰期的冲-洪积物（总厚度达 182.6m）。冲-洪积物又分为上、下两段。上段为浅黄色、褐黄色中、粗砂细砾角砾碎石与浅灰色-深灰色中、粗砂细砾角砾碎石韵律式互层，厚 127.86m。下段为灰白色-暗灰色粗砂角砾碎石韵律式互层，厚 54.75m。此外为厚度不等的坡-残积物、冲积物、土壤层和局部的泥石流堆积物，以及在这些第四系沉积物基础上发育起来的滑坡堆积物，最大厚度 50m 左右。

这些巨厚松散堆体下伏基岩主要为前震旦系冈底斯岩群片麻岩与石炭系—二叠系深变质岩（通称通麦片麻岩）。其岩性为硅质砂岩、花岗闪长岩、混合岩、花岗片麻岩、黑云角闪石英片岩等。产状为 36°∠56°，变质较深，风化强烈，裂隙发育，岩体较为破碎。

2）物理力学特征

当地第四系堆积层的成因、形成时代、分布部位以及后期改造程度各不相同，颗粒级配差异性较大。但是，峰值均出现在 0.5～0.1mm，其重量百分比均大于 19.80%。这说明形成时的物质来源于同一类的岩体。沉积物黏土颗粒含量较少，块碎石含量高，结构松散，孔隙度大，透水性强。第四系地层的物理力学特征详见表 3.18。

基岩的物理力学特征如下：通麦花岗片麻岩（Ncp）容重为 2.60～2.85g/cm³，比重为 2.70～2.90，孔隙率为 0.20%～3.70%，吸水率为 0.10%～0.71%，干极限抗压强度为 800～1500kg/cm²，饱和极限抗压强度为 625～1200kg/cm²。前震旦系冈底斯岩群（AnZgd）容重为 26.0～28.5g/m³，比重为 2.56～2.85，孔隙率为 0.35%～1.46%，天然抗压强度为 35.33～120.25MPa，饱和抗压强度为 27.91～112.50MPa。属较坚硬岩类，本岩层强风化带地表物探测试 V_p = 2050～2500m/s，弱风化带地表物探测试 V_p = 2800～3200m/s。

表 3.18　102 道班滑坡主要松散体物理力学特征表

地层	类型	含水量/%	密度/(g/cm³)	比重	饱和度/%	孔隙度/%	孔隙比	液限/%	塑限/%	塑性指数	液性指数	内摩擦角/(°)	黏聚力/kPa	残余内摩擦角/(°)	残余内聚力/kPa
Q_{3-4}^{al-pl}	塑	18.2	2.13	2.73	96	34	0.515	25.0	19.3	5.7	<0	41.5	117	32.6	27
	液	24.5	2.02	2.73	98	41	0.683				0.91	36.2	26	33.7	3
Q_{3-3}^{al-pl}	塑	14.1	2.23	2.72	98	28	0.392	19.0	14.5	4.5	<0	33.3	103	29.7	32
	液	18.7	2.13	2.72	99	34	0.516				0.93	23.9	23	19.7	2
Q_{3-2}^{al-pl}	塑	17.0	2.15	2.75	94	33	0.497	24.5	17.2	7.3	<0	35.2	109	29.7	37
	液	23.9	2.02	2.75	96	34	0.687				0.92	24.9	19	22.3	5
Q_{3-1}^{gl}	塑	16.6	2.17	2.76	95	33	0.483	26.9	18.5	8.4	<0	39.7	131	31.5	32
	液	25.9	2.01	2.76	98	42	0.729				0.88	31.7	30	27.3	7
$Q_{扰}$	塑	17.9	2.14	2.73	97	34	0.504	27.3	18.4	8.9	<0	34.2	105	31.1	29
	液	26.5	1.98	2.73	97	43	0.744				0.91	23.1	29	20.3	4

3. 地下水

102 地段边坡的地下水主要由降水与冰雪融水补给。

1）裂隙水

主要分布于花岗片麻岩中节理和裂隙较发育的地带。裂隙类地下水一般不发育泉眼，多转入第四系堆积物中，成为裂隙水。

2）孔隙水

主要分布于老冲–洪积物之中，即（$Q_{3-2,3,4}^{al-pl}$）地层中。孔隙水的来源主要有裂隙水转化水、地表径流水、腐殖层储存水和平台凹地积水。含水层底部为结构相对紧密的古冰碛层，从而导致孔隙水均在老冲–洪积物底部附近以泉水出露。

钻探揭示，102 平台的水力坡度为 10.4°，地下水大致分布在海拔 2350～2440m（图 3.74）。地下水露头呈东高（2400m）西低（2300m）的带状分布。由于滑坡的影响，102 滑坡群西侧的地下水出露于古冰碛物的破碎体上，出露位置与流量变化均大。雨季均为旱季的两倍以上。坡面径流流经平台、缓坡时，渗透作用极为强烈。在旱季，由于 102 滑坡群西侧地表径流归槽明显，地下水活动较弱。102 道班滑坡在地貌上为圈椅状的地形，十分有利于地下水和地表水的汇集。凹地中部土体的天然含水量达 15.044% 左右，但在凹地两侧仅为 8.642%。从 102 沟的观测资料，102 沟沿程损失流量 0.791L/s，向南渗流，由此产生 102 沟两侧土体的渗透速度差别极大：南侧为 3.858cm/s，而北侧仅为 1.400cm/s。

4. 降雨

从 20 世纪 60 年代起至今，中科院成都山地所、西藏交通科研所断续对 102 道班滑坡周边区域进行了气象观测，观测内容主要为大气降水。气象观测为研究滑坡的形成机理提供了宝贵的第一手资料。通过在 102 道班院内西侧设置雨量观测筒，记录逐日降水量。并且，利用 102 道班短期观测资料、波密气象站资料以及易贡气象站资料，通过相关分析得到了 102 道班典型年降水（mm）（表 3.19）等降水资料。同时，利用最新遥感技术搜集

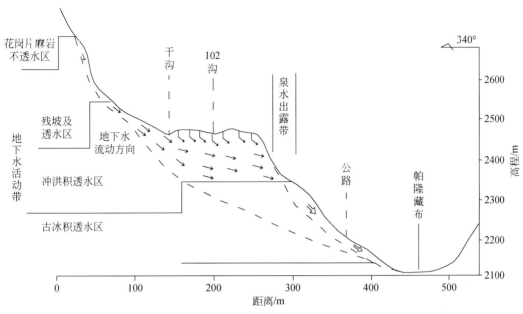

图 3.74　川藏公路 102 道班滑坡地下水活动综合剖面示意图

到了 TRMM 卫星资料，得到 102 滑坡段长序列逐月降水量资料。

表 3.19　102 道班典型年降水资料　(单位：mm)

日期 年份	1	2	3	4	5	6	7	8	9	10	11	12	全年
1968	20.1	26.3	62.5	101.3	213.8	348.7	149.0	78.6	80.0	57.6	18.8	11.0	1067.7
1969	22.7	16.6	69.2	117.5	78.2	286.7	179.0	100.9	88.7	59.8	7.9	7.3	1034.5
1970	8.7	49.0	125.7	184.0	182.9	205.3	117.4	105.3	130.6	135.7	16.8	7.1	1268.5
1976	7.8	33.3	158.7	149.4	47.3	168.1	144.6	61.7	92.8	84.9	33.6	12.6	994.9
1977	15.1	46.2	122.7	112.5	129.3	164.2	97.4	155.8	115.2	104.5	72.3	20.0	1155.2
1987	7.8	39.4	78.1	182.6	77.4	104.5	131.9	233.0	242.1	115.6	17.9	13.1	1243.4
1988	28.0	66.0	137.3	138.0	261.3	88.3	172.3	147.7	128.6	153.5	34.2	9.4	1364.6
1989	7.9	26.9	67.8	245.3	81.8	91.4	113.4	44.3	108.7	141.4	44.3	14.4	987.6
1990	37.1	28.8	35.9	120.7	147.0	153.5	74.9	67.6	264.3	135.9	12.6	14.1	1092.4
1991	11.6	19.7	126.3	162.3	188.7	262.8	215.2	98.5	119.7	108.7	7.9	15.9	1337.3
1996	9.9	85.1	174.1	129.9	199.3	191.1	140.9	80.6	109.1	132.9	8.5	8.1	1269.4

利用遥感技术搜集到了 TRMM 资料第 6 版产品 3B43，该数据集由 TRMM3 全球 3 小时降雨估计产品 3B42、NOAA 气候预测中心气候异常检测系统的全球地面雨量计测量资料和全球降水气候中心的全球降水资料综合制成，水平分辨率为 0.25°×0.25°，该资料是将全

球每天8次的降雨分析产品累积形成的日降雨量资料，再累积形成月降雨资料。由3B43资料计算月降雨量公式如下：月降雨量=每小时降水强度×24×当月天数。通过对搜集到的192景TRMM 3B43数据资料计算与分析，取得102道班滑坡1998～2013年月降雨结果（图3.75）。

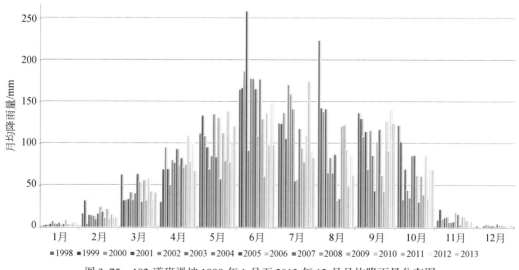

图3.75　102道班滑坡1998年1月至2013年12月月均降雨量分布图

3.4.3　滑坡发育特征

102道班滑坡边界呈不规则的矩形。滑坡前缘最低海拔2140m，后缘最高海拔2460m，相对高差达320m以上。滑体上发育多级平台，呈阶梯状，平均坡度32°。滑坡前缘海拔2120m，后缘海拔2300～2350m。滑坡后壁高陡，呈东西弧形展布，东段高差80～90m，中段高差约40～50m，西段高差60～70m，后壁坡度45°～70°（图3.76、图3.77）。

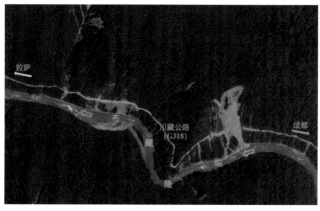

图3.76　川藏公路102滑坡群主要滑坡分布图

图3.77　102道班滑坡外貌

1. 几何形态特征

从地表形态分析，川藏公路 102 道班滑坡明显地分为东（上游侧）、西（下游侧）两大"滑条"。两大滑条的界线位于在 2# 冲沟左岸一侧。每个滑条又可分为前、后两级"滑块"（图 3.78）。东滑条主滑方向为 174°，沿通麦花岗片麻岩顶面滑动。东滑条地表前部凸起，后部凹进。从滑坡平台和次级滑动壁发育情况分析，东滑条的前级（1# 滑块）为主滑块，后级（2# 滑块）为被牵引滑块。西滑条主滑方向为 170°。据滑动前的航片资料判释，其主体为 102 道班滑坡的老滑坡部分。西滑条的前级（3# 滑块）为主滑块，后级（4# 滑块）为被牵引块。

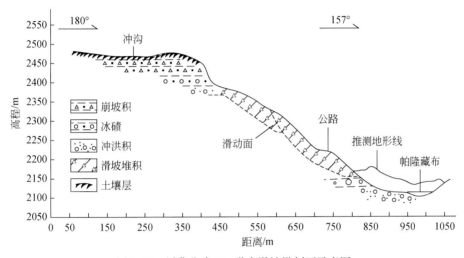

图 3.78　川藏公路 102 道班滑坡纵剖面示意图

滑坡体前、后部分的物质差异较小。在公路高程以上，坡体表层覆盖有 0～12m 的滑坡后壁坍塌堆积物，其界面处见有土壤层及植物根茎。在冲刷陡壁处局部可见有冲-洪积物的原沉积序次，原坡体上灰色、浅黄色呈韵律式的近水平层次变为向山内倾，倾角 35°～40°，反映出后壁下错的特征。滑坡体的西滑条，由于坡面侵蚀作用相对较弱，其厚度较大。公路高程以下物质混杂，无原沉积序次，其物质以原斜坡上的冰碛物和崩坡积物为主。

此外，在西滑条后部，发育一条平行于主滑壁的地表拉张裂缝，距后壁平均为 8m，长约 130m，裂缝宽度 0.8～1.0m，最宽 1.2m，垂直位移 0.3～0.6m。东、西两滑条的后方的拉张裂缝正在逐渐贯通，为潜在的被牵引滑块（5# 滑块）。

在 102 道班滑坡东、西两侧也发育有近南北走向的裂缝，东侧裂缝宽约 0.4m，长近 100m；西侧裂缝宽约 0.2m，长 10 多米。据调查，滑坡发生后不久，东侧边缘还分布有一组平行与侧壁的小裂缝，至少有 3 条。由于受到后壁坍塌影响，经过两个雨季，裂缝前的土体坍塌殆尽。

滑坡自 1991 年急剧滑动后，产生高陡的后壁。在滑体后壁海拔 2330m 一带多处出露地下水，雨季时便形成一条明显的出水带。加之 102 滑坡群地段降水丰沛，滑体物质结构松散，致使滑体表层地表水侵蚀十分强烈。滑坡体表面发育有 4 条冲沟，将滑体侵蚀切割得支离破碎。冲沟切割深度为 5 ~ 15m，最大切割深度超过 20m。随着冲沟的下切，加之后壁地下水及地表径流的影响，使原滑坡后壁处产生大量坍塌滑体，变形范围不断扩大，因此滑坡变形区亦可分为上、下两级，其分界线即在主滑坡体后缘，海拔高程 2300 ~ 2325m 一带。在此分界线以上，无滑坡堆积体，出露地层与两侧裸露陡壁岩性连续分布，说明其整体未曾产生过变形。由于坡体极为松散、破碎，加之雨水极为丰沛，上部坡体不断垮塌，落石、泥石流大面积广泛分布，严重危及线路的行车安全；在此分界线以下为滑坡堆积体（图 3.79、图 3.80）。

图 3.79 川藏公路 102 道班滑坡后壁　　　　图 3.80 川藏公路 102 道班滑坡东侧冲沟

2. 滑带与剪出口特征

102 道班滑坡滑动物质主要由崩坡积物、冲洪积物、冰碛物等松散堆积物组成，成分为浅灰、深灰、浅黄、黄褐色的块石、碎石和砂土，结构松散，块碎石粒径 2 ~ 50cm，最大粒径 4.5m，分选及磨圆较差，呈棱角状，成分为花岗片麻岩、石英岩，角闪石英片岩，中-微风化。块碎石含量为 50% ~ 80%，砂土含量占 10% ~ 40%。钻孔及探槽揭示，滑动面发育在巨厚的第四系堆积物内部，滑带土为碎石土，以色暗、有擦痕和镜面为特征。在滑动方向上滑动面的形态呈上陡、下缓的弧形。滑坡剪出口在海拔 2147m 附近，高出现代河床 40m 左右。滑体的东、西两滑条的滑面位置存在极大的差异。滑坡东滑条主滑段滑面位于破碎基岩之上，滑坡性质为冰碛物沿基岩顶面的滑动。西滑条的滑床之下仍然为冰碛物，滑坡性质为滑动面位于冰碛物内部的滑动。通过 102 道班滑坡体上的 9 个钻孔揭示，均见有滑带迹象（表 3.20）。通过勘探手段，综合了岩层结构、岩性及含水性等资料，将冰碛物（隔水层）或基岩顶面确定为滑坡的滑动面。

表 3.20 102 道班滑坡滑动面（带）特征

钻孔编号	滑带深度/m	滑带高程/m	滑面倾角/(°)	滑带描述
BZK$_1$	7.10 ~ 7.30	2177.14 ~ 2176.74	32	碎石为灰褐色方解石云母片岩、云英岩，棱角状，湿，稍密，黏粒含量较高，磨圆较好，推断为滑面
BZK$_2$	17.20 ~ 17.40	2163.70 ~ 2163.50	31	碎石为灰白色花岗片麻岩、石英（脉）岩、方解云母片财，棱角状，弱风化，湿，中密。骨架颗粒大都不接触，孔隙基本填满，黏粒含量较高，见挤压错动痕迹，推断为滑面

续表

钻孔编号	滑带深度/m	滑带高程/m	滑面倾角/(°)	滑带描述
BZK$_3$	25.00~25.90	2166.48~2165.58	32	紫红色黏土，土质不均，结构较紧密，软塑，湿。含碎石10%左右，碎石见擦痕，粒径1~4cm，次棱角状，砂粒30%左右，推断为滑面
BZK$_4$	17.10~17.40	2166.14~2165.84	27	灰褐色砾砂，湿-很湿，中密，砾石为花岗片麻岩，次棱角状，弱风化，占30%左右；砂粒成分以石英、云母为主，次棱角状，粒径小于0.05cm，含3%~4%粉黏粒，黏粒含量较高，砾石磨圆较好表面见擦痕，推断为滑面
BZK$_5$	9.60~9.80	2200.01~2199.81	36	角砾为灰绿色云英岩、绿帘方解云母片岩，次棱角状，弱风化，稍湿，稍密。骨架颗粒不接触，充填物松散。黏粒含量较高，碎石磨圆较好，见挤压错动痕迹，推断为滑面
BZK$_6$	22.80~23.20	2198.66~2198.26	29~32	灰褐色砾砂，湿，中密，砾石为云英岩、方解石云母片岩，次棱角状，弱风化，砾石占30%，砂粒成分以石英、云母为主，占约40%，黏粒含量较高，砾石表面见擦痕，推断为滑面
BCZK$_1$	28.10~29.40	2225.13~2223.83		深灰色角砾，很湿，中密，砂土具黏性，碎石为弱风化花岗片麻岩，次棱角-次圆状，砂土与碎石接触面可见明显印痕，在29.2m有一贯通裂面，裂面上可见擦痕，推断为滑面
BCZK$_4$	35.20~35.70	2237.70~2237.20		棕色砂土，夹灰绿色，湿，中密，碎石成分为弱风化花岗片麻岩，含量30%~40%，棱角状。本层砂土具一定黏性，推断此处为滑面
BSCZK$_4$	15.40~15.95	2182.60~2182.05		碎石夹少量块石，碎块石以花岗片麻岩，含量约为50%~60%，角砾、砂及少量泥质充填约占40%~50%，黏粒含量较高，碎石表面见擦痕，结构显现挤压错动痕迹，推断为滑面

3. 其他不良地质现象

1991年，102道班滑坡急剧滑动后，在滑坡体上开辟了一条保通通道。由于滑坡未产生大的位移，又经过临时保通工程和完善保通工程的相继实施，目前能基本保证公路通行。但是，102滑坡群段未得到彻底治理，零星的局部灾害如坍塌、泥石流等仍然时有发生。尤其在每年雨季，102滑坡路段的病害屡见不鲜，堵车、翻车伤人事故时有发生（图3.81、图3.82）。主要不良地质现象有如下几种。

（1）坍塌：滑坡体边缘形成有高近200m的后壁和侧壁，坡度陡达75°左右。在地下水、大气降水的影响下，后壁松散的堆积物频频坍塌。尤其在雨季，每天均发生有不同程度的坍塌。坍塌物随着滑体斜坡下滚，影响交通安全，甚至阻断交通。此外，还有部分坍塌物加积在滑坡中、后部，增大了滑坡推力。同时，坍塌物也为坡面泥石流提供了丰厚的物质来源。

（2）落石：102滑坡群2号滑坡后壁的松散堆积物中含有一部分粒径很大块石。分布在坡面上的块石比比皆是。这些块石滚落造成落石、飞石病害时有发生。特别在雨季，滑坡后壁的落石、飞石现象更为频繁，严重影响了川藏公路的行车安全。

（3）坡面泥石流：受滑坡区域内的强大降雨及大量坡面渗水的影响，致使滑坡体表层的松散物质常年处于饱水状态。地表切割侵蚀作用十分强烈，泥石流极为发育。经过 2005 年的雨季，目前坡面有 3 条较大的冲沟，切割深度 20～40m，沟床比降大于 60%，将原有滑体分解的支离破碎。在冲沟两侧及沟头位置，发育有小型坍塌体，沿沟多处产生的小型泥石流，并有大量的泥石流堆积物堆积于川藏公路路面之上，造成严重的堵车断道现象。

图 3.81　川藏公路 102 道班滑坡中后部现状　　图 3.82　川藏公路 102 道班滑坡前缘现状

3.4.4　水对滑坡形成的影响

102 道班滑坡物质组成为第四系松散堆积物，具有物质结构杂乱、分选性差、粒间结合力差、透水性差别大等特点。而且，物质具有一定的组构特征。各层物质的物理力学性质差异大，滑坡物质成分以块碎石为主，含少量亚黏土和砂的含量，分选及磨圆差。滑坡处于帕隆藏布北岸，受第四纪冰川作用影响，并经现代河流切割改造，其地形山高坡陡，高差达 300～500m，平均坡度为 30°～40°，最大可达 72°。顶部平台宽 100 余米，滑坡中部发育有多级平台，均呈负地形，雨季期极易积水；滑坡体纵沟发育，沿滑坡宽度约每 50m 就发育一条，沟坡坡度达 25°～30°。滑坡位于帕隆藏布凹岸，坡脚河谷狭窄，夏季坡脚极易被冲刷淘蚀。显然，水体活动对滑坡体的影响方式主要通过 3 个方面：①长期水–岩作用导致土体强度下降和滑动面的产生；②强降雨入渗导致滑坡体稳定性下降；③河川径流冲刷淘蚀坡脚，导致滑坡稳定性降低。

3.4.4.1　水–岩作用

水岩作用对滑坡体作用主要表现有 3 个方面：即化学溶蚀作用、渗透应力和弱化斜坡物质的力学强度。

1. 化学溶蚀作用

滑坡体中碎石主要为花岗片麻岩，碎石之间多为角砾支撑结构。地下水活动加速了碎石土中长石矿物的风化，并在溶蚀过程中逐渐被地下水带走，导致孔隙率增大，碎石角砾间结构遭到破坏，力学强度降低。坡体中的最大剪应力逐渐向渗入带集中，导致变形。同时变形的结果也反过来促进了渗入带地下水渗流状态的改变，使化学溶蚀作用加强，最终演变成滑动面。通过勘测研究，分别在 102 沟地表水、滑坡后部泉水、滑坡堆积层和基岩中采取了水样。通过分析，水质类型为 $SO_4 \cdot HCO_3$–Ca 型水。经侵蚀性分析，侵蚀性 $CO_2 = 0$，pH 7.7~7.9，矿化度低。

2. 渗透压力作用

从滑坡现状及以上分析可以看出，102 道班滑坡地段由于具有良好的汇水条件，降雨丰沛，即地下水补给源稳定，水量相对较丰富。但因受坡体结构影响，地下水分布不均，在滑坡堆积层孔隙中从上向下运移活动，致使其周围土体软化而强度降低，土体结构遭受破坏，导致坡体产生变形滑动，尤其在雨季更为显著。由前期的地下水水量计算可知，滑坡堆积层流量为 $76.64m^3/d$，并主要集中在东滑坡块地段。工程部门在此地段锚索凿孔，从孔中见有地下水呈股状流出。在勘测钻孔过程中，同样情况也得到证实。该地段在雨季水量相对丰富，第四系滑坡层中单井涌水量 $7.69 \sim 20.74m^3/d$，下伏基岩裂隙水较丰富，水位埋深在 18.0~19.62m，降深仅 1.49~2.35m，出水量达 $162 \sim 186m^3/d$。锚索凿孔大部分位于松散层中，锚索挡墙下部部分孔进入基岩中，因此地下水沿孔喷出（流出）。目前，东滑坡块公路以上地带在雨季变形活动强烈，主要就是地下水作用的结果。总之，地下水是影响滑坡变形活动的最主要因素。

102 道班滑坡后部及滑体中部都存在负地形，而这些负地形在雨季极易积水。由于滑坡地形较为陡峭，因此而形成了很高的水力梯度。滑坡土石混合体中的潜蚀作用非常强烈。而潜蚀作用的突破口往往也是滑坡体中潜在的弱面，即不同时期的物质堆积层面。这些层面的黏粒等细颗粒在潜蚀作用下被带走，岩土体结构破坏。本来强度就较低的物质堆积层面强度进一步降低，其裂隙也随潜蚀的作用快速贯通。这些无疑加速了滑动面的形成：据现场调查，滑坡后部土石混合体较为湿润，往前又较为干燥，到中部却有泉水出露，且泉水附近有许多细沙堆积。据推测，泉水出露处就是其小滑坡的剪出口，而小滑坡滑动面就是因主滑坡后部的积水的大部分入渗而使岩土体内部造成的由许多裂隙贯通形成的滑面。总之，102 道班滑坡的滑动面基本受冰川作用形成的土石混合体层面控制，潜蚀作用则加速了滑动面的贯通。

3. 斜坡与滑面的形成

102 道班滑坡的物质基础主要为土石混合体，其来源多是该地区特有的松散堆积物，即冰碛或冰水堆积，其厚度达 400m 以上。在冰川活动期出现的强烈的冻融作用破坏了土石混合体原有结构，大大降低了土石混合体的强度。冰期形成的冰碛物以及间冰期形成的冲–洪积物，在经历了不同地质时间的成岩作用、冻融作用后，导致斜坡土石混合体存在性质差异，并使之具有明显的分层性。各层之间的接触面多为潜在的滑动面。

102 道班滑坡是在古冰碛层上发生滑动的。据钻孔资料，其滑动面正好出现在 Q_{3-1}^{gl} 与 Q_4^{dl} 土石混合体层的接触界面上。此外，滑坡在滑动后因逐步解体而形成的许多次级小滑坡的滑动面。这些新形成的滑动面也多为土石混合体内部层面。此外，发生在现代地质时期的潜蚀也加速了滑坡滑动面的形成。

102 地段的土石混合体在第四纪时期受降水的影响很大。近代地质时期该地区因受印度暖湿气流影响，降水尤为丰富，夏季气温远高于 0℃。该地区降水以低强度、长历时的中、小雨为主，使滑坡体长期处于雨水浸泡之下，土石混合体受水的物理、化学地长期作用，其结构遭受严重破坏，土石混合体中的胶结矿物（如 Ca 等）被溶蚀强烈，岩土软化明显，从而导致土石混合体的力学强度大大降低。另外，夏季长时间冰雪融水以及历时较长的暴雨对土石混合体的结构、强度影响也不容忽视。另一方面，降水和冰雪融水形成的地表径流，在陡峭的边坡上对其土石混合体产生强烈的冲刷，并形成了许多冲沟。冲沟的形成又加剧水与土石混合体的相互作用。结果导致岩土体的软化，使土石混合体的结构破坏、强度降低。

102 道班滑坡所在地区一年中气温在 0℃上、下波动的时间较长，土石混合体的冻融作用强烈。每年从 11 月开始冻结，到 2 月便开始解冻融化。冻结期内昼夜温度变化，土石混合体因空隙中水的冻结而体积增大，使土石混合体中的裂隙膨胀而继续扩展；当温度升至 0℃以上时，土石混合体体积又趋于缩小。一次循环后，土石混合体更加破碎了，裂隙也有新的发展，使水在土石混合体中分布提供更大的空间。当温度再一次降至 0℃以下时，扩大的裂隙中水的冻胀作用更为强烈。反复经历这种"冰→水→冰"循环，冻融作用对土石混合体裂隙影响持续叠加，而使土石混合体结构破坏、强度降低。当温度在 0℃以下波动时，这种冻融作用对土石混合体的效应是不争的事实。然而，值得注意的是当温度在 0℃以下波动时，土石混合体中的结构水、薄膜水在经历冻融作用后，直接破坏土石混合体的结构，对其强度影响更大。另一方面，从更长的时间尺度分析，土石混合体中的水由冻结期到融化期的变化，冻融作用不仅影响土石混合体的强度；更值得关注的是，由于冻融作用只能影响一定深度，从而引起滑坡体表层与深层土石混合体之间存在物理力学性质的差异。此外，在冰融成水期间，水在土石混合体中流动还将引起其裂隙空间变化，对土石混合体结构、强度影响很大。

水−岩作用是 102 道班滑坡及其次级小滑坡发育的主要影响因素。1988 年 102 道班滑坡蠕滑就是起始于数场暴雨之后；1991 年滑坡大规模整体滑动恰好处于雨季，即 6 月份；之后，次级小滑坡的诱发均在雨季。总而言之，水−岩作用对 102 道班滑坡形成与演化的各个过程都有影响：冰川作用及流水作用为滑坡的形成提供了足够的物质基础；地下水渗透作用、溶蚀作用加速了碎石土中各种矿物的风化，造成了潜在的滑动面，冻融作用、长时间冰雪融水、暴雨对土石混合体的结构、强度影响及地表径流的冲刷等降低了土石混合体的强度。

3.4.4.2　入渗驱动

1. 冰碛物的物理性质

冰碛物是冰期时冰川运动过程中通过刨蚀等作用大量携带沿途的碎屑、岩块，推移到达开阔区域或者洼地时，由于能量的耗散而堆积的土石混合体。由于冰川运动能量大，能够搬运大块石，通常，冰碛物具有级配宽、分选差、无层理的特点。冰川作用过程中除了底部与冰床接触外并无明显磨蚀，因此冰碛物磨圆度低、棱角明显、形状各异，部分砾石具有擦痕或磨光面。冰川消融后，经过相当长的地质作用后，在重力作用下冰碛物不同大小的颗粒间压密咬合，因此固结良好、结构致密、渗透性差。但是冰碛物表层由于受物理风化、化学风化及后期水体活动的影响，具有一定架空性，导致渗透性良好，易引发入渗。

在粒度特征方面，利用筛析法和 Mastersizer2000 激光粒度仪实验获得的粒度组分数据，绘制频率曲线图、累积曲线以便于分析区域沉积环境（图 3.83）。可以看出，一方面冰碛物的粒度百分比累积曲线趋于平缓，粒径分布广，分选差；另一方面，其频率曲线都呈双峰型，与其他地区冰碛物的特征相一致。

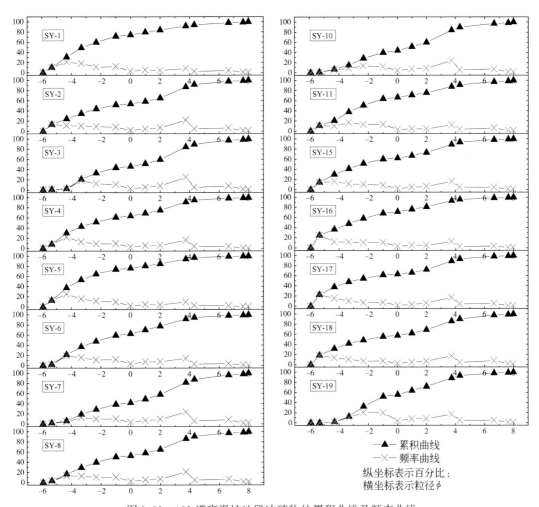

图 3.83　102 道班滑坡地段冰碛物的累积曲线及频率曲线

选取 SY-7、SY-8、SY-10 这 3 个典型冰碛物样品，并以坡积物 SY-14 作对比。从图 3.84 可以看出，由于坡积物与冰碛物处于同一区域，粒径级配都较宽，分选性极差，这与图 3.83 相对平缓的累积曲线相符合。但是同坡积物的单峰相比，3 个冰碛物的频率曲线具有典型的双峰形态，第一个峰在粒径 ϕ_{-3}（8mm）附近，峰值在砾石位置上；第二个峰位于 ϕ_3（0.125mm）附近，峰值在粉砂位置上；且首峰较为平缓，说明 ϕ_{-5} 至 ϕ_{-1} 之间的粗颗粒分布均匀，而位于细颗粒上的第二峰较为尖瘦。冰碛物的这种组分特征，同时其磨圆度较低使得冰碛物颗粒间的自我咬合作用活跃，颗粒间镶嵌完好。因此，冰碛物的孔隙度较低，致使其渗透系数较小。而表层坡积土的粒径集中在 ϕ_{-4}，粗颗粒多，黏粒含量小。

这使得表层坡积土易出现架空结构，水分入渗的情况下容易形成优先流，入渗率大大提高，从而容易诱发坡体失稳。

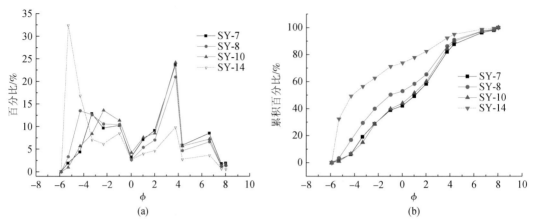

图 3.84　102 道班滑坡地段冰碛物及坡积物的级配（a）和累积曲线（b）对比

（SY-7、SY-8、SY-10 为冰碛物，SY-14 为滑坡体表面滑动过的残坡积物）

在基本物理性质方面，冰碛物的矿物组成、比重、密度等同沿程物源性质相关。由于冰川搬运的距离长短不一。若搬运距离短，冰碛物的性质与当地基岩相同。若搬运距离远，冰碛物的物质组成复杂得多，其性质也较为复杂。不同地区的冰碛物的物理特性有差别。以 102 道班滑坡体冰碛物为例，由于区域内分布广泛的花岗片麻岩，因此堆积物多为花岗片麻岩碎屑。坡体不同位置取 17 组冰碛物样品及收集前人 15 组实验数据，统计发现冰碛物密度 ρ_0 分布在 $1.98 \sim 2.20 \text{g/cm}^3$ 区间内，平均值为 2.1g/cm^3；比重 Gs 分布在 $2.67 \sim 2.75$ 区间内，平均值为 2.72。由于冰碛物形成年代早，成岩作用显著（张小刚等，2013；Liu *et al.*，2015）。普遍存在弱胶结现象，镶嵌充填发育。结构紧密，孔隙比 e_0 较低，为 0.448。冰碛物结构致密导致其天然含水率 ω_0 低，分布在 $2.37\% \sim 8.69\%$，平均值为 3.25%；持水率较低，饱和含水率为 $16\% \sim 18\%$。据前人钻孔抽水实验测得 30m 以下冰碛物渗透系数 K 在 0.18m/d；坡体表层冰碛物发生过坍滑，从第四纪成因上分类属于坡积土。前文提到易出现架空结构，水分入渗的情况下容易形成优先流，入渗率大大提高，渗透系数 K 可达 17.28m/d。

在矿物组成方面，对冰碛物样品进行 X 射线衍射分析，结果表明冰碛物样品 X 射线衍射图谱出现了伊利石的 10.1Å、4.0Å、3.4Å 3 个特征衍射峰值，也出现绿泥石的同时一些非黏土矿物，如石英（3.2Å）、长石（3.1Å）、方解石（2.9Å）等均在衍射图谱上显示出来（图 3.85）。以上表明，川藏公路 102 道班滑坡地区冰碛物黏土矿物的基本成分是一致的，即伊利石–绿泥石组合，其中伊利石约 85%、绿泥石约 15%。研究表明，黏土矿物中伊利石的含量与其风化程度呈正相关关系，而冰碛物的形成年代早，其风化成都较高，虽然发育在寒冷的冰期，但是后期风化仍然继续形成之后，故伊利石含量较高。

2. 滑体对入渗的水文响应机制

1）水体入渗过程与参数获取

降雨、冰雪融水等地表水经由岩土体孔隙进入土体非饱和带补足土体水分亏缺，又从

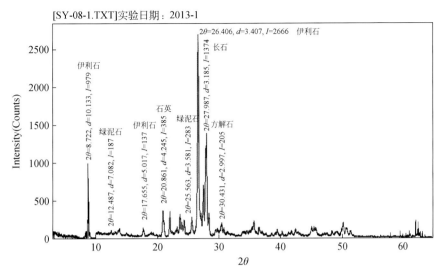

图 3.85 102 道班滑坡体冰碛物黏粒 X 射线衍射图

非饱和带渗入饱和带，转化为地下水的过程，称之为入渗补给过程。冰碛物坡体中，砾、砂土较多。降雨过程中，湿润峰整体向坡体内部推进，犹如活塞的推移。后进入的地下水在重力的作用下推动先前存于土壤中的水分先转为地下水。在水施加于地表后的短时间内，入渗补给量迅速增大，随着深度的增加入渗过程线逐渐减缓。由于岩土体介质颗粒分布的随机性、土体结构的复杂性，入渗补给过程存在不同程度的滞后效应和延迟效应。滞后时间或延迟时间的长短不仅决定于岩性、补给源的供给强度，而且同土体前期含水率、地下水位埋深、植被覆盖等有关系。入渗补给的滞后效应和延迟效应的本质是由于非饱和土的渗透系数，随着含水率变化而变化，而不是常数。随着入渗过程的进行，土体含水率增加，湿润峰向下推进，岩土体由非饱和状态转变为饱和状态。土体的孔隙水压力产生变化，基质吸力不断变小直至为零。这个过程中冰碛物的抗剪强度不断降低，最终坡体失稳。

为了求解入渗过程中下含水率的重分布等水文响应过程，引入 Richads 方程，在给定初始条件、边界条件下求解入渗含水率重分布规律和暂态渗流场。方程形式如下。

$$\frac{\mathrm{d}\theta}{\mathrm{d}\psi}\frac{\partial\psi}{\partial t} = C(\psi)\frac{\partial\psi}{\partial t} = \frac{\partial}{\partial z}\left(K_z\left(\frac{\partial\psi}{\partial z} - \cos\alpha\right)\right) \tag{3.14}$$

式中，v 为渗流速度，v_x、v_y、v_z 分别为 x、y、z 方向的渗流速度；K 为渗透系数，K_x、K_y、K_z 分别为 x、y、z 方向的渗透系数；Φ 为总水势，非饱和土总水势包括重力势 φ，基质势 ψ，即 $\Phi = \psi \pm z$，$\pm$ 号视坐标轴而定；C 为比水容重，$C = \frac{\mathrm{d}\theta}{\mathrm{d}\psi}$ 是土水特征曲线的斜率，一般表示为体积含水率或者基质势的单值函数，θ 为体积含水率。

D 为土壤水扩散率，由 $K_x\frac{\partial\psi}{\partial x} = K_x\frac{\mathrm{d}\psi}{\mathrm{d}\theta}\frac{\partial\theta}{\partial x} = \left(K_x/\frac{\mathrm{d}\theta}{\mathrm{d}\psi}\right)\frac{\partial\theta}{\partial x} = D_x\frac{\partial\theta}{\partial x}$，得出 $D = K/\frac{\mathrm{d}\theta}{\mathrm{d}\psi}$ 是体积含水率或者基质势的单值函数。

其中，比水容重 C、渗透系数 K 是基质势的单值函数，通过土水特征曲线方程及渗透系数方程求解。

　　土水特征曲线一般是体积含水率或者饱和度与基质吸力的关系，土水特征曲线尚无法理论推导得到，只能通过室内实验来确定。因此采用 Temple 压力膜仪法测土水特征曲线，最终测得的冰碛物土水特征曲线如图 3.86 所示。

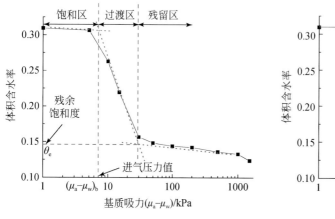

图 3.86　冰碛物土水特征曲线　　　　　　　图 3.87　冰碛物土水特征拟合曲线

　　进而选择适用范围最广的 Van-Genchten 模型来描述图水特征曲线（Genuchten，1980），Van-Gencheten 模型是 3 参数数学模型，最终拟合结果见式（3.15）和图 3.87。

$$\theta = 0.1341 + 0.1758 \left[\frac{1}{1 + (0.1035\psi)^{4.0718}} \right]^{0.3905} \tag{3.15}$$

　　选用 Van-Genchten 模型，通过土水特征曲线来获得相应的渗透系数曲线。用 RETC 软优化拟合件得到其参数，结果可表达为式（3.16）和图 3.88。

$$K = 5 \times 10^{-3} \left\{ \frac{\left[1 - (0.1035\psi)^{3.0718} \left[1 + (0.1035\psi)^{4.0718} \right]^{-0.3905} \right]^2}{\left[1 + (0.1035\psi)^{4.0718} \right]^{0.1953}} \right\} \tag{3.16}$$

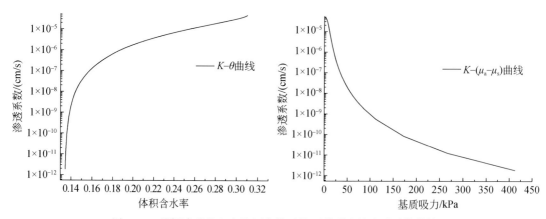

图 3.88　根据冰碛物土水特征曲线反算两种形式的渗透系数曲线

　　图 3.88 为渗透系数与体积含水率和基质吸力间的关系曲线。非饱和土渗透系数随着体积含水率的增加而增大，土体饱和时渗透系数达到最大值 K_s。当含水率在 0.13 ~ 0.32

间变化时，非饱和土的渗透系数变化达到 5 个数量级。图 3.89 为 RETC 软件拟合得到的体积含水率与比水容重、扩散系数的关系曲线。比水容重曲线呈现出孔隙中水分是在含水率变化不大时排出的。这与前文描述的冰碛物分选良好、孔径分布均匀的特征相吻合。

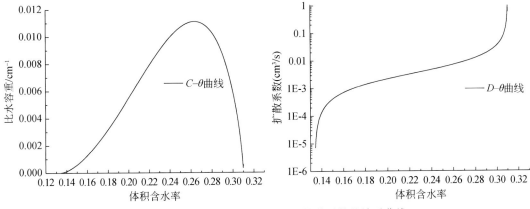

图 3.89　体积含水率与比水容重、扩散系数的关系曲线

2）水体入渗过程与参数获取

以 102 道班滑坡为例，选择广为应用的 Geoslope 的 Seep/W 模块计算入渗条件下冰碛物坡体的水文响应行为。Seep/W 是基于 Richards 模型，利用 Garlerkin 加权余量有限元法开发而成。根据前期收集得到的地形地质图、钻孔柱状图及剖面图，将滑坡概化为如图 3.90 所示的网格模型。冰碛物的体积含水率、饱和渗透系数、土水特征曲线等参数如前文所述，表层初始孔隙水压为均一的 –25m，坡体表面积斜坡处为入渗边界条件（入渗补给强度同冰碛物柱体一致），模型底面为不透水边界，其他为自由边界。

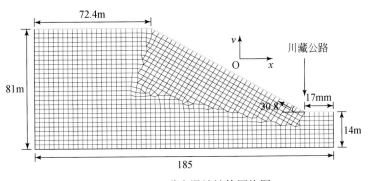

图 3.90　102 道班滑坡坡体网格图

以稳定渗流分析得到的结果作为瞬态分析的初始条件，利用 6 月前 20 天降雨为入渗条件，斜坡处的入渗率输入软件进行迭代计算，得到 20 天的瞬态孔隙水压力分布图，选取第 2 天、第 10 天、第 15 天、第 20 天进行分析［图 3.91（a）～（d）］。第 2 天，负孔隙水压力有所下降，且在坡脚处出现暂态饱和区，基质吸力为 0。由于入渗量有限，坡体内部暂态孔隙水压力没有发生明显变化。随着入渗的进行，第 10 天坡脚位置，地下水位上升；第 15 天坡脚暂态饱和区消失；第 20 天斜坡处出现较大范围的暂态饱和区，该区域

强度很低，易形成滑坡［图3.91（d）］。而102滑坡群2号滑坡正是在1991年6月20日突然暴发的，与上述分析相一致。前期降雨的累积导致了坡体的滑动。

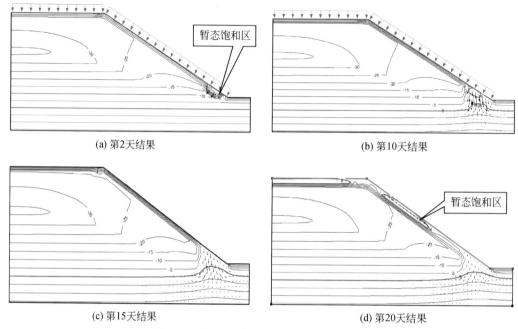

(a) 第2天结果　　　　　　　　　　　　　　　　　(b) 第10天结果

(c) 第15天结果　　　　　　　　　　　　　　　　　(d) 第20天结果

图3.91　第20天暂态孔隙水压力水头分布

取第20天暂态饱和区内部的节点（100，63）为观测点，其孔隙水压力及体积含水率随时间变化规律如图3.92所示。随着入渗的增加，体积含水率不断升高，而基质吸力（即负孔隙水压力）不断降低。第15天之后由于降雨量大幅度增加，体积含水率达到饱和含水率0.31，基质吸力急剧下降，变为0。与前文冰碛物柱体得到的结果相一致。

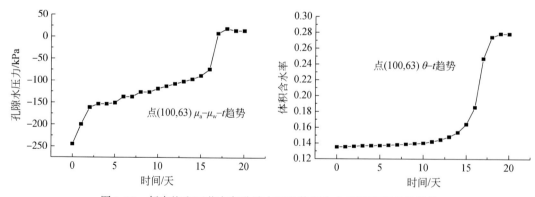

图3.92　暂态饱和区节点负孔隙水压及体积含水率随时间变化规律

从上述分析中可以看出，对于102道班滑坡来说，其在降雨条件下，坡体首先会发生坡脚的水体积聚，即暂态饱和区，即由滑坡体底层为花岗片麻岩，渗透系数较低，难以发生渗透作用，同时上部的松散物质主要为冰碛物，结构松散，渗透系数较高，在降雨初期

（0～10 天），坡体饱和区主要集中在坡脚位置，随着降雨的进行，坡体内部孔压逐渐升高，基质吸力降低（10～20 天），蓄满产流，从而使得饱和区不断上移至坡面中部位置（水平位置范围为 90～120）。对于上述两个区域，在滑坡体加固中应注意排水及设置工程防护措施。

3）暂态孔隙水压力作用下滑坡稳定性

入渗推进湿润锋前进，引起地下水含水量的重分布，进而导致抗剪强度的变化，结合冰碛物的土水特征曲线研究其含水率与抗剪强度的变化，是研究非饱和冰碛物滑坡稳定性的有效途径。实验测得的冰碛物物理指标如下：天然密度 $\rho = 2.1\text{g/cm}^3$，干密度 $\rho = 1.89\text{g/cm}^3$，初始含水率 $\omega = 4.3\%$，比重 = 2.73。

控制土体干密度为 1.89g/cm^3。利用南京土壤仪器产的四联等应变直剪仪（ZJ［DSJ-2］）施加 50kPa、100kPa、150kPa、200kPa 4 个等级竖向压力进行固结快剪实验。按照 0、10%、20% 配置含水率做了 16 个冰碛土样 58 组固结快剪，并在剪切前测定样品实际含水率。同时对 SY-2 等 4 个样品的含水率进行加密，测定含水率分别为 0、4%、6%、8%、10%、12%、14%、16%、18%、20% 及饱和的 63 组重塑土样的抗剪强度（图 3.93）。

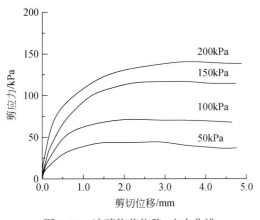

图 3.93 冰碛物剪位移–应力曲线

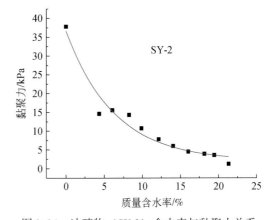

图 3.94 冰碛物（SY-2）含水率与黏聚力关系

根据实验结果绘制的含水率与黏聚力的关系（图 3.94），总体上冰碛物的黏聚力随着含水率的逐渐增加而降低，且在 0～10% 含水率范围内，黏聚力的衰减速度较 10% 至饱和阶段快得多。曲线呈现较好的一阶指数衰减关系，拟合回归分析得（式 3.17）。

$$c = 29.17\text{e}^{-\frac{\theta}{2.43}} + 7.26 \tag{3.17}$$

根据实验结果绘制的含水率与内摩擦角的关系如图 3.95 所示。相比于黏聚力，冰碛物的内摩擦角与含水率的曲线波动性大。但是总体趋势是在减弱的，同干燥时相比饱和状态的内摩擦角降低了 3.51°。从微观土力学上来解释，这是因为水的入渗改变了土颗粒的咬合。而咬合作用机理复杂，导致其波动性大。由于内摩擦角变化不大，在冰碛物坡体稳定性分析中取常数，内摩擦角平均值 34°。

采用极限平衡分析法，并借助 Flac^{3D} 进行数值模拟可建立基于暂态孔隙水压力作用的非饱和冰碛物坡体失稳模型。极限平衡法是基于若干假设建立在静力学平衡基础上，推导出判定坡体稳定性系数的方法。

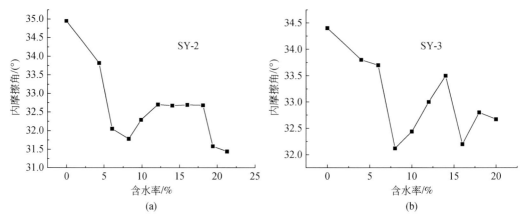

图 3.95 冰碛物 SY-2 (a) 和 SY-3 (b) 含水率与内摩擦角关系

以 102 道班滑坡为例，运用 AutoCAD、GoCAD、Surfer 等软件建立可视化的三维地质网格模型（图 3.96），进而利用 Flac³ᴰ 进行数值分析。冰碛物和基岩初始力学参数如表 3.21 所示；本构模型采用摩尔-库伦模型，模型的底边界为固定边界，固定左、右边界的 x 方向位移，固定前、后边界的 y 方向位移。坡体表面为自由边界。为了查明坡体的失稳变形，在坡面上布置监测点（图 3.97）。

表 3.21 冰碛物和基岩初始力学参数

名称	$\rho/(\text{t/m}^3)$	K/GPa	G/GPa	c/MPa	$\varphi/(°)$
冰碛物	2.1	0.3	0.18	0.34	34
花岗片麻岩	2.76	43.9	30.2	55.1	51

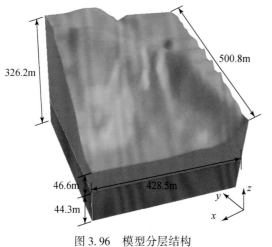

图 3.96 模型分层结构

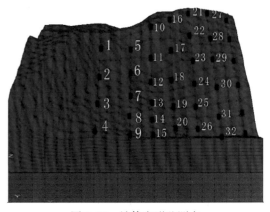

图 3.97 坡体变形监测点

利用 Flac³ᴰ 内嵌 fish 语言定义暂态饱和区，研究该情形下坡体的变形特征与不考虑暂态饱和区情形的不同。

图 3.98 和图 3.99 分别为考虑暂态饱和区与否坡体的变形矢量图。在坡体前端应力集中，随着入渗的进行，在土水多相耦合作用下，产生塑性变形区（图 3.100、图 3.101）。相比于一般情形，考虑暂态饱和区时，坡体塑性变形区域较小，但是坡体的稳定性系数只有 0.88，小于一般情形下的 1.13。这表明，考虑暂态孔隙区的情形下，更准确地指示塑性区范围。若施加防护结构，可以更加有针对性。

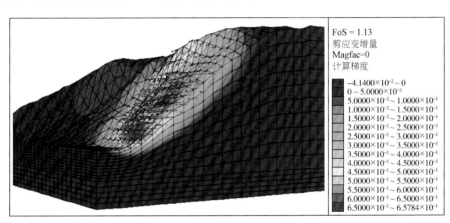

图 3.98　不考虑暂态饱和区坡体变形矢量图

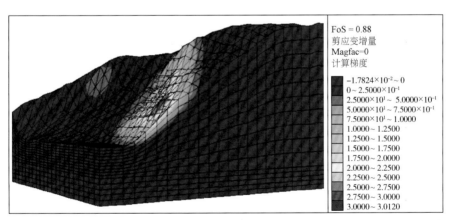

图 3.99　考虑暂态饱和区坡体变形矢量图

通过上述分析，将降雨入渗过程分为饱和带，水分传递带（过渡带）和湿润带，以及未湿润土体，详细分析不同入渗过程中土体的强度（黏聚力和内摩擦角）随含水量的变化关系，并将其应用于 102 道班滑坡。结果表明在考虑瞬态饱和区的情况下，坡体塑性变形区域较小，但是坡体的稳定性系数只有 0.88，小于一般情形下的 1.13，并且暂态饱和区处的位移明显大于其他区域。这说明通过对冰碛物坡体的入渗过程进行深入分析，考虑入渗的不同阶段对应的土体特征，水文特征（产汇流特征），可以更加精细化的对降雨入渗过程对 102 道班滑坡进行精确预测；对于降雨入渗形成的特定暂态饱和区域应更有针对性的设置防护措施。

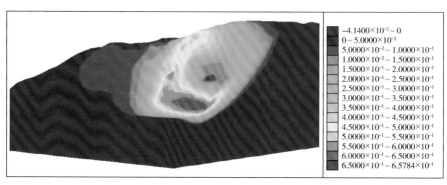

图 3.100　不考虑暂态饱和区坡体塑性变形云图

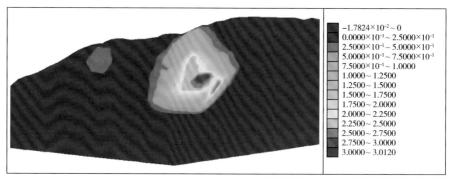

图 3.101　考虑暂态饱和区坡体塑性变形云图

3.4.4.3　径流掏蚀

102 道班滑坡前沿的帕隆藏布在滑坡处向滑坡一侧拐弯，所以滑坡坡脚的河流冲刷、淘蚀作用非常强烈。帕隆藏布上游冰湖溃决及降雨引起的洪水经过 102 滑坡群时，其最大洪峰流量可达 3318.7m³/s，引起的水位变幅可在 25m 以上。如此大的洪水作用于滑坡体，其对滑坡体稳定的影响很大，对坡脚的切割尤为强烈。例如，1987 年特大洪水直接使坡脚退缩 20～40m。这种河流的下切作用使滑坡坡脚的支撑减弱，为滑坡发展扩大了滑动临空面。

1. 径流淘蚀作用

河川径流过程中，必然对河道两侧的河岸产生冲刷掏蚀，而影响河道横向冲刷掏蚀的主要因素有作用于近岸土体上的水流切应力，近岸土体的几何、物理化学特征（包括抗冲的临界切应力、河岸高度等；夏军强等，2005）。而河川径流对滑坡的稳定性影响亦是如此。

水流首先会对滑坡的坡脚进行冲刷。是否会被掏蚀取决于水流在近岸的冲刷能力，一般用下式计算（Simon et al.，1991）。

$$\tau_0 = \gamma h S_0 \tag{3.18}$$

式中，γ 为水的容重；h 为水流深度；S_0 为水力坡降。而近岸土体的抗冲力，一般可以用土体的起动切应力来表示。对于非黏性河岸，抗冲力主要来自泥沙颗粒的有效重力。一般情况下，可以 Shield 曲线的起动临界拖曳力公式来估计非黏性土的起动条件。

$$V_* = \sqrt{ghS_0} \tag{3.19}$$

式中，V_* 为摩阻流速；g 为重力加速度。进一步计算沙粒雷诺数如下。

$$R_* = \frac{V_* d_{50}}{v} \tag{3.20}$$

式中，R_* 为沙粒雷诺数；d_{50} 为土体的中值粒径；v 为运动黏滞系数，取值为 1.31×10^{-6} m^2/s。根据沙粒雷诺数的计算值对照希尔兹曲线，查阅土体的无量纲临界切应力 τ_*，其表达式为（钱宁等，1983）

$$\tau_* = \tau_c / [(\gamma_s - \gamma) d_{50}] \tag{3.21}$$

式中，τ_* 为土体的无量纲临界起动拖曳力；τ_c 为土体的临界起动拖曳力；γ_s 为颗粒的容重。若 $\tau_c > \tau_0$，则滑坡体的坡脚相对较为稳固，不会发生侧蚀；若 $\tau_c < \tau_0$，则滑坡体的坡脚首先开始被掏刷。

若判定岸脚开始冲刷，还应进一步对岸脚的掏蚀速率进行进一步的分析。岸脚的冲刷速率，主要取决于河岸土体的抗冲力和流体的冲刷力的关系。水流侧向冲刷河岸速率为（Osman et al.，1988）

$$\frac{\Delta L}{\Delta t} = \frac{c}{\gamma_s} (\tau_0 - \tau_c) e^{k\tau_c} \tag{3.22}$$

式中，的参数 c 和 k 为河岸侵蚀系数，需根据具体沟段的河岸土体条件进行率定；τ_0 为流体切应力；τ_c 为土体临界起动拖曳力；γ_s 为颗粒容重；ΔL 为冲刷长度微元；Δt 为时间微元，$\Delta L / \Delta t$ 表征岸脚的冲刷速率。

2. 淘蚀作用下滑坡失稳模式分析

在坡脚不断地被冲刷掏蚀的同时，一部分土体将逐步形成临空面，从而其内部的应力场将会发生一定的变化，使得坡岸出现与岸线平行的垂直裂缝，裂缝的形成降低了坡岸土体的稳定性。临空土体一方面由于自身重力的作用，会自上而下形成垂直裂缝；另一方面由于其下部水流所形成的上举力作用，会自下而上形成垂直裂缝。裂隙的形成和发育直接决定了河岸土体失稳的模式。根据坡岸土体破坏形式的不同，可将其分为滑塌式、坠落式和倾倒式失稳三类（王延贵，2003；陈洪凯等，2004）：

若坡岸凌空土体的上部裂缝发育较好，而土体下部的垂直裂隙尚未发育或发育不显著，则临空体将以下部的内侧为支点，向临空方向倾倒失稳，即倾倒式失稳；若坡岸临空土体下部由于水流不断的冲刷掏蚀以及上举力的作用形成垂直裂缝，而上部尚未完全脱离，随着下部的裂隙不断发育深入导致坡岸整体坠落称为坠落式失稳；坡岸临空体上部和下部均发育形成裂隙，且两条裂隙与河岸的倾斜方向一致并最终贯通，将使得河岸土体沿着滑动面滑动失稳，称为滑塌式失稳。结合上述对 3 种失稳模式的成因进行分析，实际考察中，第 2 种坠落式失稳方式并不常见，因为上举力大于滑坡体自身重力的情况实属罕见。因此，本小节将进一步对另外两种失稳模式各自的稳定性判别参数进行理论分析。

1）倾倒式失稳

野外考察发现，倾倒式失稳是最为常见的坡岸失稳方式。当坡岸下部被水流冲刷掏蚀，临空体形成发育之后，其河岸断裂面上的应力分布如图3.102所示。假定河岸临空体处于极限平衡状态，则土体断裂面顶部的外力矩与阻力矩相等。

$$W \cdot L/2 = H^2 \cdot T_0 B/6 \tag{3.23}$$

式中，W为土体的质量，N；B为凌空体宽度，m；H为临空体厚度，m；L为临空体长度，m。根据式（3.20）可以求得坡岸土体的抗拉强度。

$$T_0 = 3WL/(H^2 B) \tag{3.24}$$

由式（3.24）可知，对于具体坡土体，若其抗拉强度T_0已知，便可求得土体裂隙发育的临界临空长度L_{max1}，从而判断坡岸的稳定性。

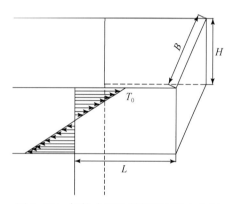
图3.102　倾倒式失稳时断裂面应力分布

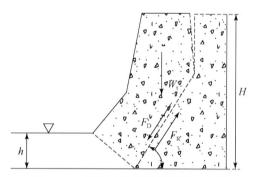
图3.103　河岸土体滑塌过程受力分析

2）滑塌式失稳

滑塌式失稳是指临空体上部和下部两条裂隙相互贯通形成滑动面，从而使得河岸土体滑动失稳。若滑动面已经贯通，需进一步对岸滩的临空体的稳定性进行分析，其受力分析如图3.103所示。F_R为滑动面上的阻力，F_D为沿着滑动面上的驱动力。两者的比值即为河岸的稳定性系数F_S。根据上述受力分析可知：

$$F_D = W\sin\beta \tag{3.25}$$

河岸岸坡土体的F_R可根据摩尔库仑准则分析，具体表达式为

$$F_R = cL + (W - u_w)\cos a \tan\theta \tag{3.26}$$

式中，c为土体的黏聚力；L为滑面长度；u_w为孔隙水压力；a为滑动面倾角；θ为土体的内摩擦角。则河岸临空土体的稳定性系数F_S如公式所示。

$$F_S = F_D/F_R \tag{3.27}$$

若$F_S \geqslant 1$，则河岸可能失稳；若$F_S < 1$，则河岸稳定。

根据上述理论，对102道班滑坡坡脚掏蚀状态下的稳定性进行分析。

3）水动力条件分析

据滑坡下游加马其美水文观测断面资料，1953～1996年帕隆藏布43年平均流量420.8m³/s，最大为529m³/s（1988年），最小为296.5m³/s（1971年）。其中7月流量最大，44年中7月平均流量1288.2m³/s，最大为1988年的1624.5m³/s，最小为1971年的

907.7m³/s（表3.22）。计算历史最大洪水流量可达7990.4m³/s，洪峰平均流速达7.52m/s。另外，据西藏水利厅专家介绍，102道班滑坡地段河流多年平均流量为500m³/s，丰水期流量可达3500m³/s。

表3.22　帕隆藏布加马其美站不同年代水文特征值

年份 特征值	1956~1975年 （共20年）	1953~1966年（共44年）		
		最小值（1971年）	平均值（1953~1966年）	最大值（1988年）
平均流量/（m³/s）	396.7	296.5	420.8	529.2
径流量/mm	1089.3	814.1	1155.5	1457.1
径流总量/m³	1.251×10^{10}	9.35×10^{9}	1.327×10^{10}	1.673×10^{10}
径流模数/［（L/（s·km²）］	34.5	25.8	36.6	46.1
7月平均流量/（m³/s）	1214.4	907.7	1288.2	1624.5
2月平均径流量/（m³/s）	62.1	46.4	65.8	80.1
$K=Q_7/Q_2$	19.6	19.6	19.6	20.3
最大洪峰流量/（m³/s）	1277.3	913.1	1367.1	1780.7

4）滑体土计算参数的选择

根据勘察试验资料。102道班滑坡重度天然状态取21.0kN/m³，饱水条件下取22kN/m³。102道班滑坡峰值强度内聚力介于72~131kPa，平均值约为106kPa，内摩擦角介于30.7°~41°，平均值为34.9°。残余强度内聚力介于16~37kPa，内摩擦角介于26.7°~33.6°，平均值为30.7°。

5）分析计算

102道班滑坡稳定性分析的简化图如图3.103所示。据调查可知，102道班滑坡前缘河谷宽50~80m，地面高程2100m左右，高差340~449m，地形坡度介于35°~40°，局部形成陡崖。水动力条件以最不利条件下（7月）进行分析，$Q_{av}=1288$m³/s，$Q_{max}=1624$m³/s，河面宽B取65m，河床纵坡比降取8.3‰，洪峰峰值流速据调查约7.5m/s，计算可得7月的平均水位高度约2.6m，最高约3.3m。

根据式（3.21）计算可分别计算其平均水位时的起动拖曳力为22.62kg/（m²/s）和28.71kg/（m²/s）。根据希尔兹曲线，确定该区域的沙粒临界起动拖曳力为11.3kg/（m²/s）。进一步分析坡体的稳定性，由式（3.27）可得稳定性系数$F_S=F_D/F_R=0.92$。

通过计算，该滑坡在河流冲刷作用下，坡脚必然发生掏刷，滑坡前缘发生局部滑落或失稳，进而影响滑坡整体的稳定性。

3.4.5　滑坡演化过程反演

3.4.5.1　基于树轮年代学的反演

国际上在利用树轮地貌学的方法重建滑坡近百年来的活动规模和频率方面已有较多应用。但是，这在国内尚属起步阶段，我们尝试将其应用到102道班滑坡的重建中。虽然滑坡的一次性滑动可能会毁灭其上生长的一些树木，但是，经历过强度较小、速度较慢事件的树木仍可以存活下来。因此，生长在滑坡发生地区的树木往往是滑坡事件的"见证者"。这些事件对树木产生的影响都忠实地记录在树轮中。树轮具有定年准确、分辨率高和时间久远等特点。在缺乏详细历史资料记载的地区，年轮方法对重建一定历史时期内滑坡灾害发生的时空分布模式有重大意义。

1. 基本原理

在树木生长过程中随着立地环境的改变会产生应变，形成相应的应力。这些应力逐年累积，就会在树木中形成一定规律的应力分布状态。这种在树木中形成的应力总称为生长应力（growth stresses）（张文标等，2001）。生长应力在树木年轮序列中的表现可以分为两类：在针叶树种中形成压力木（compression wood，CW）和在阔叶树种中形成的拉力木（tension wood，TW）。在102滑坡所研究的树木均为阔叶树种。当滑坡滑动时，会造成其上生长的树木损伤，如树木断头、倾斜撞击的痕迹或者根部断裂。这些损伤便作为生长应力都记录在了树轮里面（图3.104）。Clague（2010）提出了利用树轮地貌学研究方法确定滑坡发生时间的3种策略：①先确定滑坡体上的最老的树木的年龄。假如树木是在滑坡发生之后才生长的，最老树木的年龄就提供了滑坡发生的最小年份（在树木的定居间隔时间已知的情况下，此种定年方法可用）。②利用滑坡体上被滑坡活动影响未亡树木（如生长在滑坡边缘或者滑坡前缘的树木可能会在滑坡滑动中幸存下来）的生长抑制开始形成年份来确定滑坡的滑动时间。③利用由于滑坡活动而死亡的树木来研究。这些死亡的树木可以与当地存活的树木或者当地已经建立的年表进行交叉定年，确定滑坡活动年份。只有当树木确定是由于本次滑坡事件导致死亡，才能将树木最外的一轮的年龄定于与本次事件发生的时间相一致。本研究中采用②的方法，即利用生长受到滑坡影响的未亡树木重建滑坡活动历史。

由于受到滑坡灾害的影响，层细胞被破坏后在受伤的部位就不会形成年轮；在伤疤的边缘，形成层开始过度生长愈伤组织（Schweingruber，1996）。年轮内愈伤组织的第一层细胞开始形成的时间就是滑坡发生的季节。而临近伤疤的创伤树脂道可以作为进一步确定年内滑坡发生的依据（Stoffel et al.，2010）。年轮宽度还可以利用创伤树脂道和过度生长的愈伤组织开始形成的时间，来确定滑坡发生的季节和月份（Saez et al.，2013）。因此，年轮的细胞结构也是一个研究地质灾害的重要指标。然而，对于过去发生的滑坡灾害的历史记录并不完善，只记载了那些造成了严重的经济损失和人员伤亡的灾害事件，对滑坡的缓慢蠕动或者未造成经济损失的滑坡的滑动并无详细记录。而利用年轮方法可以窥探到滑坡的缓慢滑动事件，完善当地关于滑坡过去滑动的记录，更好地全面了解滑坡复活的特性，并预测未来该滑坡的变化趋势，这些都对未来滑坡的监测预警和防灾减灾有重大的现实意义。

2. 样品的采集和实验

102道班滑坡主体曾经发生过多次剧烈滑动，上面的树木均遭到破坏，坡面暴露或树木较小，直径不超过30cm，只有滑坡的两侧和后缘的树木保存较多，树干较粗。因此，本次采样主要集中于滑坡体的边缘，采集的树木为最为广泛的树种青冈栎（*Cyclobalanopsis*

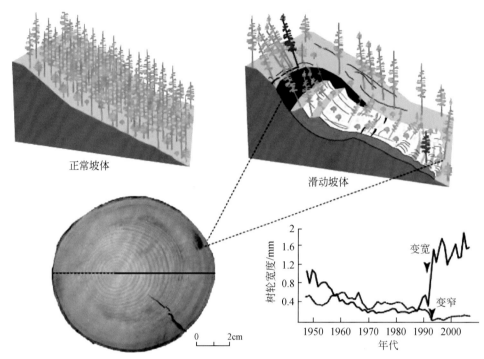

图 3.104 滑坡体滑动影响其上生长树木年轮示意图

glauca）。青冈栎为亚热带树种，为壳斗科的常绿阔叶乔木。作为用来重建滑坡灾害的树轮样本，在野外采集时，尽量选取生长年份较长，外观上明显倾斜或者伤症、生长相对孤立，受到周围树木的竞争较小的树木。在确定研究区域内的树种及周围环境都适合用于进行滑坡灾害重建研究工作之后，就开始进行树轮样品的野外采集工作。

利用瑞典生产的内径 5.15mm，2 线，长 400mm 或 600mm 树木生长锥采集树芯，每棵树要取两个或以上的树芯样本，并且记录每一个样品的以下野外信息：样品编号；胸径；每棵树的样品数量；采样方向；GPS 定点数据。野外钻取树芯样品分布见图 3.105，共采集了 33 棵树 66 根芯。

采集到足够样本之后，将这些样本装入纸筒中，做好标记，运回实验室。将样品摆放在通风处风干 15～30 天，把干燥后的树芯样本粘贴在事先准备好的样品槽中，继续风干 1～2天，然后使用 100～600 目的砂纸对树芯样品进行打磨，直至在显微镜下年轮细胞和界线清晰可见为止，然后在精度 0.001mm 的 Velmex TBA 树轮宽度仪上进行轮宽测量。共测量了 16 棵树的 34 根树芯，代表性树轮宽度的结果见图 3.106。这次采集最老的树为 TT11，为 1919 年。

3. 实验结果与分析

树木年轮用于重建滑坡的活动历史，主要基于当树木生长没有受到扰动时，树木的生长是连续渐变的。当树木的生长出现突然的变化，如生长的急剧减少（比前 4 年的年轮平均宽度减少 40%）或者急剧增加（比前 4 年年轮平均宽度增加 50%）。如果这种变化持续 3 年（或者更长时间）以上，尤其是生长量连续减少，那么这种变化极可能是由于滑坡灾

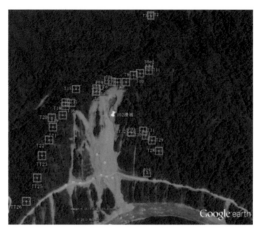

图 3.105　树木年轮采样点分布图

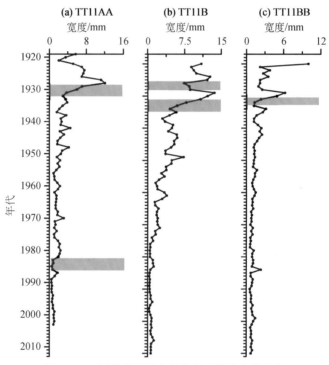

图 3.106　树芯的树轮生长曲线及滑坡事件确定

害等地貌事件影响引起的；如果生长量的减少只有 1 年可能是气象条件的改变而引起的树木生长量的减少。而树轮宽度比前平均宽度增加 50% 以上则可能是由于滑坡的活动导致树木随着滑坡体一起滑动，树木的生长环境发生改变，新的生长环境可能给树木提供了更多的水分光照等有利于树木生长的条件，所以年轮宽度较前的平均宽度会增加。另外，还有将某 1 年年轮宽度与前 1 年树轮宽度对比减少 50%，并且连续 3 年的宽度生长量，没有恢复迹象的也定为滑坡事件。根据研究原理，使用式（3.28）和式（3.29）来计算树轮某一年的生长宽度比前 4 年平均宽度的减少或者增加。

$$I = \frac{r_{i+1} - \dfrac{r_i + r_{i+1} + r_{r+2} + r_{r+3}}{4}}{r_{i+1}} \tag{3.28}$$

$$I = \frac{r_i - r_{i-1}}{r_{i-1}} \tag{3.29}$$

式中，r 代表某年的年轮宽度，代表生长减少或者生长增加的百分比。

在本研究中，通过上述计算式找到式（3.28）中 $I > 0.4$ 或者 $I < -0.5$ 的年份和式（3.29）中 $I < -0.5$ 的年份，两种方法综合确定滑坡滑动的年代。利用树轮恢复滑坡活动事件时，为了避免偶然性，一般要求至少 10 棵树记录到同一年代的生长异常。由于我们采集的树木较少，按照至少两棵树记录到了生长异常来确定滑坡事件，总计确定了 1954 年、1986 ~ 1988 年、1996 年、1999 ~ 2003 年。其中，1986 ~ 1988 年的滑坡事件与已经被广泛报道的 1988 年的滑坡蠕动变形一致，树轮揭示得 1986 年滑坡便开始滑动，可能是报道的为滑坡的前缘，而树轮揭示得为滑坡的后缘。滑坡揭示的 1954 年的 102 滑坡滑动事件为以前未见报道，需要进一步的证实。1996 年和 1999 ~ 2003 年与记载的 1991 年之后每年滑动也符合，进一步佐证了树轮恢复滑坡活动的可靠性。

滑坡滑动受到降雨、人类活动或者地震事件诱发。与波密气象站的年降水量对比后发现，1987 年、1988 年、1996 年和 1999 年的滑坡活动与降雨大的年份可以很好的对应，可能是降雨诱发。而其他的滑坡活动可能受到人类活动或者地震诱发，需要进一步分析。

3.4.5.2　基于多时相遥感解译的反演

结合中分辨率（TM/ETM+）、高分辨率（IKONOS、QuickBird、Pleiades）遥感影像数据，并充分利用遥感技术与 GIS 技术优势，通过人工解译、计算机数据处理等过程，提取滑坡背景信息以及滑坡要素信息，分析近 15 年来滑坡形变特征，为 102 道班滑坡防治技术提供相关空间数据及支撑信息。

1. 遥感数据获取

采用遥感数据主要包括：ASTER GDEM 数据、Landsat TM/ETM+数据、IKONOS 数据、QuickBird 数据、Pleiades 卫星数据（表 3.23）。受高分辨率卫星访问 102 道班滑坡次数少、常多云天气影响，不能有效获取数据，这里只获取到三期高分辨率卫星数据（图 3.107）。从高分辨率影像上分析，能够有效解译滑坡后壁、滑坡前缘、冲沟等细部特征（图 3.108）。

表 3.23　102 道班滑坡调查所采用遥感数据

数据名称	数据日期	分辨率	地图投影
ASTER GDEM	2009 年	30m	UTM/WGS84
Landsat TM/ETM+	1989.01.14、1992.04.12、1999.09.23、2000.05.04、2001.03.20 2002.10.17、2003.05.13、2004.05.07、2006.05.07、2007.04.30 2008.03.07、2009.02.14、2010.12.02、2011.03.16、2013.08.04、2014.03.16	30m	UTM/WGS84
IKONOS	2000.10.04	1m	UTM/WGS84

续表

数据名称	数据日期	分辨率	地图投影
QuickBird	2006. 10. 30	0. 6m	UTM/WGS84
Pleiades	2013. 06. 24	0. 5m	UTM/WGS84

2. 影像预处理与解译标志

对多源影像数据进行了一系列预处理,具体包括:①利用高分辨率遥感卫星的多光谱和全色数据进行了融合处理;②基于 RPC 模型对 QuickBird、Pleiades、IKONOS 数据进行了无控定位,由于缺少控制点信息,使用全球公开 DEM 数据,对遥感影像无控定位结果进行了补偿;③对多源影像数据进行了系统配准。

结合遥感图像形态、色调、阴影、纹理等,102 道班滑坡具有如下解译标志:经多年持续活动,滑坡部分要素如周界、裂缝、台阶等不易影像清晰识别;滑坡体地形支离破碎、起伏不平表面;斜坡陡长,有向下缓倾的现象,地表有冲沟发育;滑坡后部形成汇水区,由于含水性的增强,色调相对较暗;滑坡两侧右侧冲沟切割较深,左侧冲沟持续活动;坡体上存在植被与周围土石、冲沟界线明显;滑坡体的后部有弧形影像,前部向前突出,中部地形微微隆起;滑坡体上土石松散。

总体来说,由于 102 道班滑坡多年持续活动以及工程改造过程,使其在遥感图像上的滑坡要素不充分或模糊不清,解译工作相对比较困难。

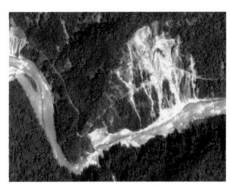 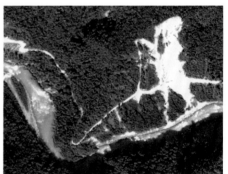

(a) IKONOS (2000年)　　　　　　　　(b) QuickBird (2006年)

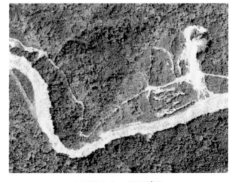

(c) Pleiades (2013年)

图 3.107　102 道班滑坡高分辨率遥感影像

图 3.108　102 滑坡高分辨率遥感影像特征

3. 滑坡解译与结果分析

以 Landsat TM/ETM+遥感影像为基础，计算 1989 年、1992 年、1999～2014 年各期影像对应的 NDVI 数据，结合原始影像与 DEM 数据提取出各个时期的滑坡破坏范围，利用三期高分辨率遥感影像数据（QuickBird、IKONOS、Pleiades）提取滑坡前缘、后壁、冲沟、坡积物等信息，分析 102 道班滑坡在多年来总体变化趋势及滑坡细部变化特征。

1）滑坡总体特征

图 3.109 所示为 102 道班滑坡 NDVI 时间序列数据，绿色表示植被指数高，植被生长情况好，红色为水体、裸土、岩石、云雾。通过与 TM/ETM+影像 4/3/2 假彩色合成对比分析，去除云雾、水体的影响，提取出各时间段的滑坡范围。

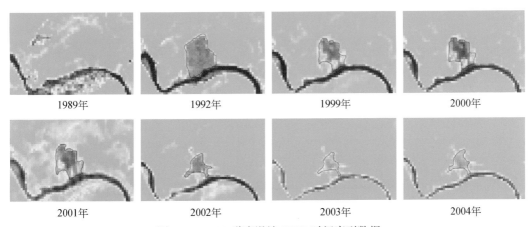

图 3.109　102 道班滑坡 NDVI 时间序列数据

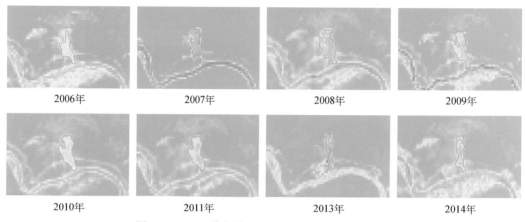

2006年　　　　　　2007年　　　　　　2008年　　　　　　2009年

2010年　　　　　　2011年　　　　　　2013年　　　　　　2014年

图 3.109　102 道班滑坡 NDVI 时间序列数据（续）

　　结果显示，由于 1991 年 6 月 102 滑坡剧烈运动，造成土体移动、植被破坏，滑坡破坏范围投影面积为 174400m²。1992~1999 年滑坡范围缩小为 107617m²，植被恢复区域为滑坡左右两侧，其中左侧后壁和右侧前缘植被恢复最好，表明在经过大规模活动、势能得到释放后滑坡趋于稳定。1999~2001 年破坏范围未有明显变化。2001~2002 年滑坡植被进一步得到恢复，据资料显示 2001 年 7 月至 2002 年 11 月 102 道班滑坡进行了临时保通工程，以锚索肋板墙、桩板墙、排水设施、种树等方式，加强了滑体、路基的稳定，工程措施有效限制了滑坡发展。2003 年滑坡破坏程度趋于减小，这一时期 NDVI 图上显示滑坡发展成为长条形，滑坡左右两侧植被恢复良好，植被增长有效地起到了护坡作用。在各个时期 NDVI 数据、数字高程 DEM 数据以及原始影像分析的基础上，统计出 1992 年、1999~2014 年滑坡范围面积数据（图 3.110），102 滑坡整体破坏范围呈逐年递减趋势，至 2014 年破坏范围比 1992 年减小 79%。本节分为 3 个时间段（1992~1999 年、2000~2006 年、2007~2014 年）进行形变制图，上可以看出滑坡破坏逐步缩小趋势，其中 1992~1999 年滑坡左右两侧逐步稳定，2000~2006 年滑坡两侧趋于稳定的同时滑坡有向后发展趋势，2007~2014 年滑坡右侧趋于稳定，而滑坡后壁和滑坡左侧仍处于发展状态。总的来说，从 1991 年滑坡发生剧烈变化，经过多次滑坡治理，102 道班滑坡的发展趋势得到了一定控制，但是受滑坡后壁地下水以及强烈地形变化，滑坡左侧仍然处于不稳定状态。

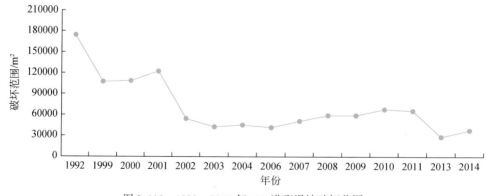

图 3.110　1992~2014 年 102 道班滑坡破坏范围

2）滑坡细部特征

利用遥感数据处理平台对 2000 年、2006 年、2013 年遥感影像进行几何校正、正射纠正、影像配准之后，利用 ArcGIS 软件提取出三期影像上 102 道班滑坡后壁、前缘、冲沟等细部特征，并勾绘出破坏范围（图 3.111）。图 3.111 中蓝色为滑坡上的主要冲沟，红色为滑坡破坏范围。通过三期人工解译数据，分析 102 道班滑坡细部特征变化及发展趋势。

（1）自 1992 年大滑坡以来 102 道班滑坡一直处于不稳定状态，在 2000 年 IKONOS 影像上滑坡周界、台地、洼地、拉张裂缝等形态特征已难以明显分辨出来。2000 年滑坡后壁由两部分组成，滑坡体上发育有 3 条主要冲沟（编号从左至右为 1～3 号）。2006 年 Quickbird 影像显示 3 号冲沟处已在 2001 年滑坡治理过程中通过锚索肋板墙、桩板墙、排水设施、种树等方式阻止了其进一步发展，1、2 号冲沟之间有扇形坡积物存在。2013 年 Pleiades 影像上显示滑坡右侧已趋于稳定，3 号冲沟两侧植被生长良好，而滑坡左侧后壁仍向后发展，滑坡后壁洼地明显，野外调查时发现洼地后壁有地下水渗出，侵蚀滑坡后壁底部。

（2）通过对 3 期解译数据叠加分析，形成 2000～2013 年滑坡变化分布图。图上绿色植被恢复范围，红色为破坏增加范围。经过对比分析，2000～2006 年滑坡后壁左侧部分向后发展，与 2000 年影像相比滑坡后壁扩展的投影距离约 92m，垂直距离约 78m，滑坡后壁坡度增加，滑坡西北与东南向逐步趋于平稳，植被生长茂盛。2006～2013 年滑坡后壁左侧部分向东发展，水平距离约 45m，面积约 9645.69m^2。滑坡壁右侧部分逐步趋于平稳，植被覆盖增加。

（3）从图 3.111 可以看出，滑坡主要变化集中在左侧，因此将左侧影像提取放大进行对比。在 2000 年影像上 1 号冲沟切割较深，旁边分布有细碎小型冲沟，由于此时无工程措施治理，沟内松散土石受雨水冲刷严重，冲沟从滑坡后壁一直延伸到帕隆藏布江边。2006 年影像显示，左侧大型冲沟坡面堆积成扇形，坡脚较 2006 年冲刷严重程度减弱。2013 年影像上左侧冲沟切割成细碎小型冲沟，坡脚部分冲沟切割深度较 2006 年有所加深。综合实地考察及滑坡区域降水、地形、地貌特征分析，由于 2002 年实施的工程措施进行滑坡治理，使得 2006 年影像上显示出滑坡在一定程度上得到了控制，但是随着时间推移，受丰沛降水、后壁地下水冲刷以及陡峭地形形成的强大重力势能等影响，造成左侧工程措施损坏，失去了保障作用，以至于 2013 年影像上显示左侧冲沟又有一定程度的发育。

3）工程措施分析

鉴于 102 道班滑坡常年断道阻车，从 2001 年 7 月开始实施了滑坡整治，至 2002 年 11 月结束。对川藏公路实施了临时性保通工程，在路基上边坡的东侧和公路下边坡路肩部位，采用修建预应力锚索肋板墙，滑坡中部公路上边坡布置挡墙。在线路长仅为 623m 内，完成主要的工程量为了从根本上解决问题，土坡上还种上了树，进行植被的恢复。图 3.112 为 2006 年 IKONOS 遥感影像，从影像上可以看出，经过临时性保通工程实施，102 道班滑坡左侧、中部、右侧挡土墙清晰可见。挡土墙有效缓解了滑体的下滑，路基上边坡植被得到恢复。

自 2002 年工程措施实施以来，滑坡右侧得到稳固，滑坡左侧主要受后壁地下水、碎

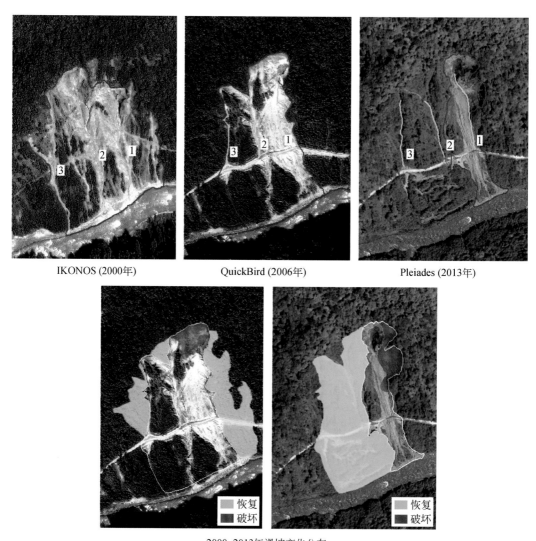

图 3.111　102 道班滑坡高分辨率遥感影像解译

屑坡积物影响仍有活动迹象。10 多年间布设的工程措施在一定范围内受到损坏，主要体现在滑坡左侧。从 2000 年至 2013 年间 102 道班滑坡右侧前缘总体稳定，由于工程施工，在滑坡右侧前缘能清晰可见工程活动痕迹。2006 年影像上左侧工程措施完好，而在 2013 年影像上的主要变化在箭头标示处，通过实地勘察，路基下边坡有一定程度损坏，并得到了修缮。

3.4.5.3　滑坡演化过程重建

根据调查访问和多种手段的滑坡演化过程反演研究结果，可一直 102 道班滑坡是在老滑坡的基础上发育的。据访问及对 1966 年航空影像的分析，老滑坡可能发生在 1950 年察隅 M_s 8.6 级地震之后。在老滑坡全面复活过程中，向东侧及后部扩展，形成了如今的规

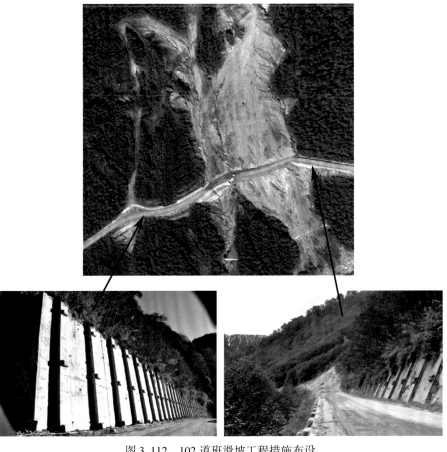

图 3.112　102 道班滑坡工程措施布设

模。据综合研究分析，102 道班滑坡历经了以下发育阶段（图 3.113）。

（1）20 世纪 50 年代川藏公路建设之前：50 年代以前，滑坡处于缓慢蠕动变形阶段。直到 1950 年察隅地震时发生了一次较明显的变形过程。

（2）20 世纪 50 年代至 90 年代初期：自 1950 年察隅地震算起，坡体地表缓慢开裂变形持续到 90 年代初期。在 60 年代，老滑坡就有明显的活动迹象。西藏公路部门曾设置防泥走廊，但多次遭到毁坏而失效。1988 年，当地降雨丰富，引发整个坡体蠕滑变形。至 1990 年，每年雨季路基下沉 0.5~1.0m，公路内侧边坡多处崩塌，堆积物侵占路面 1/3~3/3，堵塞边沟，严重危害安全通行。滑坡体前缘多次遭洪水冲刷，岸坡后退 50~70m，形成高 20~25m 的陡坎。坡脚处的松散土、石被洪水冲走，原有抗滑作用丧失，使滑坡稳定性降低至快速滑动的临界状态。1991 年 6 月路基突然加剧变形，预示着即将开始大规模整体滑动。

（3）1991 年：据调查访问，1991 年 6 月 16 日，公路路基急剧沉陷 2m，17 日又急剧沉陷 1m，18 日路基边坡局部开始坍塌。直至 6 月 20 日左右，整段边坡失去平衡，突然快速滑动。滑坡体前部物质均处于饱和状态，呈塑性。当时有人经过，被陷下后无迹可查。大量滑坡物质自 1991 年 6 月 16 日从公路外边坡开始慢速滑动，至 6 月 20 日 14：00 加速

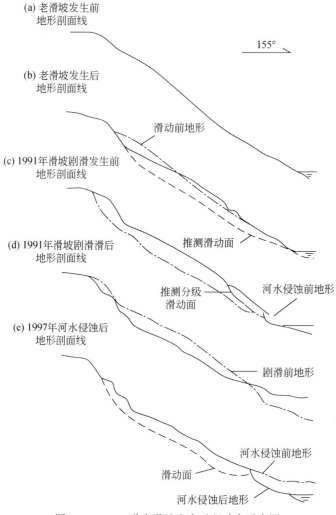

(a) 老滑坡发生前地形剖面线

155°

(b) 老滑坡发生后地形剖面线

滑动前地形

(c) 1991年滑坡剧滑发生前地形剖面线

推测滑动面

(d) 1991年滑坡剧滑滑后地形剖面线

推测分级滑动面

河水侵蚀前地形

(e) 1997年河水侵蚀后地形剖面线

剧滑前地形

河水侵蚀前地形

滑动面

河水侵蚀后地形

图 3.113　102 道班滑坡发育过程动态示意图

滑动,体积达 5.1×10⁶m³ 的坡体快速滑入河中,滑坡前缘直抵帕隆藏布彼岸,在河道中帕隆藏布形成了高近 20m 的堰塞坝,回水长 3km。堰塞坝在约 40 分钟后随即溃决。1991 ~ 1997 年期间,每年的洪水陆续冲走大量固体物质,并形成宽 30 ~ 80m 的边滩。

(4)1991 年至今:据现场调查和近年来对 102 道班滑坡所在斜坡变形动态分析,从 1991 ~ 1992 年多处滑坡和崩塌历经较大范围的变形破坏之后,至今坡体没有明显的滑塌。滑坡经过一次大的滑动后势能大大降低,坡面泥石流的冲刷致使滑体厚度变薄,又经过一期临时保通工程和两期完善保通工程之后,目前基本处于稳定状态。仅存在滑坡后壁大面积的坍塌,以及坡面泥石流一直对公路的正常运营带来危害。

3.5　小　　结

以宝鸡黄土城镇区滑坡研究作为重点,并结合黑方台黄土灌溉区滑坡实例,初步揭示了西北黄土区工程滑坡形成机理与演化过程。针对宝鸡黏黄土工程边坡，较为系统地分析了直线型和阶梯型两类主要边坡及其防治现状；获取了土水特征曲线（SWCC）及增湿应力路径（UDL）条件的非饱和土力学特性，分析结果显示基质吸力的降低是宝鸡黄土变形的必要条件，而胶结连接的破坏则是土体变形破坏的主要原因。同时，初步给出了黄土颗粒周边的不平衡表面张力造成土体垂直节理形成的一种非饱和土力学解释。通过高陡阶梯型路堑边坡和近直立高边坡的离心机试验研究，初步总结了滑动–流动和卸荷–蠕滑–拉裂等两种黄土边坡的主要破坏模式。在物质组成方面，根据硬黏土矿物成分定量分析，揭示了三趾马红土和三门系硬黏土均以伊利石/蒙脱石混层矿物为主的特点，且具有中等–强膨胀性土，初步揭示了硬黏土边坡经开挖暴露后，在干湿交替条件下膨胀崩解，形成小型剥皮和滑塌的失稳模式。在结构控制方面，分析了宝鸡塬边斜坡的原生结构面、断裂结构面和次生结构面三类结构面，及其对塬边低角度与高角度滑坡发育的制约作用。初步揭示了黑方台滑坡群灌溉型和冻融型两种滑坡诱发机制，其中前者诱发机制经历了"灌溉引起地下水位抬升，造成饱和带厚度增大和非饱和带增湿"→水–岩作用产生岩土强度"劣化弱化"效应→灌溉型滑坡的形成与启动；后者通过变温度及冻融循环条件下渗透系数试验，初步揭示了冻结滞水效应及促滑机理。

　　针对三峡库区工程滑坡，利用 PFC^{2D} 数值仿真技术，模拟得到了土石混合体应力–应变关系，结果显示随着含石率的提高，土石混合体的剪切强度大大提高；当含石率低于0.3 时，块石对土石混合体的力学性质影响不大，整体屈服破坏形式主要表现为土体的屈服破坏；初步揭示了材料细观参数与宏观力学参数相关性。同时，模拟揭示了颗粒抗转动效应和破碎对砂土力学特性的影响。

　　针对青藏高原交通干线区，较为系统地分析了川藏公路 102 道班滑坡的地质环境条件和滑坡发育特征，从化学溶蚀作用、渗透应力和冰碛物强度弱化角度分析了水–岩相互作用；同时，分析了入渗和径流作用对坡体稳定的影响，综合揭示了水对滑坡的诱发机制。利用树轮年代学和多时相遥感解译方法，反演重建了滑坡的演化过程。

第四章 重大工程滑坡综合防治理论与技术

4.1 概　　述

随着工程滑坡形成机理和防治技术研究的不断进步，相对单一的预防或治理技术，逐渐无法满足工程滑坡被动治理有效性、经济性、甚至生态环保等多重要求。随着主动减灾理念不断在防灾减灾和工程建设领域得以推广，进一步对滑坡危及工程的潜在风险评估和控制提出了更高的要求。在此背景下，亟须对现有的工程滑坡预防和治理理论技术进行综合集成，融合已有的监测预警、工程治理、风险评估和搬迁避让等相关技术，逐渐告别"单打一"式防治技术，探索"组合拳"式防治技术，从而使工程滑坡的防治和风险控制效益最大化。为此，本项研究将工程滑坡的综合防治理论与技术作为核心和特色内容开展了重点研究，旨在基于不同工程扰动区背景和滑坡机理，融合"有效预防、快速治理、主动减轻"技术，形成"防、治、管"三位一体的工程滑坡综合防治理念和技术方法体系。为达成该研究目标，本章探索提出了主动减灾防灾的理念，针对黄土城镇区、三峡库区和川藏公路沿线等不同工程扰动区的工程滑坡发育特征和成灾机理，分别提出了城镇区边坡支护和土地开发利用、灌溉区以地下水控制为主的综合防治、三峡库区滑坡防治技术集成，以及川藏公路极端地质气候区的溜砂坡防治技术为特色的工程滑坡综合防治理论与技术。

4.2 重大工程滑坡主动减灾防灾理念

基于工程滑坡防治领域的若干新进展和关键科技问题，初步探索出"如何有效预防、如何快速治理、如何主动减轻"为主线的工程滑坡综合防治研究的 3 个关键科技问题（吴树仁等，2013）。主要内容包括：①从工程边坡扰动过程与机理、潜在工程滑坡危险性识别评估和监测预警 3 个方面，集成探索工程滑坡灾害有效预防的主要途径，强调潜在工程滑坡危险性识别评估是有效预防工程滑坡灾害的关键；②从快速钻探勘察技术、快速评估和快速锚固技术，特别是深层滑坡自适应锚固技术研究方面，深入开展工程滑坡快速防治技术研究；③从主动减灾防灾理念和意识、工程滑坡风险评估与控制、综合减灾 3 个方面，集成研究主动减轻工程滑坡灾害的有效途径，强调构建"防、治、管"为一体的国家级综合减灾信息共享平台，是综合减灾防灾的关键。

4.2.1 有效预防技术

目前，工程滑坡灾害预防为主的理念得到推广应用，关键是如何使预防更有效果，特别是不漏掉重大工程滑坡隐患,进而采取有关预防措施,是保证早期预防成效的重中之重。工程滑坡早期预防有很多技术方法,限于篇幅这里重点研究斜坡扰动过程与机理、潜在工程滑坡危险性识别和监测预警3个方面内容,其中,潜在工程滑坡危险性识别评估是有效预防工程滑坡灾害的关键。

1. 工程滑坡扰动过程与失稳机理

重大工程导致的斜坡扰动按行业分为铁路、公路、水利水电、采矿、城镇建设等,每一种工程活动可能产生多种斜坡扰动;按斜坡扰动类型分为人工切坡、填筑、蓄水、灌溉排水、深部挖空和两种以上的综合扰动等,而人工切坡和大型水库蓄水引起的库岸成带变形破坏是灾害效应最为显著的扰动类型之一(图4.1)。

序号	工程扰动类型	斜坡扰动类型	可能产生的扰动过程
1	水利水电	水位变化	崩塌、蠕滑、滑动
2	铁路	振动(水库地震)	崩塌、滚石
3	公路	高切坡	卸荷回弹、松弛张裂、蠕变、表层变形破坏、崩塌
4	城镇建设	填筑	蠕变、崩塌、滑动
5	规模采矿	深部挖空	压裂、崩塌
6	规模灌溉	工程渗透	崩塌、蠕滑、滑动
7	油汽管道	综合扰动	卸荷回弹、蠕变、滑动
8	------------		

图4.1　斜坡扰动分类示意图解

人工切坡引起的边坡扰动机理:主要关注扰动过程从量变到质变,直至引起大规模滑动过程和方式,需要提前分析工程切坡产生的常规扰动、关键扰动和临界扰动。

(1)常规扰动:指自然斜坡稳定性较好,人工切坡规模较小,切坡扰动仅导致斜坡局部变形,而不影响斜坡整体稳定性。通过及时处理和加强监测即可维护斜坡整体稳定性。

(2)关键扰动:指人工开挖规模大,切穿维持斜坡稳定的关键支撑岩体[图4.2(a)],为潜在滑动软弱带或老滑坡前缘支撑岩土体使边坡处于潜在不稳定状态,随时可能诱发块体快速滑动。

(3)临界扰动:指斜坡一直处于不稳定或者较不稳定状态,只是潜在滑动面没有完全贯通,还有局部锁固点或障碍体,或者是前缘有阻碍体。人工切坡直接挖掉障碍岩体、或者是人工切坡引起的变形打通了障碍体[图4.2(b)],导致规模滑坡突然发生。

水库蓄水诱发滑坡过程与机理:水库蓄水和泄洪引起的水位快速上升和下降,可能诱发库岸斜坡发生大规模库岸再造、坍塌、蠕滑和滑动。

(1)库岸再造诱发滑坡:库区水位升高后,库岸影响带在浸泡、浪蚀作用下,斜坡岩土体会发生库岸再造和坍塌,因而将牵引库岸上的土层向库内蠕滑,特别是叠加暴雨时,将会发生大规模变形和滑坡。

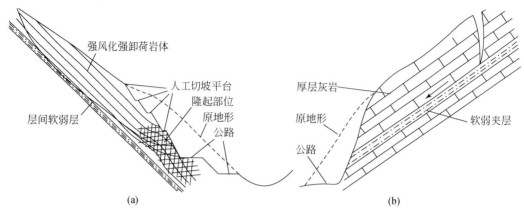

图 4.2　工程扰动滑坡过程示意图解

(a) 公路切坡, 挖掉部分隆起部位, 减少下部抗滑力, 坡体加速变形 (据黄润秋, 2013, 第六届全国地灾与防
治学术会议大会主题报告 "大型滑坡机理与早期识别", 稍有修改); (b) 公路切坡, 挖掉了石灰岩关键支撑岩
体, 使蠕变滑动软弱剪切带临空, 加快上覆岩体变形滑动

（2）软化和悬浮减重诱发型: 水库蓄水后由于水-岩相互作用而造成岩土体的强度软化效应和浮托减重效应而可能改变滑坡体的稳定状态, 包括斜坡岩土体的软化、泥化, 抗剪强度降低, 导致老滑坡复活或新滑坡产生。特别是含有软弱夹层的顺层岸坡, 易于发生大规模水库滑坡灾害, 如意大利瓦伊昂水库滑坡和三峡千将坪滑坡等。

（3）动水压力诱发型: 由于库水位的突然降低, 库岸内地下水位高于库水位, 地下水由滑坡体渗透排出, 较大的水头差和水力梯度形成较大的动水压力, 加大了沿地下水渗流方向的滑动力; 同时, 滑体中部分细粒物质被水流潜蚀, 增大了滑体孔隙性, 降低了岩土体有效抗剪强度, 从而引起老滑坡的复活和新滑坡的产生。

2. 潜在工程滑坡危险性识别

工程滑坡危险性识别评估可分为先存滑坡识别和潜在危险斜坡识别, 其中, 先存滑坡识别: 主要指已发生过滑坡, 且有可能再次发生滑动的识别, 是滑坡空间预测评估的重要内容。初步归纳 6 条比较通用的滑坡空间识别预测依据:

①斜坡形态呈躺椅状、坡体后缘出现垂直坡向的洼地和张裂隙;

②坡体上发育平台与阶地;

③坡体上发育马刀树或醉汉林;

④坡体前缘明显前凸或有剪出口;

⑤滑坡边界清楚或坡体边界裂隙发育;

⑥存在滑动面或顺坡向软弱变形面。

潜在危险斜坡体识别评估: 主要指可能发生崩滑潜在隐患坡体的评估, 也是滑坡空间预测评估主要内容之一。初步归纳 5 条判据:

①斜坡岩体存在顺坡向、倾角小于坡角的软弱结构面;

②坡体存在多个临空面或被两组以上结构面切割;

③斜坡后缘出现拉裂隙或发育卸荷裂隙的高陡边坡;

④坡体裂隙发育，表层岩体发生变形或蠕动；

⑤坡基存在缓倾软弱层，且前缘开挖临空或地表径流冲蚀。

在初步确定潜在滑坡位置之后，对于不能回避的工程，还需要评估滑坡危险性，包括：定性评估滑坡规模、剪出口高程、诱发因素和强度、滑坡速度和最大距离；在此基础上，结合工程勘察和测试分析，定量计算评估滑坡稳定性，为滑坡监测预警和工程治理提供依据。

3. 工程滑坡监测预警

对工程规划施工不能避让的潜在危险斜坡地段和潜在危险滑坡区进行动态监测预警研究；然而如何从监测数据中提炼预警判据成为工程滑坡灾害有效预防的瓶颈难题。

1）工程滑坡状态预警判据

确定工程滑坡危险状态判据和标志比较难，建议利用安全系数及滑坡边界轨迹分维值作为稳定性参考判据。以三峡地区滑坡为例，工程滑坡变形破坏一般经历3个重要变形阶段，即蠕滑缓慢变形阶段（季节性降雨对其影响不大）、季节性变形阶段和急剧变形阶段；当滑坡保持自身的缓慢蠕变而不受季节性降雨的影响时，通常处于稳定状态；当滑坡变形、滑动明显受降雨影响而发生季节性变化时，则滑坡总体处于临界稳定状态，其变形现象和标志可考虑作为滑坡状态预警判据，如滑坡前缘有带状泉水涌出、中后部张裂带状扩展且破裂长度大于滑坡体宽度的1/2，或者是滑动速率明显增加且季节性变化明显等；而滑坡一旦处于急剧变化阶段，其变形现象和诱发因素可作为临界时间预警判据。基于这种认识，这里归纳了6条状态预警判据：

①滑坡整体稳定性系数等于1，局部小于1；

②滑坡体拉裂隙处于明显的扩展状态，或后缘拉裂带长度大于其滑坡宽度的1/2；

③持续降雨，滑动带（面）处于饱水、软化状态，且地表径流冲蚀部位开始明显崩滑，或局部破裂变形扩展滑动、地面塌陷；

④滑坡前缘有带状态分布的泉水涌出；

⑤滑坡边界轨迹连续，轨迹分维值在1.40~1.60；

⑥滑坡蠕滑速率持续增大明显，或滑动速率大于10cm/月，且季节性变化明显。

2）工程滑坡时间预报临界判据

工程滑坡时间预报临界判据主要指滑坡急剧变形滑动或启动时的标志和状态及诱发因素，如果工程滑坡处于静态临界状态，叠加强雨量则会发生快速滑动。因此，这里在上述状态判据的基础上，主要依据滑坡宏观破裂现象。初步统计表明：新生的单条宏观破裂长度大致等于滑坡宽度，或者是所有破裂的累计长度达到滑坡边界长度的50%左右，滑坡就处于临滑状态、监测滑坡位移量与滑坡长度之比，表层堆积层边坡降雨量与滑坡发生关系的统计分析及滑坡剧烈变形阶段的变形标志，探索其时间预报判据。

根据近年来三峡库区工程滑坡的统计资料分析，降雨量、降雨强度和一次降雨持续时间与发生滑坡数量之间的统计关系分析，有92%的滑坡与降雨量相关，66%的滑坡直接由降雨诱发；其中，当每小时降雨量大于50mm、日降雨量大于150mm或一次持续降雨量大于200mm时，滑坡发生概率显著增加；结合典型工程滑坡发生的降雨量资料和典型滑坡剧烈变形和突发快速滑动的变形现象和位移特征，具体归纳以下时间预报临界判据：

①每小时降雨强度大于 50mm；

②日降雨量大于 150mm；

③一次持续降雨量大于 200mm；

④滑体后缘裂陷槽长度大致等于滑体宽度，或者滑体周围扩展破裂累计长度达到周围边界的 40% ~60%；

⑤滑体前缘（剪出口附近）快速鼓起、或泉水向上喷射；

⑥滑坡局部出现地面下陷，伴随有响声或热风；

⑦滑坡位移速率大于 0.5m/d，或者滑坡累计滑移距离与沿滑移方向的滑坡长度之比为 0.4% ~0.8%；

⑧地震动峰值加速度≥0.2g，或滑坡场地地震烈度≥Ⅷ。

需要注意的是，降雨量预警判据相对适用于表层堆积层工程滑坡，破裂和位移比判据更适用于层状基岩滑坡，包括基岩与堆积层复合型滑坡。

4.2.2　快速治理技术

所谓应急快速治理技术（措施）是指比目前常规措施提高效率约 50% 以上的新技术新方法，其内容涉及很广，而核心关键技术包括：快速勘察、快速评估、快速锚固或快速支挡 3 个方面。

1. 快速钻探勘察技术

重大工程滑坡灾害的应急处置过程中，利用快速勘察技术查明灾害规模、强度和掩埋人员情况是决定应急救援成效的关键。需要综合应用快速勘察技术与山地工程、浅层物探和快速钻探相结合。而快速钻探是生命救援通道应急勘察施工的关键。快速钻探的关键在于钻头的质量和寿命及钻进辅助机具的选型配套，宋军课题组采用数值模拟软件对偏心钻具进行结构设计，通过应力分析、计算和模拟现场施工情况，对跟管钻具采取了加厚、增大圆弧等方法来改进设计，攻关研制出新型潜孔锤跟管钻具，不仅显著提高钻探勘察效率，而且在大吨位锚索孔施工中实现了快速钻进，提高了锚固施工效率。

2. 快速评估与制图

工程滑坡灾害的快速评估，主要包括工程滑坡规模、灾情、发展态势（是否再次发生快速滑动）、扩展影响范围、周围边坡岩土体稳定性等，为应急救灾和快速治理提供基础资料数据。课题组结合"十一五"科技支撑计划课题，利用 RS 和 GIS 等技术，开发滑坡灾害快速评估信息系统，嵌入地质灾害风险评估模型，如综合信息模型、图像识别和灰色模型等，初步形成地质灾害快速评价与制图技术方法，特别是滑坡强度快速评估及制图技术方法，为汶川地震滑坡灾害快速评估提供技术支撑，在工程滑坡灾害快速评估与制图方面具有推广应用意义。

3. 快速锚固技术

快速锚固技术主要包括快速钻探成孔、快速下锚和快速注浆技术与工艺的组合。深层自适应锚固技术具有快速、安全、经济、创新的特点。①快速下锚技术与工艺：在复杂地层条件下，快速下锚技术以锚索的快速安装为基础，通过机械化辅助装置的使用，尽量缩短长大锚索的安装时间，实现钻进效率高、锚索安装速度快、注浆时间短、锚固效果好；②锚索快速注浆技术：其核心问题是提高锚索注浆速度，缩短注浆工艺完成的周期，在施工设备和工程条件相同的情况下，改善注浆材料性能是最有效的办法，因此锚索注浆专用外加剂研究十分重要；③深层滑坡自适应锚固技术：指锚索在基岩和滑体中均设置锚固段，滑面位置设置自由段，利用滑体剩余下滑力在基岩与滑体中分别产生锚固力，在中部自由段（钢绞线套管防护，套管外钻孔注浆）产生"预应力"。当岩土体有滑动时即产生锚固力，中部自由段产生位移适应岩土体变形，两端锚固段产生锚固力及时控制岩土体变形，达到加固岩土体的目的。同时由于不张拉、不安装锚具、一次性注浆完成，因此具有快速、安全、经济、效果好的特点。

4.2.3　主动减轻风险技术

主动减灾防灾是国际上新趋势新潮流，主动减灾防灾的途径很多，主要包括主动减灾防灾理念和意识、风险评估与控制、避让和综合减灾等。

1. 主动减灾理念

主要是在工程规划与施工过程中，需要对工程扰动产生滑坡过程和滑坡可能性事前有所认识，主要包括：①预测评价工程扰动是否会发生滑坡。②预防工程扰动边坡发生滑坡；特别是在易滑地层和易滑顺层结构斜坡地段及老滑坡地段，需要进行滑坡危险性评估和关键岩体稳定性分析评估，重点研究评判工程扰动滑坡破坏模式和成灾方式与规模，确定工程滑坡可能危害范围和风险大小，在施工前采取必要的主动避让和防范措施；在施工过程中，注意工程边坡变形状态，主动保护生命财产安全，延缓和防止灾难性工程滑坡发生，特别是制定有针对性的应急处置方案和紧急躲避逃生方案，一旦发生工程滑坡灾害尽量减少伤亡。

2. 风险评估与控制

需要采取定性与定量相结合的方法，主要从工程地质类比分析基础上，利用 GIS 信息集成技术系统，分段评价工程边坡稳定性（陈祖煜等，2001，2005）、危险性和风险，依据风险高低分段采取主动降低风险措施。在高风险地段，依据滑坡可能变形状态，首先考虑工程主动避让措施，如在铁路线规划遇到滑坡可以选择隧道或者桥梁跨过滑坡区；在不可避让的状态下，分别采取排水、削坡和工程锚固有效降低风险；中高风险地段，则采用监测预警等措施控制风险，或者工程措施降低风险。

3. 综合减灾技术

滑坡综合减灾是一个系统工程，也是国际上减灾防灾发展趋势，综合减灾的核心强调集成，重点是技术方法集成、信息集成、预防与治理的集成等；工程滑坡综合减灾的核心在于"防、治、管"的集成体系和信息共享平台建设，主要包括：①工程区段工程地质条件的系统调查编录和数据库建设；②以预防为主的工程边坡稳定性分析与潜在危险性分段评价；③以主动减灾为核心的监测预警与风险管理信息平台建设；④以工程治理为辅的技术方法优化组合与模块化；⑤以应急救灾处置为核心的快速应对决策系统；⑥集"防、治、管"为一体的国家级综合减灾信息共享平台建设。这里重点强调下列 3 个方面内容。

1）工程滑坡调查编录与数据库建设

工程滑坡调查编录与数据库建设是综合减灾的基础，香港地区对市区所有人工边坡详细调查编录，并建立数据库和监测预警信息系统，使每个居民都可以查询自己房屋周围边坡稳定状态，在主动减灾防灾中取得很好效果。国内工程滑坡调查编录不系统、精度差，并且分散在不同部门、不同单位，缺乏统一的交流和共享平台，严重制约工程滑坡综合减灾效果，这方面还有很大的潜力可以发挥，特别是围绕重大工程沿线和山区城镇工程滑坡的详细调查编录与数据库建设，建立完善工程滑坡灾害信息服务平台，向公众提供全面的工程灾害与风险信息，是有效预防工程滑坡和综合减灾的重要途径之一。

2）以应急救灾处置为核心的快速应对决策系统研究

工程滑坡灾害的突发性和危害国家交通命脉及生命安全的不可延误性，决定其应急救灾处置的重要性，因此加强应急救灾关键支撑技术研究重点是快速调查、勘察和灾情快速评估技术及应急决策信息系统研究，制定有针对性的工程滑坡应急救灾处置预案，整合国内防灾减灾部门条块分割的体系，构建基于现代通信技术、集现场灾害信息采集传送和后方信息分析预测与决策处理的国家级应急救灾空间数据基础设施和跨部门的应急指挥系统，逐步实现应急救灾高效有序管理，全面提升国家及相关政府部门应急救灾科学决策能力与效率。

3）构建"防、治、管"为一体的国家级综合减灾信息共享平台

综合减灾涉及减灾防灾的方方面面，其中，关键的 3 个环节是"防、治、管"，即预防、治理和管理，管理自始至终贯穿于预防与工程治理过程中，包括整合全国资源，加强工程滑坡综合减灾相关法律与规章制度制定与完善，各种技术标准（监测预警、勘察、评价和治理等）的制定与更新，逐步建立重点山区城市和生命线工程沿线工程滑坡综合减灾示范基地，积极倡导预防为主、工程治理为辅，防治结合的综合减灾管理理念，加强多学科多部门联合，集成有效预防、快速治理和应急处置、科学规范管理为一体的工程滑坡减灾防灾支撑技术体系，构建"防、治、管"为一体的国家级综合减灾信息共享平台，将综合减灾过程按管理程序有效进行，不同层次管理者、科技工作者和第一线工作者责任明确，各司其职，全面提升国家综合减灾防灾能力和水平。

4.3　宝鸡城镇区滑坡综合防治技术

本节以宝鸡城镇地区的黄土黄土工程边坡为例，探讨现有工程滑坡防治存在的问题及其改进方案。黄土滑坡的形成其本质是发生剪切破坏。对于土体剪切特性的认识是了解剪切破坏机理、指导滑坡防治的基础。斯开普敦（1975）对滑带面厚约 20cm 的剪切区进行了微观构造研究，认为破裂面与主剪切面呈 10°～30°斜交。房江锋（2010）通过人工切割黄土模拟节理，探讨了黄土节理的抗剪强度，得出黄土的摩擦角随含水量的增加呈二次曲线变化的规律。文宝萍等研究了非饱和黄土结构对于剪切特性的影响，认为黄土的亚稳定结构被破坏将导致抗剪强度参数显著降低，同时抗剪强度也受固结压力和干密度

等因素影响（Wen and Yan，2014）；张帆宇等研究认为，饱和黄土的抗剪性能与孔隙水中 NaCl 浓度密切相关，在临界浓度以内峰值强度和残余强度随着 NaCl 浓度升高而增长（Zhang *et al.*，2013）。

黄土滑坡防治方面，王树丰等采用物理模拟和数值模拟手段，研究了滑坡微型桩破坏模式和滑坡推力的分布模式（王树丰和门玉明，2010）。闫金凯等（2011）以黄土为滑坡介质，进行了一系列微型桩与滑坡体相互作用的模型试验，认为微型桩所受的滑坡推力呈上小下大的三角形分布，并研究了不同的配筋模式对于滑坡稳定性的影响，认为桩周配筋微型桩治理滑坡的效果要优于桩心配筋的微型桩，研究结果为微型桩的设计提供一定的科学依据。

4.3.1 宝鸡市滑坡防治现状

野外调查显示，目前宝鸡市滑（边）坡防治工程中主要应用的工程措施有削坡、抗滑挡墙、格构梁、排水、微型桩群、绿化等，其他如抗滑桩、锚杆（索）以及 SNS 柔性拦石网防护技术也有应用，但相对较少。

1. 常用工程措施特点及研究现状

削坡因具有抗滑见效快、经济、施工便捷等优点，边坡防治中被大量使用，边坡开挖的规模和开挖后边坡的形态会导致原有应力场、位移场发生变化，并形成开挖卸荷影响带，对于开挖后边坡的稳定性问题至今也没有得到很好的解决，随着计算机和有限元技术的发展为这一个问题的解决提供了很好的思路和方法，但岩土本构模型、屈服准则等问题依然制约了其在工程中的应用（郑颖人和赵尚毅，2004）。重力式挡土墙能够有效抵抗侧向土压力，具有形式简单、取材容易、施工便捷等优点，对于规模小、滑面埋深浅的滑坡具有很强的适应性，挡土墙上主动土压力的研究是一个经典课题。20 世纪以来，土压力理论有了很大发展，但侧向土压力系数的取值、土拱效应等问题制约了挡墙的工程设计。格构梁造价相对较高，一般用于浅层稳定性差的边坡，在高陡、稳定性差的边坡可联合锚杆（索）使用，一些重要的交通要道路堑边坡常采用该技术，目前工程应用中格构梁的设计往往是根据经验或一些粗略的计算，常导致格构梁结构的不合理，计算理论滞后于工程实践。截排水工程分为地表排水系统和地下排水系统，目前对地下排水措施的研究较多，地表排水沟的研究则较少见，地表排水主要作用是改变了降雨入渗的初始边界条件，对于滑坡治理排水工程效果的评估十分困难，既要监测地下水的动态，也要研究排水工程实施前后、地下水位变动对于边坡稳定性的影响。

生物（植被）工程可以控制水土流失、削减地表径流和控制松散固体物质补给以及促进生态环境的改善，但在定量评价其对于坡体稳定性贡献时在理论上存在困难，主要是缺少能反应植被单一根系或者根系系统影响的土体的强度本构模型以及根系生长模型的可靠度不够等，因此，在滑坡防治工程中很少将其作为单一工程措施使用，而是与其他工程措施联合进行综合防治。

另外，（锚索）抗滑桩主要应用于影响重大工程以及对被保护对象有特殊需求的大型深层滑坡的防治工程，抗滑桩的加固机制、桩间距、桩后土压力的分布形式以及桩土协同作用机理研究都是抗滑桩工程应用的理论基础。SNS拦石网是一种新型的柔性防护技术，对于抗击集中荷载和高冲击荷载的适应能力强，同时又可以最大限度地维持原始地貌和植被、保护自然生态环境，对于岩质崩滑，尤其是崩塌灾害具有很好的应用前景，目前主要见于秦岭山区公路沿线高陡岩质边坡的防护工程中。

2. 典型黄土滑（边）坡防治实例

1）宝鸡市蟠龙塬公路路堑边坡

蟠龙塬公路为连接宝鸡市区至蟠龙塬塬顶的一条新建公路，沿线进行了大规模切坡，局部切坡高度大于25m，截至2014年6月，治理工程已经接近尾声。采用了"分级削坡+抗滑挡墙+格构梁+排水+绿化"的综合防治措施，取得了很好的防治效果，格间采用了生态工程，生态效益显著（图4.3）。

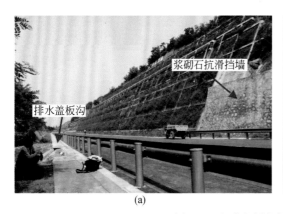

(a)　　　　　　　　　　　　　　　　　(b)

图4.3　宝鸡市蟠龙塬公路边坡防治现状

2）宝鸡市金顶寺西侧路堑边坡

该边坡位于金顶寺西侧，为一条通往段家塬塬顶的公路边坡，距金顶寺较近，边坡采用了"分级削坡+护坡墙+排水+绿化"的综合防治措施（图4.4）。该处边坡位于塬边一地形转折处附近，坡度较陡，局部大于50°，切坡卸荷后容易出现应力集中，日常来往车

(a)　　　　　　　　　　　　　　　　　(b)

图4.4　宝鸡市金顶寺滑坡防治现状

辆频繁，动荷载作用对边坡稳定性影响明显，目前公路内侧路面、排水沟及下坡面护坡墙局部出现了变形破坏迹象，对公路的通行安全构成一定影响。

3）扶风县城老城区主街道南部高危边坡

该边坡位于宝鸡金牛锻压机床公司院内，位于韦河一级阶地上，为城镇化建设切坡形成的人工边坡，边坡全长约 380m，高约 6m。未治理前由于城镇生活排水不畅、人类活动加载等因素影响发生滑坡灾害，于 2014 年 5 月完成治理，采用了"微型桩群+抗滑挡墙"的工程整治措施。其中，微型桩布置于抗滑挡墙基础之下，即满足了挡墙的承载力要求，又起到了有效的抗滑作用。

4.3.2　宝鸡城镇化滑坡防治的问题

城市发展对于土地资源的需求日益增大，城市建设开始从平面转向立体。宝鸡市为了增加土地供给以满足城镇发展的需要，沿黄土塬边、丘陵地带进行了大量的工程切坡，诱发了众多工程滑坡，Derbyshire（2001）和 Wang 等（2011）曾指出人类活动对于工程滑坡的影响，事实上工程滑坡大多起源于开挖。此类城镇化扰动滑坡普遍具有规模不大、点多面广、潜在危害大等特点，但由于其近场区多为人类高频活动及建（构）筑物密集分布区，一旦发生灾情严重，灾害具有典型的放大效应，是目前滑坡防治工作的重点。这些滑坡灾害多为规模不大的中-浅层滑坡。根据野外调查结果，目前宝鸡市已经采取工程措施的滑（边）坡，存在一些不当防治问题，集中体现在以下几个方面。

（1）个别滑（边）坡防治工程设计存在缺陷。一些坡高大于 20m 的高边坡未进行分级削坡，坡面无有效的排水系统，很难保证治理效果，如蔡岐公路路堑滑坡（图 4.5）；另外一些高度超过 5m 的抗滑挡墙不设泄水孔，这对滑坡的稳定极为不利，尤其雨季地下水位抬升时，墙后会形成较大的渗流压力，极易导致挡墙防治失效，如金顶寺滑坡（图 4.6）。

局部挡墙鼓张变形

坡度陡峻，局部成负角度　20~25m

(a)

坡面凌乱，未规范切坡，且无排水设施

(b)

图 4.5　蔡岐公路路堑滑坡

两处滑坡分别位于交通干线（蔡岐公路）沿线和金顶寺景区内，滑坡需按永久边坡进行治理，不当防治一旦发生失效，不但为二次防治增加了难度、增加防治成本，同时可能造成人员伤亡、财产损失，产生恶劣的社会影响。

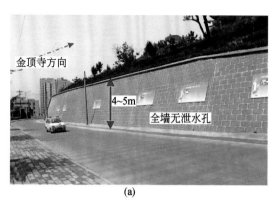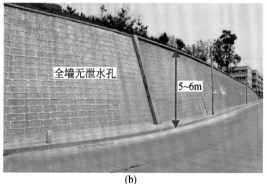

(a)　　　　　　　　　　　　　　　　(b)

图 4.6　金顶寺滑坡坡脚抗滑挡墙

（2）个别高陡边坡存在防治不彻底问题。由于防治经费不足等原因一些重点防治区内的高陡边坡削坡后长期裸置，并未采取进一步的工程防护措施，一旦失稳破坏后果严重。如扶风县胜利小区 29m 的边坡，分级削坡后未进行有效支档，治理范围内也未做有效的截排水系统，坡顶村路距坡肩仅几米之遥，坡脚几米处即为胜利小区居民楼，人员密集，边坡一旦失稳破坏后果不堪设想（图 4.7）。

据调查，2015 年该边坡局部坡面发生小规模垮塌，堆积体冲到坡下一栋居民楼楼口附近，所幸规模较小并未造成人员伤亡事故，这类边坡应遵循"一次根治、不留后患"的原则。

(a)　　　　　　　　　　　　　　　　(b)

图 4.7　胜利小区高边坡

（3）低矮边坡存在防治过度问题。一些次重点防治区、一般防治区内的低矮人工边坡进行了工程防治，该类边坡危险性及危害程度小，采取简单的预防或治理措施即能满足稳定性要求，过度防治增加了防治成本，造成了防治资金的浪费。

调查显示，宝鸡市对于这类规模不大、中–浅层城镇化扰动型滑（边）坡，目前工程防治中多采用抗滑挡墙、排水结合生物工程的综合防治方案，这也导致滑坡防治工程中抗滑挡墙防治失效问题突出，危害严重。

1. 抗滑挡墙失效典型案例

1) 代家湾铁路涵洞路堑边坡

代家湾铁路涵洞边坡为修筑穿越铁路线所形成，边坡高5～7m，表层物质组分为第四系马兰黄土（Q_{3-4}），厚约4～5m，其下为厚层古近系、新近系黏土岩（N）。边坡分二级进行了切坡，沿坡脚采用了重力式浆砌石挡墙对边坡进行了支护，整个坡体挡墙未见有排水孔，稳定性差坡段二级坡面也进行了浆砌石挡墙支护处理。2011年8月汛期，长时间降雨后边坡发生垮塌，约6m宽挡墙发生下挫式剪切破坏（图4.8），坡脚一级挡墙上部被整体剪段，其上二级挡墙由于基础失去有效支撑而有随时失稳的隐患。下滑土体呈软塑-流塑状，近饱和，边坡失稳与坡体汇水、雨水下渗有密切关系。

(a) 代家湾铁路边坡垮塌

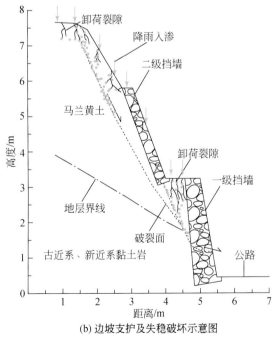

(b) 边坡支护及失稳破坏示意图

图4.8　代家湾铁路边坡垮塌

2) 岭南滑坡

2003 年对岭南滑坡采取了浆砌石抗滑挡墙的支护措施，同年爆发了规模较大的黄土泥流，并在后续几年内连续发生黄土泥流灾害，黄土泥流越过墙顶，淤埋了部分房屋，并对局部挡墙造成破坏（图 4.9）。2008 年 9 月老滑坡发生了块体滑动，强度较大，并伴生泥流灾害，将抗滑挡墙全部摧毁，并掩埋了部分民房。2012 年对滑坡进行整治，坡脚重新修砌了浆砌石挡墙，挡土墙为上窄下宽变截面重力式挡墙，墙高 3.5~4m，墙面 75°~80°。调查期间（2014 年 5 月）发现局部墙面出现微裂隙，坡形转角处个别裂缝已贯穿，并伴有滴水现象，且坡体上排水沟见有剪切裂缝，表明滑坡处于蠕动变形阶段，威胁村民安全。

(a) 岭南滑坡

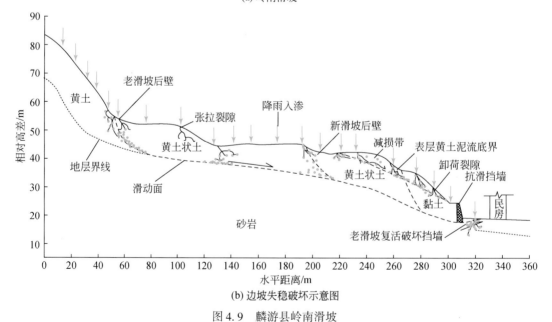

(b) 边坡失稳破坏示意图

图 4.9　麟游县岭南滑坡

2. 挡墙失效模式

对典型抗滑挡墙失效案例分析研究表明：按照破裂面的产出形态，破坏形式可分为黄土泥流越顶、墙体剪切破坏和挡墙坐船随行 3 种（图 4.10）。

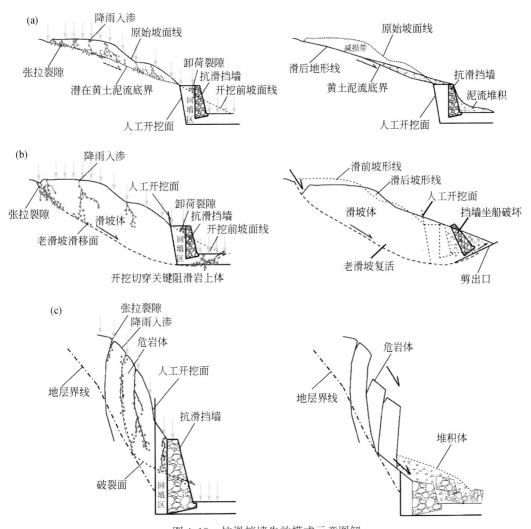

图 4.10　抗滑挡墙失效模式示意图解

（a）黄土泥流越顶；（b）抗滑挡墙坐船随行；（c）抗滑挡墙剪切破坏

　　黄土泥流越顶主要表现为低角度斜坡浅表层的饱和泥流越过挡墙冲到坡脚，形成高黏度的泥土流堆积，此时，滑体产生的主动土压力小于设计的抗滑力，不会导致挡墙发生剪破坏；陡倾边坡发生滑坡或者崩塌时，由于滑坡推力或者倾覆力矩过大，会将抗滑挡墙剪断，使得挡墙发生剪切破坏而失效，此时实际滑面剪出口位置位于墙背有效抗滑范围内；潜在剪出口位置大于挡墙基础埋深，滑坡活动时挡墙起不到抗滑作用而直接伴随滑坡滑出。边坡的扩展破坏是渐近发展的过程，滑面的形态与黄土的性质密切相关。按照降雨对斜坡的影响，抗滑挡墙破坏一般分为 3 个阶段：

　　（1）切坡后，由于工程扰动、黄土湿陷、外荷载作用等引起坡体肩部及局部坡脚裂隙化；同时，在坡面风化、构造活动、雨水侵蚀长期作用下，会进一步加剧裂隙扩展并最终形成降雨入渗通道，坡体的稳定性也随之恶化。

（2）降雨作用下，地表水沿着已经形成的裂隙通道入渗，引起土体含水量增加，导致边坡土体工程地质特性逐步变差，并最终导致边坡地质灾害。

（3）伴随边坡失稳，挡墙发生破坏、失效，由于较之土体具有更大的硬度和刚度，当破坏墙体滑动速率较大冲击到坡下建筑时，往往容易导致更大的灾情。

3. 抗滑挡墙防治失效机制

宝鸡地区边坡失稳多与工程切坡和降雨双重作用有关，其中工程切坡是先决条件，工程切坡导致原有地质环境的变化，进而引起坡体内岩土介质力学效应的链生变化，当扰动强度对斜坡达到或者超出关键扰动或是临界扰动时，将从本质上打破原有坡体的力学平衡，后续遇有降雨时易导致边坡失稳，引发工程防治失效事件。岭南滑坡抗滑挡墙存在黄土泥流越顶和坐船随行两种破坏模式，在宝鸡地区工程边坡挡墙失效问题上具有很强的代表性，以岭南滑坡为例对其失效机制、防治对策进行研究。

1）挡墙失效机制

为了研究挡墙失效机制，采用极限平衡法复核了岭南新、老滑坡（Ⅲ、Ⅰ）推力极值，计算剖面见图 4.11。计算考虑 3 种工况，分别为天然状态、连续降雨及暴雨状态，依次对应天然状态下残余强度指标、饱和状态下残余强度指标以及饱和不固结不排水条件下抗剪强度值，计算参数取值见表 4.1。

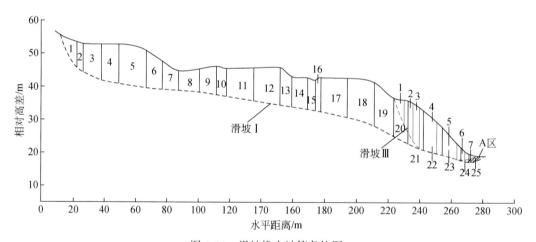

图 4.11　滑坡推力计算条块图

表 4.1　滑坡推力计算参数

岩性	天然重度 γ_t/(kN/m³)	饱和重度 γ_s/(kN/m³)	残余强度（天然状态）		残余强度（饱水状态）		残余强度（饱和不固结不排水）	
			c_r/kPa	ϕ_r/(°)	c_r'/kPa	ϕ_r'/(°)	c_u'/kPa	ϕ_u'/(°)
黄土	19.50	20.60	20.5	18.0	26.6	16.5	40.5	3.8

　　结果显示在最不利工况连降暴雨情况下，老滑坡（Ⅰ）坡脚处剩余下滑力在 12kN/m 左右；新滑坡（Ⅲ）坡脚处剩余下滑力约 275kN/m，见滑坡推力计算曲线图 4.12。根据国内外的防治经验，该推力大小完全可以由抗滑挡墙来平衡，只要合理设计挡墙是完全可以阻止老滑坡及新滑坡的活动。

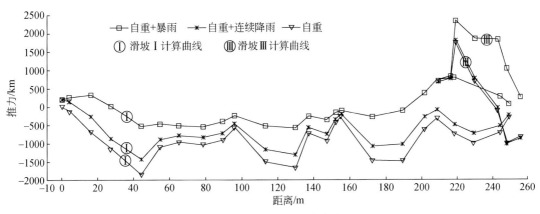

图 4.12　滑坡推力计算曲线

　　坡面排水工程不完善是岭南滑坡黄土泥流的主要成因，滑坡浅表层土体工程地质特性具有固结较差、土质松散及高压缩性等特征，加之坡体坡度缓倾、坡面汇水面积较大及局部存在积水洼地，雨季滑体范围内大量的地表水汇流，排水系统能力不足无法及时疏导滑坡影响范围内的地表水，导致大量地表水沿入渗通道下渗，表层土体含水率短时间内激增，甚至达到饱和状态，形成浅层饱和流滑、坡面泥流，由于黏稠的流滑体结构和强度几乎丧失殆尽，具有较强的流动性，在重力作用下顺坡表层向下流动，发生黄土泥流越顶灾害。岭南新滑坡为老滑坡的局部复活，其剪出口的位置较之老滑坡埋深要浅，根据设计文件，挡墙基础埋深恰好位于新、老滑坡剪出口敏感带附近，挡墙有效埋深不足是导致墙坐船失稳破坏的主因。

　　2）岭南滑坡防治工程修缮建议

　　针对岭南滑坡出现的黄土泥流越顶和挡墙坐船随行问题，在正确认识其机理的基础上，可定向采取修缮措施，控制失效问题的进一步发展。

　　清除滑坡体上浅表层松散、不稳定土体、平整斜坡、回填局部存在的积水洼地，对滑体中部的排水沟进行清淤，保证雨季滑体影响范围内地表水能及时、顺畅疏排至坡下排水系统，同时不出现局部积水现象，切断土体饱和所必需的足够水量供给，有效阻止黄土泥流灾害的发生。

　　由于岭南滑坡剩余下滑力量级较小，可对滑坡下滑段进行适当削坡以进一步削减下滑力的大小，使挡墙自重所形成的附加抗滑力能平衡掉剩余下滑力，并保证有一定的安全余度，确保滑坡在最不利工况下不发生复活，同时，削坡后裸露的坡面进行绿化处理，避免雨水冲刷。

　　4. 挡墙防治失效对策讨论

　　对于宝鸡市黄土工程边坡抗滑挡墙防治失效问题，正确认识灾害是基础，科学的工程防治设计是关键；工程治理设计阶段从边坡失稳的机制入手，设计时综合分析挡墙可能出现防护失效的模式，进行针对性设计。

（1）如何正确认识已发滑坡及边坡潜在失稳破坏的类型和规模是解决挡墙防治失效的先决条件，尤其是要查清已发滑坡滑动面的空间形态、特别是剪出口特征，获取科学的基础地质资料，为挡墙设计提供可靠的地质数据。

（2）深入研究黄土的工程特性，尤其是黄土的湿陷性、水敏性以及渗透特性等，与边坡失稳破坏机制有关的理论研究是正确认识挡墙防治失效成因的关键。

（3）防治设计应注重对坡面形态的合理改造，以改善汇水条件、优化排水系统，这也是从源头控制黄土泥流非常重要的手段。

（4）科学评价边坡的稳定性，保证挡墙有足够的基础埋深，挡墙的类型和断面尺寸要满足极端工况下抗倾覆和抗滑移要求；保证挡墙在不发生剪切破坏的前提下，能够有效抵抗侧向土压力保证边坡稳定。

4.3.3　宝鸡城镇化滑坡综合防治建议

1. 城镇化滑坡综合防治方案

考虑到宝鸡市城镇化黄土工程滑坡发育的特点及防治现状存在的问题，滑坡的防治应遵循"预防为主、防治为辅、防治结合"的基本原则，在正确认识滑坡时空分布规律、承灾体的承灾能力以及被保护对象的特殊需求的基础上，对于工程治理存在较大安全风险或者综合治理成本过高的，宜结合土地利用情况优先考虑搬迁避让防治方案，如宝鸡北坡滑坡带，采取了主动预防为主的"搬迁避让+分级削坡、分层支挡+绿化+排水+监测"的综合防治方案，充分体现了主动预防为主的灾害风险管控的先进理念，取得了很好的防治效益，突出体现在生态效益和土地利用方面，将具备条件的坡段打造成主体公园，使得防治后的斜坡带即有效地防止了水土流失，又成为人们休闲的好去处。

对于位于城镇开发区人口密集区工程切坡、重大线性工程沿线切坡、新农村建设房前屋后切坡、旅游景区及工矿企业近场区等具有重大防治意义的黄土滑（边）坡，可重点考虑"分级削坡、（锚杆、索）格构梁、排水、绿化、监测预警"的综合防治方案，对于重点防治区内，规模较大的滑坡也可考虑结合（锚索）抗滑桩使用，具体防治工程选择的措施组合需根据滑坡的基本特征、发生机理、滑坡的发展阶段和防治需求等，结合专家系统制定科学合理的工程防治决策。

（1）削坡减载：对斜坡顶部进行削方减重、斜坡平整和清除不稳定物质（一级或多级），以达到改变斜坡形态、减小下滑力和提高抗滑力的目的。需要注意的是，减载时需经过严格的滑坡推力计算，求出沿各滑动面的推力，才能判断各段滑体的稳定性。减重不当，不但不能稳定滑坡，还会加剧滑坡的发展。

（2）抗滑挡土墙：抗滑挡土墙工程对于小型滑坡可以单独采用，对于大型复杂滑坡，抗滑挡土墙可作为综合措施的一部分。设置抗滑挡土墙时必须查清滑坡边界、滑动面层数及位置，重点是剪出口的位置和推力大小及方向等，并要查清挡墙基底的情况，否则会造成挡墙变形，造成工程失效。挡墙的选型要严格基于前期勘察成果，断面尺寸满足规范设计要求。

（3）（锚杆、索）格构梁：边坡总高度过高、分级削坡时，上级坡面可采用混凝土方格骨架或浆砌片石护坡。骨架与坡脚挡墙联合可起到分级抗滑的作用，如滑坡推力过大，也可考虑在骨架节点处施加锚杆（索）的方式加以平衡。对于具有膨胀性的黄土，格构梁坡面加固措施较为有效，可以降低土体长期干湿交替带来的向坡下的残余变形，而且骨架格间为与生态工程的联合使用提供了空间。

（4）排水工程：地表排水的目的是拦截滑坡范围以外的地表水使其不能流入滑体，同时还要设法使滑体范围内的地表水流出滑体范围。地表排水工程可采用截水沟和排水沟等。地表排水工程的设计以气象水文条件为基础，充分考虑日最大降雨量、斜坡汇水条件等影响因素，保证排水能力满足要求，避免地表水渗入滑体，减少其对于滑坡稳定性的不利影响。

排除地下水是指通过地下建筑物拦截、疏干地下水，降低地下水位，防止或减少地下水对滑坡的影响。根据地下水的类型、埋藏条件和工程的施工条件，可采用截水盲沟、支撑盲沟、边坡渗沟、排水隧洞、虹吸法等地下排水工程。

（5）生态（植被）工程：通过喷撒草种，移植草皮、植株等增加植被覆盖，与其他工程措施相结合，以减少水土流失，削减地表径流和控制松散固体物质补给，进而抑制滑坡的发生并促进生态环境的良性发展。生物治理功效持久，成本低，与工程治理可以互为补充。

（6）监测预警：强化监测预警在滑坡防治过程中事前、事中、事后的作用。防治工程施工过程中的监测数据可以对滑坡的活动状态及其发展趋势作出动态反馈，保证施工安全。防治工程实施前、后对监测数据作出合理分析和准确判断就能掌握滑坡的移动和发展趋势，从而分析预测滑坡未来的发展趋势，同时可以对防治效果作出评价。

监测内容主要包括位移长期观测和滑坡体中地下水动态观测两个方面。位移监测是优先的观测项目，要求在滑坡区各个关键部位设立固定的观测点，并与滑坡外围稳定区域的控制点联系起来组成完整的观测线（网）。根据连续的观测数据序列，及时掌握滑体各个部位沿平面和剖面的形变。地下水动态重点监测滑体不同层位、不同深度地下水的渗流方向的动态变化，包括对水位、水温、水质及水量等内容。对于有多个含水层、含水丰富的滑体，应进行分层观测，以便将地下水长期观测数据与地下水对于稳定滑坡的作用进行对比分析。另外，可通过降雨量监测数据与地下水位动态的比对，分析土体的渗透能力，正确认识滑坡的机理，指导防治方案设计。

2. 飞凤山滑坡综合防治初步设计

飞凤山滑坡平面形态呈环谷状，主滑方向23°。剖面上滑坡主断壁陡坎清晰，滑坡头部下挫高度1.2～1.5m，滑带顺坡向下切多层黄土与古土壤层。滑坡前缘最大宽度约35m，滑移体长近25m，滑移体平均厚度5～6m，滑坡体积约$0.3 \times 10^4 m^3$，为小型黄土滑坡（图4.13）。滑坡体物质组成为黄土和古土壤层，地层结构见图4.14。

2011年8月雨季滑坡开始出现蠕动变形迹象，其后数年后缘地面裂缝有加宽加长的趋势，滑坡体右侧坡体高陡临空处垂直裂缝发育，并伴有掉块现象，表明滑坡仍处于蠕动变形阶段，同时有向后、向右扩展的趋势，直接威胁坡脚民房24间，水井1处，废弃窑洞2

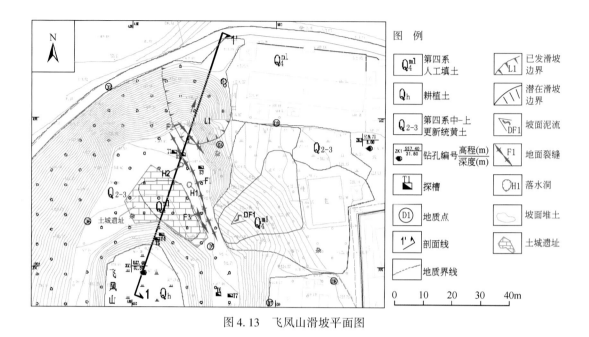

图 4.13　飞凤山滑坡平面图

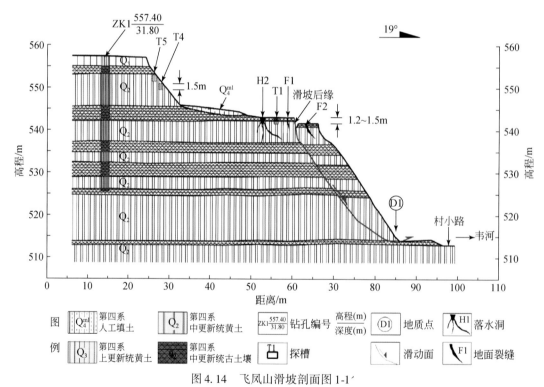

图 4.14　飞凤山滑坡剖面图 1-1′

孔，坡脚下二层建筑原为一民办幼儿园，出现滑坡险情后已搬迁，目前该建筑内仍住有 6 户居民，约 20 人。

影响飞凤山滑坡稳定性的主要因素包括工程开挖、黄土物理力学特性、降雨入渗以及外部动、静载荷等，因此防治工程应整体考虑。为了消除上述不利因素影响，结合滑坡自身特点，建议采取"削坡减载+坡脚抗滑挡墙+坡面格构梁加固+排水+绿化"结合监测的综合治理方案。

（1）削坡减载工程：削坡减载充分结合原地形地貌条件，严格验算各滑段滑坡推力，进行削方减重。按工程类比的原则并结合已有稳定边坡的坡率，依据有关边坡规范要求确定坡率。初步设计可考虑按 1∶1.00～1∶1.25 的坡率进行削坡，分6级削坡减载，修筑5级平台，每级削坡高度6～8m，结合原地形条件对原544m高程平台加以利用，每级卸荷平台宽度3～5m（图4.15）。削坡期间禁止将弃土堆积于坡面。

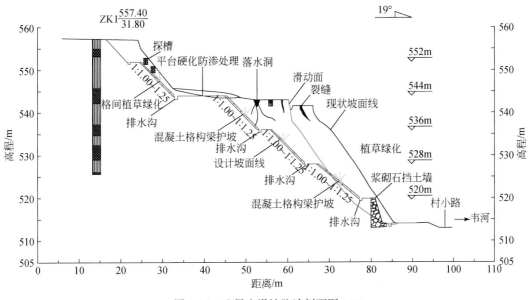

图4.15　飞凤山滑坡防治剖面图 1-1′

（2）挡土墙工程：削坡后对坡脚采用浆砌石抗滑挡墙进行支护，挡墙墙顶标高与第一级卸荷平台一致，挡墙墙趾处设一道排水沟。挡墙的断面形式可采用等截面仰斜式，墙身每2m设置一个泄水孔，每隔10m设置一道伸缩缝。挡土墙断面尺寸严格依据削坡后斜坡稳定计算结果，设计挡墙的抗滑移稳定安全系数不小于1.3，抗倾覆稳定安全系数不小于1.6。挡土墙断面尺寸可参考图4.16(a)。

（3）坡面加固工程：考虑到该滑坡防治的重要性，在分级削坡和抗滑挡墙支档基础上，在挡墙以上的2、3、4、5级坡面采用混凝土格构梁进行护坡处理，起到分级抗滑和控制膨胀土由于干湿交替导致的向坡下的残余变形问题。格构梁可采用方形布置，采用C20现浇砼，格构截面为400mm×400mm，埋入坡面300mm，格间培土植绿。具体配筋情况依据支护后坡体稳定性计算结果而定。格构梁尺寸参考图4.16（b）。

（4）地表排水工程：排水工程设计要依据极端降雨量和汇水面积进行精确计算。沿挡土墙脚设置一道矩形断面排水沟，排泄坡上来水。每级平台设置横向排水沟，截流坡上来水。坡上设置截洪沟，截流滑坡体外部坡面来水进入滑坡体内。各排水沟断面形态、尺寸依据地表汇流量计算结果而定，可采用方形、矩形、梯形等。排水沟断面形态参考图4.16（c）。

（5）坡面绿化工程：对切坡后裸露的坡面和格构梁格间进行植草种树，与其他工程措施联合达到综合治理的目的，草树物种结合当地自然与人文景观选择。

（6）监测：建立系统化、立体化监测系统，防治工程施工期间及后期运营期间长期监测地下水位动态变化和边坡变形，以便能及时、快速对边坡变形破坏进行分析反馈，为滑坡治理效果后评价和监测预警工作提供科学的监测数据。

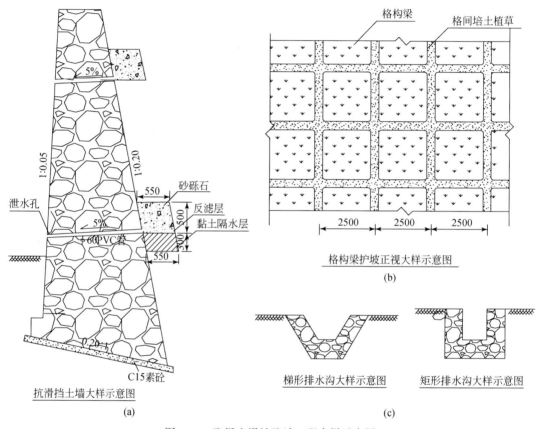

图 4.16　飞凤山滑坡防治工程大样示意图

4.4　黑方台基于地下水控制的综合防治体系

4.4.1　基于节水灌溉的主动防控技术

长期引水灌溉改变地下水均衡场导致地下水位上升是引发黑方台滑坡频发的主因，滑坡风险控制的关键就在于控制黄土含水系统地下水位。以往滑坡工程治理经验表明，不涉及治水的工程治理虽在一定程度上可降低此类灾害的发生频率，但并不能有效根治或从根本上逆转滑坡高发的态势，为避免类似灾害的再次发生，应从地质灾害的主要诱发因素入手，通过控制灌溉量实现扭转地下水长期正均衡，在满足库区移民正常生活和农业生产用水需求的前提下，尽可能地降低灌溉水补给，从根源上减少地下水的补给量，遏制地下水位的上升，是实现地下水位控制并最终实现滑坡风险控制的根本措施（张茂省，2013）。

1. 灌溉量控制阈值的确定

综合运用地下水流模拟软件 Visual Modflow 和稳定性计算软件 FLAC^{3D} 开展渗流–应力的流固耦合分析，对灌溉前及灌溉至今的斜坡稳定性进行了恢复，同时预测了在维持现有灌溉量下，未来斜坡的稳定性及屈服破坏方式。

为了开展潜水渗流场数值，建立了以黑台为计算区的模型，区内含水系统由上至下分别为黄土孔洞裂隙潜水含水系统、砂卵石孔隙层间水含水系统及基岩裂隙水含水系统。区内以黄土滑坡最为发育，且人类活动对黄土层潜水扰动最大，故模型计算以与黄土斜坡稳定性关系最为密切的黄土层潜水为对象。模型要点如下。

（1）边界条件概化：北侧为磨石沟，西侧为虎狼沟，南侧和东侧分别为黄河、湟水河，底部为相对隔水的粉质黏土层。模型四周被沟谷深切，仅在顶部接收大气降水及灌溉水入渗补给。受地形及隔水底板高程等因素控制，黄土层潜水总体由西北向东南径流，其中一部分在台塬周边以泉的形式排泄，另一部分通过粉质黏土弱透水层渗透至下部的砂卵石层。因此，模型底部及侧向均为排泄边界，在 Visual Modflow 软件中采用排水沟模块（drain 模块）将其处理为第三类边界。使得底部边界满足黄土层中的地下水沿整个粉质黏土层向砂卵石层排泄，而侧向边界当满足边界水头值高于其所在位置处排水底板高程值时，地下水以泉的形式向外排泄，当边界水头值低于侧向边界排水底板高程值时，则不发生水量交换。

（2）地质结构概化：根据野外调查数据、水文钻孔资料、台面三维激光扫描结果以及黄土层、粉质黏土层露头精细测量数据，在 GOCAD 软件平台上构建三维地质结构数字模型（图 4.17），实现各地层空间几何特征的定量描述。数字模型垂向上包括两层，顶层为黄土含水层，底层为粉质黏土弱透水层。黄土层潜水主要赋存于上更新统黄土下部孔隙孔洞中，由于垂直节理、裂隙的存在，使得黄土的垂向渗透系数远大于水平渗透系数，可将模型概化为均质各向异性介质中的三维非稳定流模拟问题。

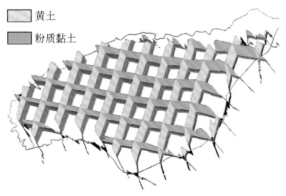

图 4.17　黑台黄土潜水水文地质结构模型图

（3）计算参数选取：依据区内钻孔抽水试验及原位渗水试验，计算得黄土潜水含水层水平和垂向渗透系数分别为 $2.32×10^{-2}$m/d 和 0.12m/d，结合已有资料，取孔隙率为 0.45，给水度为 0.1；依据室内实验测试结果，得到粉质黏土层水平及垂向渗透系数分别为 $2.0×10^{-4}$m/d 和 $2.0×10^{-2}$m/d，孔隙率为 0.35，给水度取经验值 0.04。综合区内的有效年降雨强度阈值、灌溉量、泉水流量及钻孔水位的年变幅，计算得到区内降水入渗系数及灌溉入渗系数分别为 0.04 和 0.1。

（4）模型计算与验证：模型包括 147 行（磨石沟至黄河方向），221 列（虎狼沟至湟水河方向），两层，共 64974 个单元（图 4.18），其中 34648 个为有效活动单元，边界以外的区域作为无效单元处理。网格大小为 25m×25m。当模型顶部补给源仅为大气降水时，取补给量为多年平均降雨量 287.6mm/a，开展稳定流计算得到灌溉前潜水渗流场分布，作为后续三维非稳定流计算的初始条件。模型的验证期选择为 2010~2011 年近一个水文年内。据验证期内各月降雨量及灌溉量的不同，在时间上将验证期划分为 11 个应力期（表 4.2）。

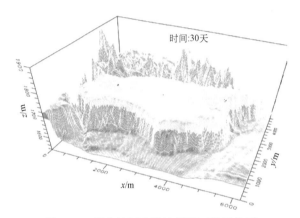

图 4.18　黑台地下水渗流模拟三维网络图

表 4.2　各应力期内的降水量及灌溉量统计表

月份	6	7	8	9	10	11	12	1	2	3	4
应力期	1	2	3	4	5	6	7	8	9	10	11
降雨量/mm	41.1	59.7	69.8	39.3	16.3	1.8	0	0	0	8.2	16.4
灌溉强度/（m^3/m^2）	0.14	0.16	0.17	0.13	0	0.16	0	0	0	0	0.09

注：定义灌溉强度为月灌溉量与灌区面积的比值。

运用 Visual Modflow 软件开展三维非稳定流数值模拟计算。通过试算和参数调整，得到模型计算数据与验证期内地下水位监测数据吻合时的计算参数（表 4.3），其中 K_x、K_y、K_z、u_s 与上述定义相同，n_e 为有效孔隙度（无量纲），n_t 为孔隙度（无量纲）。运用此模型可反演和预测不同时期、不同灌溉量下的潜水渗流场变化，为不同水位下台塬斜坡的稳定性计算提供基础数据。

表 4.3　地下水流数值模型计算参数表

	K_x/（m/d）	K_y/（m/d）	K_z/（m/d）	u_s	n_e	n_t
黄土层	0.02	0.02	0.2	0.1	0.2	0.45
粉质黏土层	2.00E-04	2.00E-04	0.02	0.04	0.15	0.35

关于潜水渗流场与斜坡稳定性耦合分析,要点如下:

联合采用 ArcGIS 与 Surfer 软件对区内 DEM 数据进行三维信息可视化提取,应用 FLAC^{3D}内置的 FISH 语言构建黄土区域三维稳定性分析模型(图 4.19)。模型计算区范围与潜水渗流场数值模型范围一致,用以耦合分析渗流场演化条件下的台塬斜坡稳定性。模型垂向(Z 方向)上由上至下依次为黄土层、粉质黏土层、砂卵砾石层及下部的白垩系砂泥岩。据钻孔和野外调查资料,将模型中黄土层平均厚度概化为 11.5m,粉质黏土层平均厚度概化为 3.4m,砂卵砾石层平均厚度概化为 2.1m,白垩系砂泥岩层平均厚度概化为 124m。模型有限元网格节点共 52479 个,单元 95232 个,单元尺寸为 100m×100m。结合地质环境条件调查资料,将模型底部设为固定边界,模型四周为单向边界,斜坡坡面为自由边界。假定各地层为均质各向同性土层,根据原位直接剪切试验及实内常规物理、力学实验测试结果,对模型范围内的天然黄土、饱和黄土、粉质黏土、砂卵砾石、砂泥岩的物理力学参数进行赋值,各参数取值列于表 4.4 中。

潜水渗流场数值模型的计算结果为斜坡稳定性模拟提供地下水位条件。将计算得到的地下水位数据进行差值处理后导入稳定性计算模型中,构建形成空间地下水面,综合考虑渗流场及水–岩作用导致岩土参数变化的双重作用,在 FLAC^{3D}软件中采用摩尔–库伦本构模型进行计算。

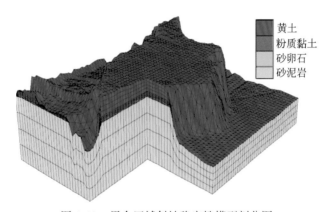

黄土
粉质黏土
砂卵石
砂泥岩

图 4.19 黑台区域斜坡稳定性模型剖分图

表 4.4 区域斜坡稳定性模型计算参数表

土体类型	体积模量/Pa	剪切模量/Pa	黏聚力/kPa	内摩擦角/(°)	剪胀角/(°)	密度/(kg/m³)
天然黄土	$4×10^6$	$8×10^6$	20.8	30.67	30	1481
饱和黄土	$2.5×10^6$	$4×10^6$	15	28.23	28.2	1581
粉质黏土	$3×10^6$	$5×10^6$	40	10	10	1960
砂卵石	$4×10^7$	$5×10^7$	1	45	45	2050
砂泥岩	$2.3×10^9$	$8.83×10^8$	41.3	18	18	2067

基于前述渗流–应力的流固耦合分析,预测了现有灌溉量和不同灌溉模式不同灌溉量下等工况条件下未来十年地下水动力场的发展趋势,以及地下水动力场演化条件下对应的台塬斜坡危险区体积的变化(表 4.5),表明地下水位变化均值为正值代表地下水位上升,

负值代表地下水位下降。黑方台地区现今的灌溉量约为 $590.91×10^4\,m^3/a$，若保持现有灌溉量，未来十年仍处地下水正均衡，地下水位升幅均值为 $0.27m/a$，危险区体积占台塬总体积的 20.34%。当灌溉量调节至 $500×10^4\,m^3/a$ 和 $400×10^4\,m^3/a$ 时，地下水位仍呈现上升趋势，但上升幅度明显降低，均值分别为 $0.19m/a$ 和 $0.06m/a$，危险区体积也相应地有所降低。当灌溉量调节至 $350×10^4\,m^3/a$ 及以下时，地下水位开始下降，台塬危险区体积显著降低。

由表4.5可以看出，随着灌溉量的减少地下水位上升速率降低甚至开始出现水位下降，台塬周边不稳定区域的体积明显降低。而年灌溉量 $350×10^4\,m^3$ 可作为灌溉量调控的一个临界值，维持此值及以下的年灌溉量，未来十年内能够实现地下水均衡场由正向负的逆转。说明通过灌溉量控制能够实现灌区地下水位的调节，从而提高台塬斜坡稳定性。

表4.5　未来十年内不同灌溉量下地下水位及台塬斜坡危险区变化情况表

年灌溉量/10^4（m^3/a）	600	500	400	350	200	100
水位变化均值/（m/a）	0.27	0.19	0.06	−0.1	−0.23	−0.39
危险区体积与台塬体积比/%	20.34	17.31	16.25	1.16	0.57	0.15

2. 基于节水灌溉的地下水位控制

近年来，黑方台地区已经成为兰州市重要的蔬菜水果种植基地。区内除继续种植传统的小麦、玉米等粮食作物外，还大幅增加了经济作物种植面积，如需水量更大的草莓、蔬菜、果树等，农业灌溉量需求较以前有了较大提高。据《黄土高原地区农业气候资源图集》，查得该地区农田最大蒸散量为 880mm（含地面和叶面蒸发），扣减农田最大蒸散量后，维持区内现有作物结构正常生长需要的补充灌溉量为 657.6mm，折算成年灌溉量为 $498×10^4\,m^3$。换句话说，黑方台地区 $590.91×10^4\,m^3$ 的年现状灌溉量超灌正常需水量达 20% 左右。而理论上可实现地下水上升趋势扭转的年临界灌溉量阈值 $350×10^4\,m^3$ 是不能满足当地现有果树、草莓、蔬菜等经济作物占比较大的现有农业种植结构的农业用水需求，若要满足当地最低限度的农业用水需求，就必须调整高耗水农业种植结构，发展高效现代生态农业，还应因地制宜推行节水灌溉以减少地下水入渗补给量，扭转长期正均衡造成的黄土含水系统地下水位上升，以达到彻底根治黑方台地质灾害的目标。

农业节水灌溉技术主要分为高效节水和常规节水两种，其中高效节水包括滴灌、喷灌、膜下滴灌和微喷灌，可节水约 35%~75%；常规节水包括畦灌、垄膜沟灌和管灌。根据不同作物耕作特点和生长习性，选择适宜的常规节水与高效节水相结合节水的灌溉方式，如灌区内的粮食作物主要为玉米，可采用喷灌和垄膜沟灌；灌区内经济作物主要有蔬菜和林果，蔬菜可在大棚、露地、温室内耕种，可采用滴灌、微喷灌、膜下滴灌和常规灌溉的垄膜沟灌、畦灌等；林果可采用滴灌和畦灌，具体作物结构与节水灌溉方式参见表4.6。

表 4.6　作物种植结构与节水灌溉方式表

种植类别		高效节水灌溉方式	常规节水灌溉方式
玉米		喷灌、膜下滴灌	畦灌、垄膜沟灌、管灌
蔬菜	大棚	滴灌、微喷灌、膜下滴灌	畦灌、垄膜沟灌、管灌
	露地	滴灌、喷灌、膜下滴灌	畦灌、垄膜沟灌、管灌
	温室	滴灌、微喷灌、膜下滴灌	畦灌、垄膜沟灌
林果		滴灌	畦灌

选取喷灌、滴灌、微喷灌、膜下滴灌等高效节水灌溉技术较传统漫灌模式节水 40% 进行分析（引自《喷灌工程技术》，中国水利水电出版社，1999），高效节水灌溉条件下，灌溉量为 $350×10^4 m^3$ 时，相当于漫灌 $600×10^4 m^3$ 的用水量，即可满足现有种植结构下作物的最低用水需求，对高效节水灌溉技术经济性的成本投资做以下概算：①参照《喷灌工程技术规范》（GB/T50085-2007），喷灌、滴灌工程投资包括喷、滴灌材料设备费、运输费、工程勘测设计费、施工费等。灌溉水源可直接利用现有的提灌工程，可不增加水源工程投资，故不计入投资费用。经工程成本核算，固定式喷、滴灌、微喷灌工程设备一次性投资折合 1200 元/亩。②喷、滴灌技术年运行费指维持工程设施正常运行所需用的年费用，包括动力费、维修费、设备更新费及管理费等。设加压水泵四台，维修费包括加压水泵、枢纽部分、管道部分和滴头部分的年修、大修和日常养护等费用。按照《喷灌工程技术经济规范》，加压泵及枢纽部分年维修率为 5%；地埋管道部分维修率取 1%，综合核算其年维修费。管理费指工程管理人员工资及灌水用工费等日常开支。以上各项综合合计年运行费为 200 元/(a·亩)。③黑方台地区总面积为 $13.44 km^2$，总计约为 $2×10^4$ 亩耕地，则喷、滴灌设备一次性投入约 2400 万元，年运行费用约 400 万元。

4.4.2　基于地表防渗的主动防控技术

从改变当前粗放的大水灌溉模式为节水灌溉，降低灌溉入渗量扭转地下水位长期上升趋势，并采取混合井、集水廊道、砂井、虹吸排水、辐射井等多种形式疏排与滑坡形成攸关的黄土含水层地下水，增大地下水排泄量有效降低黄土含水系统地下水位是黑方台滑坡风险控制的关键。除节水灌溉及工程措施疏排地下水之外，因灌渠跑水所具有强大的水动力常在台缘地带冲蚀形成巨大落水洞，灌溉水沿裂缝、落水洞的通道快速入渗后引起滑坡区地下水位的快速波动不仅增大滑坡区动水压力，而且潜蚀掏空坡体，从而引发斜坡失稳，故还应采取裂缝、落水洞等快速入渗通道填埋及灌渠防渗等地表防渗措施。

1. 快速入渗通道填埋

黄土是具有大孔结构的特殊类土，垂直节理发育是其典型特性，且水敏性强、抗水蚀能力差，受降水、灌溉水或地表水常产生地表开裂、湿陷下沉、潜蚀落水洞、边坡失稳等现象。野外调查中发现，黑方台地区黄土垂直节理、卸荷裂缝密集发育，特别在台塬周边沟缘线附近表现尤为明显，裂缝、卸荷裂隙通常向下贯穿较深，多见灌渠跑水沿垂直裂缝冲蚀潜蚀形成的洞径 1~3m 的落水洞，灌溉水易沿落水洞、裂缝等优势入渗通道快速补给地下水，造成地下水位陡升陡降。同时，落水洞潜蚀掏空坡体，上覆土体在自重作用下产生地表塌陷，斜坡地带产生失稳。因此，若要对地下水位进行控制，首要的措施是避免灌溉水的快速入渗，可以采用3∶7的灰-土进行裂缝填埋并逐层夯实的措施减少灌溉水的入渗，夯填时应分层夯实，控制每层厚度以20cm为宜，回填灰土与原土接触部位应开挖成台阶状，每级台阶接缝处应错开不少于1m。

2. 灌渠防渗

台面上仍然沿用的部分未衬砌渠道及一些年久失修的渠道渗漏严重，因台面渠系网络密布，已不仅是单纯的线状入渗，更是随着渠系分布以面源入渗成为地下水的重要补给渠道，有必要对渠系进行衬砌和修护，减少渠系入渗环节增加地下水的补给量。

为减少渠道渗漏，防止冬季季节性冻结作用产生的冻胀作用造成渠道衬砌破坏，提高渠道水利用系数和保证渠床稳定，黑方台干支渠修建过程中渠线所经原始地形曾进行挖高填低的平整，根据黑方台灌区渠系多年运行状况，结合渠基工程地质条件分析可知，填方段渠道由于黄土湿陷性强，填方渠基早期未作严格防渗处理，后经多年灌溉回归水的下渗，引起填方段渠基普遍下沉，使渠道形成反坡，而挖方段渠基相对运行较好。依据《渠道防渗工程技术规范》（SL18-2004），经渠道横断面衬砌方案比较，选取经济合理的防渗技术措施，设计防渗渠道断面形式设计为管道和U形断面相结合，填方段采用管道输水，挖方段采用U形明渠渠槽衬砌两种节水防渗改造方案。

填方段渠道采用管道（预制砼管或钢管）输水，管道输水基本上避免了输水过程中的渗漏和蒸发水量，防渗效果十分显著。

填方段管道输水后接挖方段U形明渠，明渠渠基黄土应进行翻夯处理，处理深度不小于1.0m，处理后控制$\gamma_d \geq 1.6 \mathrm{g/cm^3}$。渠道断面采用预制C15混凝土U形槽，其特点是：①水力条件好，近似水力最佳断面，可减少衬砌工程量，输沙能力强；②抗冻胀性和湿陷性地基上适应地基变形的能力强；③渠口窄，占地面积少，节省土地，减少挖填方量；④整体性强，防渗效果好；⑤施工简单，便于机械化施工等优点；⑥节省投资，降低成本。据使用对比，在同样条件下，可比一般混凝土渠道节省水泥20%，砂石30%，综合造价可降低10%~20%。C15混凝土U形预制件之间采用细石混凝土勾缝，为适应渠道纵向应变，U形槽每10m设横向伸缩缝一道，伸缩缝采用聚氯乙烯胶泥填筑。该种衬砌结构形式，在地下水埋深大，过水流量小于$1.0 \mathrm{m^3/s}$的渠道断面中，具有良好的防渗效果，经静水试验得每公里水头损失率0.7%~1.2%，加膜料后只有0.3%~0.5%。

渠道纵断面改建设计本着减少水头损失，降低能耗，充分利用旧渠经过多年运行基础沉陷稳定的特点，尽量减少挖、填方以及节省工程投资的原则，在尽可能利用原渠线现状较好的渠系建筑物的基础上进行改建，设计纵坡$i=1/2500~1/500$。为适应渠道纵向应变，U形渠每10m设横向伸缩缝一道。

总之，黑方台滑坡群因水而发，治理也受困于水，黄土含水系统地下水赋存介质水平渗透性差，加之地下水位之下饱和黄土具结构性高灵敏性的工程特性，虽众多学者提出各种疏排地下水建议，但在区内数次滑坡应急治理中应用效果不佳，其地下水可疏排性困扰滑坡综合整治数十年，故可能单一疏排水措施难以奏效，建议在下一阶段的刘盐八库区地质灾害综合整治项目实施过程中，在治理工程全面铺开之前，应论证不同疏排水模式的可行性，在条件较为有利的 JH13 滑坡或 JH9 滑坡先行开展各疏排水模式或组合的疏排水效果对比研究。

4.4.3　地下水位被动控制措施

1. 基于可靠度分析的地下水控制

鉴于岩土材料具有各向异性和不确定性，其物理力学参数是一个随机变量，相应地因岩土工程性质劣化造成的斜坡失稳也是个概率问题。因此，基于传统确定性分析得到的斜坡安全系数并不意味着"绝对安全"，反之亦然。

需根据安全系数计算中各参数的变异性来确定安全系数的变异性，也就是引入失稳概率的概念来描述不同地下水位条件下的斜坡稳定性。将计算结果与实测水位、稳定状况对比，确定可实现斜坡稳定目标的临界地下水位阈值，作为疏排地下水位控制目标。

按照黑方台四周台缘坡体结构、水文地质条件差异和地下水渗流场模拟结果，将整个台缘划分为焦家–扶河桥头、焦家崖头、党川（以西）–方台、磨石沟共 4 个区段，进行分区段的基于地下水位的斜坡可靠度分析，以黑方台地区滑坡发生频次最高的焦家崖头段斜坡为例，采用切坡后的最新纵断面建立斜坡稳定性分析模型（图 4.20），模型左边界为焦家崖头黄土钻孔位置。

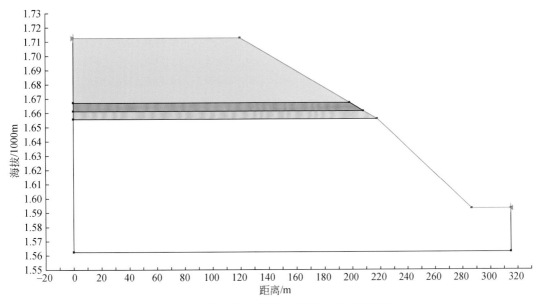

图 4.20　切坡后的焦家崖头斜坡稳定性分析模型

与之前模型相比，切坡后斜坡平均坡度降至 30°。对于地下水位上下的土体分别统一赋参，即黄土层分为天然和饱和两种状态，分别统计重度、黏聚力、内摩擦角的概率分布及特征值（表 4.7）。经过 K–S 检验，上述土性参数均符合正态分布。需要说明的是，饱和状态情况下黄土土体结构的变异性已基本消除，含水量和重度分别为 33% 和 18.1kN/m³，均按定值对待，视为无变异性。本次分析采用定值法确定粉质黏土和砂卵石参数，其中粉质黏土重度 16kN/m³，黏聚力 45kPa，内摩擦角 26°；砂卵石重度 22kN/m³，黏聚力 1.5kPa，内摩擦角 36°。白垩系河口群砂泥岩为"基岩"，强度无限大。

表4.7　基于可靠度的斜坡稳定性分析模型黄土计算参数表

| 编号 | CU 测试结果（有效应力法） | | | | | | | |
| | 天然状态 | | | | 饱和状态 | | | |
	c'/kPa	φ'/(°)	重度/(kN/m³)	含水量/%	c'/kPa	φ'/(°)	重度/(kN/m³)	含水量/%
1	18.52	25.4	14.11	4.0	16.89	17.1	18.1	33.0
2	16.82	23.2	14.21	4.6	15.89	15.3	18.1	33.0
3	13.51	25.2	14.11	4.5	15.26	14.3	18.1	33.0
4	13.74	24.9	14.70	4.6	11.02	15.0	18.1	33.0
5	18.31	26.7	14.01	4.0	12.86	13.2	18.1	33.0
6	15.07	25.6	14.21	4.7	12.86	14.5	18.1	33.0
7	15.63	25.4	14.01	4.5	13.99	14.4	18.1	33.0
8	16.51	26.7	14.11	7.1	9.80	12.5	18.1	33.0
9	10.67	24.2	14.11	4.5	10.12	15.5	18.1	33.0
10	17.74	26.1	13.92	3.1	11.12	13.9	18.1	33.0
11	17.68	26.9	14.31	5.5	10.23	16.3	18.1	33.0
12	14.12	26.7	14.01	5.4	12.02	17.5	18.1	33.0
13	13.74	23.9	13.52	5.0	11.23	17.5	18.1	33.0
14	17.78	25.4	13.52	5.5	10.10	12.0	18.1	33.0
15	18.53	22.8	13.33	6.4	13.26	13.0	18.1	33.0
16	16.52	23.6	13.33	7.2	16.23	14.8	18.1	33.0
17	15.42	23.7	13.52	7.1	14.23	10.0	18.1	33.0
18	17.63	23.5	13.72	4.9	12.25	11.8	18.1	33.0
平均值	16.00	25.0	13.93	5.1	12.74	14.4	18.1	33.0
标准差	2.18	1.33	0.37	1.1	2.26	2.07	0	0.0

结合前述地下水位现状及地下水动力场演化过程与发展趋势，分别设定 1667.2m、1672.2m、1677.2m、1678.2m、1679.2m、1680.2m、1681.2m、1682.2m、1687.2m 和 1692.2m 共 10 个地下水位高程进行分析，其中 1667.2m 对应灌溉前黄土层无区域统一地下水位、1679.2m 对应反演的 1980 年时地下水位、1687.2m 为现状地下水位。黄土层底部与粉质黏土层接触面处有泉水出露。根据水文地质无入渗均质潜水含水层地下水向河渠二维稳定流公式计算获取地下水位面。对每个地下水位工况采用四种极限平衡分析法，进行抽样 10000 次的 Monte-Carlo 失稳概率可靠度分析。由结算结果可知（表4.8），4 种算法所得斜坡稳定系数和失稳概率略有差异。

表4.8 焦家崖头斜坡失稳概率分析表

地下水位	饱和层厚度	算法	稳定系数	失稳概率/%
1667.2	0	Ordinary	1.2215	0.03
		Bishop	1.37	0
		Janbu	1.2178	0.03
		Morgenstern-Price	1.2692	0
1672.2	5	Ordinary	1.1439	0.28
		Bishop	1.2636	0
		Janbu	1.1334	0.52
		Morgenstern-Price	1.1836	0.05
1677.2	10	Ordinary	1.0267	26.64
		Bishop	1.1421	0.15
		Janbu	1.0273	26.9
		Morgenstern-Price	1.0858	2.55
1678.2	11	Ordinary	1.0129	38.65
		Bishop	1.1317	0.36
		Janbu	1.0166	35.85
		Morgenstern-Price	1.077	4.15
1679.2	12	Ordinary	0.994845	55.205
		Bishop	1.11005	1.485
		Janbu	0.99831	52.115
		Morgenstern-Price	1.0547	12.225
1680.2	13	Ordinary	0.98459	64.55
		Bishop	1.0951	2.44
		Janbu	0.98752	61.76
		Morgenstern-Price	1.0416	18.4
1681.2	14	Ordinary	0.9732	74.06
		Bishop	1.0802	4.09
		Janbu	0.97328	73.36
		Morgenstern-Price	1.0278	26.72
1682.2	15	Ordinary	0.96738	80.47
		Bishop	1.0696	4.51
		Janbu	0.96607	80.64
		Morgenstern-Price	1.0197	31.12

地下水位	饱和层厚度	算法	稳定系数	失稳概率/%
1687.2	20	Ordinary	0.89238	99.11
		Bishop	0.98761	59.9
		Janbu	0.89364	98.88
		Morgenstern-Price	0.9462	87.23
1692.2	25	Ordinary	0.82617	99.97
		Bishop	0.91075	95.41
		Janbu	0.82739	99.97
		Morgenstern-Price	0.87345	99.47

　　为此，选用滑裂面形状、静力平衡等方面均不作任何假定的 Morgenstern-Price 法作为对比依据，该法也是国际上通行的极限平衡条分法。以表 4.9 中边坡失稳概率分级方案为准，可见在 20 世纪 80 年代初之前的黄土层地下水位工况下，焦家崖头斜坡的失稳概率均处于可接受的稳定范围，尤其是当黄土层没有连续分布的区域性统一地下水位，也就是理想情况下的未灌溉时期，斜坡失稳概率接近为零；当黄土层地下水上升至 1980 年的水位 1979.2m 时，斜坡失稳概率达 12.225%，处于低危险时期；现在斜坡失稳概率已增至 87.23%，属于高危险；若地下水位再上升 5m 达到 1692.2m，则斜坡失稳概率达到 99.47%，属于必然破坏区段。

表 4.9　斜坡失稳概率分级表

稳定性评价	必然破坏	高危险	中等危险	低危险	稳定
破坏概率/%	≥90	60~90	30~60	5~30	≤5
稳定等级	1	2	3	4	5

　　根据黑方台地区滑坡工程防治效果调查，焦家崖头地段的"2012 年 2 月 7 日"滑坡发生后，甘肃省国土资源厅采取以切坡减载为主的应急工程治理后目前滑坡变形迹象依然显著，东西两侧切沟处已发生两处小规模局部滑坡，目前第一级切坡平台前缘已发育一条环状贯通的拉张裂缝（图 4.21、图 4.22），表明治理工程不能结合滑坡诱因有效疏排地下水就不能降低滑坡风险。建议以地下水流数值模型反演所得的 20 世纪 80 年代地下水位 1678.2m 作为临界值，采取有效地工程疏排水措施将目前的地下水位降低至少 9m，即由当前的 1687.2m 降低至 1678.2m，斜坡失稳概率才有可能降至可接受的稳定状态。

　　同理，焦家-抚河桥头、磨石沟、党川-方台 3 个区段的斜坡可靠度分析中地下水位值因缺少地下水位实测数据，经采用地下水渗流场模拟结果进行测算，结果表明使得斜坡失稳概率在可接受的稳定状态范围的地下水位对应分别为 1676.2m、1683m、1688m。

　　2. 地下水位被动控制措施

　　一方面，考虑到黑方台地区当前引水灌溉量大幅减少后难以满足现有农业种植结构的用水需求，而农业种植结构、节水灌溉模式的调整尚需一定的时间；另一方面，即使采取了节水灌溉以减少灌溉量与地下水位上升趋势彻底扭转两者之间也存在一定的时间差与过

图 4.21 JH13 号滑坡西侧前缘滑动及贯通拉张裂缝

图 4.22 JH13 滑坡切坡平台地下水浸润

渡期, 难以满足现阶段滑坡灾害风险控制的需要。在开展灌溉量调控从源头上减少地下水补给的同时, 有必要采取有效的疏排地下水措施人为干预, 将地下水位控制于可实现斜坡稳定的范围之内。

1) 混合井疏排水

根据区内钻孔抽水实验及原位入渗试验可知, 黄土渗透系数 K 为 2.32×10^{-2} m/d, 渗透能力较差, 而砂卵石层渗透系数 K 为 11.8 m/d, 渗透性能较强, 导水和排水性能相对较好, 二者之间渗透性能数量级的差异为通过混合孔疏排水的实施提供了良好的条件。通过在台塬周边靠近滑坡后缘一定范围内合理设计一系列揭穿相对隔水的粉质黏土层的混合孔 (图 4.23), 利用黄土及砂卵石两个含水层间的天然水头差, 将上部黄土层中的地下水通过混合孔直接疏排至下伏砂卵石层, 进而在台塬缘边排出斜坡体外, 降低与滑坡发生密切相关的黄土层中的地下水位或滑坡体内部的地下水位, 从而实现增加斜坡稳定性及滑坡风险控制的目的。

根据区内地层结构及水文地质条件进行混合排水孔施工图设计 (图 4.24), 疏排水孔应深入白垩系砂泥岩顶面微风化带不少于 5m, 为潜水完整井, 混合排水孔群的平面布置宜交错排列, 各孔之间互相影响半径重叠产生干扰影响而达到迅速排水目的。

以 JH13 号滑坡为例, 在距离滑坡后缘 100m 处的塬边垂直于地下水流向布置混合疏排水孔。应用建立的渗流-应力耦合模型, 计算不同布井方式下地下水位的变化情况, 及其对应的台塬斜坡稳定性, 从而确定合理的井间距及布井数量。计算结果表明, 利用混合孔能

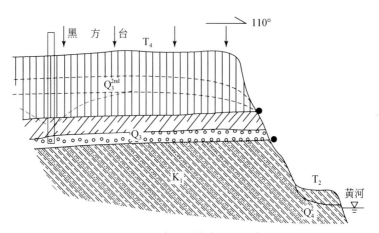

图 4.23 混合孔疏排水原理示意图

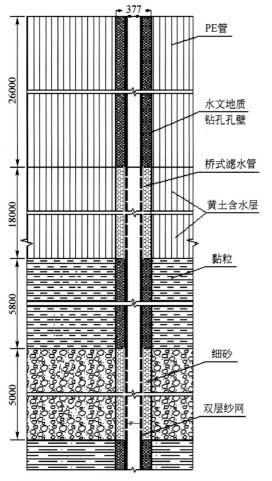

图 4.24 混合孔初步设计大样图 （单位：mm）

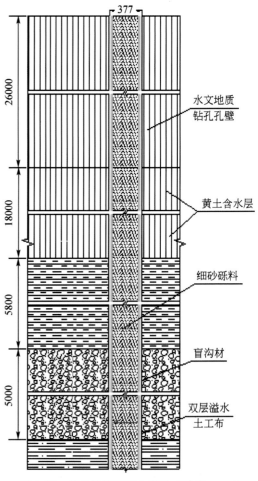

图 4.25 排水砂井结构大样图 （单位：mm）

够实现有效疏排黄土含水层地下水的目的。而地下水位降幅则取决于混合孔间距和数量，井间距越小、井孔数量越多，排水效果越好，对应的斜坡稳定性越高。通过数值模拟和混合孔疏排水效果动态监测，本着"技术可行、经济合理"的原则，建议在 JH13 号滑坡后缘选择井距 40m 的布井方案，9 眼混合孔即可实现地下水年降幅 2.8m，对应的斜坡体安全系数为 1.16，可满足提高斜坡稳定性的目标。与混合疏排水相似，也可以相同井距在滑坡后缘距塬边 100m 处布置排水砂井（图 4.25）。对比分析混合排水孔与砂井两者的疏排水效果，选取排水效果更好更为经济的排水措施，达到提高台缘周边黄土斜坡稳定性的目的。

2）集水廊道疏排水

为了探索在严重缩径的饱和黄土地区采用集水廊道疏排水技术的适用性，在黑方台地区开展了试验研究。通过区内孕灾地质环境条件和施工条件对比，将试验段设置在焦家崖头 JH13 号滑坡处，该滑坡前缘有多处泉水出露，可直观观察疏排水效果；同时，"2012年 2 月 7 日"滑坡应急治理工程施工时在滑坡体后部、削坡平台处施工的观测孔为信息化设计与施工提供了便利；不仅如此，该滑坡虽经削坡减载治理，但因为所采取的以"扩泉"为主的治水措施效果不佳，削坡平台处现有明显变形迹象，通过集水廊道疏排水效果与滑坡变形协同监测，可为基于地下水位控制的滑坡风险控制提供示范。

在排水廊道试验设计方案中采用了检查井以及廊道内硐室辐射状排水孔两种模式向廊道集水：在引水廊道与排水廊道相接的北侧拟采用常用的廊道排水模式，即一方面采用检查井向廊道内排水（图 4.26），另一方面采用从地面钻孔至廊道的集水渗管向廊道内排水

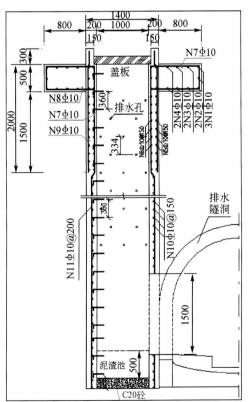
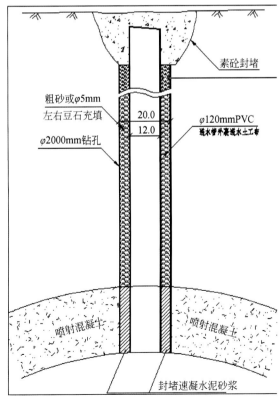

图 4.26　检查井结构初步设计大样图（单位：mm）　图 4.27　竖向集水渗管初步设计大样图（单位：mm）

（图 4.27）；南侧排水廊道则采用检查井以及廊道内硐室放射状排水孔的模式向廊道内排水（图 4.28）。根据两种排水模式的实际疏排水效果，施工图设计阶段可考虑采用不同的廊道截面及排水措施组合。

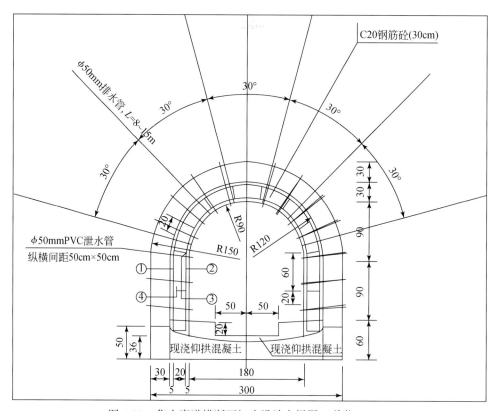

图 4.28　集水廊道横断面初步设计大样图（单位：mm）

在试验段成功的基础上设计了黑方台滑坡治理疏排水工程：1 号和 2 号集水廊道，其中 1 号集水廊道工程位于水管所滑坡至加油站滑坡之间的党川段斜坡，是目前威胁人口最多且稳定性最差的地段之一。2 号集水廊道工程位于方台，也是滑坡活动活跃的地段。

1 号集水廊道：廊道走向与台缘一致，距离台缘 50m。该段斜坡 2015 年 4 月 30 日发生滑动，目前变形迹象明显，稳定性差，通过集水廊道疏排地下水或灌溉跑水。廊道入口宜设置于斜坡南侧的低洼处，按进口底标高 1645m 控制廊道深度。廊道全长 856.15m，设置检查井 14 座（图 4.29）。1 号集水廊道试验段工程主要工程量包括：硐门及硐身挖方 $1.32 \times 10^4 \mathrm{m}^3$，C20 砼 $0.42 \times 10^4 \mathrm{m}^3$，检查井挖方 $0.29 \times 10^4 \mathrm{m}^3$，渗水孔 2950m，浆砌片石 1450$\mathrm{m}^3$，估算工程造价约 879.30 万元。

2 号集水廊道：廊道设置与方台东南侧台缘附近，走向与台缘一致，距离台缘 50m。方台南缘多次产生滑动变形，虽 2013 年进行了削方减载，但坡面仍有多处渗水痕迹。在该处设置排水廊道，排除地下水，稳定坡体，减少滑坡危害。廊道入口选择在坡面低洼处，该段基岩出露位置较高，廊道进口底标高按 1665m 控制。廊道全长 748m，设置检查井 13 座（图 4.30）。2 号集水廊道试验段工程主要工程量包括：硐门及硐身挖方 $1.15 \times 10^4 \mathrm{m}^3$，C20 砼

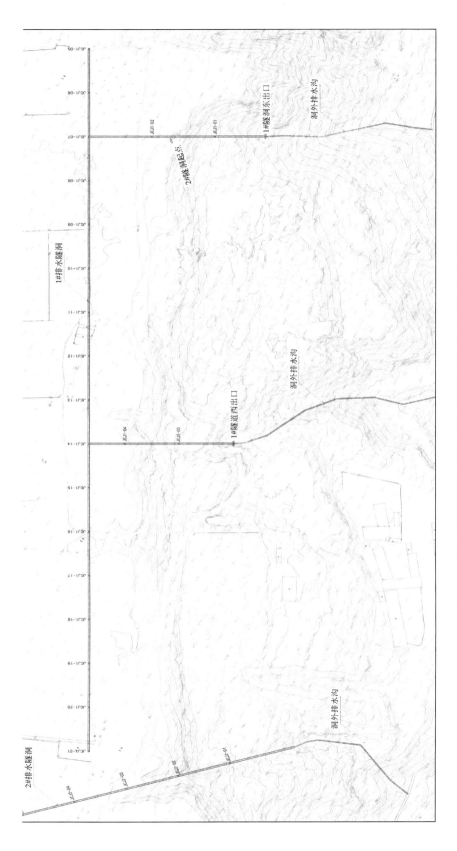

图4.29 黑方台滑坡群综合整治工程1号集水廊道平面布置初步设计图

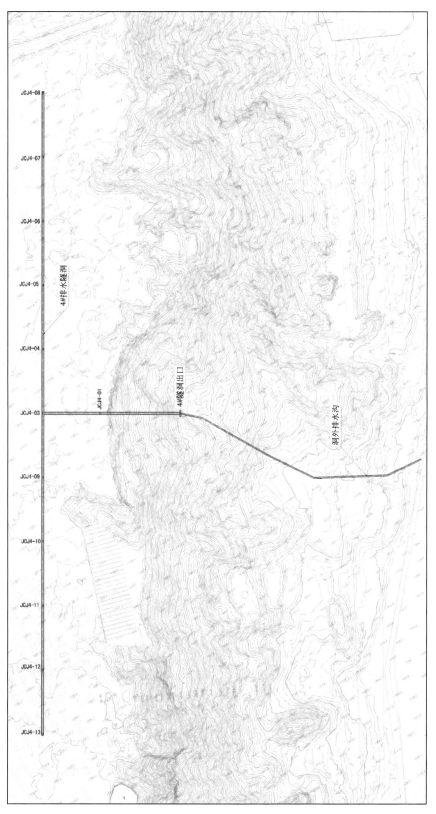

图4.30　黑方台滑坡群综合整治工程2号集水廊道平面布置初步设计图

$0.34 \times 10^4 m^3$，检查井挖方 $0.23 \times 10^4 m^3$，渗水孔 4900m，浆砌片石 $1340 m^3$，估算工程造价约 811.34 万元。总体而言，集水廊道虽排水效果较好，不足之处在于前期工程投入较大，且后期维护成本较高。

3）虹吸排水系统

虹吸现象是液态分子间引力与位差能形成的，利用水柱压力差，使水面上升再自流到低处的物理现象。如果管中抽成真空，由于管口的水面承受大气压力，水由压力高的一端流向压力低的一端，一个标准大气压下，理论上虹吸所能达到的最高水头约为 10.24m。边坡虹吸排水即是利用虹吸现象的一种新型边坡排水技术，它的排水流量和流动过程由坡体内部地下水位变化自动控制，其物理特性非常适合边坡排水的需要。虹吸排水具有利于地下水汇集，免动力实现水体的高效跨越输送的特征，能够适应坡体地下水位变化，并及时排出斜坡体内部的地下水。因此，通过合理的布置与设计边坡虹吸排水系统，可以排出斜坡深部地下水，实现坡体内部地下水位快速下降，且可保持长期稳定的有效排水。

根据黑方台滑坡群地下水疏排降深目标的要求，利用向下倾斜的钻孔进入坡体深部，通过调节倾斜钻孔的倾角及深度，虹吸排水可实现的降深与孔口高差约 10m（图 4.31）。考虑到干旱季节，可能出现长时间无地下水，虹吸排水过程会有长时间停止流动期，在此期间，虹吸管中会出现一定长度的气泡积累，重新启动虹吸时，孔内水位需要上升到一定的高度才能克服气泡的影响，需要的上升余量一般小于 3m。因此，从斜坡安全考虑，设计上可考虑将与孔口高差 6m 作为斜坡的控制地下水位。

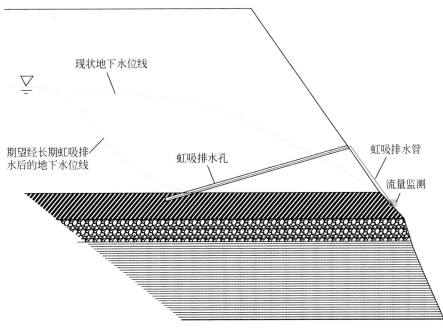

图 4.31　黑方台地区边坡倾斜虹吸排水孔实施方案

结合黑方台地区水文地质条件，考虑到滑坡前缘地形条件的限制，虹吸排水孔拟布设于地下水溢出带或浸润线上方约 5m 的位置，水平方向上设置一排，仅在焦家崖头 JH13 号滑坡应急治理平台上可按照两排布设，排水孔间距 6m 为宜，区内滑坡宽度一般多在 150m 之内，每个滑坡最多布设 25 孔。虹吸排水孔深 60m，倾角 12°。为保证虹吸管中始终有水，要求：当孔口与孔底相对高差大于 11m 时，保持虹吸排水的出水口与孔口高差大于 11m；当孔口与孔底相对高差小于 11m 时，虹吸排水的出水口应设置平衡储水管，其出水口的高程高于钻孔底部高程、管底高程低于钻孔的底部高程。

虹吸排水孔施工与透水管安装：采用斜孔钻机成孔，钻孔直径大于 90mm，跟管钻进。倾斜角 12°（钻杆与水平线夹角），钻孔深度 60m。确保孔底与孔口高差 12m±1m。成孔后，拔出套管前，立即安装带孔底储水管的透水管（图 4.32）。孔底储水管采用长度 800mm，内径 50mm 底部密封、顶部开口的 HDPE 管。透水管采用外径 50mm 的高密度聚乙烯（HDPE）打孔波纹管。波纹管外织土工布，防止泥沙进入透水管内。透水管的一端深入孔底储水管内，透水管与孔底储水管连接处固定。孔口外保留透水管长度大于 1m。完成透水管安装后，拔出套管。在拔出套管过程中，注意防止把透水管带出。

排水管制作及安装：虹吸排水管采用尼龙管（PA 管），每个钻孔安装 3 根单独 PA 管，每间隔 2m 绑扎固定，横截面示意见图 4.33。排水管长度根据实际情况取值，不得连接，确保虹吸管的密封性。为保障虹吸排水管的进水口不被堵塞，各虹吸管在距排水管管端头 5～8cm 处打两个直径 4～6mm 的正交贯穿孔。在透水管中插入虹吸排水管。将 3 根单独 PA 管绑扎后一起插入透水管，把虹吸排水管送入孔底储水管的底部。钻孔以外坡面上的虹吸排水管布设。在坡面开挖沟槽，将排水管埋入地表 50cm 以下，将排水管引向集水槽。保持虹吸排水管出水口高程低于钻孔的孔底高程。

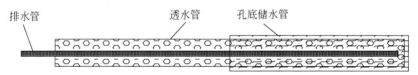

图 4.32　排水管、透水管和孔底储水管构造示意图

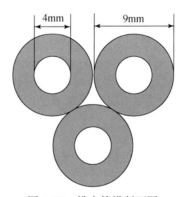

图 4.33　排水管横断面图

引导初始虹吸：将虹吸排水管的出水口连接到高压喷雾器的喷头，利用高压喷雾器的压力把水反向注入钻孔内。当估计清水充满孔底储水管时停止注水。反向孔内注水停止后，将坡面排水管的注水口（出水口）高度降低，此时通过虹吸作用，孔内的水会流出。

虹吸排水效果监测：修建集水槽用于收集虹吸管排出的水，进行排水流量监测，用于评价虹吸排水效果。集水槽修建点由现场施工人员确定。选点原则是集水槽顶面要低于任何一个虹吸排水孔的孔底高程，地表土质坚硬，要方便检视易于保护。集水槽平面、剖面见图4.34。流过三角堰的水再进入另一集水槽，通过接有水表的管道流到下游沟谷中，利用三角堰和水位计实时监测排水流量，利用水表读数可随时掌握累计排水流量。

修筑基础。将地表浮土挖走，用C15混凝土浇筑一个90cm×200cm的基础，厚度不小于10cm。基础顶面呈三级台阶，台阶高度30cm，各台阶宽度为60cm。

浇筑集水槽。集水槽内部尺寸为50cm×50cm×50cm，槽底与四壁厚度均为10cm，需制作模板，采用C30混凝土现场浇筑。在集水槽的一侧，依次安装三角堰、带水表排水管（图4.34）；在三角堰上游集水槽底部预埋水位测量管。

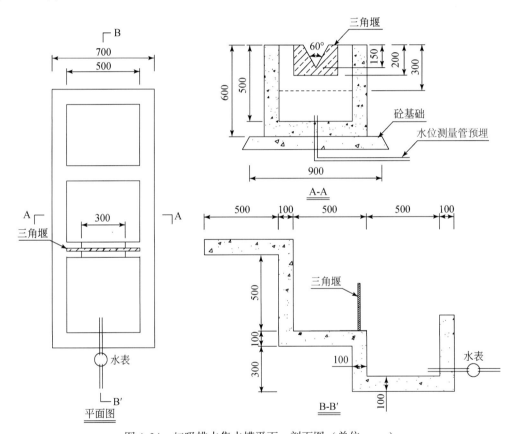

图4.34　虹吸排水集水槽平面、剖面图（单位：mm）

埋设水位测量管。为了方便水位测量及防盗，需另外埋设一根水位测量管，通过连通管以及预埋钢管与集水槽相连通。预埋镀锌钢管的水平段，长度以方便连接为宜。水位测量管为内径为100mm长度为800mm的HDPE管，其管底密封，并通过连通管及预埋钢管与集水槽相连通；上部留有通气孔；顶部加上方便拆装的顶盖。通过调整测量管的高度，使管内水深为40cm左右。仪器安装好后，将测量管掩埋或利用植被将其隐蔽。

虹吸排水系统施工只需小型钻机就能完成排水孔的施工作业。使用土工布、塑料管、水泥、砖和少量钢筋等建筑材料，具有施工工艺简单、造价低并且有破坏坡面范围小和维修养护方便等特点。通过实际工程实践得出，虹吸排水与降雨密切相关，在雨季可以有效提高排水流量，满足雨季较高的排水要求，可以有效实现坡内深部地下水的及时排出，是一种稳定可靠的边坡排水新方法。

4）软式透水管疏排水

软式透水管由高强度钢丝圈作为支撑体，与具有透水、过滤、保护作用的管壁包裹材料共两大部分构成，是一种具有倒滤透（排）水作用的新型管材，利用"毛细"现象和"虹吸"原理，集吸水、透水、排水为一体，不会对环境造成二次污染，属于新型环保排水材料。在黑方台地区采用的材料主要性能参数如下。

抗拉强度和透水性：软式透水管在地层滑动时可承受足够的拉力，而且全方位渗水，透水性能优良，不同管体耐压参数及渗透层性能参数见表 4.10。

表 4.10　软式透水排水管性能参数表

管体耐压参数						渗透层性能						
管径 /mm	扁平率					参数指标	单位	管径				
	2%	3%	4%	5%	10%			50mm	80mm	100mm	150mm	200mm
50	18	37	66	110	440	纵向耐拉强度	kN/5cm	≥1.0	≥1.0	≥1.0	≥1.0	≥1.0
80	39	84	154	229	480	纵向伸长率	%	≥15	≥15	≥15	≥15	≥15
100	76	159	277	374	620	横向抗拉强度	kN/5cm	≥0.8	≥0.8	≥0.8	≥0.8	≥0.8
150	88	150	198	250	525	横向伸长率	%	≥15	≥15	≥15	≥15	≥15
200	110	248	318	368	480	圆球顶破强度	kN	≥1.1	≥1.1	≥1.1	≥1.1	≥1.1
						流量	10^{-3}（cm^3/s）	0.44	1.672	3.032	8.839	19.252
						渗透系数	cm/s	≥0.1	≥0.1	≥0.1	≥0.1	≥0.1
						等效孔径	mm	0.06 ~ 0.2				

耐酸碱性：黑方台地区虽历经四十余年大水漫灌，但区内地下水为 Na-Cl 型，矿化度高达 50g/L 以上，土壤易溶盐含量高，水土具有强烈的腐蚀性，一般排水材料易遭受腐蚀。软式透水管采用高强度聚酯纤维及钢丝外覆 PVC，具有很强的耐酸碱性，对水土介质中的有机及无机化学成分具耐腐蚀作用。室内 72 小时酸碱试验结果：10% 浓度的 HCl 溶液无外观异状；10% 浓度的 NaOH 溶液无外观异状。

耐压扁平率：软式透水管采用高强力弹簧钢丝之螺旋状补强体构造，把外压荷载均布于管的四周，变形小。

复原性能试验：软式透水管在压缩量达 70%，压缩 50 次时，其复原性大于 90%。

软式透水管安装与布设：可选择施工条件较好的 JH9 号、JH13 号、FH1 号等典型滑坡进行试点，对既有吊沟范围坡面清挖地下水溢出带之上的小规模次级滑坡体、刷坡、挖台阶夯填土方，增设 3 道浆砌片石截水沟和引水孔，坡面之上种植草皮。截水沟沟帮两侧各顺坡面砌筑 1.0m 与坡面顺接，厚度 0.4m，截水沟与吊沟连接。软式透水管的引水孔采用锚杆钻机钻孔，孔内插入 3 ~ 8m 长度的透水管，一般应伸入干硬土体内不少于 0.3m，并伸出坡面之外 0.1m（图 4.35）。透水管排水坡度为 7%，即仰角为 10°，管与管间距不小于 1.5m。透水管周围采用砂砾填筑密实，厚度不小于 0.1m（图 4.36）。

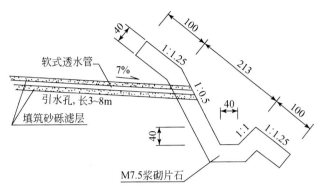

图 4.35 软式透水管引水孔及截水沟断面图（单位：mm）

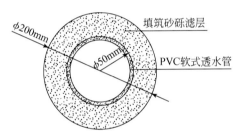

图 4.36 软式排水引水孔及软式透水管安装示意图

软式透水管施工方法及注意要点：①应选择施工条件有利部位上应施工引水孔，清孔完成之后再安放软式透水管，四周均匀填筑砂砾滤层，并充分压实。②斜孔钻机成孔，必须采用跟管钻进，完成具有一定上倾角的引水钻孔，孔径不小于 $\phi90mm$，仰角 10°～15°。采用空气压缩机高压风冲排泥渣和清洗引水孔。③透水管安装：结合黑方台滑坡工程地质结构及水文地质条件，经比选成孔施工条件和经济适用性，建议选用 $\phi80mm$ 或 $\phi100mm$ 管径的软式透水管，可选用人工或机械顶入法插入透水管，按设计长度切割好软式透水管后，顶端封口后外罩锥形管帽以利于顶入，末端以 10cm 厚度木板柔性衬垫后，采用 50t 或 100t 千斤顶顶托 $\phi50mm$ 钢顶管顶入。④软式透水管的连接，应在两段透水管接头处剪去相应的钢丝圈，以强力 PVC 接着剂牢固相接后外套管箍，上下管箍以尼龙绳绑扎牢固即可。⑤软式透水管末端采用扎结式封闭，出口直接接入既有排水系统。⑥封孔：拔出钢顶管，用长度 2m 的 $\phi85mm$ 或 $\phi110mm$ 硬质塑料管套入孔口。⑦对软式透水管外层的强力特多龙纱应尽量减少紫外线的照射，在阳光下直接曝晒时间不宜超过 96 小时。

5）辐射井疏排水

辐射井是由一个大口径的钢筋混凝土竖井和自竖井向周围含水层任一高程和方向打进具有一定长度的多层、数根至数十根水平辐射管所组成，使地下水沿水平辐射管汇集至竖井内排出井外的取水构筑物（图 4.37）。近年来在工程降水领域得到推广，尤其是对于在一定条件下的"疏不干含水层"用常规的井点或深井不能达到"降水"目的的工程中。

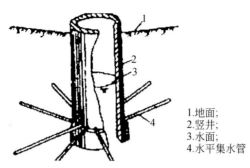

1. 地面；
2. 竖井；
3. 水面；
4. 水平集水管

图 4.37　辐射井取水构筑物示意图

对于黑方台地区地下水位之下的低水平渗透性饱和黄土，因其独特的结构性高灵敏性，建议在距离 JH9 号滑坡后壁 100m 处施工 1 眼辐射井疏排水试验孔。

竖井的施工控制要点：竖井是辐射井的主体部分，也是后期辐射孔的施工平台，孔深应进入隔水的粉质黏土层顶面之下不小于 2m，孔深约 47m。可采用反循环回转钻机或人工挖孔成孔。竖井井壁可由预制钢筋混凝土井管或钢筋混凝土现浇构成，井筒的外径为 3.4m，内径为 3.0m，壁厚 20～40cm，底厚 20cm。人工挖孔成孔时，应现浇钢筋混凝土井壁管，挖孔时依靠井筒自重下沉。若采用反循环回转钻机成孔，开孔孔径宜为 $\phi3500mm$，一径到底。钻进时应选用低固相优质泥浆护壁，泥浆护壁材料建议采用纳基膨润土，要求孔内泥浆密度 1.04～1.08；中速回转钻进，钻头旋转速度保持在 30～40r/min，每小时进尺以 1.0m 为宜。成孔后，钻头提离孔底 50cm，保持冲洗液循环 10～15min 进行清孔。清孔完成之后，可采用漂浮下管法成井，将井座吊装到井孔中漂浮起来，再将井管吊装到井座上，一节接一节地对接焊接之后，漂浮下管，直到井座下到预定深度，下管过程中应确保井管直立，井管接头采用"三油两毡"封闭接口，最后在井管周围填土密实。

水平辐射孔施工控制要点：黑方台地区黄土底部埋深 45m，地下水位埋深约 22m，含水层厚度约 23m，可设置两层辐射孔，分别布设于孔深 44m 和 38m 处，水平辐射孔长度 30～50m，在竖井内应交错布置，每层布设 6～8 个辐射孔，为便于排水，辐射孔应向上仰斜约 5°～10°。

施工机械：可选用水平钻机或千斤顶。水平钻机采用回转钻进及液压跟进，并有推拉起拔套管的作用，钻机推力不小于 40t，拔力不小于 30t，扭矩不小于 140kN·m。

滤水管：辐射孔滤水管采用钢质卷皮钢管加工而成，盲沟材或土工布包裹，管径应不小于 $\phi50mm$，壁厚不小于 3.5mm。

水平滤水管安装：水平滤水管的安装方法有套管法、顶进法和锤击法等。顶进法是用水平钻机或千斤顶将滤水管直接顶进含水层；锤击法是用油锤或撞锤把滤水管击入含水层。考虑到黑方台地区地层结构及水文地质条件，建议采用顶进法施工。滤水钢管每节长 1m，采用锥型扣连接。采用液压水平钻机，一根接一根，边转动边推进的方法打孔，顶力小进尺快。顶进过程中滤水管内的细颗粒物随水流进入竖井中排走，同时将较粗的颗粒挤到滤水管周围，形成一条天然的环形自然反滤层。

6）其他疏排水措施

大口集水井疏排水：为了有效降低黄土含水层中的地下水位，也可在台塬面上挖掘一系列的大口集水井。因地下水位之下的黄土因饱水而呈软塑状态，大口集水井直径一般 4～5m，可采用沉井方式施工。大口井影响范围大，汇水面积大，不易淤堵，出水量大，灌溉季节采取井灌结合，可直接抽取地下水作为灌溉用水，将地下水重复利用，形成良性循环，既可节约提灌的高昂费用，又可减缓地下水位升幅及降低地下水位，防止更大灾害发生，经济效益明显。因饱水流塑状态的淤泥状黄土水平能力差，可在大口井内地下水位之下间隔 5～8m 设置 2～3 排辐射孔集水，每排之间钻孔交错，按间隔 45°～60° 布孔，每排 6～8 孔，孔长 40～50m，为便于辐射孔集水，各孔以 8°～12° 上仰，辐射管材可采用钢质或 PVC 管。

水平渗滤板疏排水：除斜坡体内较高的地下水位会导致斜坡失稳外。在斜坡前缘的地下水渗出点处，通常也会由于地下水排泄不畅导致坡脚处过水浸润面持续升高而产生较大的水力坡度，影响斜坡的整体稳定性。因此，除在斜坡后缘采取竖向混合井疏排水降低斜坡体内地下水位外，还应在坡体前缘采取必要的水平排水措施，疏通地下水溢出点处排泄通道，增大地下水排泄量。而斜坡前缘溢出点处的黄土通常因含水量较高而呈现淤泥状，一般的排水方案排水效果欠佳且施工困难。水平向渗滤板的排水方案是我国南方地区淤泥软土层中一种较好的排水措施。水平渗滤板可由具有良好透水性的塑料排水板构成，将其沿斜坡前缘的粉质黏土层顶面布置，同时在粉质黏土层之上铺设砂垫层，在坡脚含水量较大的黄土中形成近水平向的排水通道，实现地下水的疏排，降低地下水位。

4.4.4　黑方台滑坡群综合防治体系设计

1. 削方减载工程

野外调查表明，焦家村滑坡段、焦家崖头滑坡段、方台滑坡段和党川村滑坡段 4 段稳定性最差，边坡后缘有大量拉张裂缝出现，并有贯通之势，下滑趋势明显。经稳定性计算，这 4 段坡体处于不稳定状态，近期有下滑的可能，急需进行削方减载处理。4 段削坡

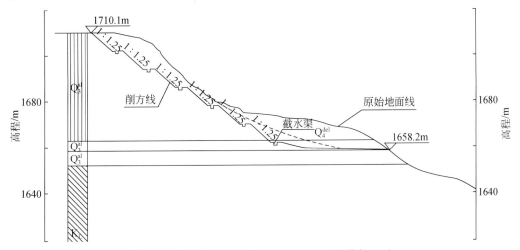

图 4.38　黑方台南缘焦家村区段削方减载横断面图

减载段平均坡度约35°，坡体平均宽度935m，削坡范围为变形严重近期有滑坡危险的边坡一带，根据坡体高差、坡度、岩土体类型与工程地质特征，依据《建筑边坡工程技术规范》（GB50330-2002）的相关规定，按保证坡体稳定的坡率自上而下按1：1.25分级放坡，设计削坡至冲积粉土顶面（图4.38～图4.40）。每级削坡高度为8.0m，每级卸荷平台宽度为5.0m。变形剧烈段可结合实际情况加大削方坡率，其他类似坡段采用类比法确定坡率。削坡工程初步设计参数见表4.11。

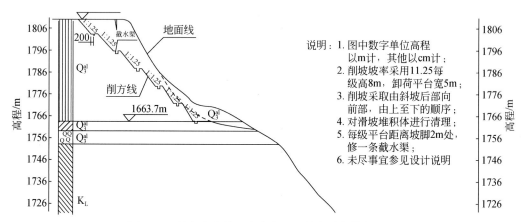

图4.39 黑方台南缘焦家崖头区段削方减载横断面图

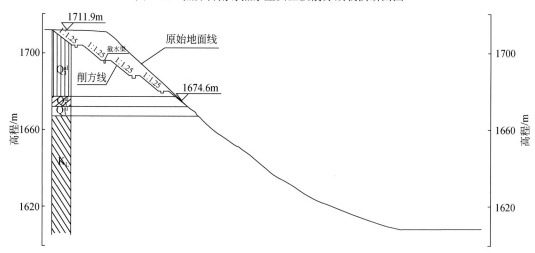

图4.40 黑方台南缘党川-方台区段削方减载横断面图

表4.11 黑方台滑坡群综合整治削方减载工程初步设计参数表

削坡段	坡面长/m	坡面宽/m	平均厚度/m	边坡比	马道平台宽/m	削土方量/m³
焦家村段	85～120	1300	15～30	1：1.25	5	1522300
焦家崖头段	80～101	620	6～20	1：1.25	5	1386741
党川村段	44～68	860	5～20	1：1.25	5	431740
方台滑坡段	65～77	960	5～14	1：1.25	5	410880
合计						2229361

2. 扶壁式挡墙

扶壁式挡墙工程共布设两处地段：一是在焦家村治理区段，沿 G309 国道内侧 10m 布置长度约 2km 钢筋砼扶壁式挡土墙；二是在在建兰新高铁的迎 MH3 滑坡一侧，沿滑坡圈椅右界外侧沿磨石沟右侧坡体自上而下布设，拦挡可能形成高速远程运移危及兰新高铁安全运营。钢筋砼扶壁式挡土墙，墙高 $H = 6.26m$，埋入土中深度 $h = 1.9 \sim 2.2m$，墙趾板按照无覆盖土考虑。抗滑稳定系数 $K_c \geq 1.3$，倾覆稳定系数 $K_0 \geq 1.5$，滑动摩擦系数 $f = 0.4$。扶壁式挡土墙由趾板、踵板、墙面板、凸榫及扶壁五部分组成，设计时取两扶壁跨中到跨中或扶壁中到扶壁中为一计算单元；对于趾板和扶壁分别按矩形或肋形悬壁梁考虑；对于墙面板和踵板是三向固定板，属超静定结构，按简化假定的近似方法进行计算。扶壁式挡土墙墙身采用 C25 混凝土（图 4.41），钢筋全部采用二级钢筋，每隔 15m 设置宽 2cm 伸缩缝，缝内沿墙内、外、顶三侧填塞 15cm 深的沥青麻絮。面板厚 50cm，扶壁宽 40cm，扶壁中线间距为 390cm，墙踵板厚 60cm，墙趾板厚 40cm，凸榫高 60cm，宽 80cm。仰斜排水孔纵坡比为 3%，按照 200cm×200cm 间距上下交错布置，最低一排排水孔高程高出墙踵板 30cm，排水管采用直径 10cm PVC 管，排水管墙后位置后设置反滤层砂砾石层。

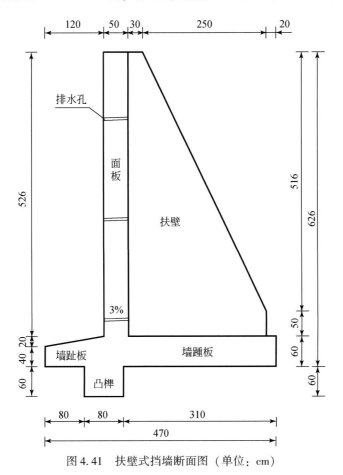

图 4.41　扶壁式挡墙断面图（单位：cm）

扶壁式挡墙墙趾位置处设置一道排水沟，排水沟底宽60cm，顶宽120cm，外侧壁纵坡比为1∶1，排水沟底部及侧壁采用30cm厚的浆砌片石修筑而成。每15m扶壁式挡墙后设置一道垂直于挡墙的排水盲沟，盲沟底宽30cm，顶宽90cm，盲沟基础采用30cm厚的现浇C30混凝土，顶部以20cm厚的黏土夯填。盲沟最外侧采用双层透水土工布，盲沟底部和中间填以粒径较大碎石，内部粗粒、砾石按一定比例分层（层厚10cm）充填，逐层粒径大致按照6倍递减（图4.42）。

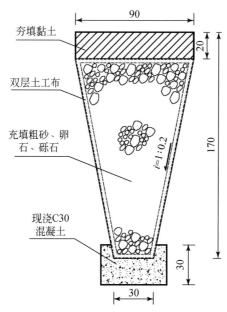

图4.42　排水盲沟断面图（单位：cm）

3. 抗滑桩

野狐沟以西的黄茨滑坡群和水管所滑坡群多为单体体积达到数百万方的大中型黄土-基岩滑坡，调查结果表明在现状条件下虽然基本稳定，但在地震作用下很可能失稳。以水管所2号滑坡为例，目前安全系数为1.179，但地震作用下安全系数降至0.98，滑坡处于不稳定状态，滑坡一旦发生将危及前缘民居，同时很有可能造成滑坡后壁失稳引发新滑动。

为提高滑坡整体稳定性，减轻滑坡灾害，在靠近滑坡剪出口的位置采用抗滑桩工程进行治理，以防止滑坡体复活。经对现状条件下较为稳定且新建折达2级公路沿滑坡体布线的水管所2号滑坡进行计算，当滑坡在地震工况下的安全系数为1.15时，滑坡的剩余下滑力为2785.5kN。根据以往类似工程经验，设计抗滑桩截面尺寸布置为2.4m×3.6m，桩长19m，桩端深入基岩内不小于7.5m，滑坡段与锚固段桩长比约为2∶1。抗滑桩锁口截面尺寸设置为3.6m×4.8m。水管所2号滑坡共需抗滑桩40根，桩心距设置为6m。由于加油站滑坡、水管所滑坡和水管所2号滑坡均为黄土-基岩滑坡，且滑坡发育特征类似，因此，对加油站滑坡的治理将采用体积类比法，采用相同的抗滑桩尺寸和工艺，根据滑坡宽度的不同，在加油站滑坡布置抗滑桩20根（图4.43），在水管所滑坡布置抗滑桩50根，

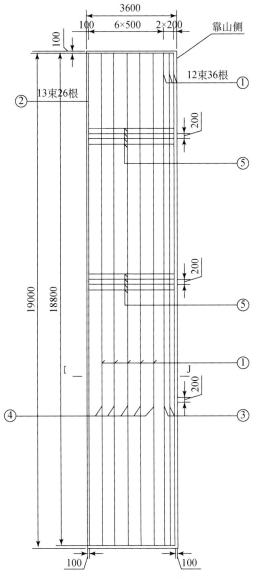

图 4.43　抗滑桩立面大样图（单位：mm）

单桩长度 19m，桩心距为 6m。抗滑桩桩身采用 C30 砼（图 4.44），锁扣及护壁采用 C20 砼，配筋率均按混凝土体积的 3% 计算。

4. 明洞

焦家崖头区段是整个黑方台地区滑坡发生频次最高灾情最为严重的区段，每次滑动不仅危及八盘峡库区安全运营，也对其下通过的盐兰公路过往车辆及行人构成安全隐患，故此，盐兰公路在该段设计以明洞通过滑坡危险区，明洞长 670m、宽 10.9m（图 4.45），功能旨在保护公路上的行车与行人安全。

明洞顶板采用 C30 钢筋混凝土，外侧立柱采用 C30 钢筋混凝土，立柱基础采用钢筋砼

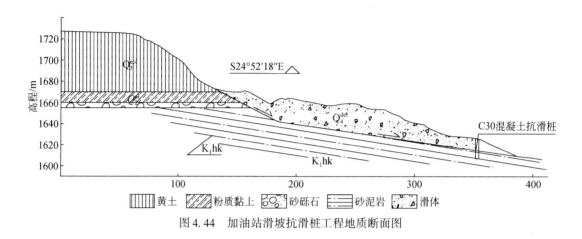

图 4.44 加油站滑坡抗滑桩工程地质断面图

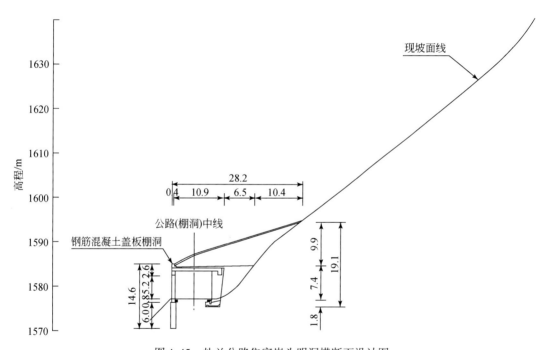

图 4.45 盐兰公路焦家崖头明洞横断面设计图

灌注桩, 明洞内墙衬砌及仰拱采用 C25 钢筋混凝土, 回填采用碎块石及片石, 顶部采取严格防水措施 (图 4.46)。明洞内部宽约 9m, 高 5.8m, 横断面及结构见图 4.47。

5. 地表截水渗沟构筑物

为了减小降水、灌溉水对坡体的冲刷和入渗, 地表截排水显得尤为重要, 应拦截、排除边坡范围外地表水和排除坡体范围内的雨水、泉水, 防止水进入坡体, 地表截排水技术方法简单, 造价低, 使用效果明显, 滑坡治理工程中得到广泛应用。地表截排水的主要措施有环形截水沟、树枝状排水沟、衬砌自然疏通排水渗沟等。焦家、方台、磨石沟区段拟沿黄土斜坡坡脚砂卵石层处修建 4.2km 渗沟排水管, 将疏排水工程排水和泉水集中收集排

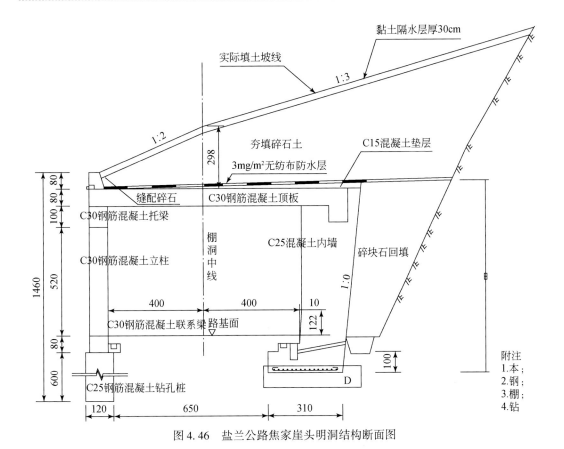

图 4.46 盐兰公路焦家崖头明洞结构断面图

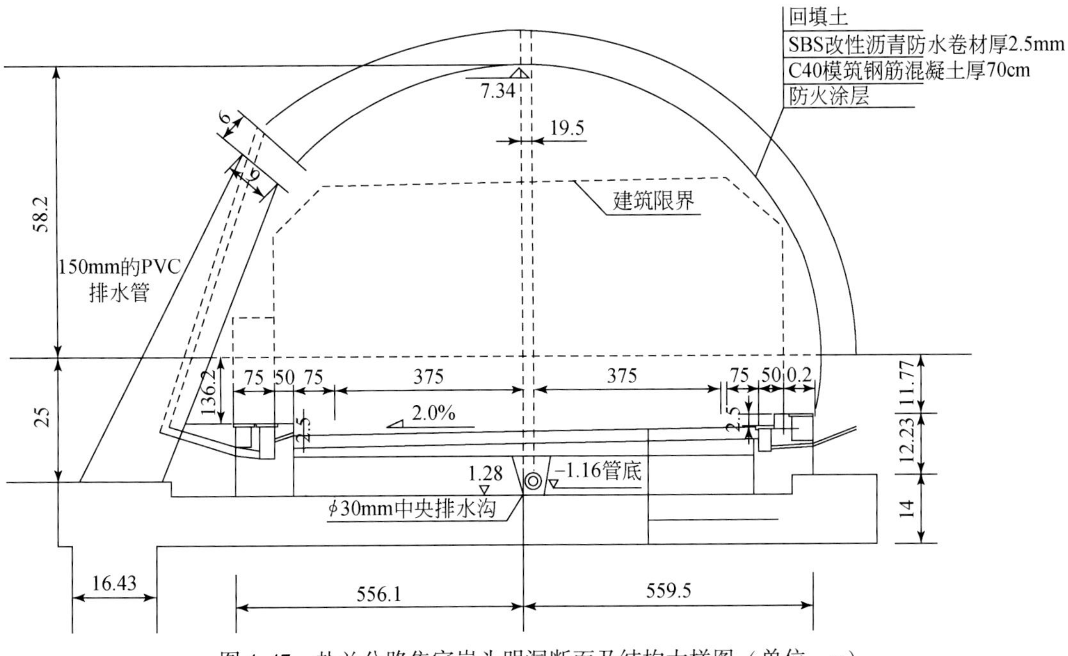

图 4.47 盐兰公路焦家崖头明洞断面及结构大样图（单位：m）

放。渗沟排水管总高 4.6m，基础设置于砂泥岩层中，深 80cm，排水管为直径为 1.0m 的混凝土预制管。渗沟靠山侧与砂卵石层接触段设置反滤层，反滤层高度为 3m，最外侧为两层透水土工布，向内依次铺设厚度为 10cm 的中粗砂，最里层为厚度 20cm 粒径 2 ~ 10mm 的砾石。渗沟内部全部充填砂砾石。渗沟排水管临空最外侧采用厚 30cm 的 M7.5 浆砌片石，顶部采用 50cm 厚的 M7.5 浆砌片石（图 4.48）。

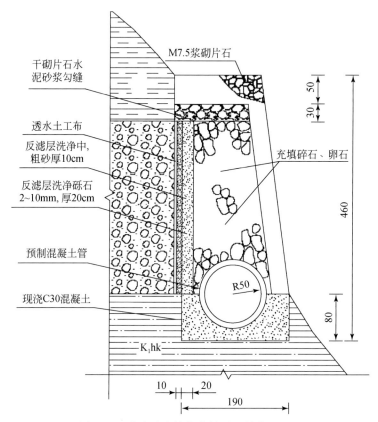

图 4.48　截水渗沟结构大样图（单位：cm）

6. 地表排水构筑物

为防止降水及灌溉跑水对削坡后坡面的冲刷，应在坡面和卸荷平台设计截排水渠，坡面排水渠纵向间距 40m。截排水渠拟采用两种断面形式：平台面采用 I 型截排水渠，断面为矩形，顶宽 0.3m，深 0.2m，壁厚 0.1m，全长共计 3740m，每隔 6m 布设伸缩缝，伸缩缝宽 2cm，缝间沥青浇筑；沿滑坡周界布设的吊沟（主要为汇水流通道）、卸荷平台及坡面采用 II 型截排水渠，顶宽 0.4m，深 0.3m，壁厚 0.1m，与吊沟相连，II 型截排水渠采用现浇矩形断面，全长 18700m，其中吊沟长 7238m，沿纵向每隔 2m 设一防滑齿，防滑齿深入土体 0.725m，吊沟底部浇筑时加入粒径不小于 8cm 的卵石，高出底座 5cm，作为消力齿。

考虑水土腐蚀性，地表截排水构筑物材料采用 C25 混凝土，42.5R 抗硫硅酸盐水泥或在硅酸盐水泥熟料加入适量石膏和耐腐蚀性能良好的外加剂。

4.5 三峡库区滑坡综合防治技术集成

4.5.1 基本思路与技术框架

美国学者 Hedges L. 等最早提出多学科复杂问题的思考方法（Hedges and Olkin，1985），称为综合集成（Meta-Synthesis）。钱学森先生在研究开放的复杂巨系统时，提出了"综合集成"思想，提出将专家、数据和各种信息与计算机技术有机结合起来，把各种科学理论和人的经验知识结合起来，解决诸如航空航天器研发、中医临床、大型软件开发、生态环境工程等科学领域，做出正确决策，需通过定性、定量相结合的综合集成方法（钱学森等，1990）。戴汝为（2005）、李耀东等（2004）在不同工程领域对该理论进行了拓展性理论研究。王思敬（2011）在此基础上提出"工程地质大成综合理论"，认为工程地质学工作大多涉及系统工程问题，综合集成应是必需的技术路线，其核心是推理、经验和实测信息的集成，以期达到结论的一致性，做出合理可靠的工程决策。

滑坡防治科学就是涉及地质学、岩土力学、材料力学、结构力学、工程材料学等多学科交叉的应用型系统地质工程问题。特大滑坡是一个多因子耦合异变的灾害地质过程，其防治工程应根据保护对象及滑坡特征，受滑坡变形破坏模型、发展演化阶段、经济和社会效益等因素影响，滑坡治理技术的选择合理性直接关乎防治效果，需要综合多方面统筹考虑（许强和黄润秋，2000），利用"综合集成"思想制定防治决策和方案，实现滑坡综合治理（图4.49）。

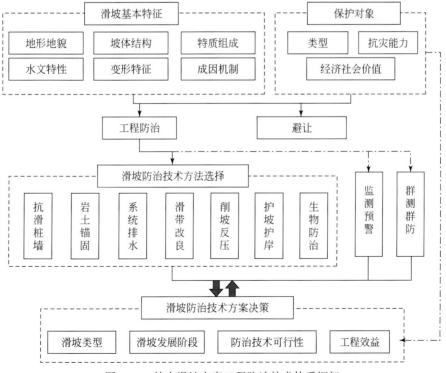

图 4.49 特大滑坡灾害工程防治技术体系框架

首先，通过现场详细勘查（如地面调查、勘探工程、山地工程），掌握特大滑坡地形地貌、坡体结构、变形特征等基本特征，分析其成因机制与发展趋势。并结合保护对象的类型（如工民建设施、交通枢纽、景观等）、抗灾能力和经济社会价值开展综合判别：对于防治存在较大技术、安全风险，或者经济效益较差，首选避让（或搬迁）方案；而对于预测防治效果较好，投资回报率高或保护对象社会价值重大的特大滑坡灾害宜进行工程防治。再者，基于勘查成果，对于判别需要工程治理的特大滑坡灾害做出技术可行、经济、合理、安全的决策方案是工程治理的关键。围绕关键问题建立防治技术方案决策体系，从滑坡类型、滑坡发展阶段、防治技术可行性和工程效益 4 个方面，进行权衡论证。最后，综合选择合理的工程防治技术和监测预警、群测群防方案。其实在方案抉择过程中，实践经验和现场数据的核对、检验均贯彻其中。

4.5.2 滑坡防治技术决策支持体系

随着滑坡防治方案的选择随着工程防治技术多样性而具有针对性，即滑坡防治方案选择要求日益精确。对于滑坡防治方案"最优化"，已有的部分探索研究。由于未考虑工程经验应用，致使部分推荐的治理方案并不适宜。

1. 滑坡防治决策的基本思路

我们在从事滑坡灾害治理工程勘查设计时，预测在工程设计运行期是否能达到防治的安全要求，其实均在进行着这样的逻辑判别

$$\Delta K = K_f - K_{min} \leqslant \sum_{i=1}^{n} a_i - \sum_{j=1}^{m} b_j \tag{4.1}$$

式中，K_f 为安全系数；K_{min} 为设计最不利工况下稳定系数；a_i 为采取防治技术后稳定系数的增加值，如截排水、支挡锚固等，$i \in (1, 2, \cdots, n)$；b_j 为不利于滑坡稳定的因素对稳定系数的减少值，如挖脚切坡、爆破、后缘加载等，$j \in (1, 2, \cdots, m)$。

也就是说，需要满足防治设计的要求，采取设计工程技术措施后抵消掉运行期内一些不利于坡体稳定因素的稳定系数增加值，至少需要大于或等于安全系统与设计最不利工况下稳定系数的差值。若防治设计不满足防治决策的基本判别式，防治设计是存在安全风险的。

一般出于设计保守，$\sum_{i=1}^{n} a_i - \sum_{j=1}^{m} b_j - \Delta K$ 远大于 0 的。诚然防治工程技术设计也不能一味保守，铜墙铁壁式的防治工程会带来巨大的经济浪费。因此，近年来地质灾害防治技术协同设计思路成了关注的热点，该设计思路使 $\sum_{i=1}^{n} a_i - \sum_{j=1}^{m} b_j - \Delta K$ 趋近于 0，最大程度减少工程投资。

2. 滑坡防治技术决策指标体系

通过对特大滑坡体基本特征和保护对象基本情况判别，认为无法避让或社会经济价值较大，需要进行工程治理。而工程治理的核心就是防治方案决策，方案直接关系到防治是否科学、经济、合理。

　　由于地质体的隐蔽性、复杂性，这种类似于"老中医"式的滑坡治理，需要从长期的工程实践经验，才能达到理论与实践结合。近年来，我国地质灾害频发，治理工作量大，经验丰富的地质设计人员缺乏，大多第一线地质生产队年轻设计人员由于对于滑坡机理认识欠缺、设计构思不完善，提交的设计方案是存在一些不足甚至误判，致使部分工程施工后不久滑坡便发生了大规模变形。此外，国土行业现有地质灾害治理工程勘查设计成果审核中，评审会上大部分参审专家是未经现场踏勘调研，仅通过汇报材料和个人经验给出防治方案建议，可能存在误导或误判的风险，也确实存在这方面的负面案例。

　　基于上述问题的讨论，是否能提出一种简洁的决策判别体系，辅助专家和设计工作人员对滑坡防治方案做出合理决策？尤其是特大滑坡灾害的防治是复杂的系统地质工程问题，涉及因素繁多。从工程设计出发（图4.50），其核心影响因素包含特大滑坡类型、特大滑坡发展阶段、技术可行性和工程效益4个方面。构建包含了4项1级指标、12项2级指标的半定量的决策判别的指标体系。只有通过排序比较，才能选择出相对更为合理的防治工程技术（图4.51，表4.12）。通过模型的量化判别，提出多种合理的防治技术组合，最终集现场测绘和工程经验，基于有限可行方案开展决策，以期达到结论的一致性。

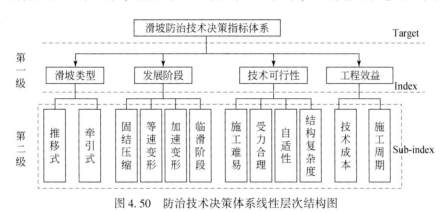

图4.50　防治技术决策体系线性层次结构图

　　（1）滑坡类型：根据研究目的不同，以滑坡规模、物质组成、受力特性等不同角度进行滑坡分类，其中受力特性，直接确定了阻滑措施受力合理性，与工程防治设计密切相关。通常宏观上表现为牵引式和推移式。

　　（2）滑坡发展阶段：滑坡的地质演化过程包含从孕育、发展直至消亡的整个周期活动。不同阶段，防治技术类型选择亦是有差异的，防治工程构筑的代价在逐步提高。基于变形监测理论，通常分为初始变形阶段、等速变形阶段、加速变形阶段和临滑阶段4个阶段。

　　（3）技术可行性：滑坡防治选择的工程措施结构越简易、越便于施工、越充分发挥了结构的受力特点、越充分利用滑坡岩土体自身强度。因此滑坡防治工程技术可行性分析就从施工难易、受力合理、岩土自身强度利用、结构复杂程度进行对比。

　　（4）工程效益：是工程投资建设的主要成果，是防治决策的重要指标，其组成较为复杂，一般包含经济效益和社会效益。由于现场调查中缺乏社会反映调查，社会效益不易评估。因此仅讨论经济效益：工程技术经济成本、施工周期。

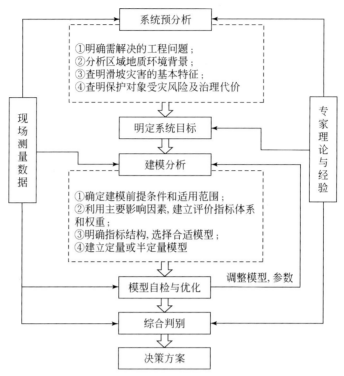

图 4.51　综合集成的系统分析路线

表 4.12　滑坡灾害防治技术适宜性排序

一级指标	二级指标	技术排序	备注
滑坡类型	推移式	削方工程→排水工程→反压工程→支挡工程→锚固工程→改善滑带→护坡工程	
	牵引式	反压工程→支挡工程→锚固工程→排水工程→护坡工程→改善滑带	不宜后缘削方
滑坡发展阶段	初始变形阶段	地表截排水→护坡工程→锚固工程→抗滑挡墙→削方反压工程	
	等速变形阶段	地表截排水→削方反压工程→支挡工程→锚固工程→护坡工程→地下排水→改善滑带	
	加速变形阶段	削方反压工程→支挡工程→锚固工程→护坡工程→地表截排水→地下排水→改善滑带	
	临滑阶段	削方反压工程→锚固工程（快速锚固）→抗滑桩（钢管桩、微型桩）→地表截排水→地下排水	
技术可行性	施工难易性	地表截排水→减重与反压→抗滑挡墙→普通抗滑桩→锚固工程→预应力锚索抗滑桩→抗滑键→排除地下水→滑带土的改良→抗滑明洞	应急抢险技术
	受力合理性	减重与反压→抗滑挡墙→锚固工程→普通抗滑桩→预应力锚索抗滑桩→抗滑键→滑带土的改良→抗滑明洞	受力合理性
	岩土强度利用	预应力锚索抗滑桩→锚固（主动）→抗滑桩、抗滑挡墙（被动）→滑带土的改良（加固）	
	结构复杂性	减重与反压→地表截排水→抗滑挡墙→排除地下水→抗滑桩→锚索→锚固→预应力锚索抗滑桩→抗滑明洞→滑带土的改良→抗滑键	

续表

一级指标	二级指标	技术排序	备注
工程效益	技术经济成本	反压工程→削方工程→地表截排水→护坡工程→抗滑挡墙→预应力锚索→抗滑桩→格构锚固→地下排水→锚拉桩→滑带改良→阻滑键→抗剪洞	
	施工周期	反压工程→削方工程→地表截排水→护坡工程→抗滑挡墙→预应力锚索→地下排水→抗滑桩→格构锚固→锚拉桩→滑带改良→抗剪洞→阻滑键	

4.5.3 工程实例应用

选取典型滑坡灾害点，通过工程案例定性研究量的应用分析，来检验利用综合集成思想建立的工程体系合理性。猫儿坪滑坡是位于三峡库区奉节县永乐镇长江右岸的特大型涉水块碎石土堆积层滑坡（图 4.52）。滑坡规模 $486 \times 10^4 m^3$，滑体中间厚两侧薄，均厚约15m。前缘高程 110m，高差约 215m。自 2008 年 4 月以来滑坡持续强烈变形，中前部左侧尤为突出，裂缝向上逐级发展，形成多级长大拉陷裂缝。严重威胁到滑体上近 50 户居民、脐橙加工厂和公路的安全，紧迫需开展工程治理。

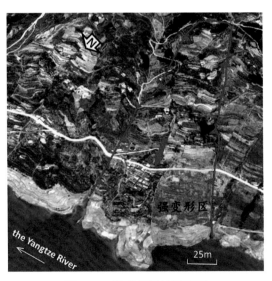

图 4.52 猫儿坪滑坡遥感图

现场测绘表明：滑床为三叠系须家河组，中厚层砂岩，勘探揭露滑坡沿岩土接触面滑动，滑带土为黄褐–灰褐色含砾粉质黏土。受后期表生改造和暴雨、库水波动复合影响表现为典型的变形前侧强烈，后侧逐缓的牵引式变形，属降雨–动水压力型滑坡。

再结合现场测绘和经验进行校核：由于剪出口位置在最低库水位 135m 以下，反压工程可行性较差，应去掉；该治理工程应选用永久治理，且保护对象允许一定的地表变形，宜选用抗滑桩工程治理；考虑到地表土体松散，桩间土拱效应不佳，推荐桩板墙工程。且工程期限内无大型人类扰动项目规划，无新增不利因素，综合判别推荐治理方案："桩板墙+地表截排水+护岸工程"（图4.53）。

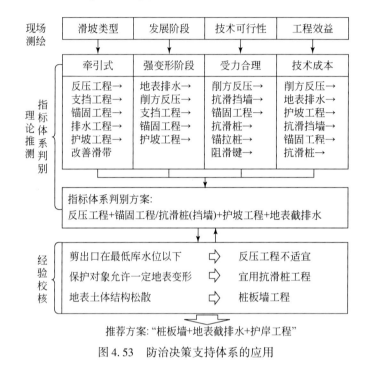

图 4.53　防治决策支持体系的应用

该推荐方案与专家现场论证结果一致，说明了该滑坡防治技术决策体系结构和逻辑判别合理、可靠。

4.6　川藏公路溜砂坡防治技术

4.6.1　溜砂坡概述

1. 溜砂坡的概念

溜砂坡指高陡的岩（土）质斜坡，遭受强烈的物理风化作用而形成大量砂粒和岩屑，在重力作用下，发生多种方式的运动并在坡脚堆积成锥状斜坡的自然演变过程。溜砂坡的锥状堆积体称为"溜砂锥"。

按照国际上广泛采用的 D. J. Varnes 滑坡分类方案（舒斯特和克利泽克，1987），溜砂坡仍属于广义滑坡中一种特殊类型，可归于第六大类：复合移动类。20世纪30年代以来，地貌学研究中将斜坡上岩块、岩屑顺坡面溜动的地貌过程，称为"泻溜"、"撒落"。Sharpe 首次将碎屑坡的失稳划分为碎屑溜、碎屑崩和泥石流三类，并首次提出碎屑溜的概念。Varnes 在 Sharpe 的基础上，对碎屑坡的 3 种失稳方式进行了比较准确的阐述。碎屑溜与溜砂坡的地貌现象近似，但强调了斜坡物质运动的形式和堆积过程，较少涉及其形成机制。

2. 溜砂坡的危害

溜砂坡灾害是川藏公路上较常见的一种自然灾害。特别在沿帕隆藏布干流川藏公路（G318 线）米堆沟口—中坝段，仅 20km 左右路段内就分布溜砂坡超过 30 处，危害公路长度达 4290m。溜砂坡的组成物以砂粒状的强风化花岗岩碎屑为主，也见于强风化的玄武岩和千枚岩块石和岩屑。近几十年，越来越剧烈的溜砂活动给当地的交通建设带来了极大的困难，频繁发生块石和砂粒溜向公路、覆盖路面、埋没工程设施、中断交通的事件，甚至时常发生溜砂中挟带的大块石、巨石砸坏车辆和砸伤行人的事故。20 世纪 80 年代中期，川藏公路中坝段帕隆藏布上游米堆沟冰湖溃决产生的特大山洪，冲毁了中坝路段大量公路路基和溜砂锥坡脚，近 20 处的大型溜砂锥发生剧烈活动，中断交通达半年以上。据近几年的调查，该段公路每年因溜砂坡灾害造成的直接与间接经济损失超过 1000 万元。由于其活动频繁，对公路的危害日趋严重，成为川藏公路上著名的"卡脖子"路段，严重制约了沿线地区的经济发展。

溜砂坡灾害是复合型灾害，其危害主要呈现在以下方面（图 4.54、图 4.55）：①溜砂坡活动时，砂粒、岩屑常常掩埋公路，中断交通，摧毁坡脚处的建筑物或构筑物。②由于沿河道路多阵性大风、暴风，常常扬起砂粒，不仅加速了溜砂锥表层砂粒的运动，而且还启动溜砂锥中的块石。高速跳跃、飞行的岩块、岩屑可撞坏车辆挡风玻璃、威胁乘车安全。甚至出现溜砂埋人、飞石伤人事故。③溜砂长期缓慢活动，破坏溜砂锥坡面植被，致使寸草不生。④在雨季，溜砂坡上的基岩凹槽或冲沟可汇集雨水而成坡面径流，与溜砂混合、搅拌成坡面泥石流，加重了对坡脚处道路工程的危害。⑤源源不断溜向河流的岩屑、砂粒导致河流泥沙含量增加，抬升河床，影响下游安全。规模大的溜砂锥还可阻断河流，形成堰塞坝。

图 4.54　溜砂坡地貌景观

图 4.55　溜砂坡对公路的危害

4.6.2　溜砂坡发育特征

1. 溜砂坡发育模式

典型溜砂坡通常经历碎屑和砂粒的形成和运动过程可概化成以下模型：砂源区（砂粒

形成）→溜动区（砂粒运动）→堆积区（砂粒停积）→形成溜砂坡。

溜砂坡可划分出砂源区、溜动区和停积区3个地貌区域（图4.56）。

（1）砂源区位于溜砂坡上（后）段，又称产砂段。砂源区岩体裸露，一般坡度50°～70°。这里是强烈进行物理风化的场所，以岩屑崩落为主，其次为岩块崩塌、滚落。

（2）溜动区是溜砂溜动的区域，坡度多为34°～39°，甚至大于40°。本区也仍发生强烈的物理风化作用以及坡面径流的侵蚀冲刷作用。溜砂溜动的方式有滚动、跳跃、滑动、群体溜砂流动及其多种复合方式（如跳–滚式、溜–滚式等）。在溜动区，坡面冲沟统系还是有着较明显的形态特征。溜砂坡多发育在较干旱的地区，坡面流水侵蚀过程相对较弱。岩质坡体表面在强烈的物理风化作用下产生的砂粒，在重力作用下，沿坡面由流水作用形成的沟系汇集顺坡运动。这种砂粒运动具有较强的磨蚀作用。所以溜砂坡的沟系的地貌形态宽浅，沟槽边沿平缓，沟系流线平滑。

（3）堆积区位于高陡斜坡的坡脚，是溜砂堆积的场所，称为溜砂锥。坡度较缓，坡度一般小于40°。在宏观上，溜砂锥组成物质的颗粒较为均一，溜砂锥坡度无明显变化。

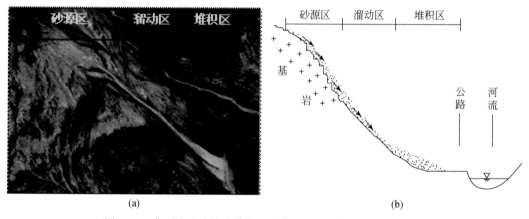

图4.56 典型溜砂坡的地貌分区影像（a）和剖面（b）示意图

溜砂锥与一般坡积的岩屑锥有较大的区别。一般的岩屑锥，由于不同颗粒粒径堆积物的自然休止角不同，造成岩屑锥上、下的坡度会呈现出较大变化。在岩屑坡发育区，岩块与岩屑构成了"崩落群体"。"崩落群体"的冲击力使空气产生冲击波。冲击波可将细小颗粒挟带更远处。表现在沿岩屑锥纵向上，从岩屑堆的堆顶至边缘略具由粗到细的分选性。而溜砂颗粒个体因物理风化作用（尤其是热力风化作用）从岩体表面产生的位置具随机性。而且，溜砂颗粒个体产生的时间也不同步，同样具有随机性。因此，溜砂的产生和溜动都表现为个体行为，颇具独立性。溜砂的溜动距离、停积位置与溜砂粒径相关。较大的颗粒因具有的势能较大，运动较远，多停积在溜砂锥下部及边缘。溜砂锥上（后）部（段）和中部（段）停积的颗粒较细。表现在从溜砂锥的锥顶至边缘略具由细到粗的分选性。

实际工作中，溜砂坡的砂源区、溜动区和堆积区3个地貌区域的界线难以清晰划分。若砂源区岩质陡坡被强风化而产生的岩块、岩屑在重力作用下即产生溜动，此时砂源区和溜动区就难于划分开来。

此外，溜砂坡的砂源区、溜动区和堆积区 3 个区具有相互转化的动态变化特征。如先前已经稳定的溜砂锥前缘坡角因修筑公路或河流冲刷而失稳，就在实质上转化为砂源区和溜动区。又如，砂粒溜动到稍缓的坡面（<30°）开始停积时，当堆积的溜砂锥坡度大于其天然休止角，溜砂则又会溜动，先前的堆积区又转化成了砂源区和溜动区。

2. 溜砂坡的类型

溜砂坡按组成物质的粒径、形状可划分为砂粒碎屑溜砂坡、片状碎屑溜砂坡。其中，砂粒碎屑溜砂坡母岩岩性多为花岗岩、泥质砂岩、冲洪积；片状碎屑溜砂坡母岩岩性多为千枚岩、页岩、泥岩。按溜砂坡活动部分的平面形态可划分为面状溜砂坡、槽状溜砂坡、斑状溜砂坡。按溜砂坡的规模（面积）可分为小型溜砂坡（<5000m²）、中型溜砂坡（5000 ~ 10000m²）、大型溜砂坡（10000 ~ 50000m²）、特大型溜砂坡（>50000m²）。按溜砂坡的活动性可分为强活动溜砂坡、较强活动溜砂坡、弱活动溜砂坡等。

基于溜砂坡形成机制的研究，可按砂源形成模式、发育地貌部位与溜砂特征划分为原生型溜砂坡和再生型溜砂坡两大类。这种分类法揭示了溜砂坡的成因，更重要的是对选择溜砂灾害的防治方法与措施具有指导意义。

原生型溜砂坡发源于高陡的岩质斜坡，溜砂坡上游多为基岩裸露，且坡度较大（一般大于60°，有的甚至接近直立）。在强烈的物理风化作用下，其强度和稳定性不断降低，岩体表面形成大量砂粒和岩屑。在重力作用下这些碎屑和砂粒发生溜动，运动到坡脚地形较缓处堆积成溜砂坡（图 4.57）。一般原生型溜砂坡规模较大。

再生型溜砂坡通常为松散坡积体（崩塌堆积体、坡面泥石流堆积体、雪崩堆积体等）在物理风化作用下，较大块石崩解、剥失等破坏后，细颗粒在重力作用下，运动至坡脚堆积而形成的。故根据坡积体类型将再生型溜砂坡分为崩塌型溜砂坡、坡面泥石流型溜砂坡和雪崩型溜砂坡。

(a) （b）

图 4.57　原生型溜砂坡（a）与再生型溜砂坡（b）

与原生型溜砂坡相比，再生型溜砂坡的最大特点是溜砂发育于明显的堆积体或堆积扇。因此，是否存在原始堆积体或堆积扇是野外区分再生型和原生型的最重要标志。再生型溜砂坡发育受原始堆积体限制，规模相对较小。此外，再生型溜砂坡的结构特征常常受制于原始堆积体的结构特征。

3. 物质组成与工程特性

1）物质组成

溜砂灾害及堆积是6000a B. P. 以来环境变化的产物，对应于中国石笋记录的季风区的降雨量在早全新世之后的减小。研究区两侧的高山海拔超过5000m，随着降雨量减少，且无冰川或植被覆盖时，在寒冻风化作用下易于发生溜砂灾害。

溜砂坡的物质组成较复杂，川藏公路中坝段溜砂坡大多为灰白色块状结构中粗粒花岗闪长岩和肉红色粗粒花岗岩强风化的砂粒、砾石，次为玄武岩强风化的岩屑。对中坝路段溜砂锥的砂样进行颗粒级配试验，结果显示溜砂锥的粒度组成以角砾、粗砂、中砂为主，次为细砂、粉砂。溜砂锥结构的最大特征是散体结构，砂粒之间几乎没有细粒物质和其他胶结物。川藏公路中坝段花岗岩强风化砂粒和玄武岩风化的碎石很难土壤化，可较长时期维持散体结构（图4.58）。

(a)　　　　　　　　　　　　(b)

图 4.58　溜砂锥的散体（a）和似层理（b）构造

2）力学特性

对中坝路段溜砂锥的砂样进行直剪试验。砂体的物理力学性质如下（表4.13）。

表 4.13　溜砂锥砂土抗剪强度试验

编号	室内命名	天然状态快剪			烘干状态快剪		饱和后快剪		
		含水量/%	φ/(°)	C/kPa	φ/(°)	C/kPa	含水量/%	φ/(°)	C/kPa
1#大样	角砾	1.3	35.8	0	37.8	0	9.2	35.0	0
2#小样	角砾	1.2	41.9	0	42.0	0	6.9	41.3	0
2#大样	粗砂	1.4	38.4	0.3	38.5	0.5	22.5	32.6	1.0
3#小样	中砂	1.3	37.8	1.7	39.0	0.8	23.7	27.8	1.0
10#小样	角砾	1.2	32.9	0.5	34.0	0.5	6.6	29.2	0.7

对溜砂坡物质进行了现场和室内休止角试验，现场测量结果如表4.14所示，结果显示：中坝段溜砂坡休止角多在35°~40°。总体上讲，休止角越低，溜砂坡越不稳定，同时，溜砂锥表面坡度越接近休止角，溜砂坡越不稳定。3#溜砂坡砂体休止角为35.2°，溜

砂锥坡度为35.1°，该处溜砂坡活动性极强，时时有砂体溜动现象发生。野外也可观察到，堆积坡度30°以下的溜砂锥均已稳定，其上长满灌木和草本植物，堆积坡度30°~35°的溜砂锥有局部溜动现象，植被顺坡向呈条带状分布，堆积坡度超过35°的溜砂锥大多不稳定，活动性强，植被稀少或无植被分布。

在溜砂坡现场实验中，发现休止角与砂砾粒径和含水量密切相关。其中，含水量的影响尤为显著，1#溜砂坡与3#溜砂坡同为砾砂组成，因含水量的差异较大使得休止角的差异也较大。对现场采集的样品按照砂粒中粒组含量的不同，将砂样筛分为砾砂、粗砂、中砂、细砂和粉砂5种粒径的子砂样，并分别用数字1，2，3，4，5量化。然后对具体的5组子砂样在含水量为0%、3%、6%、9%、12%、15%、18%和21%状态下分别进行实验（对于砾砂、粗砂含水量达到15%以后，中砂含水量达到18%以后，细砂和粉砂含水量达到21%以后，砂样基本达到饱和状态）（图4.59）。

表4.14　溜砂坡休止角现场实验结果

编组	样品位置	平均含水率/%	平均坡度/(°)	平均休止角/(°)
1	1#溜砂坡	11.11	35.6	42.8
2	2#溜砂坡	3.60	34.6	37.3
3	3#溜砂坡	2.97	35.1	35.2
4	4#溜砂坡上部	12.84	35.1	40.7
5	4#溜砂坡下部	1.92	35.1	36.3
6	5#溜砂坡中部	0.80	35.2	37.3
7	5#溜砂坡右部	4.22	35.3	38.0

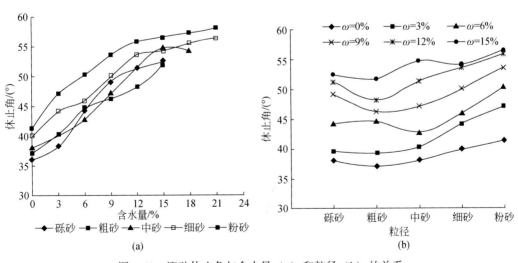

图4.59　溜砂休止角与含水量（a）和粒径（b）的关系

从实验结果可以看出，含水量对于5种不同粒径的砂样休止角的影响均较大。休止角总体随含水量的增大而显著增大。其中含水量在0~12%时，休止角变化最大，到15%以后慢慢趋于平缓甚至出现减小。砂粒粒径对于休止角同样有较大的影响，但影响较为复杂。在含水量较小的情况下，5 组砂样大体存在着随着粒径的减小，休止角逐渐增加的趋势；而当含水量较大后，休止角表现为先随粒径的减小而减小再增大，即在粒径较大时，休止角随粒径的减小而减小，在粒径较小时，休止角随粒径的减小而增大。

4.6.3　防治关键技术

近年来，针对溜砂坡灾害，在川藏公路中坝段进行了大量防治研究与试验，结合西藏交通部门整治改建实践，总结起来，针对溜砂坡灾害的防治关键技术可归纳为避让与清除溜砂锥、砂源区控制技术、固砂技术、拦砂技术与排砂技术五大类（张小刚等，2013）（表 4.15）。

表 4.15　溜砂坡灾害防治技术

序号	工程类别		工程措施	机理与适用条件
1	避让与清除溜砂锥		改线绕避或清除	规模较大、治理难度大的溜砂锥应尽量绕避；活动性弱的溜砂锥则可直接清除
2	砂源区控制技术		喷撒泥浆、水泥浆、防冻快速固结剂等	中止或减少产砂。实施难度较大，适宜规模小或保护对象特别重要溜砂坡
3	固砂技术	表部	护面墙工程	适宜活动性一般或趋于稳定溜砂锥
			SNS 柔性主动防护网	
			植被固砂工程	
			框架锚杆植被固砂技术	
			木桩排网植坡固砂技术	
		深部	注浆固砂	
			花管微型树根桩固砂技术	
4	拦砂技术		拦砂墙	适宜活动性较强的溜砂坡
			SNS 柔性被动防护网	
5	排砂技术		排砂渡槽	适宜砂源丰富，活动性强的溜砂坡

1. 绕避与清除工程

对于高度上百米甚至上千米，或松散物质补给丰富的溜砂坡，很难进行有效的治理。若条件允许，应将公路工程移到溜砂坡活动范围之外。特别在公路的选线、改线等阶段，绕避往往能起到事半功倍的效果。

在道路工程通过的溜砂坡路段，当松散堆积物源源不断地溜动、补给流砂坡堆积体时，即使设置了拦砂墙，溜砂仍可越过挡砂墙顶部，溜滑到公路上。在这种情况下。可考虑在公路内侧预留空地作为溜砂堆积空间，定期清除溜砂。该措施施工工艺简单，既防止了溜砂对公路的危害，又不扰动现有溜砂坡的动态平衡条件。适宜在较宽的河段实施（图 4.60）。

图 4.60　公路内侧预留溜砂堆积空间

2. 砂源区控制技术

砂源区控制工程是从溜砂坡的形成及演化规律分析入手，控制砂源，使砂源区不产或者少产溜砂。这是遏制溜砂坡发育的理想对策。例如，在砂源区的岩石上喷撒防冻快速固结剂等，可缓解岩体风化速度，达到控制砂源的作用。王兆印等（2009）曾在四川绵远河小木岭试验，在砂源区喷洒植物种子与稀泥浆的混合料，取得了较好的效果。

对于川藏公路来讲，由于砂源区多在 4000m 以上的高山，且面积巨大，实施难度较大。砂源区控制工程仅限于规模较小或保护对象特别重要的溜砂坡灾害防治。

3. 固砂技术

溜砂锥固砂技术可分为表部固砂技术和深部固砂技术两种。

1）溜砂锥表部固砂技术

（1）植被固砂工程：植被固砂工程是利用植被稳定溜砂锥表层。植物深根穿过浅层松散风化带伸入溜砂锥深部，具有锚固效应。大量浅根存在于溜砂锥表部，又具有加筋效应。同时，植物能有效消弱雨滴溅蚀、抑制地表径流、减弱风蚀或抑制风力扬砂所形成的砂尘暴。植被防护工程对溜砂锥的稳定性的影响程度与根的直径、长度和根的沿伸方向密切相关（图 4.61）。利用植被固砂不仅防护时效长，还起到改善环境的作用，具有独特的环保意义。但植物在活动性的溜砂锥上很难存活，措施收效较慢，成为实际操作中的一个难题。常常需与其他土木工程措施配合使用。

图 4.61　川藏公路的植被固砂工程

（2）护面墙工程：护面墙工程设置于溜砂锥的表面，防止雨水的冲刷作用引起的溜砂锥表层坍滑。按材料与结构形式划分，护面墙工程包括干砌片石工程、浆砌片石工程、混凝土砌块工程、混凝土工程、格状框条工程及喷射混凝土浆等。

（3）SNS 主动防护网：SNS 防护系统起源于欧洲，已有百余年历史。使用寿命可达50 ~ 100 年。防护网以钢丝绳作为主要构成部分，覆盖（主动防护）溜砂锥的表面，对坡面预先施加压力阻止表面溜砂溜动，制止溜砂进一步蔓延，达到稳定溜砂锥表面的目的。该类方法施工速度快、适应面广，适用于复杂的地形，同时又不破坏原始地貌，便于人工绿化，利于环保。适宜边坡高度不高或面积不大的溜砂锥防治（图 4.62）。

（4）框架锚杆植被固砂技术：溜砂锥的最大特征是散粒体结构，颗粒之间的内聚力很小，可谓"一盘散沙"。只要开挖溜砂锥坡脚，或溜砂锥表部植遭到破坏，溜砂锥就会剧烈溜动。针对溜砂锥的结构特征，在溜砂锥表面设置钢筋混凝土框架（框架部分或全部埋入溜砂锥表面），呈"井"字型排列。框架交叉处设置自进式锚杆。初步稳定溜砂锥坡面后，选择适生树种、草种，作为溜砂锥治理的先锋植物。采用一整套移栽、播种、抚育方法和措施提高植被成活率，达到防治溜砂锥失稳的目的。在 G318 线示范区，采用的纵梁间距为 8m、横梁间距为 5m、纵横梁为 C25 钢筋混凝土结构，截面尺寸 30cm×30cm。纵、横梁交叉处设置 R32S 自进式锚杆。锚杆长度 4 ~ 6m，采用水泥砂浆灌注，灌浆压力0.3MPa。再结合溜砂锥植被培养，选择乡土植物（当地植物）条播、穴播或撒播。灌木的首选物种为茶藨子，其次为黑果小檗和绢毛蔷薇。草本植物的首选醉马草。半灌木甘青蒿和银蒿也可适量引入。植物一旦定居、存活，即可实现可持续防护效果（图 4.63）。

图 4.62　G318 线中坝段溜砂坡 SNS　　　　　图 4.63　G318 线中坝段溜砂坡框架
　　　主动防护网工程　　　　　　　　　　　　　锚杆植被固砂试验

（5）木桩排网植坡固砂技术：溜砂锥的坍滑始于表部砂粒。若将较大范围的溜砂锥分成若干小块进行治理，只要每一小块的溜砂锥稳定，整个溜砂锥也就不发生坍滑。木桩排网植坡固砂的基本方法是将木桩置入（埋入或打入）溜砂锥中，桩顶用木条连接。桩旁间隔放置内部填充作为生态护坡材料的植生种植袋。木桩排网植被固砂工程适用于加固活动性不强、附近又有木桩原料的溜砂锥防治工程。该方法与挡砂墙工程配合使用，即能取得较好的效果。

在川藏公路示范区研究中，木桩采用直径 15 ~ 30cm 的树干或枝条，桩长 1.0 ~ 1.5m。以平行等高线方向为行，以垂直等高线方向为列，按照 4 ~ 6m 左右的行距和列距，将木桩置入（埋入或打入）溜砂锥中，坡内深度 30～50cm。桩顶间隔用木条连接、钉牢。完成后可选择木桩间放置植生种植袋，并与木桩用尼龙绳连接。植生种植袋以三针加密绿色遮阳网为材料制作而成，内部填充包含土壤、复合肥、有机质与混合种子的拌和料。选择的混合种子为当地适生的草（灌）种，作为溜砂锥治理的先锋植物（图 4.64）。

图 4.64　G318 线中坝段溜砂锥木桩排网植坡固砂工程

2）溜砂锥深部注浆固砂技术

（1）注浆固砂：注浆固砂的基本原理是向呈散体特性的溜砂锥内注入一定比例的黏粒、粉粒或者细粒浆液，使溜砂锥的黏聚力增大，提高溜砂锥的抗剪强度，从而增大其天然休止角，达到稳固溜砂锥的目的（图 4.65）。注浆固砂的深度可达几十米，因而对溜砂锥深层的砂体能起到很好的锚固效应与土拱效应。注浆本身的竖向浆柱起竖向锚固效应，同时相邻的浆柱间能产生土拱效应。底部的球形结合体能增大砂粒间的抗剪强度，有利于溜砂锥稳定。尤其在道路建设初期，注浆固砂工程对于保持溜砂锥稳定性的效果十分显著。缺点是对浅层砂土特别是表部砂土的作用有限。

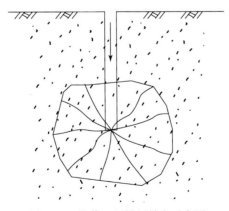

图 4.65　注浆工程锚固效应示意图

（2）花管微型树根桩固砂技术：花管微型树根桩技术本质上仍属于注浆固砂技术的一种。不同的是在注浆管上预置了小孔，注浆时产生的侧向浆脉类似根系发达的树和灌丛，能起到侧向锚固效应，同时对溜砂锥深部与表部的砂坡起到稳定作用。

4. 拦砂技术

1）拦砂墙

拦砂墙工程是目前溜砂坡灾害防治的最常用的工程措施，效果显著。适用于砂源区已基本稳定，无明显的砂粒溜动的溜砂坡地区。常用类型有条石（块石）浆砌重力式挡砂墙和桩板式挡砂墙（图 4.66）。只要挡墙达到足够的高度，就可以限制溜砂堆积范围，并使溜砂坡的坡度逐渐减缓，达到溜砂坡的天然休止角。最终中止使溜砂活动，达到稳定坡面的目的。

图 4.66　G318 线中坝段溜砂坡拦砂墙

（1）条石（块石）浆砌重力式挡砂墙：重力式挡砂墙适用于活动性的溜砂锥，也适用于开挖已经稳定的且坡脚高度小于 4m 的溜砂锥。当开挖坡脚高度大于 4m 时，可以在墙体上部施加锚杆、锚索，或者把挡砂墙设计成多级台阶式，以保证其稳定性。挡砂墙根据溜砂锥的天然休止角和作用于墙体上的土压力进行设计。土压力值可采用改进的极限平衡土压力计算式进行计算。

$$E_a = \left[\frac{1}{2}\gamma l H \cos\alpha (K\sin\alpha - \cos\alpha \mathrm{tg}\varphi) - Cl \right] \cdot \cos\alpha \tag{4.2}$$

式中，E_a 为土压力；γ 为天然砂土的容量，kN/m^3；φ 为天然砂土的内摩擦角，（°）；C 为砂土的黏聚力，kPa；α 为溜砂锥下界面倾角，（°）；l 为溜砂锥溜动的下界面长度，m；H 为挡砂工程高度，m；K 为安全稳定系数。

（2）桩板式挡砂墙：桩板式挡砂墙适用于开挖已经稳定的溜砂锥坡脚，开挖高度小于 4m 为宜。此方法不适宜发生边挖边溜状况。桩板式挡砂墙的桩基按抗滑桩设计。需要注意的是，由于在溜砂锥坡脚建挡墙，抬高了该处溜砂滚石的下落高度。若挡砂墙高度设计不合理，滚石会以更大的势能越过挡墙顶部飞到公路上，加大了对行车和行人的威胁。

2）SNS 被动防护网

SNS 被动防护网是将 SNS 柔性防护网垂直于溜砂锥坡面，形成栅栏形式的拦石网，以拦截溜砂，特别是能拦截粒径较大的飞石。通过周边和内侧局部锚固柔性网系统，采用上沿锚固和上沿支撑绳作为悬挂支承，形成"窗帘"式结构。允许飞石在系统与坡面构成的相对封闭空间内有一定限制地顺坡滚落，从而使飞石在可控条件下顺坡安全向下滚落直至坡脚或坡上平台（图 4.67）。SNS 被动防护网对发生灾害频率较高的溜砂锥或坡面施工工业难度较大的溜砂锥是一种较经济的防治方法。若与挡砂墙、SNS 主动防护网等其他措施配合使用，更能达到防治效果。

图 4.67　G318 线中坝段溜砂坡 SNS 被动防护网

5. 排砂技术

对于处于发育活跃阶段的溜砂坡灾害而言，坡面防护工程无法达到根治的目的，深部固砂的难度也很大，即可采用排砂技术。排砂工程多采用渡槽、棚洞等措施，保障溜砂从道路等线性工程的上面通过。通过的溜砂在汛期能被洪水冲走，处于动态平衡状态。此技术适用于砂源丰富、活动性很强的溜砂坡灾害防治。排砂工程的结构类型分为钢筋混凝土结构和浆砌条石结构，可参照抗滑明洞设计。

1）排砂渡槽

若溜砂坡规模较小、危害道路范较窄，并存在有明显的坡面径流作用的路段，可采用渡槽形式使溜砂从道路等线性工程的上面越过（图 4.68）。

2）排砂棚洞

排砂棚洞适于溜砂坡规模大、危害道路范围宽、溜砂现象明显以及开挖高度大于 4m 的路段。排砂棚洞除挡砂功能外，还能使多余的溜砂越过洞顶排到公路外侧，将线路保护在棚洞之下。洞顶部应堆填缓冲土层，并使棚洞顶部保持一定的倾角。这样既可减弱滚石对棚洞顶部的冲击力，还能避免滚石在棚洞顶部堆积（图 4.69）。

图 4.68　G318 线中坝段溜砂坡排砂渡槽

图 4.69　G318 线中坝段溜砂坡防治工程挡砂棚洞

4.7　小　　结

初步提出将"有效预防、快速治理、主动减轻"技术融为一体的综合防治技术思路，作为指导工程扰动区特大滑坡综合防治技术研究的指导思想，具体内容包括：①综合工程滑坡机理、滑坡危险性评估和监测预警3个方面的工程滑坡有效预防技术研究；②综合快速勘查、应快速评估制图和快速加固三类技术的快速治理技术研究；③融合主动减灾理念、风险评估与控制及综合减灾技术3个方面的主动减轻风险技术研究。

以宝鸡黄土城镇区为例，综合分析了黄土路堑边坡防治现状，指出主要存在设计缺陷、防治不足和防治过度三类问题，结合实例总结了黄土斜坡挡墙"泥流越顶、坐船随行和剪切破坏"3种破坏模式，提出了失效工程的修缮建议。以飞凤山滑坡为例，提出了"削坡减载+坡脚抗滑挡墙+坡面格构梁加固+排水+绿化"结合监测的综合防治的初步设计方案。

以黑方台滑坡群为例，基于地下水流模拟和稳定性分析，阐述了基于节水灌溉的主动防控技术，初步提出了年灌溉量 $350 \times 10^4 \, \mathrm{m}^3$ 的灌溉量调控临界值，维持此值及以下的年灌溉量，未来十年内能够实现地下水均衡场由正向负的逆转，进而提高台塬斜坡稳定性。不仅实施了快速入渗通道填埋和灌渠防渗处理等地表主动防渗的措施，还试验了一系列地下水位被动控制措施，包括混合井疏排水、集水廊道疏排水、虹吸排水系统、软式透水管疏排水和辐射井疏排水等。初步完成了滑坡群综合防治体系设计方案，主要综合了削方减载工程、扶壁式挡墙、抗滑桩、明洞、地表截水渗沟和排水构筑物等措施。

对三峡库区已有滑坡防治技术进行了综合集成，探索提出了库区滑坡防治技术的决策支持体系，通过考虑滑坡类型、发展阶段、技术可行性、工程效益以及常用滑坡防治技术的适应性，对不同防治技术进行排序，从而保证将更加合理、经济、有效的防治技术优先应用到滑坡防治中去。结合猫儿坪滑坡的防治工程，验证了防治技术决策支持体系结构和逻辑判别的合理性。

针对青藏高原极端地质气象条件地区，剖析了川藏公路沿线溜砂坡灾害的基本类型、发育特征及溜砂坡物理力学参数；通过室内和原位试验，获得了中坝段溜砂坡休止角约为 $35° \sim 40°$。逐步研究建立了集合避让与清除溜砂锥、砂源区控制、固砂、拦砂与排砂五类技术措施的溜砂坡综合防治技术体系。

第五章 重大工程滑坡快速防治关键技术

5.1 概 述

突发工程滑坡灾害的应急和抢险是防灾减灾工作的重要组成部分,临滑坡体的快速加固以及滑后堆积体勘查抢险能够极大程度的挽回人员伤亡和财产损失。以三峡库区为例,云阳宝塔滑坡和秭归千将坪滑坡等特大滑坡灾害的突发性滑动是影响库区航运和民众生命财产安全的重大地质隐患之一。由于特殊的地质环境和气候条件,部分滑坡发育较为隐蔽,至临滑阶段才被发现。此时,如能在滑坡变形加剧之前快速有效地进行加固处理和稳定滑坡,将能有效地避免损失,并保证重大工程安全。然而,国内有关滑坡应急抢险技术报道较少,多数为反压回填、锚固束腰、开孔排水等常规技术手段,这些技术的施工效率相对缓慢,专门成套的关键应急技术更是空白。目前,仅有少数开展微型组合抗滑桩(小口径钻孔组合抗滑桩)等快速防治技术研究进展,无法满足滑坡灾害应急防治需求。

鉴于上述背景,本项研究将重大工程滑坡快速防治关键技术研发作为特色内容开展了攻关,旨在通过快速有效的滑坡评估、勘察和治理技术,迅速掌握滑坡灾害的分布和活动强度,预判人员财产和生命线工程的受灾情况,快速勘查重大滑坡灾害埋压人员情况,对不稳定灾害体进行快速加固,可为重大滑坡灾害的应急响应和优化救灾方案提供强有力的技术支撑。具体研究内容包含快速勘查技术和快速锚固技术研发。其中,快速勘查技术包括钻探器具设计和钻进工艺优化,快速锚固技术包括预制混凝土格构、型钢锚墩、非金属锚索和深层自适应锚固技术。结合具体的区域滑坡评估和不稳定斜坡体防治工程实例,初步示范和检验了整套工程滑坡快速防治关键技术,为重大工程滑坡快速评估和防治提供了理论技术依据。

5.2 重大工程滑坡灾害快速勘查技术

在"十一五"国家科技支撑计划课题成果"潜孔锤跟管钻具"的基础上,针对滑坡灾害治理中常见的硬脆碎地层开展结构与钻进工艺改良和优化,以期获得一种适用于硬脆碎地层大直径($\phi245mm$、$\phi273mm$)钻孔快速成孔技术,实现钻进效率高、施工成本低的目标。在形成快速钻进工艺和设备的基础上,与快速锚固技术结合,建立从施工钻进至快速锚固的成套快速治理技术体系。

5.2.1 潜孔锤跟管钻具结构设计

大直径空气潜孔锤跟管钻具设计原则:随着空气潜孔锤跟管钻进技术的不断进步,我们在分析国外著名公司传统偏心和同心跟管钻具及国内中高风压潜孔锤跟管钻具的基础上，结合地质灾害治理中硬脆碎地层钻孔抗滑桩快速施工技术的实际需要，确定采用偏心结构原理设计大直径空气潜孔锤跟管钻具。空气潜孔锤偏心跟管钻进工作原理：

空气潜孔锤偏心跟管钻进工作原理如图5.1所示，钻进时导向偏心复合钻头通过套管内孔进入套管靴位置，当钻具正转时，导向偏心复合钻头在套管靴前顺着回转方向偏心张开，如图中钻进状态，在空气潜孔锤驱动下导向偏心复合钻头钻出比套管外径大的钻孔（导向偏心复合钻头的中心钻头部分起破碎岩石和定心作用，导向偏心复合钻头的偏心钻头部分起破碎岩石和扩孔作用），跟管钻具同时通过凸肩将钻压及冲击能部分地传给套管靴和套管，使套管随钻具同步跟进，达到保护已钻出之钻孔的目的。钻孔施工结束后，使跟管钻具反向旋转一定角度，导向偏心复合钻头便可以收拢，如图5.1中提升状态所示，然后从套管内孔中提出。

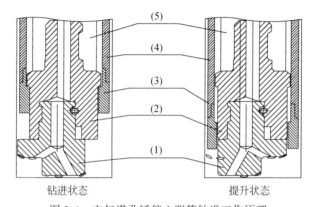

图5.1　空气潜孔锤偏心跟管钻进工作原理

（1）导向偏心钻头；（2）导正器；（3）管靴；（4）套管；（5）冲击器

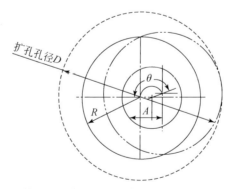

图5.2　潜孔锤跟管钻具扩孔直径 D 与偏心距 A 的关系

图5.2所示为空气潜孔锤跟管钻具扩孔直径 D 与偏心距 A 的关系，其数学表达式为

$$D = 2(R + 2A\sin\theta/2) \tag{5.1}$$

式中，D 为扩孔孔径；R 为偏心钻头外圆半径；A 为偏心距。

设计时扩孔直径 D 拟比套管外径大 10mm 以上；应尽量增大偏心钻头外圆半径 R，以能通过套管靴为原则；转动角 θ 拟选择在 $90° \sim 180°$。

大直径空气潜孔锤偏心跟管钻具切削具设计：大直径空气潜孔锤跟管钻具上的导向偏心复合钻头是孔底破碎岩石的关键部件，导向偏心复合钻头上合金齿的齿型根据钻进条件和用途的不同，我们主要选择了球齿和锥齿，几种合金齿的齿型如图5.3所示。

设计完成的大直径空气潜孔锤偏心跟管钻具如图5.4所示，大直径空气潜孔锤偏心跟管钻具将传统跟管钻具的中心钻头和偏心钻头合二为一形成整体的导向偏心复合钻头，再通过计算机仿真有限元程序 ANSYS Workbench 12.0 软件对偏心跟管钻具进行应力分析、计算、改进，并经现场试验表明：大直径空气潜孔锤偏心跟管钻具具有结构合理、强度高，受力条件好，能量传递效率高，工作更可靠等特点（殷跃平和吴树仁，2013）。

 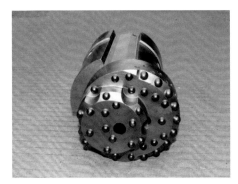

图5.3 半圆球齿、锥形齿和平齿合金　　图5.4 大直径空气潜孔锤偏心跟管钻具

综上所述，针对钻具设计成品 $\phi 245mm$ 和 $\phi 273mm$ 二种规格的大直径空气潜孔锤跟管钻具，钻具规格和主要技术参数如表5.1所示。

表5.1 大直径空气潜孔锤跟管钻具主要技术参数　　（单位：mm）

大直径空气潜孔锤跟管钻具规格	$\phi 245$	$\phi 273$
配套冲击器	DHD360、TG-6 等	DHD380、TH180 等
扩孔直径	$\phi 276$	$\phi 305$
钻头直径	$\phi 206$	$\phi 234$
配用套管直径×壁厚	$\phi 245 \times 8 \sim 12$	$\phi 273 \times 8 \sim 12$
套管靴外径/内径	$\phi 245 / \phi 222$	$\phi 273 / \phi 250$
总长	700	720

5.2.2 钻进工艺流程优化

大直径空气潜孔锤跟管钻进所用的主要设备有钻机和空压机。结合以往应用的经验，推荐空压机配备如表5.2所示。此外，大直径空气潜孔锤跟管钻进配套器具包括钻杆、空气潜孔锤冲击器、套管、管靴、管钳等。按照设计所需的型号，具体如表5.2所示。

大直径空气潜孔锤跟管钻进主要用于常规潜孔锤钻进无法正常施工的松散垮塌地层，

如覆盖层、破碎带、卵砾石层等复杂地层的钻孔施工。其设备、器具配套后，还要根据跟管钻具工作机理、钻进地层情况等制订出合适的跟管钻进工艺，才能取得预期的效果。大直径空气潜孔锤跟管钻进工艺流程如图5.5所示。

表5.2 大直径空气潜孔锤跟管钻具配套设备表

序号	钻具规格	配备的空压机	钻杆选用	冲击器选用
1	$\phi 245mm$	$20m^3$、中、高风压空压机	$\phi 114mm \times 1500mm$；可用 $\phi 89mm \times 1500mm$	DHD360、TG-6、SPM360 等
2	$\phi 273mm$	$30m^3$、高风压空压机	$\phi 114mm \times 1500mm$	DHD380、阿特拉斯 COP84、TH180 等

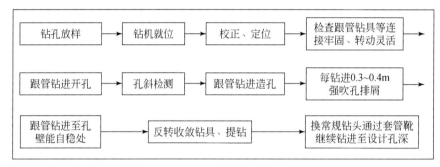

图5.5 大直径空气潜孔锤跟管钻进施工工艺流程框图

大直径空气潜孔锤跟管钻具装配、调试：①首先检查疏通导向偏心复合钻头和导正器的通气孔；②将导向偏心复合钻头的尾部插入导正器的配合偏心孔中，然后旋转导向偏心复合钻头使之能灵活旋至最大和最小位置；③在导正器的两个横销孔中分别插入横销，然后装入弹簧销固定；④再次旋转导向偏心复合钻头，使之能灵活平滑旋到最大和最小位置，如果两者因加工精度配合较紧，应进行修理、调试；⑤将空气潜孔锤跟管钻具装入潜孔锤冲击器，装配、调试完成。

机场布置：机场布置及管线连接与常规潜孔锤钻进施工类似。

开孔、跟管钻进：在各项准备工作做好后，将第一根带有套管靴的套管套入钻具，使导向偏心复合钻头出露于管靴之外，手动旋转导向偏心复合钻头张开，使套管不至于在起吊时掉下。然后启动空压机供气，开动钻机慢慢回转钻具加压钻进。开孔时，由于套管基本上无孔壁摩擦制动阻力，必然随跟管钻具回转，这属于正常现象。当套管跟进一定深度后，在孔壁的摩擦阻力作用下，套管不再随钻具转动。当第一根套管跟进到其上端距孔口约150~300mm时，即可加接套管、钻杆进行正常钻进。

大直径空气潜孔锤跟管钻具工作时由钻机提供回转扭矩及给进动力，由空气压缩机提供潜孔冲击器工作的动力和排出岩屑的冲洗介质。正常钻进时，潜孔冲击器工作的动力为空气，由空气压缩机提供，经钻机、钻杆进入潜孔冲击器使其工作，冲击器的活塞冲击跟管钻具的导正器，导正器将冲击波和钻压传递给导向偏心复合钻头，对孔底岩石进行破碎。同时，钻机带动钻杆回转，钻杆将回转扭矩传递给冲击器并由冲击器通过花键带动跟管钻具的导正器转动，导正器上有偏心孔，导正器转动时导向偏心复合钻头张开，并在开启到设计位置后被限位，使导向偏心复合钻头随导正器旋转。导向偏心复合钻头钻出的孔径大于套管的最大外径，使套管能不受孔底岩石的阻碍而跟进。套管的重力大于地层对套管外壁的摩擦阻力时，套管以自重跟进；当套管外壁的摩擦阻力超过套管的重力时，内层跟管钻具继续向前破碎岩石，直到导正器上的凸肩与套管靴上的凸肩接触，此时，导正器将钻压和冲击波部分地传给套管靴，迫使套管靴带动套管与钻具同步跟进，保护已钻孔段的孔壁。导正器表面开有吹扫岩屑的风孔，也有使孔底岩屑能够排出的风槽。大部分压缩空气经冲击器做功后通过导正器中心孔、导向偏心复合钻头达到孔底，冲刷孔底已被破碎或松散的岩石及冷却钻头，并携带岩粉经导向偏心复合钻头、导正器的排粉槽进入套管与冲击器、钻杆的环状空间被高速上返的气流或泡沫排出孔外。正常钻进时，导正器表面的风孔被套管靴内壁封闭，使绝大部分空气进入钻头工作区，对钻头进行冷却和清洗孔底。提钻吹孔时，只要导正器表面的孔露出套管靴，解除封闭状态，大量空气将通过此二孔进入套管对套管内岩屑进行强力吹除。当钻进工作告一段落，需将钻具提出时，可慢速反转钻具两转，偏心钻头又依靠惯性力和摩擦力收回，整套钻具的外径小于管靴、套管的内径，即可将钻具提出到进行配接钻杆和套管的位置或将钻具提出孔外，套管留在孔内护壁。

大直径空气潜孔锤跟管钻进参数：大直径空气潜孔锤跟管钻进在复杂地层进行施工时，选择的钻进参数应以低转速、低给进压力、高上返风速为原则。正常钻进参数如表5.3所示。

表5.3 大直径空气潜孔锤跟管钻进参数

序号	钻进参数	$\phi245\text{mm}$	$\phi273\text{mm}$
1	钻压/kN	2～20	2～20
2	转速/(r/min)	15～30	15～30
3	风压/MPa	1.2～2.4	1.2～2.4
4	风量/(m³/min)	18～30	20～30
5	加接套管长度/m	1.5	1.5

5.2.3 工程实例检验

先后进行了 $\phi245\text{mm}$、$\phi273\text{mm}$ 两种规格的大直径空气潜孔锤跟管钻进现场试验，$\phi245\text{ mm}$ 空气潜孔锤跟管钻进现场试验是由中国建筑西南勘察设计研究院有限公司在四川都江堰市紫坪镇标准化中心幼儿园桩基工程中实施的，该工程是"5·12 汶川大地震"抗震救灾澳门援建项目。$\phi273\text{mm}$ 空气潜孔锤跟管钻进现场试验是由成都华建勘察工程公司在四川郫县红光镇探矿工艺研究所院内实施的（表5.4）。

对 $\phi245\text{mm}$ 潜孔锤跟管钻具对钻头断裂的原因进行认真的分析，对钻具结构的不合理之处作了改进，并调整了钻进工艺参数，进行了第二套钻具的试验，该套 $\phi245\text{mm}$ 潜孔锤跟管钻具钻进了 61 个孔，达到了 488m，一切正常，没有出现断裂现象，仅钢体上有正常的磨损。根据钻进结果统计，$\phi245\text{mm}$ 潜孔锤跟管钻进速度达到了 5.63m/h。由于该工程桩基工作量已经完成，现场试验暂告一段落。通过现场试验，表明 $\phi245$mm 空气潜孔锤跟管钻具工作稳定、可靠，寿命均达到了任务书的指标，跟管钻进工艺可行、操作简便，得到了试验单位的好评。而 $\phi273$mm 潜孔锤跟管钻具完成跟管钻进 111m 试验后的 $\phi273$mm 空气潜孔锤跟管钻具，跟管钻具钢体上有正常的磨损，但并不严重，若需要还可继续使用，径向齿起到了比较好的保护钢体作用。通过这次试验，初步说明了 $\phi273$mm 大直径跟管钻具结构合理，选材及加工工艺正确。

表5.4　大直径空气潜孔锤跟管钻进现场试验概况

试验地点	四川都江堰市紫坪镇中心幼儿园桩基工程	四川郫县红光镇工艺所院内
试验单位	中国建筑西南勘察设计研究院有限公司	成都华建勘察工程公司
钻具规格	$\phi245$mm	$\phi273$mm
试验孔数	84 个	5 个
最大跟管深度	8m	45m
跟管工作量	672m	111m
平均跟管钻速	5.63m/h	6.97m/h
钻具最低寿命	184m	111m（还能继续用）

现场试验结果表明：大直径（$\phi245$mm、$\phi273$mm）空气潜孔锤跟管钻进技术涉及空压机、钻机、钻杆、潜孔冲击器、跟管钻具、套管、管靴等众多设备及器具，其中，大直径空气潜孔锤跟管钻具和跟管钻进工艺技术是跟管钻进研究的关键技术，钻具结构可靠、动作灵活，整体能满足硬脆碎地层条件的使用要求。

5.3　重大工程滑坡灾害快速锚固技术

5.3.1　预制高强混凝土格构

格构锚固是国内常用的地质灾害治理技术，但普遍采用现场配筋和现场浇筑形式，无法满足突发滑坡灾害快速加固的需要。进行预制高强混凝土格构的研究和应用，可以实现特大滑坡灾害防治快速模块化施工的目的，满足应急抢险快速加固技术的要求。本项工作内容包括 150t、100t 及 50t 预制高强混凝土格构的研制。

1. 150t 及 100t 预制格构

1）室内试验研究

按照小型、轻量化原则，为方便对比试验研究，将预制高强预应力混凝土格构按照结构和断面尺寸分为 12 种格构。其中，Ⅰ型结构见图 5.6，Ⅱ型结构尺寸见图 5.7。

预应力钢筋可选用冷拉 HRB335、冷拉 HRB400 和刻痕钢丝的张拉力以及钢筋回缩预应力损失对比，预应力钢筋采用冷拉钢筋，预应力全部损失，起不到预应力的作用，故构件的预应力钢筋只能选取刻痕钢丝。

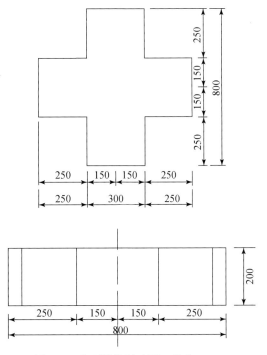

图 5.6　Ⅰ型结构尺寸图（单位：mm）

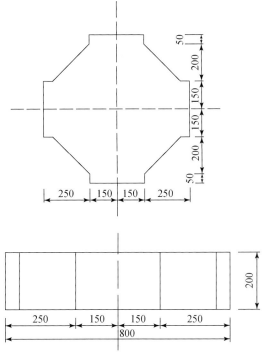

图 5.7　Ⅱ型结构尺寸图（单位：mm）

根据结构计算相关资料，本试验共制作 12 组预制格构锚墩，每组各 3 个。通过不同的混凝土强度（C40、C50、C60），不同的截面尺寸、不同的配筋形式，不同的支承条件，进行比对（试验过程见图 5.8，试验成果整理见表 5.5）。

(a)钢丝张拉台座的应变应力测试

(b)十字支模浇注

(c)绞断钢丝完成放张

(d)简支梁支撑方式测试

图 5.8　预制格构锚墩制样与试验测试过程

表 5.5　150t 及 100t 预制高强预应力混凝土格构结构计算结果表

编号	设计锚固力/t	格构型式	预应力钢丝数量（φ5 刻痕钢丝）	普通纵向钢筋（HPB235）	箍筋（HPB235）	预应力损失/MPa					备注
						σ_{l2}	σ_{l3}	σ_{l4}	σ_{l5}	σ_{l6}	
1	100	II	10	无	φ10@100mm	512.5	41	35.3	0	3.22	设置钢筋网
2	100	I	12	无	φ10@100mm	512.5	41	35.3	0	3.22	设置钢筋网
3	100	II	无	4 根 φ20	φ10@100mm	0	0	0	0	0	
4	100	II	10	无	φ10@100mm	512.5	41	42.6	0	3.7	设置钢筋网
5	100	I	12	无	φ10@100mm	512.5	41	42.6	0	3.7	设置钢筋网
6	100	II	无	4 根 φ20	φ10@100mm	0	0	0	0	0	
7	150	II	12	无	φ10@100mm	512.5	42.6	0	9.84	3.7	设置钢筋网
8	150	I	14	无	φ10@100mm	512.5	42.6	0	9.84	3.7	设置钢筋网
9	150	II	无	4 根 φ20	φ10@100mm	0	0	0	0	0	设置钢筋网
10	100	II	12	无	φ10@100mm	512.5	41	35.3	0	3.22	设置钢筋网
11	100	II	8	无	φ10@100mm	512.5	41	42.6	0	3.7	设置钢筋网
12	150	II	12	无	φ10@100mm	512.5	42.6	0	9.84	3.7	

　　整理试验结果，去除异常应变数据后（异常数据包括应变片未平衡和溢出），将混凝土应变片数据整理得到如下曲线（图5.9）：在锚索张拉荷载很小的时候（<400kN），混凝土几乎无明显应变变化，说明此时的应力还没有传递到表面处，而当荷载使微裂缝产生后，应变将发生大幅度增加，直至超出量程而溢出。相比钢丝应变片的变化规律，混凝土应变曲线的突变性较突出，而且容易出现溢出的情况。这是因为混凝土为脆性材料，延性较差，一旦出现变形，很快就会出现裂缝。

　　加强型预制格构与十字型格构相比，设计锚固力为150t的C60预应力构件少配置4根刻痕钢丝，而设计锚固力为100t的C50预应力构件少配置两根刻痕钢丝，仍可以满足要求，因而具有较明显的优势。

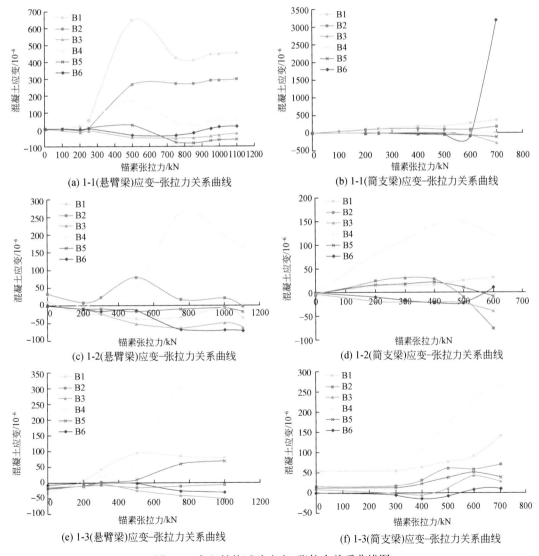

图5.9　各组结构试验应变-张拉力关系曲线图

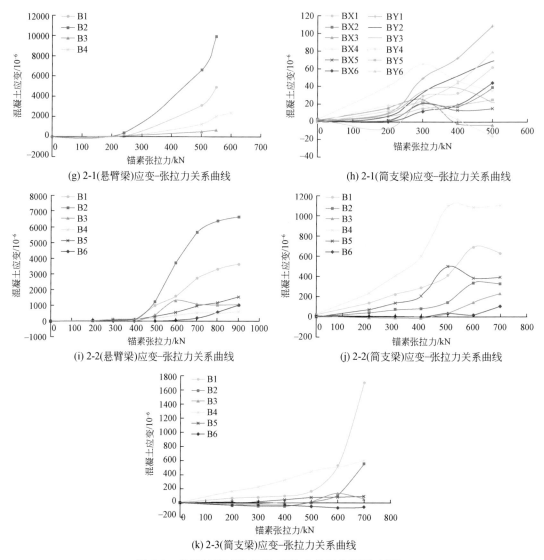

(g) 2-1(悬臂梁)应变-张拉力关系曲线　　　　(h) 2-1(简支梁)应变-张拉力关系曲线

(i) 2-2(悬臂梁)应变-张拉力关系曲线　　　　(j) 2-2(简支梁)应变-张拉力关系曲线

(k) 2-3(简支梁)应变-张拉力关系曲线

图 5.9　各组结构试验应变-张拉力关系曲线图（续）

2）数值仿真分析

近年来在细观层次上的理论方法的研究比较快，提出各种数值模拟模型及混凝土骨料投放的各种方法。由于仿真模拟有 12 组共 36 套样本，受限于篇幅，以其中设计锚固力为100t、混凝土标号为 C40、结构形式为加强型的格构的仿真模拟为例进行简要的分析，模拟混凝土的失效过程。

图 5.10（a）为 1000kN 下，第一种边界条件下混凝土构件底面的最大主应力分布图。从图中可以看到大部分的应力都在 1.71MPa 下，这些极少数超过了混凝土抗拉强度的区域会产生微裂。从图 5.10（b）、（c）可以看出裂缝主要出现在 4 个地方，由图 5.10（d）可知这些低于 3 的积分点的值接近 3，这说明这些裂纹是闭合的，张开度均不大。这表明构件还能带裂缝正常工作，说明构件的设计是合理的。

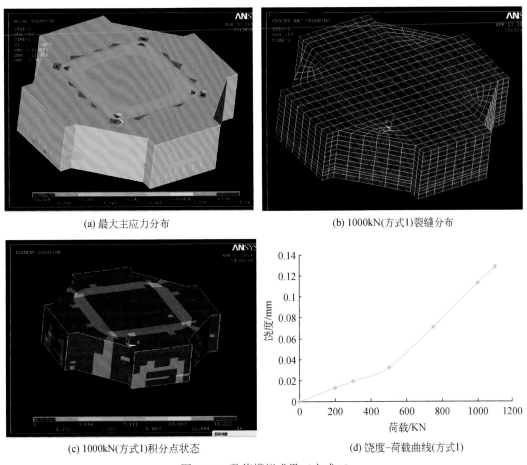

(a) 最大主应力分布　　　　　　　　　　(b) 1000kN(方式1)裂缝分布

(c) 1000kN(方式1)积分点状态　　　　　　(d) 饶度-荷载曲线(方式1)

图 5.10　数值模拟成果（方式 1）

　　图 5.11（a）、（b）为第二种边界条件下的构件变形，当施加荷载为 700kN，构件斜面将产生斜裂缝，而不是竖直裂缝。斜裂缝自斜面与直边交界处向斜面中心倾斜扩展。700kN 可以视为构件的临界点，而 800kN 时构件已不能正常工作。

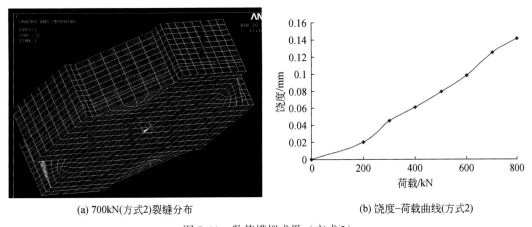

(a) 700kN(方式2)裂缝分布　　　　　　　(b) 饶度-荷载曲线(方式2)

图 5.11　数值模拟成果（方式 2）

3）现场试验

为满足工程需要，进一步检验构件的可靠性，本实验通过现场安装预制高强混凝土格构，在锚索张拉试验过程中利用应变检测技术检测格构内力情况，最终达到优化施工工艺和验证可靠性的目的。根据试验目的，选择有代表性的土质边坡或石质边坡进行试验（图5.12）。在工作面上，以2排3列的方式布置预制构件，纵横中心距离均为3m，其中一排为无预应力格构，预应力锚索钢绞线级别为1860MPa；另一排为预应力格构，锚索钢绞线级别为2000MPa。在室内试验的基础上，根据优选的参数预制野外试验用的高强预应力混凝土格构，共两组6个（表5.6）。

表5.6　预制高强混凝土格构现场试验分组及工作量表

序号	预制格构承载力/t	砼强度级别	是否施加预应力	预制格构数量/套
1	100	C50	施加预应力	3
2	100	C50	无预应力	3
3	150	C60	施加预应力	3
4	150	C60	无预应力	3
合计				12

(a) 土压盒埋设　　　　　　　　　　　(b) 格构现场装配

(c) 张拉测试　　　　　　　　　　　　(d) 试验后现场全景

图5.12　现场试验流程照

从150t和100t共12组试验统计来看，在破坏模式上以地基开裂沉陷为主，也有个别试样锚索整体滑移，但构件本身未见明显的裂纹与破坏。由于对中误差、施工、地基不均匀等因素的影响，各构件底部最大土压力差异较大，土压力监测值偏大，最大值、平均值均超过了普通碎石土地基的承载力（表5.7），对地基要求较高，仅仅适用较坚硬的岩质边坡，需要在今后的研究中对格构进行优化，扩大适用范围。现场试验表明：通过对实测结果和计算结果的比较，从张拉过程位移来看，构件处于正常工作的状态，且地基也处于稳定的阶段。格构能满足工程需求，认为所采用的设计方法是适当的；对预制格构的安装施工工艺进行了研究，现场作业时，通过吊车将预制格构吊运至相应位置，然后使用定滑轮吊起格构，穿过锚索，并按设计位置调整格构，完成预制格构的安装，整个安装过程只需要2~3人同时操作，方便而迅捷，能满足工程要求；最大土压力偏大，对地基要求较高，适用于较坚硬的岩质边坡；可适当降低锚固设计力，增大受力面积，并研究锚墩与梁的连接。

表5.7　土压力统计表（格构现场试验）

试样编号		预应力加强型			非预应力加强型		
		$1^{\#}$	$2^{\#}$	$3^{\#}$	$4^{\#}$	$5^{\#}$	$6^{\#}$
150t	最大土压力/MPa	6.0698	7.048	3.2736	4.7051	3.2436	4.3280
	平均土压力/MPa	4.5263	2.5631	2.8291	3.9025	2.4542	2.3780
100t	最大土压力/MPa	0.3027	3.8752	2.117	1.1327	0.4362	0.4309

2. 50t 预制高强混凝土格构

由于150t及100t预制高强预应力混凝土格构受力面积较小，设计锚固力较大，因此对地基要求较高，适用于岩质地基，对于碎石土地基，还需进一步降低设计锚固力并增大受力面积，因此开展50t预制高强预应力混凝土格构研究是必要的。初步拟定的3种结构形式如表5.8、表5.9所示，通过结构性能、地基反力、制作便捷比选，推荐方案3。

表5.8　比选方案结构尺寸表　　　　　　　　（单位：mm）

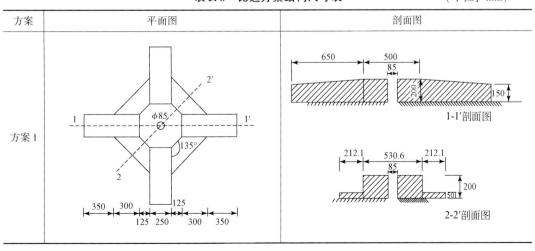

续表

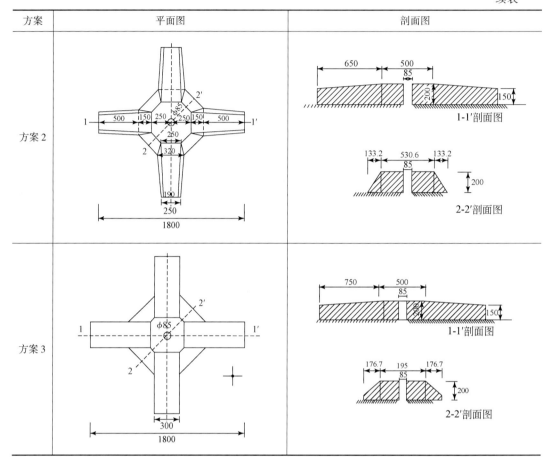

表 5.9　3 种方案基本情况对比

	方案 1	方案 2	方案 3
底面积/mm²	1198750	1097948	1170000
体积/m³	0.2	0.2	0.2
跨度/m	1.8	1.8	1.8
结构性能	薄板处抗剪强度不足，易产生裂纹，严重影响构件的正常使用	构件结构整体性强，构件存在锐角，运输装配过程中容易损坏	构件结构整体性强，不易产生裂纹，外表美观
地基要求/MPa	0.5	0.55	0.55
制作方便性	截面宽度为 250mm，主筋布置空间有限	有梯形截面，给箍筋的制作带来麻烦	截面宽度为 300mm，截面为矩形，制作方便

　　室内张拉实验用十层木板及两层泡沫板来模拟地基，分级加载。本次试验对其中一组共 3 个试样进行荷载试验，其位移–张拉力值曲线如图 5.13 所示。

　　试验结果表明，张拉完成以后，钢绞线锁定力值较稳定，直到混凝土浇筑完成及混凝土养护两周后放张，其力值均能保持在 180kN 左右，达到设计要求。当荷载小于 250kN

时，位移较大，该位移主要来自泡沫板压缩，大于250kN后，泡沫板压缩基本完成，位移主要是钢绞线弹性伸长，呈直线上升趋势。且格构试样已用石膏刷白，张拉完成后无明显裂纹出现，因此构件能满足设计要求。日本预制混凝土格构研究工作已开展多年，本项目在日本预制格构的基础上，对锚墩型式进行了重新设计，并在满足承载力要求的前提下减轻单体锚墩重量，并实现工程示范应用。日本预制锚墩与本项目产品参数对比详见表5.10。从对比表可以看出，在最大承载力相当的情况下，本项目的预制混凝土锚墩不到日本预制混凝土锚墩重量的1/3，且便于运输，适于山区施工，安装快捷，同时可满足滑坡应急抢险加固的需要。

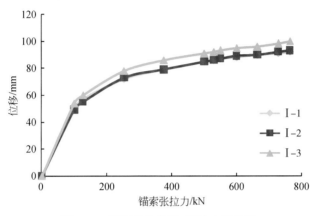

图5.13　预制格构位移–张拉力值曲线

表5.10　日本预制锚墩与本项目产品参数对比

预制锚墩对比	最大承载力/kN	受压面积/m²	单体重量/t
日本预制混凝土锚墩参数	550	1.7	1.5
		2.1	1.8
	444	1.7	1.3
		2.1	1.6
本项研究预制锚墩参数	500	1.17	0.46

5.3.2　型钢劲性骨架锚墩

　　传统的格构锚固技术加固斜坡均需要将坡面清理，然后布置现浇锚墩和格梁工程，最后结合绿化来美化环境，而对于某些需要顾全环境景观的林区、景区，或是对于施工条件特别恶劣的陡坡，清坡是不允许的，因此针对这种情况，提出型钢劲性骨架锚墩加钢缆的方式进行锚固，该技术亦可用于地质灾害快速处置，可达到快速锚固和保护环境的目的。

　　主要研究一种适用于不宜大面积开挖清理坡面、保护自然环境的加固岩土体的50t级别的型钢劲性骨架锚墩，型钢劲性骨架锚墩之间可用钢缆或防护网进行连接，达到快速加固和保护环境的效果。通过型钢劲性骨架锚墩结构设计计算及室内试验，对其承载力进行验证，对型钢锚墩的结构、尺寸进行优化。根据设计经验，拟选了 3 种方案（图 5.14～图 5.16），由于方案 3 的挠度变形太大，不符合构件正常使用的要求，方案 1 底板为圆形，比正方形更方便安装；但方案 2 变形最小。因此选择方案 1 和方案 2 为试验实施方案（表 5.11）。

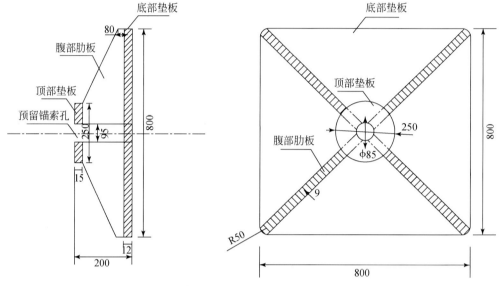

图 5.14　方案 1 钢制锚墩结构尺寸图（单位：mm）

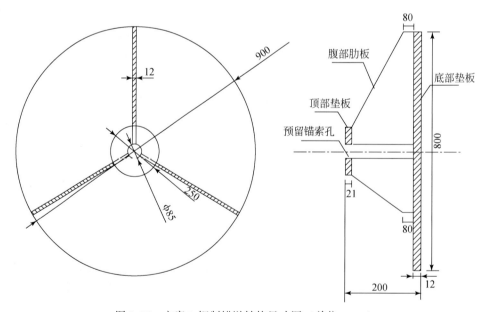

图 5.15　方案 2 钢制锚墩结构尺寸图（单位：mm）

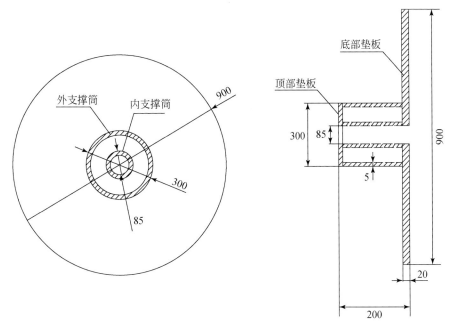

图 5.16　方案 3 钢制锚墩结构尺寸图（单位：mm）

表 5.11　各方案基本情况对比表

方案	底面积/mm²	平均压力/MPa	自重/kg	挠度/mm	底板几何形状	肋板数量
1	994329	0.945	82.97	1.21	正方形	4
2	1124726	0.95	80.87	0.14	圆形	3
3	1124726	0.95	104.57	6.24	圆形	圆筒

在室内试验的比选研究中，具体技术流程为：结构力学计算确定 50t 型钢锚墩基本结构→配置钢板→焊接成型→贴应变片→搭设锚索张拉模拟试验台架→对型钢锚墩进行破坏试验→采集试验数据→分析整理数据。位移变化率由快到慢，这是因为在前几级荷载（250kN 之前）作用下，泡沫板的压缩贡献了绝大部分位移，而当泡沫板的压缩基本完成之后，测点位移的变化明显降低；肋板与底板相接处的位移小于相邻两肋板中心（图 5.17）。将各测点的位移数据处理成相对变形数据，作挠度曲线，可见，挠度随张拉力的增大而增大。并且型钢劲性骨架锚墩在各个方向的挠度有所不同，但差异不大（图 5.18）。

使用 ANSYS 技术对方案 1 和方案 2 构件进行三维仿真模拟（图 5.19、图 5.20），使用实体建模计算进行建模，采用 45 号单元进行网格划分及计算，将试验试样的设计荷载、底面形式、施加荷载、最大挠度、容许挠度列入表 5.12，可见 6 个试样均能满足强度及变形要求，方形底板型钢劲性骨架锚墩的变形量更小。

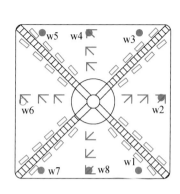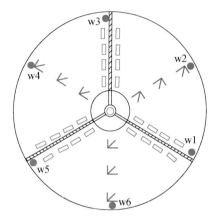

○ 百分表；　□ 应变片；　↳ 3花应变片

图 5.17　测点布置图（两种方案）

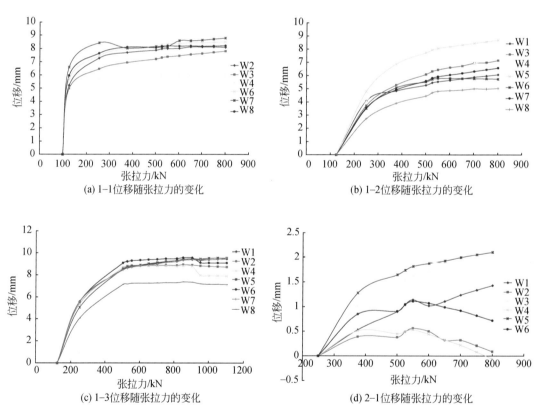

图 5.18　位移随张拉力变化曲线

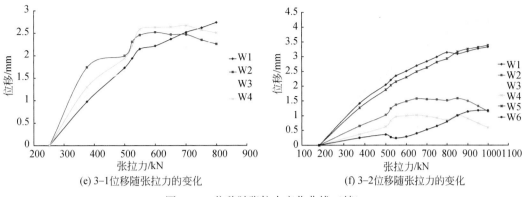

(e) 3-1位移随张拉力的变化　　　　　(f) 3-2位移随张拉力的变化

图 5.18 位移随张拉力变化曲线（续）

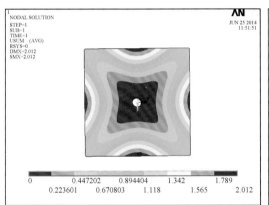
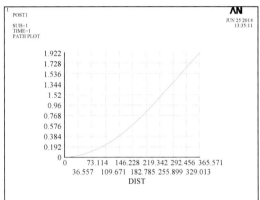

图 5.19 方案1位移云图和挠度分布曲线

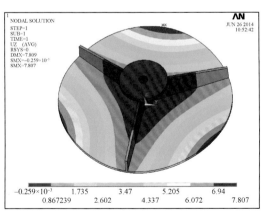
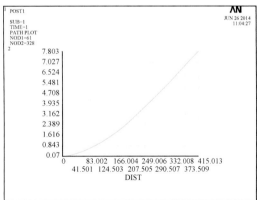

图 5.20 方案2位移云图和挠度分布曲线

表 5.12　50t 型钢劲性骨架锚墩室内试验结果统计

序号	编号	设计荷载/kN	底面形式	施加荷载/kN	最大挠度/mm	容许挠度/mm
1	1-1	500	方形（L80cm）	800	1.89	5.33
2	1-2	500	方形（L80cm）	800	1.89	5.33
3	1-3	500	方形（L80cm）	1100（800）	2.37（1.91）	5.33
4	2-1	500	圆形（R45cm）	800	2.2	5.32
5	2-2	500	圆形（R45cm）	800		5.32
6	2-3	500	圆形（R45cm）	1000（800）	3.21（2.52）	5.32

从室内试验来看，型钢劲性骨架锚墩的极限承载力超过设计承载力，饶度小于最大允许饶度，能正常发挥其功用；型钢劲性骨架锚墩表面采用热镀锌的方式进行防腐，但其防腐效果需进一步验证；可用钢缆与锚墩连接起来增强防止措施的整体性，钢缆应保证一定的防腐能力及韧性，建议使用镀锌层组别甲的特号钢缆，直径为 10～15mm。采用预制高强混凝土格构和型钢劲性骨架锚墩应用于突发滑坡应急治理工程中，可直接运输到工程现场采用人工或简易吊装，现场即可完成锚墩安装，并马上进行锚索张拉，传统施工方法方法格构制作和初凝一般需要 7 天时间，因此，采用本项目的新型锚墩可大幅缩减施工周期。

5.3.3　非金属锚索

非金属锚索拟解决的主要技术问题是在不超过现有钢锚索锚孔孔径的前提下，锚索索体和零部件性能满足锚索施工要求，结构和安装工艺尽可能与国内常用钢锚索接近，同时，将锚索单位体积重量降低至钢材的近 1/2，节约成本，可替换钢质锚索。非金属锚索适用于锚固力相对较小、施工条件复杂的锚固工程，并可用于部分需要超前支护后切割锚索的工程，便于锚索的破断。以抗拉强度高、质轻、抗腐蚀性强的纤维材料作为主体研究非金属锚索索体材料（替代传统钢绞线），开展对应的非金属锚索内锚头、外锚具、承压板等附属零部件材料、锚索整体结构和锚索施工工艺研究。

1）索体材料的选材试验

锚索的基体树脂，是索体材料的主要构成部分之一，它直接影响到索体的内部性能。玻璃纤维的常用合成树脂按加工性能的不同，可以分为热固性树脂和热塑性树脂两大类。根据锚索的基本要求，我们选用热固性树脂，即在加热或引发剂和促进剂的作用下，它能发生交联而变成不溶、不熔状态的网状结构，制成成品后就不能再熔融或再成型。试验目的是寻求锚索体的合理材料配方，使加工出的索体满足柔韧性要求，且力学性能合格。试验材料和设备如表 5.13 所示。

表 5.13　试验材料、设备明细表

序号	材料名称	单位	数量	产地
1	柔性树脂	kg	20	南京
2	玻璃纤维	kg	30	南京
3	化学试剂 A、B、C	kg	18	成都
4	试验天平	套	2	
5	秒表	只	2	成都
6	烧杯、试管、搅拌棒等耗材	只	50	成都
7	万能材料试验机及配套夹具	套	1	济南

　　试验在常温下进行，环境温度为 22℃。根据材料性能，初步选取试验配方，加入树脂和辅料 A、B、C 快速搅拌均匀，最后将拌和料匀速倒入排列好的纤维中进行固化。待材料完全固化后取出绳索，观察效果。比较后选择了特种树脂，能够实现锚索索体的柔韧性，进一步进行了索体成型试验；在得到初试结果后，据特种树脂的胶凝时间特点，故选择其中 4 种试验配方作进一步的力学试验（表 5.14）。

表 5.14　力学性能试验结果

试样号	破断力/kN	抗拉强度/MPa	断裂伸长率/%
1	10.18	824.09	6.91
2	10.16	822.23	6.94
3	10.15	820.95	6.92
4	10.14	820.49	6.98
备注	1. 索体横断面积为 12.36mm^2；2. 试验温度：25℃		

　　从表 5.19 可以看出，索体抗拉强度较高，但断裂伸长率较大，且人工绞合绳索不均匀。为了克服上述弱点，我们经过多方调研、商讨，最后选择南京原玻纤研究院的设备，进行机械化加工，在加工过程中，针对设备特点，对纤维的浸胶配方、纤维数量、工艺过程作了适当的调整，经拉丝、浸胶、纺织、成索等工艺过程，尤其是在浸胶前后均进行了纵向密封下的预张拉，使加工出来的索体外观质量得到大幅度提高，力学性能也有很大幅度的增长。机械化加工的绳索力学指标试验结果如表 5.15 所示。结果表明，绳索的性能已满足锚索要求。

表 5.15　成型索体力学试验结果

序号	性能	1$^#$索	2$^#$索	3$^#$索
1	破断力/kN	13.62	13.61	13.60
2	索体横断面积/mm^2	11.83	11.83	11.83
3	抗拉强度/MPa	1152	1151	1149
4	断裂伸长率/%	5.4	5.2	5.3
备注	1. 试验温度：27℃；2. 试验设备为 WE-30 型液压式万能材料试验机			

2）索体连接头灌注材料试验

在索体材料性能试验研究的基础上，为了检验非金属锚索的张拉性能和检验锚具的锚固性能，进行了锚索整体结构和锚索施工工艺的研究，并对锚索的零部件进行了材料选择和加工，设计了整体锚索结构，进行了锚索装配，开展了锚索张拉试验（图5.21、图5.22）。

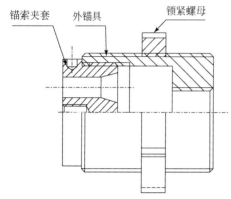

图5.21　Ⅰ型锚具结构图　　　　　　　　　　图5.22　连接头及固定端锚具

索体连接头的黏结，采用高强复合材料，目的是让纤维与灌注料紧密结合，在连接头内形成特殊的楔形体，依靠楔形体的倒锥，来抵抗索体张拉时下滑。夹具的夹持力由接头自身承担，不直接作用在索体上，避免了夹碎锚索的后果。因此，灌注材料抗剪性能的好坏，直接影响到接头的抗拉强度。索体连接头灌注材料试验试验的目的是选择适宜的灌注材料配方，满足锚索连接头灌注材料的需要。通过调研对比，索体材料确定选用特种无碱玻璃纤维作为基材（图5.23），研究了锚索接头的灌注材料和灌注工艺，并设计了锚索张

(a) 成品索体　　　　　　　　　　　　　　(b) 锚索索体接头试验

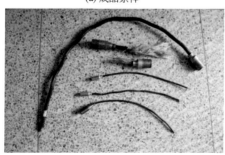
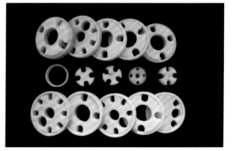

(c) 锚索索体材料试验　　　　　　　　　　(d) 部分锚索零配件

图5.23　非金属锚索室内试验

拉装置，通过室内试验结果表明，单根 $\phi6.5mm$ 的锚索体平均抗拉强度达到 1.2t，试验破坏点不是完全集中于连接头，因此索体强度达到要求，试验接头的结构、黏结材料和工艺合理、有效。

3）非金属锚索结构设计

项目进行了锚索整体结构、锚索张拉装置、锚索施工工艺的设计与研究，并对锚索的零部件进行了材料选择和加工，进行了整体非金属锚索的装配和试验。部分核心结构设计大样如图 5.24 ~ 图 5.26 所示。

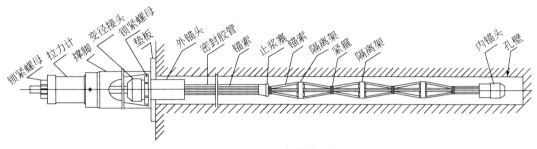

图 5.24　非金属锚索结构示意图

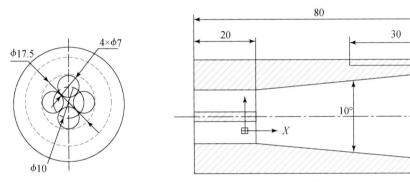

图 5.25　内锚头设计大样图（单位：mm）

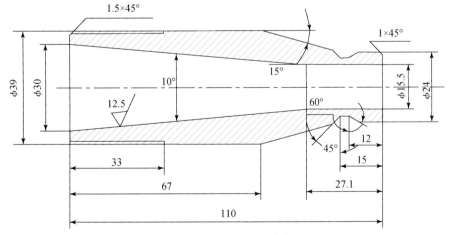

图 5.26　索连接头设计图（单位：mm）

5.3.4　深层自适应锚固技术

在深厚滑体的加固中，由于滑面埋置较深，钻孔深度大，如果采用传统的拉力型预应力锚索，预应力锚索势必很长，工程造价成本较高。为降低成本，拟研究自适应锚索技术，预应力锚索仅在滑带附近设置一定长度，在跨越滑带处设置一定长度的自由段，在两端为全黏结锚固段，不需要进行张拉，利用岩土体与砂浆体的黏结力，进行自锚固。当岩土体有滑动迹象时，自适应锚索即产生锚固力，中部自由段产生位移适应岩土体变形，两端锚固段产生锚固力及时控制岩土体变形，达到加固岩土体的目的。同时由于不张拉、不安装锚具、一次性注浆完成，所以具有安全、快速、经济、合理的特点。自适应锚索技术也可用于多层滑面的快速加固工程。

1）锚固系统结构设计

深层滑坡自适应锚固技术是指锚索在基岩与滑体中均设置锚固段，滑面位置设置自由段，利用滑体剩余下滑力在基岩与滑体中分别生锚固力，在中部自由段（钢绞线套管防护，套管外钻孔注浆）产生"预应力"，使其整个结构体能通过变形致内力重分布调整，达到结构内力自适应的目的。同时，去除了深层滑坡锚固时长自由段及锚墩等构造，减去张拉锁定工序，降低工程造价，提高施工速度。设计结构如下（图5.27）：

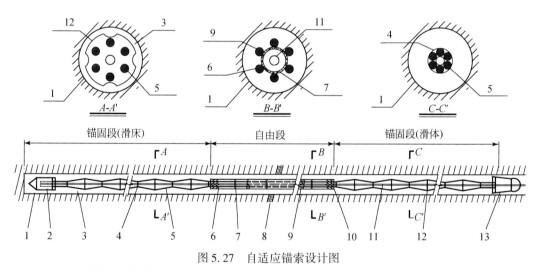

图 5.27　自适应锚索设计图

1. 钻孔；2. 导向帽；3. 砂浆；4. 箍环（或铅丝绑扎）；5. 钢绞线；6. 聚乙烯管；7. 架线环；8. 滑面（带）；9. 防腐油脂；10. 封堵隔离架；11. 注浆孔；12. 扩张环；13. 尾帽

2）室内试验研究

自适应锚索室内试验的目的是通过建立自适应锚索试验模型，研究自适应锚索作用机理，探讨自适应锚索的适用性，为自适应锚索的工程应用提供科学依据。首先，采用FLAC3D 对室内试验进行数值模拟（图5.28～图5.30），以检验室内试验的可行性及试验成果。

计算结果表明，在受外界干扰，如滑体发生较大变形时，锚索能利用岩土体与砂浆体

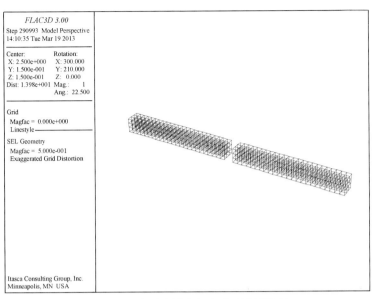

图 5.28　自适应锚索室内试验计算模型

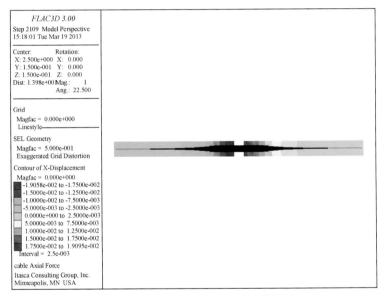

图 5.29　自适应锚索室内试验计算结果

的黏结力，进行自锚固，且其内力分布模式为对称于滑动面的双曲线。因此，只要两端设计锚固力之和大于滑坡设计下滑力，理论上可以达到锚固锁定滑动面的目的。

　　根据数值模拟成果和现场真实情况，室内试验模型进行了优化见图 5.31，用长 6m 的 $\phi108$ 钢管注浆来模拟滑体，注浆材料为灰砂比 1∶3 的砂浆；用长 3m 的 $\phi108$ 钢管注浆来模拟滑床，注浆材料为灰砂比 1∶1 的砂浆；在滑体与滑床之间预留 1m 长的自由段长度；钢绞线每间距 0.5m 布置一个磁通量传感器。完成了 1 组钢绞线自适应锚索室内试验。本试验流程主要包含：传感器布设及锚索制作、锚索安装、注浆、张拉及数据采集及分析等。主要实施过程见图 5.32。

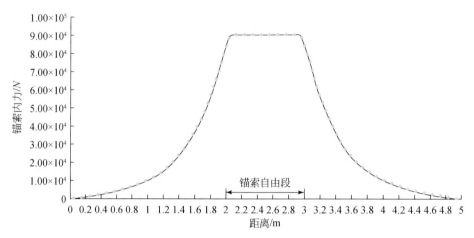

图 5.30　锚索内力分布图

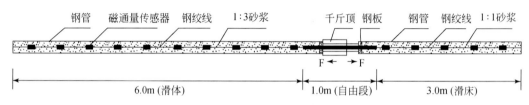

图 5.31　室内试验示意图

(a) 传感器布设及锚索制作

(b) 锚索安装

(c) 注浆与养护

(d) 张拉试验与数据采集

图 5.32　自适应锚索试验实施过程图

　　自适应锚索张拉过程钢绞线轴力分布见图5.33、图5.34。从试验结果来看，当千斤顶油缸伸出时（即滑坡产生变形，滑体有滑动迹象时），中部自由段产生位移适应岩土体变形（图5.34），且位移呈直线变化，整个系统稳定；同时滑坡变形产生的应力通过砂浆与岩土体的黏结传递到自适应锚索上，自适应锚索两端锚固段产生锚固力及时控制滑体端变形，其中3m长的滑床段，轴力呈近直线分布，说明剪应力已经传递到底部，剪应力趋于均匀分布；而6m长的滑体段，轴力呈负指数分布，靠近末端的轴力为0（图5.35、图5.36）。

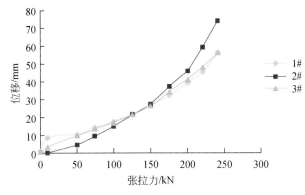

图5.33　自适应锚索位移-张拉力曲线

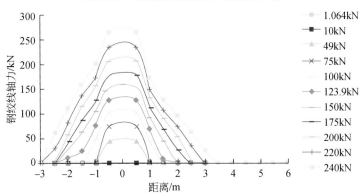

图5.34　1#锚索钢绞线轴力分布曲线

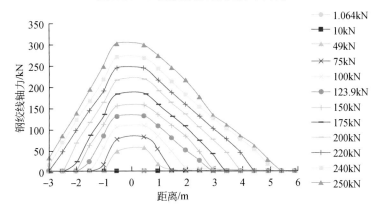

图5.35　2#锚索钢绞线轴力分布曲线

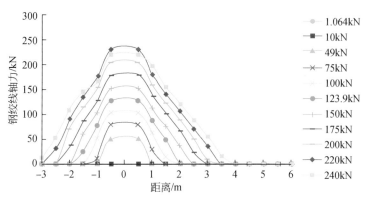

图 5.36　3# 锚索钢绞线轴力分布曲线

　　说明滑坡变形后，应力通过钢绞线与砂浆传递到滑体滑床上，产生了有效的锚固力，对滑体产生了约束，达到加固滑体的目的。整个系统在没有对锚索端头进行预应力张拉锁定的情况下，达到了自锚固的效果。因此，自适应锚索技术适用于滑体较完整且滑面较深的滑坡加固，也可用于多层滑面的滑坡快速加固工程。

5.4　工程应用与示范

5.4.1　工程概况

　　凤凰岩位于四川省邛崃市西北侧，距离邛崃市约 30km，不稳定斜坡位于凤凰岩出山口以下地区，坡顶高程 840m，坡底高程 688m，高差 152m，斜坡坡向 170°，坡角 35°，斜坡由崩塌堆积体块石组成，不稳定斜坡整体呈舌状，斜坡后缘窄前缘宽，不稳定斜坡前缘宽 40m，后缘宽 25m，不稳定斜坡中部宽 70m，纵向长约 230m，不稳定斜坡平均厚约 7 ~ 8m，不稳定斜坡面积 $1.2 \times 10^4 m^2$，不稳定斜坡体积 $9.6 \times 10^4 m^3$（图 5.37）。凤凰岩不稳定斜坡 HP1 和 HP2 失稳，将直接影响天台山景区公路通行，同时还将对斜坡坡脚处水电站

(a)　　　　　　　　　　　　　　　　(b)

图 5.37　HP1（a）和 HP2（b）不稳定斜坡全貌

构成威胁，并且，HP1 和 HP2 一旦滑动至主河凤凰溪，有可能造成凤凰溪堵塞，形成堰塞湖，对凤凰溪下游的居民构成严重威胁，为此，对凤凰岩不稳定斜坡的治理是有必要的。

凤凰岩不稳定斜坡整体稳定性较好，而潜在滑坡 HP1 和 HP2 在暴雨作用下可能失稳，故而采用了工程措施对 HP1 和 HP2 滑坡进行了支挡加固，具体措施包括：①在 HP1 前缘设置一排桩板墙，坡面选择格构锚杆进行加固，以保护景区公路；②在 HP2 前缘设置一排桩板墙，对滑坡 HP2 进行支挡。

5.4.2　工程示范内容

为了验证大直径空气潜孔锤跟管钻具、预制高强混凝土格构（50t）、型钢劲性骨架锚墩（50t）的工程适用性，将这些技术应用于凤凰岩不稳定斜坡的加固治理中；为了验证其有效性及可靠性，同时采取合适的监测手段对构件在各个时期（施工期及施工后）的应力响应规律进行监测。

1. 示范工程布置

结合凤凰岩 HP1 斜坡格构锚杆的施工，在斜坡下部布置 6 根锚索（锚固力 50t、ϕ15.24mm、1860MPa 钢绞线 4 束），并采用预制高强混凝土格构（50t）进行锚固。在预制高强混凝土格构上方，布置 9 根锚索（锚固力 50t、ϕ15.24mm、1860MPa 钢绞线 4 束），采用型钢劲性骨架锚墩（50t）进行锚固（图 5.38）。

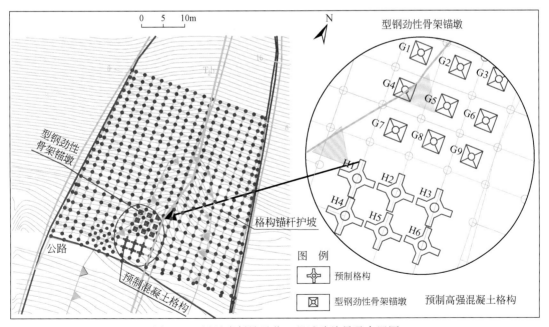

图 5.38　凤凰岩斜坡示范工程试验编号及布置图

按照项目设计思路，共设置了 9 个型钢劲性骨架锚墩、6 个预制高强预应力混凝土格构，空间布设见图 5.38，设计锚固力、尺寸见表 5.16。工程完成后的构件实物见图 5.39。

表 5.16　工程示范实物工作量表

名称	设计锚固力 /kN	重量 /kg	底面积 /mm²	平均基底 压力/MPa	高度 /mm	钢绞线 数量/束	数量 /个
型钢劲性骨架锚墩	500	82.97	636153.5	0.79	200	4	9
混凝土格构	500	585	1170000	0.43	220	4	6
合计							15

(a)　　　　　　　　　　　　　　　　(b)

图 5.39　预制高强混凝土格构（a）和型钢劲性骨架锚墩（b）工程布置

2. 示范工程施工流程

由于本次工程示范与传统锚索施工大体上一致，在此不再赘述。但与锚墩直接相关的工艺与现浇框格梁有所不同，需要进一步说明。

（1）土压力盒埋设：对每个预制高强预应力混凝土格构，顺坡向埋设 8 个土压力盒，另一个方向埋设土压力盒 6 个；对每个型钢劲性骨架锚墩，顺坡向埋设 4 个土压力盒，另一个方向埋设土压力盒两个。埋设的工序为整平坡面，抹 2cm 左右的砂浆，待其初凝，按设计尺寸、位置，挖出圆坑，预留穿线管道，将土压力盒埋入其中，再用砂浆抹面，待砂浆达到一定强度后，进行后续的格构安装工作（图 5.40）。

（2）安装预制高强预应力混凝土格构：本项目的宗旨就是要快速锚固，因此要求装配格构必须迅速方便，因此制定了小型轻量化的指导思想。在现场作业时，通过吊车将预制格构吊运至相应位置（图 5.41），穿过锚索，并按设计位置调整格构，并选用 YCW150 型千斤顶对格构进行预张拉，使其固定在设计位置，并保证每根钢绞线受力均匀，完成预制格构的安装，整个安装过程只需要 2~3 人同时操作，方便而迅捷能满足工程要求。

（3）安装型钢劲性骨架锚墩：由于型钢劲性骨架锚墩的重量相对较轻（仅 82.97kg），其安装更加简单，现场可采用纯人工的方式安装（图 5.42）。在斜坡上可用缆绳将型钢劲性骨架锚墩拉至相应位置，穿过锚索，并按设计位置调整格构，并选用 YCW150 型千斤顶对格构进行预张拉，使其固定在设计位置，并保证每根钢绞线受力均匀，即可预制格构的安装，整个安装过程只需要 3~4 人同时操作，方便而迅捷且不受高程限制，能满足工程要求。

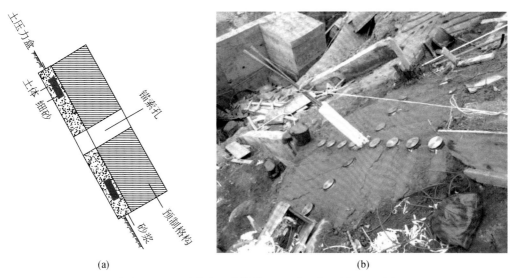

(a)　　　　　　　　　　　(b)

图 5.40　土压力盒埋设结构（a）和现场埋设（b）图

图 5.41　机械吊装预制格构

图 5.42　人工安装型钢劲性骨架锚墩

（4）连接相邻预制高强预应力混凝土格构：预制高强预应力混凝土格构跨长 1.8m，而相邻锚索孔间距 3m，则相邻格构间有 1.2m 长的间隙，考虑到工程结构的完整性及对此间隙处岩土体的保护，可在锚索张拉完成后用现浇的方式连接相邻预制高强预应力混凝土格构（图 5.43）。

（5）数据测试：测量内容主要包括土体反力测试（振弦数据采集仪）、锚索预应力的测试（锚索测力传感器）及位移测量（图 5.44）。

3. 监测工程与数据分析

利用监测工程进行应用示范包含预制高强混凝土格构及型钢劲性骨架锚墩两种新技术，为验证其有效性及可靠性，需要采取合适的监测方案及手段对构件在各个时期（施工期及施工后）的应力响应。

1）预制高强混凝土格构监测方案与数据分析

预制高强预应力混凝土格构测量内容包括土体反力测试及锚索预应力的测试：对于每

图 5.43　连接相邻格构　　　　　　　　　　图 5.44　数据测试

个预制格构顺着坡向埋设 8 个土压力盒，另一个方向埋设土压力盒 6 个。目的在于揭示土压力沿格构轴线的分布规律及其在纵横坡向上的差别。同时，在锚索张拉端安装锚索测力传感器。

张拉过程数据统计与分析：预制高强预应力混凝土格构的张拉数据见表 5.17，表中分别列举了各试样的设计锚固力、最大张拉力、锁定锚固力、张拉曲线（位移–张拉力关系曲线）及张拉完成后预制高强预应力混凝土格构的照片。从表 5.17 可见，锚索最大张拉力值约为设计锚固力的 1.2 倍，锁定值为设计锚固力的 80% ~ 90%，基本达到设计要求。个别格构（如 H6）锁定值偏低，这与凤凰岩滑坡岩性有关，此处岩性为紫红色砂岩，结构松散，有架空现象，孤石含量达 80% 以上，土体为粉质黏土，松散，胶结程度较差，从钻孔记录来看，35m 仍为松散堆积体，钻孔注浆时，浆液漏失，无法注满，导致砂浆与钢绞线黏结力不够，因此锁定值偏低。构件自身无严重变形迹象，但基础开裂的现象较为明显。预制高强预应力混凝土格构的开裂主要集中于端头和加肋斜面处。主要原因是施工时，地基处理不均匀，有的格构端头部分悬空，使得构件加肋处受力过大，产生微小裂纹；而有的格构因为地基面中心处较低，因此端头产生应力集中而开裂。

表 5.17　预制高强混凝土格构张拉结果统计表

编号	设计锚固力/kN	最大张拉值/kN	锁定值/kN	照片	张拉曲线
H1	500	650	448.6		

续表

编号	设计锚固力/kN	最大张拉值/kN	锁定值/kN	照片	张拉曲线
H2	500	609	419.5		
H3	500	612	433.33		
H4	500	600	402		
H5	500	601	444.34		
H6	500	500	238		

土压力数据及分析：根据预制高强预应力混凝土格构土压力的最大值、平均值及其沿纵坡及横坡向的分布试验结果，平均土压力值小于设计平均土压力（0.43MPa），个别格构（如 H2、H6）由于地基处理不均匀，使得最大土压力值偏大。土压力沿纵坡及横坡向的分布与基础处理时的均匀程度有关。锚固力衰减情况统计：用 YBS-1 锚索测力传感器测试锚固力的大小，将目前所取得的数据处理成表 5.18，可见预制高强预应力混凝土格构锚固力已基本处于稳定状态。监测结果显示，张拉至设计锚固力时，预制高强混凝土格构自身无严重变形迹象，开裂主要集中于端头和加肋斜面处，主要原因是施工时地基处理不均匀造成的，但裂纹不影响构件正常工作，构件设计合理。

表 5.18　预制高强预应力混凝土格构锚固力损失情况

编号	锁定值/kN	稳定值/kN	损失率/kN
H1	448.6	412.67	8%
H2	419.5	415.69	1%
H3	433.3	412.1	4.8%
H4	402	331.89	17%
H5	444.34	398.19	10%
H6	238	226.59	4.8%

2）型钢劲性骨架锚墩监测方案与数据分析

型钢劲性骨架锚墩测量内容包括土体反力测试及锚索预应力的测试：对于每个型钢劲性骨架锚墩顺着坡向埋设 4 个土压力盒，另一个方向埋设土压力盒两个。目的在于揭示土压力沿格构轴线的分布规律，及其在纵横坡向上的差别。在锚索张拉端安装锚索测力传感器。

张拉数据统计与分析：型钢劲性骨架锚墩的张拉数据见表 5.19，表中分别列举了各试样的设计锚固力、最大张拉力、锁定锚固力、张拉曲线（位移–张拉力关系曲线）及张拉完成后型钢劲性骨架锚墩的照片。从表 5.19 可见，锚索最大张拉力值约为设计锚固力的 1~1.2 倍，锁定值为设计锚固力的 80%~90%，基本达到设计要求。

表 5.19　型钢劲性骨架锚墩张拉结果统计表

编号	设计锚固力/kN	最大张拉值/kN	锁定值/kN	照片	张拉曲线
G1	500	600	418.2		

续表

编号	设计锚固力/kN	最大张拉值/kN	锁定值/kN	照片	张拉曲线
G2	500	604.3	419.64		
G3	500	635	444.44		
G4	500	603.17	482.08		
G5	500	460	304.59		
G6	500	601	435.45		

续表

编号	设计锚固力/kN	最大张拉值/kN	锁定值/kN	照片	张拉曲线
G7	500	608.2	440		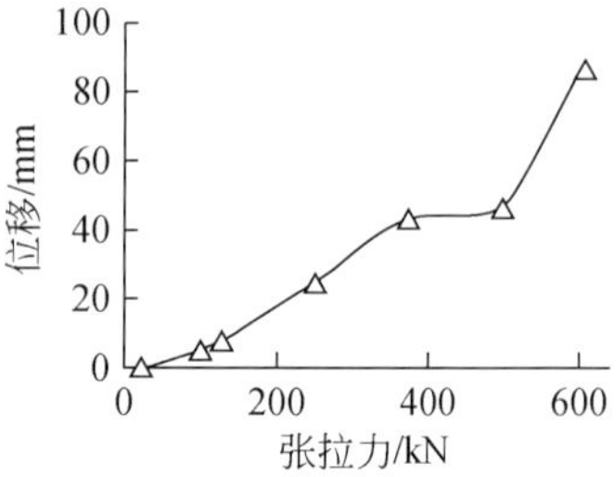
G8	500	500	287.3		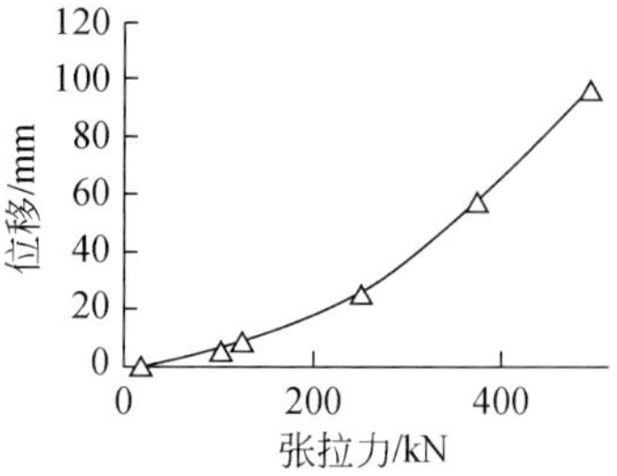
G9	500	500.3	391.1		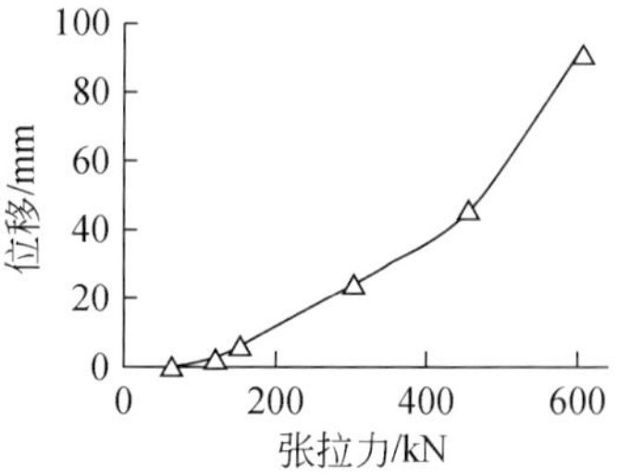

型钢劲性骨架锚墩自身无严重变形迹象，但基础开裂、塌陷的现象较为明显。这是因为型钢劲性骨架锚墩的底面积较小，设计平均土压力约为 0.79MPa；但此处土体为粉质黏土，松散，胶结程度差，且部分为填土，因此地基承载能力较差，不能承受这么大的土压力。

土压力数据与分析：根据型钢劲性骨架锚墩土压力的最大值、平均值及其沿纵坡及横坡向分布试验结果，平均土压力值（除 G1 外）小于设计平均土压力（0.79MPa），个别格构（如 G1、G7）由于地基处理不均匀，使得最大土压力值偏大。土压力沿纵坡及横坡向的分布与基础处理时的均匀程度有关。

表 5.20　型钢劲性骨架锚墩锚固力衰减情况表

编号	锁定值/kN	稳定值/kN	损失率/%
G1	418.2	408.2	2
G2	419.6	398.6	5
G3	444.4	426.5	4

续表

编号	锁定值/kN	稳定值/kN	损失率/%
G4	482.1	450.5	6
G5	304.6	253.8	17
G6	435.5	405.5	7
G7	440	423.9	4
G8	287.3	271.1	6
G9	391.1	367.0	6

锚固力衰减情况：用 YBS-1 锚索测力传感器测试锚固力的大小，将目前所取得的数据处理成表 5.20，可见型钢劲性骨架锚墩的锚固力已基本处于稳定状态。

监测结果显示，张拉至设计锚固力时，型钢劲性骨架锚墩自身无明显变形迹象，强度符合设计要求；从监测数据来看，预制高强混凝土格构及型钢劲性骨架锚墩的锚固力和土压力已基本处于稳定状态。

5.5　小　　结

通过潜孔锤跟管钻具结构设计和钻进工艺技术优化研究，初步建立了适用于硬脆碎地层大直径（ϕ245mm、ϕ273mm）钻孔快速勘查成孔技术方法；并且优化了成套的施工工艺流程，现场试验表明：大直径空气潜孔锤跟管钻具和跟管钻进工艺技术作为跟管钻进研究的关键技术，其钻具结构可靠、动作灵活，整体能满足硬脆碎地层条件的使用要求。

为了达到对灾后不稳定斜坡体快速加固的目的，重点在 4 项关键技术和产品设计方面取得了突破，包括预制高强混凝土格构、型钢劲性骨架锚墩、非金属锚索和深层自适应锚固技术。分别设计研发了：①适用于岩质地基的 100t 和 150t 预制高强预应力混凝土格构、适用于碎石土地基的 50t 预制格构；②适用于开挖面较小且具有环保优势的 50t 型钢劲性骨架锚墩；③选用特种无碱玻璃纤维作为基材研发的非金属锚索，可用于锚固力较小或施工条件复杂，或者需要超前支护后切割锚索的工程；④适用于滑体较完整且滑面较深的滑坡的深层自适应锚固技术，通过三维数值模拟和现场试验，结果显示此类锚索于不张拉、不安装锚具、一次性注浆完成，所以具有安全、快速、经济、合理的特点。

选取四川省凤凰岩不稳定斜坡，重点开展了大直径空气潜孔锤跟管钻具、预制高强混凝土格构（50t）和型钢劲性骨架锚墩（50t）的工程适用性检验和示范，显示各项技术均达到了预期目标。其中，当张拉至设计锚固力时，预制高强混凝土格构自身无严重变形迹象，开裂主要集中于端头和加肋斜面处，但裂纹不影响构件正常工作，构件设计合理。型钢劲性骨架锚墩自身无明显变形迹象，强度符合设计要求。

第六章　重大工程滑坡防治技术优化与改良

6.1　概　　述

国内滑坡防治技术在半个多世纪以来的发展历程中，许多技术在三峡库区建设等重大工程中已经得到成功的应用，取得了显著的减灾效益。不过，出于对工程运营风险的考虑和技术发展的局限，经常在防治过程中会偏于保守或过度设计，以便达到预留安全储备的目的。或者采取一种防治措施单独使用作为主体工程，缺乏优化对比分析和有效性检验，无法根据滑坡的赋存地质条件，因地制宜，使用多种技术的集成，充分发挥各防治措施的优势，对比选择相对优化的集成技术方案。随着技术不断进步和工程设计的精细化要求，工程界越来越重视对防治工程中的技术可行性、成本效益比和优化设计等因素的全面考虑。鉴于此，本章重点以三峡库区和川藏铁路工程扰动区为例，开展了工程滑坡防治技术的适宜性、优化、比选及改良研究。

按照从一般到重点的研究思路：针对三峡库区，分析了已有成熟的滑坡防治技术适宜性，建立了防治效果评价指标体系，结合实例评价了已有滑坡灾害的防治效果。以应用最为广泛的抗滑桩支挡技术为例，开展了桩土耦合作用机理的数值模拟；基于此对单排抗滑桩工程的相关参数进行了优化设计。针对川藏公路，开展了102道班滑坡多种综合整治方案的比选，并确定了隧道穿越方案。重点分析了滑坡锚固结构病害，初步提出了缺陷修复技术。通过防治技术优化和设计改良，进一步丰富和深化了工程滑坡综合防治技术研究工作。

6.2　三峡库区特大滑坡防治技术适宜性

6.2.1　常用滑坡防治技术适宜性

本书采用的分级标准，考虑"特大灾害"为主，以"灾害特征"为导向，将三峡库区特大滑坡灾害定义为：因灾死亡30人以上或者直接经济损失1000万元以上，直接威胁人数300人以上或潜在经济损失大于10000万元的滑坡灾害。

在特大滑坡灾害防治的工程措施上，国内外已没有本质差别，主要有3个途径（王恭先，1998）：一是终止或减轻各种诱发因素的作用；二是改变坡体内部力学特征，增大抗滑强度而使变形终止；三是直接阻止滑坡的发生，包括诸如排水、减重、反压、支挡工程、滑带改良等防治技术。现在滑坡灾害防治技术的发展多集中在结构、材料、施工工艺进行改良创新。20世纪70年代中后期，在成昆铁路线上研究实践了排架桩、刚架桩，椅式桩墙等新的结构形式，改变了抗滑桩的受力状态（蒋忠信，2012）；80 年代起利用锚索与抗滑桩联合形成"锚索抗滑桩"复合防治结构在三峡库区成功应用，并在国内大量推广（殷跃平，2004）；日本在鹿儿岛松田木特大滑坡治理中采用直径 5m、深 30～50m 的大型圆形截面抗滑桩，它选用周围均匀疏松布筋，只在滑动面附近用型钢加强，大量节省钢筋用量（山田刚二等，1980）。

三峡库区特大滑坡灾害防治几乎采取了所有较成熟的工程技术措施，通过现场调研，对三峡库区 128 处特大滑坡治理工程措施进行了统计分析，结果表明：①三峡库区特大滑坡灾害防治工程中，几乎涵盖了所有常用的滑坡防治技术方法（表 6.1）；②三峡库区特大滑坡灾害防治工程当中，排水工程和抗滑桩是使用率最高的工程措施；③支挡工程的使用率近 9 成，其中桩板墙工程有 22 处，约占 17%（图 6.1）；④而针对三峡库区特大滑坡灾害，比较有特色的是滑坡的因地制宜的防治思路，其中削坡压脚和护坡护岸是其他地区滑坡防治中相对较少采用的治理措施，而在三峡库区滑坡中则较为常见；⑤此外，监测是各个特大滑坡灾害防治工程的必要手段，包括变形、应力和地下水监测等。

表 6.1　三峡库区特大滑坡常用防治工程措施

方案	防治目的	方法	工程措施
1	绕避或处理	绕避	改移线路和建筑物，用隧道或明洞避开，架桥跨越滑坡等
2	消除或减少各种形成因素	排地表水	截水沟、排水沟、疏通自然沟
		排地下水	盲沟、盲洞、支撑盲沟、渗沟、垂直钻孔群、水平钻孔群、排水廊道
		防水冲刷	防冲挡水墙、砌石护坡、抛石护坡、"丁"坝工程
		坡面整治	削坡、护坡、整平、修梯级台阶、填实裂缝等
3	改变坡体内部力学平衡	减重	滑坡后部削方减载
		反压	滑坡前部抗滑地段堆载
4	直接阻止滑坡的发育	设置各种抗滑工程	抗滑挡墙、预应力锚固、预应力锚固抗滑挡墙、抗滑桩、预应力锚固抗滑桩、钢架抗滑桩、抗滑明洞、桩板墙等
5	改变滑带土的性质	置换阻滑键	将滑带部分挖除，置换钢筋混凝土阻滑键
6	预测、预报滑坡变形破坏	滑坡监测	滑坡应力、位移、降水量、地下水监测等

通过统计现场库区三期专项治理的特大滑坡灾害防治工程发现（殷跃平，2004），特大滑坡灾害防治设计理念在发生改变和优化（图 6.2）。初期主要学习苏联的经验，在治理滑坡中首先考虑地表和地下排水工程，如在鸡扒子滑坡、黄蜡石滑坡等防治工程中得到成功应用；从巴东黄土坡滑坡、新县城滑坡群治理工程开始大规模应用挖孔钢筋（或钢轨）混凝土桩，由于抗滑能力大，破坏滑坡体稳定性小，施工方便，很快在三峡库区特大滑坡治理中被广泛应用，尤其在治理大、中型滑坡中几乎取代了抗滑挡土墙；特别在链子崖危岩防治工程中，锚固技术和施工工艺得到长足发展。库区从第二期开始在滑坡防治措

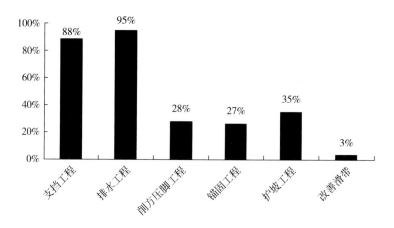

图6.1　各类防治技术统计百分比

施中普及锚固工程，主要包含锚索成排束腰稳定滑坡和锚拉桩两种形式。从第三期开始，顺应库区移民搬迁和城镇建设，异形抗滑桩、土钉墙、加筋土挡墙、微型桩群、虹吸排水等新型防治技术得到了应用和推广。

　　综上所述，通过多年实践，钢筋混凝土抗滑桩技术与地表截排水技术，由于防治效果明显、技术成熟、施工便捷，更符合我国国情，因此在三峡库区被大量实践推广。部分学者提出了"监测为首、排水为主、结构为辅、预测预警、科学决策"滑坡灾害防治的新技术路线（孙仁先，2008），已被三峡库区地质灾害防治工程指挥和管理部门采纳并推广。

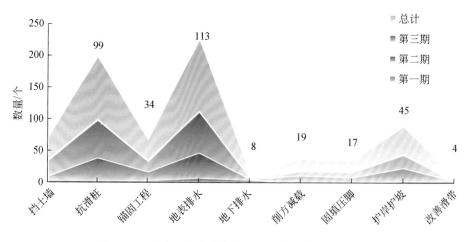

图6.2　三峡库区各期特大滑坡灾害防治技术应用统计

　　特大滑坡灾害防治技术适宜性判断既来源于工程实践也指导着工程实践。结合前人研究和实践经验讨论三峡库区常用防治技术的适用条件，如表6.2所示。

表 6.2　特大滑坡灾害主要防治工程措施的适宜性分析（据郑明新等，2006；孙仁先，2008）

工程措施	适用范围	优点	缺点	备注
抗滑桩	适用于滑面（地形）较缓的中深层滑坡；当滑坡规模较大、滑动面深，滑坡推力相对较大且被保护工程对象重要、或滑坡变形活动显著、或采用其他工程难以保障安全时，宜采用抗滑桩工程，包括普通抗滑桩工程或预应力锚索抗滑桩工程	①普通抗滑桩设计应着重分析其力学状态是否合理，避免滑坡抗滑桩破，若桩前土体较薄或有坍塌的可能时，采用悬臂式普通抗滑桩效果不一定好，应分析桩的受力状态。而预应力锚索抗滑桩工程则效果较好；②若滑坡为深层滑动，或滑体为坍塌性或挤出性无法采用抗滑桩时，宜采用人工开挖大中口竖井桩，可发挥其兼做集水井的综合工程。对于特别深的大型滑坡且保护对象又重要时效果较好	费用高，时间长，当滑面（地形）较陡时不如锚索适宜、经济	有普通抗滑桩、桩板墙、锚索抗滑桩、锚索抗滑桩板墙等多种类型
抗滑挡土墙	适用于基岩埋藏浅、滑动面浅的浅层滑坡；对于中小型滑坡推力较小时，常采用抗滑挡墙作为主体工程。可就近取材，使滑坡稳定收效快，效果较好	①施工较快，造价低；当滑坡推力相对小，且滑坡变形活动相对平衡时采用抗滑挡墙效果较好；②当滑坡推力较大，且滑坡变形活动显著，或墙底埋深过大时，宜与抗滑桩工程配合使用，采取先桩后墙的施工顺序效果较好	挡土墙基础埋深有限，不适用于深层滑坡	挡墙基础应设置在滑动面以下稳定地层；滑坡前缘坡脚若存在湿地，辅以盲沟工程共同实施效果很好
减重工程	①适用于滑床为上陡下缓、滑坡后壁及两侧有稳定岩土体的滑坡；②常用于浅层滑坡，用于中深层滑坡时应以不致因减载而引起滑坡规模扩大为原则；③减载宜在滑坡后缘及主滑段实施。通常减重工程与反压工程同时进行	减重措施的费用最低，比较经济，施工也较快速。越是大型滑坡，越应首先考虑减重工程。①滑坡厚度较大且后缘滑面倾角较陡，则在滑坡后部采用减重对极为有利。若采取阶梯状开挖减重，应同时辅以防渗和排水等措施，效果最好；②当滑坡处于蠕动挤压阶段，坡面裂缝一般较多，此时应果断采取减重工程和地面排水工程，效果较好	需要弃土堆置场；减载后边坡还需植草或喷浆防护；用于深层滑坡处治时只能作为辅助方法。当减重工程诱发牵引后部坡体变形、或对坡面裂缝未采取合理的排水措施而造成滑动条件恶化者，效果差	有时会出现减重工程量已达到设计要求但滑动仍未停止，可能由于①滑坡面形状判断得太陡，对减重工程和反压工程效果估计过高；②卸荷、加载产生的地应力分布问题。建议不牵引诱发后部斜坡变形的应全部清除

工程措施	适用范围	优点	缺点	备注
反压工程	①滑坡前缘滑面呈反坡地形且具有一定空间，应有足以抵抗滑坡下滑力的有利地形，在滑坡前部坡角部位采取反压工程最为有效。常用于中浅层滑坡；②"V"型沟谷等，反压段自身足够稳定，沟谷中地表水水量不大；应有足够的土石方	①能较好地消化挖方弃土方，在地形有利时较经济；②滑坡前缘有满足反压工程场地，且不存在推动下方坡体滑动时则反压工程效果好；③反压工程一般宜与减重工程联合实施，可达到最理想经济、技术效果	①对地形、水系要求严格，并要有充足的填方；②有时会占用耕地、农田；③反压高度有限，一般不宜用于深层滑坡处治	
地表排水	①当滑坡区汇水面积较大且坡面产生裂缝，地表水排泄不畅或地表水下渗触发滑坡时，应布置完善的排水系统；②不影响附近居民，农田用水	在地表水、地下水丰富时效果明显；截水一般是必用的辅助手段	①一般为辅助方法；②可能影响附近居民、农田用水	排水工程在跨越裂缝时应采用柔性结构以免因滑坡变形而失效，导致地表水入渗加剧。滑坡裂缝应夯填、整平，与地面排水工程配合使用
地下排水	①盲沟或支撑盲沟工程对于浅层滑动，且其滑动原因为浅层地下水引起，则采用盲沟工程效果较好	①当滑动是由于浅层地下水引起时，采用盲沟工程（注意分析盲沟沟底是否设在滑动面以下一定深度的稳定地层中）；②当滑坡前缘坡脚有泉水、湿地时，支撑盲沟工程效果较好		
	②排水孔工程对中厚层滑坡，当地下水分布较深，不宜采用盲沟排水时，多采用排水孔工程，包括水平排水孔工程和垂直排水孔工程。对于松散堆积层滑坡，当自由地下水为其主要诱发因素，多采用钻孔排水工程；当下部地层具备较好透水层条件，亦可考虑竖孔排水工程	①于松散堆积层滑坡，地下水为其主要诱发因素，多采用仰斜钻孔排水；当下部地层具备较好透水层条件，亦可考虑竖孔排水工程。地表施工的集水孔，适于地下水分布较浅而采用盲沟工程又太深的工点。集水孔的滤水区有效长度越长越能取得好的排水效果；②对于采用盲沟工程太深时采取集水孔工程，只要对准基岩顶面凹谷部位施工便可以达到预期目的		若滑动带处地下水由断裂带承压地下水补给时，集水孔的有效滤水长度将受限制，需顺滑面密集地设置集水孔，并与集水工程或集水隧洞工程配合实施才有效果。集水孔工程施工于含水层部位才有集排水效果

续表

工程措施	适用范围	优点	缺点	备注
地下排水	③排水隧洞工程，若滑坡属深厚层滑坡，地下水位置埋藏较深，或需要横向拦截地下水，则采用排水隧洞工程效果最好	①如果滑坡厚度较大，地下水埋深较大，滑坡区地下水富集，地下水为滑动主因，采用排水隧洞工程效果显著；②对滑坡体积巨大，采用支档结构存在技术障碍时，采用排水隧洞工程与其他排水工程联合使用整治滑坡效果较好；③所需排除地下水位置较深或横向截断地下水，效果较好	成本高，集水孔效果不理想，易堵塞失效	排水隧洞应设在滑动面以下的稳定地层中。当排水隧洞作为主体工程时，常在洞身上设树枝状或羊角状集水孔进行集水
锚杆	①适用于滑面（地形）较陡、横向基岩不深的中浅层滑坡；②在15m内应有锚固基岩	施工较快，造价低。可处治中层滑坡。其优点：实施主动抗滑、可自由选择施工位置、锚固长度可合理取定、孔径小，适于不同岩体施工，可分步施工	锚杆长度一般在20m之内，锚固长度有限。不适用于深层滑坡	有普通锚杆、锚杆框格梁等多种类型
锚索	①适用于滑面（地形）较陡的中深层滑坡；②在40m内应有锚固基岩	可处治深层滑坡，尤其是滑面（地形）较陡时较抗滑桩经济	费用较高，时间较长，当滑面（地形）缓时不宜采用	有普通锚索、锚索框架格梁等多种类型
滑带土改良	用不同方法改善滑带土性质以提高其强度，增加阻滑力	目前主要采用灌注水泥浆、旋喷灰桩整治一些小型滑坡效果较好。也可以采用注浆加固滑带的措施整治崩滑堆积体		

6.2.2 滑坡防治效果评价体系

6.2.2.1 评价指标选取

根据前人研究和工程实践经验，基于层次分析法（AHP），以"滑坡基本要素"、"治理设计"、"施工组织"、"稳定状况"和"治理效益"作为评价目标，并将五大方面目标按评价内容选取11项影响因素为评价指标，建立防治效果评价指标体系（张勇等，2013）（图6.3）。

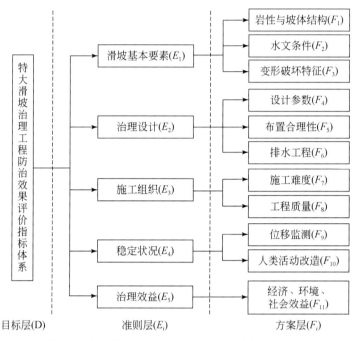

图6.3　特大滑坡防治效果评价指标体系层次结构图

根据建立的三峡库区特大滑坡灾害防治措施评价体系，参考唐辉明等（2004）、黄健等的研究（黄健和巨能攀，2012），将防治效果分为4个等级：优秀、良好、一般、差，分级见表6.3。

表6.3　滑坡防治效果评价体系

防治效果等级	优秀（Ⅰ）	良好（Ⅱ）	一般（Ⅲ）	差（Ⅳ）
岩性与坡体结构（F_1）	其他类型（横向坡、切向坡）	逆向坡（如黄蜡石滑坡）	崩塌堆积体、膨胀岩、层状碎裂岩体	平缓软硬岩互层结构、顺层边坡、溶塌角砾岩、滑坡堆积体
水文条件（F_2）	不涉水滑坡；最大日降水量 $H_{24}<150\mathrm{mm}$	不涉水滑坡；最大日降水量 $H_{24}\geqslant150\mathrm{mm}$	涉水滑坡；最大日降水量 $H_{24}<150\mathrm{mm}$	涉水滑坡；最大日降水量 $H_{24}\geqslant150\mathrm{mm}$
变形破坏特征（F_3）	防治后，坡表无明显变形位移特征	防治后，坡表较小变形	防治后，局部发生较大规模垮塌	坡体变形持续，防治效果差或工程失效
设计参数（F_4）	采用滑带分段取值，采用现场大剪试验取值	采用滑带分段取值，采用室内试验取值、反算、工程类比综合取值	针对主滑段采用室内试验，并综合反算、工程类比综合取值	针对主滑段采用反算和工程类比法取值

续表

防治效果等级	优秀（Ⅰ）	良好（Ⅱ）	一般（Ⅲ）	差（Ⅳ）
布置合理性（F_5）	抗滑结构布置在阻滑段（滑动面反坡地段）；排水工程恰好分布在地下水富集或地表水集中入渗部位；护坡（岸）工程布设在坡脚扰动带能很好护脚护坡起到防止风化剥落和冲刷侵蚀作用	抗滑结构布置在阻滑段（滑动面平缓地段）；排水工程设置在地下水富集处或附近，能大量减少地表水入渗；护坡（岸）工程布设较为合理，能有效防止风化剥落，冲刷侵蚀	抗滑结构布置在主滑段（滑动面较陡地段）；排水工程未布置在地下水集中部位，但能一定程度上减少地表水入渗；护坡（岸）工程未完全布设于坡脚扰动带，仅对风化剥落或库水冲刷掏蚀有一定减缓作用	抗滑结构布置在主滑段（滑动面较陡地段）；排水工程布置在地下水贫瘠段，不能有效排水；护坡（岸）工程未布设于坡脚扰动带或存在工程缺陷，致使工程失效或护坡作用较小
排水工程（F_6）	排水结构合理，位置布置合理，可及时排除地下水、地表水	排水结构设置较合理，基本可保证排除地下水、地表水	排水结构设置不尽合理或局部结构遭受破坏，可部分排除地下水、地表水	排水结构设置不合理或结构破坏，致使排水不佳
施工难度（F_7）	施工困难，技术要求高，分期分批施工，施工周期长	施工难度大，且要求分期施工	施工难度较大，工期较长	施工简单，工期短
工程质量（F_8）	工程结构完好，抗滑主体项目均达到优秀标准；允许偏差项目全部达标；档案资料齐全、准确	工程结构完好，抗滑主体项目优秀率不低于50%；允许偏差项目达标率90%以上；档案资料齐全	抗滑主体结构满足防治要求（均达到基本标准）；允许偏差项目达标率70%以上；档案资料基本齐全	工程质量不合格
位移监测（F_9）	滑坡及抗滑结构位移量在被保护对象的容许范围之内，变形对抗滑结构本身安全无影响	滑坡及抗滑结构位移量接近保护对象的容许值，变形对抗滑结构本身安全无影响	滑坡及抗滑结构位移量接近被保护对象的容许值，变形对抗滑结构本身安全有影响	滑坡及抗滑结构位移量已超出被保护对象的容许范围，变形对抗滑结构本身安全构成威胁
人类活动改造（F_{10}）	滑坡区域内无明显人类活动痕迹	滑坡区域仅地表存在轻微的农耕放牧	滑坡区域存在小规模的人类工程活动，仅为地表地形的改变，岩土体结构未遭受破坏	滑坡区域内人类改造明显，地形变化较大，致使岩土体结构、地下水赋存情况均向不利滑坡稳定方向发展
经济、环境社会效益（F_{11}）	经济效益突出，$F<0.2$；顺应区内经济开展建设，达到社会生态环境和谐	有较好的经济效益，$0.2 \leqslant F<0.5$；有利于区内经济建设，施工带来社会环境影响较小	有一定的经济效益，$0.5 \leqslant F<1$；不影响区内经济建设，可能存在施工噪声、弃渣和一定生态破坏	可能存在工程浪费，$F \geqslant 1$；防治工程设置有碍经济建设和社会发展，存在较大生态破坏

注："工程质量"、"位移监测"分级标准参考《滑坡防治工程设计与施工技术规范》（DZ/T 0219-2006）和《混凝土结构工程施工质量验收规范》（GB 50204-2002）；经济效益常利用相对收益比来表征，$F = \sum f_c / \sum f_y$（$\sum f_c$ 为防治工程在有效期内成本投入，$\sum f_y$ 在有效期内各种收益）。

6.2.2.2　特大滑坡防治效果评价模型

1. 综合模糊层次分析原理

1）基于 AHP 法的权重确定

在应用层次分析法解决决策问题时，首先应把复杂问题分解为若干组成元素，并将各元素按照不同属性自上而下分解成若干层（Zhang et al.，2014a，2014b）。同一层的诸元素从属于上一层的元素并对上一层的元素有一定的作用，同时对下一层起支配作用并受下一层元素的影响，然后根据分层情况建立一个递阶层次结构评价模型。递阶层次结构评价模型建立后，上下层次间元素的隶属关系即被确定（图6.4）。对于多层次结构模型中各层次上的元素可以依次和与之相关的上一层元素进行两两比较，建立一系列比较判断矩阵（表6.4）。

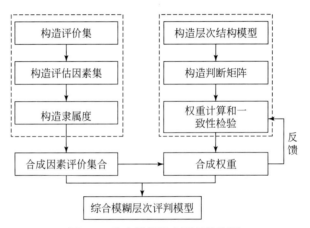

图 6.4　综合模糊层次原理结构图

表 6.4　层次分析组合权重

$A-B_i$	A_1	A_2	$\cdots$	A_n	B 层次总排序权重
B_1	b_{11}	b_{12}	$\cdots$	b_{1n}	$\sum_{j=1}^{n} a_j b_{1j}$
B_2	b_{21}	b_{22}	$\cdots$	b_{2n}	$\sum_{j=1}^{n} a_j b_{2j}$
$\vdots$	$\vdots$	$\vdots$	$\vdots$	$\vdots$	$\vdots$
B_n	b_{m1}	b_{m2}	$\cdots$	b_{mn}	$\sum_{j=1}^{n} a_j b_{mj}$

比较判断矩阵 $\boldsymbol{A} - \boldsymbol{B}_i = (b_{ij})_{n \times n}$ 中的元素需要满足如下性质

$$b_{ij} > 0，\ b_{ij} = 1/b_{ji}，\ b_{ii} = 1 \tag{6.1}$$

式中，b_{ij} 代表相对于与其相关的上一层元素 A，元素 B_i 较 B_j 的重要性，其度量的标准采用 "1～9" 标度方法，其具体意义如表 6.5 所示。

表 6.5　"1～9" 标度的意义

标度	含义
1	两个元素相比，具有同等重要性
3	两个元素相比，一个元素比另一个元素稍微重要
5	两个元素相比，一个元素比另一个元素明显重要
7	两个元素相比，一个元素比另一个元素强烈重要
9	两个元素相比，一个元素比另一个元素极端重要
2，4，6，8	为上述两相邻判断的中间值

计算影响因素权重向量 $\boldsymbol{\omega}_i$，采用常用的特征根法。设判断矩阵的最大特征根为 $\boldsymbol{\lambda}_{\max}$，相应的特征向量 $\boldsymbol{\omega}$，则第 i 个影响因素的权重 $\boldsymbol{\omega}_i$ 与判断矩阵的 $\boldsymbol{\lambda}_{\max}$ 计算公式为

$$\boldsymbol{\omega}_i = \left(\prod_{j=1}^{n} b_{ij}\right)^{\frac{1}{n}}, \quad \boldsymbol{\omega}_i^0 = \frac{\boldsymbol{\omega}_i}{\sum\limits_{i=1}^{n} \boldsymbol{\omega}_i} \text{（向量归一化）} \tag{6.2}$$

$$\boldsymbol{\lambda}_{\max} = \sum_{i=1}^{n} \frac{(A - B_i \cdot \boldsymbol{\omega})_i}{n \cdot \boldsymbol{\omega}_i} \tag{6.3}$$

为避免其他因素对判断矩阵的干扰以保证判断矩阵排序的可信度和准确性，在实际中要求判断矩阵满足一致性，因此必须对判断矩阵进行一致性检验。判断矩阵的一致性检验指标，

$$R_c = I_c / I_R \tag{6.4}$$

式中，R_c 为一致性比率。当 $R_c < 0.1$ 时，认为判断矩阵具有良好的一致性，否则应调整判断矩阵元素的取值。其中：$I_c = \dfrac{\lambda_{\max} - n}{n - 1}$（$n$ 为成对比较因子的个数；I_R 为随机一致性指标，其值由表 6.6 确定）。

表 6.6　判断矩阵随机一致性指标值

n	1	2	3	4	5	6	7	8
I_R	0	0	0.58	0.89	1.12	1.26	1.36	1.41

若判断矩阵通过一致性检验，则表明特征向量 ω 能够客观表征层次结构模型各层影响因素的权重，可用于后续的模糊综合评价。

2）建立模糊集合与隶属函数

设评价集合（防治效果等级）为

$$V = \{V_1, V_2, V_3, V_4\} = \{\text{I}, \text{II}, \text{III}, \text{IV}\} \tag{6.5}$$

式中，V_1 为优秀；V_2 为良好；V_3 为一般；V_4 为差。

确定参评要素（评价指标）集

$$U = \{U_1, U_2, U_3, U_4, U_5\} \tag{6.6}$$

式中，U_1 为滑坡基本要素；U_2 为治理设计；U_3 为施工组织；U_4 为稳定状况；U_5 为治理效益。

选择参评要素的评价因子集

$$\begin{cases} C(u_1) = \{F_1, F_2, F_3\} \\ C(u_2) = \{F_4, F_5, F_6\} \\ C(u_3) = \{F_7, F_8\} \\ C(u_4) = \{F_9, F_{10}\} \\ C(u_5) = \{F_{11}\} \end{cases} \tag{6.7}$$

式中，F_1 为岩性与坡体结构；F_2 为水文地质条件；F_3 为变形破坏特征；F_4 为设计参数；F_5 为工程布置合理性；F_6 为排水工程；F_7 为施工难度；F_8 为工程质量；F_9 为位移监测；F_{10} 为人类活动改造；F_{11} 为经济、环境、社会效益。

3）隶属函数与模糊矩阵的确定

隶属度的确定实际上是单因素评判问题。如前所述，评价指标根据它的数据特征可分为定量因素和定性因素。这里认为定量因素的数据特征为实数，定性因素的数据特征为特征状态。

对于实数型定量，常采用"降半梯形"线性隶属度函数分别描述各定量因素对评价集中各等级的隶属程度。特大滑坡防治效果等级可划分为 4 级，表达式如下。

$$v_1 = \begin{cases} 1 & x \leq S_1 \\ \dfrac{S_2 - x}{S_2 - S_1} & S_1 < x \leq S_2 \\ 0 & x > S_2 \end{cases} \tag{6.8}$$

$$v_2 = \begin{cases} 0 & x < S_1, \ x > S_3 \\ \dfrac{x - S_1}{S_2 - S_1} & S_1 < x \leq S_2 \\ \dfrac{S_3 - x}{S_3 - S_2} & S_2 < x \leq S_3 \end{cases} \tag{6.9}$$

$$v_3 = \begin{cases} 0 & x < S_2, \ x > S_4 \\ \dfrac{x - S_2}{S_3 - S_2} & S_2 < x \leq S_3 \\ \dfrac{S_4 - x}{S_4 - S_3} & S_3 < x \leq S_4 \end{cases} \tag{6.10}$$

$$v_4 = \begin{cases} 0 & x < S_3 \\ \dfrac{x - S_3}{S_4 - S_3} & S_3 < x \leq S_4 \\ 1 & x \geq S_4 \end{cases} \tag{6.11}$$

式中，S_1，S_2，S_3，S_4 为评价指标对应滑坡防治效果等级（从高到低）的分级阀值；x 为实测值。

因子集与评价集（评价标准）之间的模糊关系可以用模糊关系矩阵 $\boldsymbol{R}$ 来表示

$$\boldsymbol{R} = \begin{bmatrix} r_{11} & r_{12} & \cdots & r_{1n} \\ r_{21} & r_{22} & \cdots & r_{2n} \\ \vdots & \vdots & \vdots & \vdots \\ r_{m1} & r_{m2} & \cdots & r_{mn} \end{bmatrix} \tag{6.12}$$

根据模糊关系的定义，r_{ij} 表示第 i 个评价因子的数值可以被评为第 j 级的可能性，即 i 对于 j 的隶属度。因此，模糊矩阵 $\boldsymbol{R}$ 中的第 i 行 $R_i = (r_{i1}, r_{i2}, \cdots, r_{in})$，$(i = 1, 2, \cdots, m)$，实际上代表了第 i 个评价因子对评价标准的隶属性；而模糊关系矩阵 R 中的第 j 列 $R = (r_{i1}, r_{i2}, \cdots, r_{in})$ $(j = 1, 2, \cdots, m)$，则代表了各个评价因子对第 j 级评价标准的隶属性。

综合隶属度矩阵的确定：假定 $a_1, a_2, \cdots, a_m$ 分别是评价因素 $u_1, u_2, \cdots, u_m$ 的权重，并满足 $a_1 + a_2 + \cdots\cdots + a_m = 1$，令 $\boldsymbol{A} = (a_1, a_2, \cdots, a_m)$，则 $\boldsymbol{A}$ 为反映了因素权重的模糊集（即权向量）。

由权向量与模糊矩阵进行合成得到综合隶属度 $\boldsymbol{B}$，即通过模糊运算 $\boldsymbol{B} = \boldsymbol{A} \bigcirc \boldsymbol{R}$，求出模糊集 $\boldsymbol{B} = (b_1, b_2, \cdots, b_m)$ $(0 \leqslant b_j \leqslant 1)$，其中 $b_j = \sum\limits_{i=1}^{m} a_i r_{ij}(M(\cdot, +))$。此模型选用加权平均运算模型，在算法上相当于两矩阵相乘，即

$$\boldsymbol{B} = \boldsymbol{A} \cdot \boldsymbol{R}$$

式中，$b_j = \sum\limits_{i=1}^{m} a_i r_{ij}$；$j$ 为 $\boldsymbol{R}$ 和 $\boldsymbol{B}$ 的列号，m 为评价因子数目。

最终，根据最大隶属度准则，$b_{i0} = \max\limits_{1 \leqslant j \leqslant n}\{b_j\}$ 所对应的分级即为滑坡防治效果等级 i_0。

2. 模型的建立与验证

1）各因子权重的确定

对于 D—E 层次：由专家评分，两两因素比较，采用表 15 对各层中的因子对上一层次目标的相对重要性进行两两比较，构造判断实对称矩阵；利用 Excel 中 MDETERM 函数解求近似特征解，绘制 $\lambda > 0$ 的图解曲线，图解得特征根 $\lambda_{\max} = 5.06$，对应的标准特征向量 $\omega'_{DE} = (0.17, 0.17, 0.19, 0.41, 0.06)$，检验表明满足一致性要求。

对于 E_1—F 层次：步骤同上，构建 3×3 矩阵，求解得到特征根 $\lambda_{\max} = 3$，对应的标准特征向量 $\omega'_{E1F} = (0.25, 0.25, 0.50)$，且满足一致性。

对于 E_2—F 层次：步骤同上，构建 3×3 矩阵，求解得到特征根 $\lambda_{\max} = 3.02$，对应的标准特征向量 $\omega'_{E2F} = (0.38, 0.17, 0.44)$，且满足一致性。

对于 E_3—F 层次：步骤同上，构建 2×2 矩阵，求解得到特征根 $\lambda_{\max} = 2$，对应的标准特征向量 $\omega'_{E3F} = (0.33, 0.67)$，且满足一致性。

对于 E_4—F 层次：步骤同上，构建 2×2 矩阵，求解得到特征根 $\lambda_{\max} = 2$，对应的标准特征向量 $\omega'_{E3F} = (0.67, 0.33)$，且满足一致性。

对于 D—F 层次：累乘 "D—E"、"E—F" 两个层次各对应项的权重可以得到 "D—

F" 标准特征向量，ω'_{DF} = （0.043，0.043，0.085，0.065，0.029，0.075，0.063，0.127，0.275，0.135，0.060），如表 6.7 所示。经计算，$D—F$ 层次权重矩阵一致性检验 R_C =0.028<0.1。

表 6.7　层次（$D—F$）各项因子权重表

层次 D　　层次 F	E_1	E_2	E_3	E_4	E_5	层次 F 各项权重
	0.17	0.17	0.19	0.41	0.06	
岩性、坡体结构 F_1	0.25	——	——	——	——	0.043
水文条件 F_2	0.25	——	——	——	——	0.043
变形破坏特征 F_3	0.50	——	——	——	——	0.085
设计参数 F_4	——	0.38	——	——	——	0.065
布置合理性 F_5	——	0.17	——	——	——	0.029
排水工程 F_6	——	0.44	——	——	——	0.075
施工难度 F_7	——	——	0.33	——	——	0.063
工程质量 F_8	——	——	0.67	——	——	0.127
监测位移 F_9	——	——	——	0.67	——	0.275
人类活动改造 F_{10}	——	——	——	0.33	——	0.135
经济环境效益 F_{11}	——	——	——	——	1	0.060

2）模型的应用与反馈

以三峡库区已治理、具有代表性的刘家包滑坡为例，应用该评价模型进行评价，并与现场传统定性判定的结果相对比，以验证该模型是否可靠。

刘家包滑坡为库区不涉水堆积层滑坡，位于奉节县城三马山社区李家大沟右岸，呈南北向展布，滑坡范围约 $6.5 \times 10^4 \text{m}^2$，规模约 $235 \times 10^4 \text{m}^3$。由于滑坡所处移民安置重点区域，紧邻交通局、环卫局、老干局等政府职能机构，灾害危险性突出。2004 年被重庆市级相关部门批准实施治理的重点项目之一，并纳入三峡库区地质三期灾害防治总体规划。2005 年由四川省华地建设工程有限公司开展详勘、设计和施工，并于 2007 年年初工程竣工。

该滑坡防治工程为了顺应城市建设，以"坡改梯"的设计思想，选择了"削坡回填+多级护坡工程+地表系统排水"的防治方案：坡体前缘按 1∶2 的坡比借土分层碾压回填；斜坡中上部坡面按 1.75 的坡比平整，每 10m 高差为一级台坎，共 7 级，台坎间设 2m 宽的马道。土方回填工程完成后，坡面采用浆砌块石格构护坡和地表截排水系统。通过走访调查，防治工程布置较为合理，与城市建设相协调（未影响到下部交通道路和房产开发），工程主体结构（护坡格构和排水系统）完整、无破坏，仅滑坡后缘和两侧边沟砼梁受潮表面有轻微腐蚀。现今坡体上部修路建房（后缘加载），人类工程活动频繁，但位移监测未见异常（在合理波动范围内），滑坡灾害治理至今坡表未发现明显变形迹象。据此，综合定性判断该特大滑坡灾害防治效果为优秀。

为了验证本模型的可靠性，根据现场调查和查阅设计施工资料、监测位移数据后，运用本评价模型，按表 6.3 标准评级如下。

$$\begin{array}{c}\mathrm{I}\\\mathrm{II}\\\mathrm{III}\\\mathrm{IV}\end{array}\left|\begin{array}{ccccccccccc}0 & 0 & 1 & 0 & 0 & 0 & 0 & 0 & 1 & 0 & 1\\0 & 1 & 0 & 0 & 1 & 1 & 1 & 1 & 0 & 0 & 0\\0 & 0 & 0 & 1 & 0 & 0 & 0 & 0 & 0 & 1 & 0\\1 & 0 & 0 & 0 & 0 & 0 & 0 & 0 & 0 & 0 & 0\end{array}\right.,$$

$$\begin{array}{cccccccccccc}F_1 & F_2 & F_3 & F_4 & F_5 & F_6 & F_7 & F_8 & F_9 & F_{10} & F_{11}\end{array}$$

可得 $\boldsymbol{R}$（$\boldsymbol{U} \times \boldsymbol{V}$ 上的模糊子集），

$$\boldsymbol{R} = (r_{ij})_{m \times n} = \begin{bmatrix} 0 & 0 & 1 & 0 & 0 & 0 & 0 & 0 & 1 & 0 & 1\\ 0 & 1 & 0 & 0 & 1 & 1 & 1 & 1 & 0 & 0 & 0\\ 0 & 0 & 0 & 1 & 0 & 0 & 0 & 0 & 0 & 1 & 0\\ 1 & 0 & 0 & 0 & 0 & 0 & 0 & 0 & 0 & 0 & 0 \end{bmatrix}^T$$

由定义可知，特大滑坡灾害防治后效果评价的 11 项评价因素权向量：

$\boldsymbol{A} = \boldsymbol{\omega}'_{\mathrm{DF}} = (0.043, 0.043, 0.085, 0.065, 0.029, 0.075, 0.063, 0.127, 0.275, 0.135, 0.060)$ 因此，$\boldsymbol{B} = \boldsymbol{A} \cdot \boldsymbol{R} = (0.430, 0.340, 0.210, 0.043)$。

由模糊判断最大隶属原则可知，刘家包特大滑坡防治工程防治效果为优秀。与现场传统定性判别结果相吻合，说明该模型具有较好的适用性，为三峡库区类似特大滑坡灾害的防治工程效果的评价提供一定参考作用。

6.3　桩土耦合作用机理与优化设计

6.3.1　土拱效应的 PFC 数值分析

1. 土拱效应的形成演化过程

对砂土的土拱效应进行染色分析，并确定砂土初始的模型参数见表 6.8，并且砂土的密度设定为 $1600\mathrm{kg/m}^3$。

表 6.8　砂土 PFC$^\mathrm{2D}$ 初始模拟的主要参数

土体主要参数	法向刚度（k_n）	切向刚度（k_s）	颗粒半径（R）/m	孔隙率（k）
	$5 \times 10^7 \mathrm{N/m}^2$	$5 \times 10^7 \mathrm{N/m}^2$	$(\mathrm{min, max}) = (0.02, 0.04)$	0.16
方形桩或圆形桩	法向刚度（k_n）	切向刚度（k_n）	边长（或半径）（D）	摩擦系数（f）
	$10^8 \mathrm{N/m}^2$	$10^8 \mathrm{N/m}^2$	1m	1.0

首先以方形桩作为初始模型桩，分别模拟桩间距 $S = 4D$ 和 $5D$ 的 PFC 模型，并对模型中顶部施加一个水平向下的均布荷载，使墙体匀速向下移动至 10cm 和 20cm，观察每一阶段的模型，通过对颗粒位移的推测大致确定颗粒 y 方向的位移，反复调试后确定模型中颗粒的位移区间值，然后将位移的区间划分为 3 个区间并对应 3 种不同的颜色，待数值模拟

稳定后给颗粒染色。经过多组试验确定了边坡抗滑桩在滑坡移动过程中产生了土拱效应，并给出了具体的土拱图形，验证了土拱效应的存在，并对圆形桩的进一步模拟和颗粒着色，得出了方形桩在土拱效应中优于圆形桩的结论，从细观的角度进一步分析抗滑桩土拱效应，对边坡抗滑桩的优化设计进行进一步探讨。

在模型的建立中，最困难的就是确定颗粒位移的区间值，在经过大量区间试验之后得出抗滑桩桩间距 $S=4D$ 时，抗滑桩发生土拱效应的颗粒区间值见表 6.9，方形桩和圆形桩的模型图分别见图 6.5 ~ 图 6.7。为了便于分析，本节将模型整个区域划分成了 A、B、C、D 4 个区域，每一区域对应相应的研究范围。

表 6.9　土拱效应时颗粒位移区间值

颜色分类	红色 I	白色 II	橙色 III
y 方向位移区间/m	0.01 ~ 0.1	0.1 ~ 0.2	0.2 ~ 0.3

桩间距 $S=4D$，模型顶部墙体从 10cm 向下移动至 20cm，模型的位移染色数值模拟情况见图 6.5。

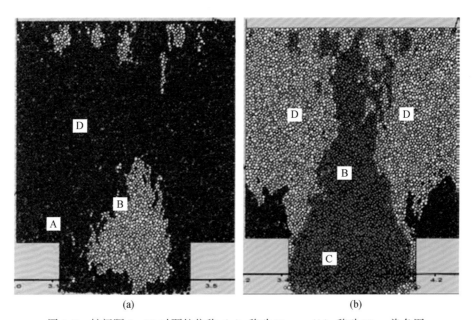

图 6.5　桩间距 $S=4D$ 时颗粒位移　(a) 移动 10cm；(b) 移动 20cm 染色图

在图 6.5（a）中，模型顶部墙体向下移动 10cm 时，颗粒主要以红色和白色为主，两桩之间的 B 区域内存在少量白色颗粒，但还不能构成拱形态。但当墙体继续向下移动至 20cm 时，如图 6.5（b）所示，模型出现了明显的"拱形态"，B 区域位移最大，以橙色颗粒为主，但是分布形态呈现拱形。此时，A 区域拱脚处颗粒位移最小，说明桩的正截面承担荷载减小，土拱承载能力增强，土拱效应发挥作用。当顶部墙体继续向下推移，对整个模型继续加载直至破坏时，颗粒的位移必然随之增大，通过对比模型图 6.5（a）、(b)，可以看出的随着顶部墙体的加载，抗滑桩开始发挥作用，并在桩间产生了土拱效应，B 区域颗粒的位移从白色区间变化到橙色区间，即从 0.1~0.2 变化至 0.2~0.3 后，产生了土拱的形态。然后继续加载顶部墙体，直至一定程度后，颗粒位移区间变化如表 6.10 所示。

表 6.10　土拱破坏时颗粒的位移范围

颜色分类	红色 I	白色 II	橙色 III
y 方向位移区间/m	0.2~0.4	0.4~0.6	0.6~0.8

　　模型图从图 6.5（b）变化为图 6.6，白色颗粒占据几乎整个模型，B 区域的颗粒位移区间从 0.2~0.3 增加至 0.6~0.8，土拱形态越来越小，桩产生的"拱形态"逐渐在消失，并且当位移超过 0.8m 时，土拱效应完全消失。因此，在对颗粒染色的过程中，从顶部墙体最开始向下移动 10cm 即初始阶段未产生土拱效应，到 20cm 过度阶段土拱效应的形成发展，到最终阶段直至土拱破坏，整个过程的染色行为验证了抗滑桩土拱效应的存在，并揭示出了土拱的形成发展演化过程。通过对颗粒位移数据的分析，可以看出，产生土拱效应直接对应了颗粒位移的程度，当颗粒位移超过 0.8m 时，土拱不再发挥作用，并且可以认为土体 y 方向的位移与桩的直径之间存在着一定的联系，只有满足一定的条件才能产生有效的土拱，使之发挥作用。这里增加一个细观的变量 ρ 作为土拱效应发挥作用临界值，ρ 是土体 y 方向位移与桩直径的比值，只有当 ρ 满足 $0.2 \leqslant \rho = \Delta/D \leqslant 0.8$ 时，边坡抗滑桩才能发挥土拱效应的承载力。

　　为了进一步验证颗粒染色对土拱效应的正确性，本节继续对桩间距 $S=5D$ 的方形桩以及桩间距 $S=4D$ 的圆形桩的数值模型也进行了染色，模型图分别为图 6.7（a）、（b）。

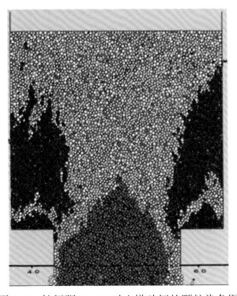

图 6.6　桩间距 $S=4D$ 时土拱破坏的颗粒染色图

　　其中，颗粒颜色代表的位移区间见表 6.10。可以看出，图 6.7（a）中方形抗滑桩产生的土拱效应已经破坏，左侧桩附近有一小块白色颗粒，说明桩间距也是影响土拱效应的重要因素，当桩间距超过一定值时，土拱不能发挥承载作用，土体可以从桩间滑出，只能视为单桩承载。在图6.7（b）中，圆形桩的土拱形态很"模糊"，桩间颗粒的位移从上到下分成了3层，每一层对应一种位移，说明圆形桩的土拱效应和方形桩不同，圆形桩只在桩间局部范围有土拱效应，并且土拱承载范围明显不如方形桩。

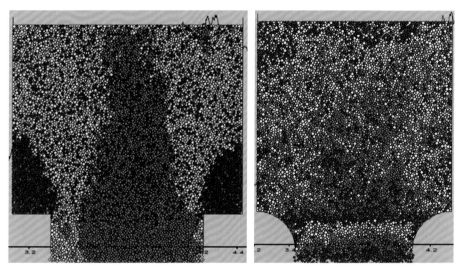

(a) 桩间距S=5D的方形桩染色图　　　　　　　(b) 桩间距S=4D的圆形桩染色图

图6.7　土拱效应被破坏的模型染色图

因此，在分析抗滑桩的土拱效应时，主要考虑方形桩产生的土拱效应，圆形桩土拱承载能力非常有限，并且桩间距是影响抗滑桩土拱效应的重要因素，必须研究不同桩间距对土拱效应的影响确定最佳桩间距。

运用PFC[2D]模拟中土体颗粒的染色行为，可以直观观测到土拱的形成发展以及破坏的整个过程，并且指出颗粒的位移量与桩直径的比值 ρ 在区间 0.2～0.8 时，才能产生有效的土拱效应，超过这个区间，土拱没有形成或者承载能力逐渐下降直至消失。桩间距是影响方形桩土拱效应的重要因素，桩间距在 $S=4D$ 时圆形桩和方形桩在砂土的条件下都可以产生有效的土拱效应，并且圆形桩产生的土拱承载能力非常有限，远远不如方形桩的土拱承载能力。当桩间距 $S=5D$ 时，方形桩的土拱效应破坏，颗粒先从左侧桩附近滑出，土拱效应失去了作用。

2. 砂性土桩间土拱效应的数值分析

在利用颗粒染色行为研究了抗滑桩土拱效应的形成演化过程后，进一步分析桩间距对土拱效应的影响，从大量的理论公式推导和数值模拟分析中，可以看出桩间距 S 一般在 4D 左右能够形成土拱效应，对此首先针对砂土展开相关数值模拟研究，确定颗粒平均粒径在 30mm、孔隙率为 16% 的砂土产生最大土拱效应的抗滑桩最优桩间距，并改变砂土的孔隙率，研究不同孔隙率的砂土的土拱效应；然后针对黏性土展开数值模拟，研究颗粒平均粒径在 4mm 的黏性土产生土拱效应的最优桩间距，黏性土的黏聚力为 10kPa。

1）桩间距的模拟

进行数值模拟时主要通过监测不同时步下滑坡推力 F 的范围值，确定抗滑桩产生有效土拱效应时对应的合理桩间距范围。分别从桩间距 $S=3D$、$S=4D$、$5D$ 进行数值模拟，通过产生的力链图的 4 个区域进行观察和分析，模型的建立和分析如下。

桩间距 $S=3m$ 或 $S=3D$ 时数值模拟的模型图以及力链图见图 6.8。在模型图 6.8（a）中①表示整体颗粒的均匀度；②表示模型顶部的墙体；③表示桩型。图 6.8（b）的力链图中 A 区是拱脚形成的区域；B 区是拱矢形成的区域，也是判断拱形成范围的区域；C 区为桩间土区域；D 区域为下滑力与拱作用之间的掠夺区域。通过力链图的 B 区域局部放大图中可以看出，由于桩间距太小，整个力链比较集中，土拱效应不明显，并且监测到的滑坡推力不断增加，滑坡推力在时步 $t \in (2.801 \times 10^4, 4.800 \times 10^4)$ 时，$F \in (1.824 \times 10^5, 4.371 \times 10^5)$。

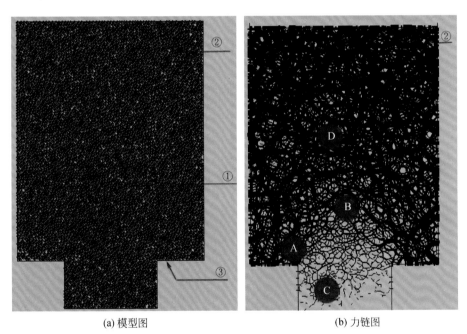

(a) 模型图　　　　　　　　　　(b) 力链图

图 6.8　桩间距 $S=3D$ 时的模型图、力链图

桩间距 $S=4m$ 或 $S=4D$ 时数值模拟的力链图如图 6.9。在图 6.9（a）表示墙体②向下移动 10cm 时的力链图，图 6.9（b）表示②向下移动 20cm 时模型的力链图。可以看出桩间距 $S=4D$ 时土拱效应非常明显，对比图 6.9（a）和（b）的 A 区域以及 B 区域可以看出，随着墙体②的继续向下移动，桩正截面以支挡承载为主，拱脚 A 区域应力集中，B 区域范围变大，拱矢以下水平向的法向接触应力较为显著，拱矢以上的区域土颗粒的法向应力多表现为树冠形态。两个图的 C 区域和 D 区域较为稳定，并且监测到的边坡顶部推力逐渐趋于稳定。根据两个滑坡推力与时步的曲线关系图，可以看出滑坡推力范围值分别为 $F \in (1.646 \times 10^5, 4.280 \times 10^5)$ 和 $F \in (1.646 \times 10^5, 5.845 \times 10^5)$。

桩间距 $S=5m$ 或 $S=5D$ 时数值模拟的力链图如图 6.10 所示；当桩间距 $S=5D$ 时，在同等时步条件下，图 6.10（a）和（b）的滑坡推力范围值分别为 $F \in (1.593 \times 10^5,$

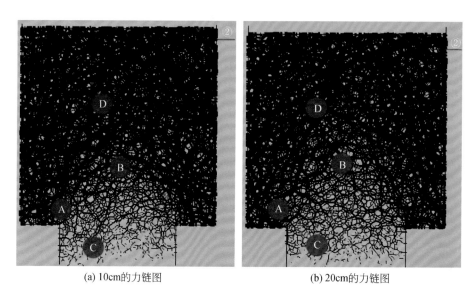

(a) 10cm的力链图　　　　　　　　　　(b) 20cm的力链图

图 6.9　桩间距 $S = 4D$ 时的力链图

5.139×10^5 ）、$F \in （1.593 \times 10^5，6.29 \times 10^5）$ 。对比图 6.10 的 （a） 和 （b），可以看出在图 6.10 （b） 中，A 区域的左右两侧力链集中程度不一致，左侧桩力链明显更集中，推断左侧桩的承载力大于右侧桩，左侧桩附近的土体颗粒位移没有右侧拱脚处大，可能是桩间距太大，导致土拱形态已经被破坏，左侧桩为单桩受力，没有发挥土拱效应。这点从力链图中只能从理论推测，在后面的位移变形图中可以进一步验证实际情况。

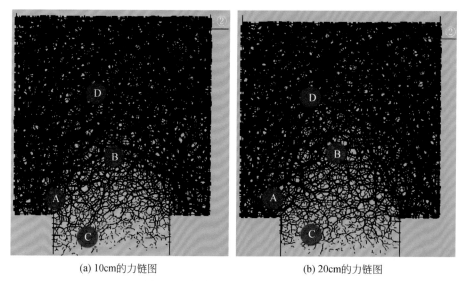

(a) 10cm的力链图　　　　　　　　　　(b) 20cm的力链图

图 6.10　桩间距 $S = 5D$ 时的力链图

2）桩型的数值模拟

在确定了合理桩间距 $S = 4D$ 能够产生有效的土拱效应后，对圆形桩做类似的数值模拟，可以进一步分析和验证桩型对土拱效应的影响程度，如图 6.11 所示。

在图 6.11（a）中③为半径为 1 的圆形桩，图 6.11（b）中表示为②向下移动 20cm 时模型的力链图。图 6.11（b）中在与方形桩同等时步下滑坡推力的范围值为 $F \in (1.266 \times 10^5, 5.193 \times 10^5)$，与桩间距相同的方形桩相比，方形桩在相同条件下的滑坡推力最大值和最小值都要更大，说明方形桩的土拱承载能力更强。因此，在实际工程中，采用方形抗滑桩进行滑坡支护应用比圆形桩更广，主要是由于方形桩在同等条件下土拱效应能够发挥更大的作用。

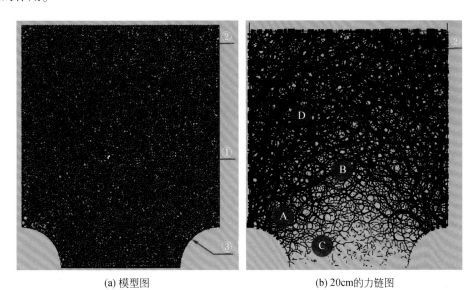

(a) 模型图　　　　　　　　　　　(b) 20cm 的力链图

图 6.11　桩间距 $S=4D$ 的圆形桩模型图和 20cm 力链图

3）砂土孔隙率的数值分析

抗滑桩的合理桩间距是影响边坡抗滑桩抗滑能力最主要的因素，然而土体的特性也是影响抗滑桩土拱效应的因素之一。由于在 PFC 数值模拟中土体其他性质的改变对土拱效应的影响不大，这里重点研究土体的孔隙率的影响。PFC 软件可以通过改变土体颗粒粒径和孔隙率进行模拟，观测滑坡推力的不同受力情况，进而分析土体孔隙率对抗滑桩土拱效应的影响，模型图见图 6.12。

在图 6.12 的模拟中颗粒的细观参数与 $S=4D$ 的方形桩相同。累计分别模拟了孔隙率为 0.12、0.16、0.18 时的力链分布结果。可以看出，当孔隙率为 0.12 时［图 6.12（a）］，监测到的滑坡推力范围值 $F \in (6.905 \times 10^5, 1.571 \times 10^6)$，明显比孔隙率在 16%［图 6.12（b）］时大得多，说明孔隙率减小时，由于土质变密，土体更加稳定，需要更大的推力才能造成破坏。并且观察 B 区域和 D 区域可以发现，孔隙率减小时 B 区域的拱形态不明显，D 区域的力链稀松没有孔隙率大的集中，这是由于颗粒之间力的传递减弱，对抗滑桩产生的推力减小了。但是当孔隙率为 18% 时，情况正好相反，监测的滑坡推力 $F \in (4.769 \times 10^4, 4.146 \times 10^5)$，明显比孔隙率 16% 和 12% 的情况小，D 区域力链更集中，B 区域的土拱形态也更加清晰。说明了对砂土而言，孔隙率与土拱效应成正比，孔隙率越大，土拱效果越好，但是超过一定值时，土拱将不能形成，这是由于孔隙率太高，土质太松散，土体颗粒之间不能形成力的传递，抗滑桩也就失去了作用。

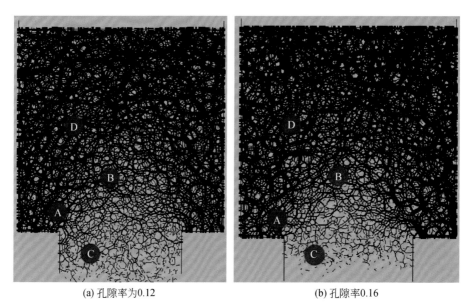

(a) 孔隙率为0.12　　　　　　　　　　　　　(b) 孔隙率0.16

图6.12　桩间距 $S=4D$，孔隙率为 0.12 和 0.18 的数值模拟力链图

　　通过上述数值模拟可以看出，当桩间距 $S=4D$ 时，方形抗滑桩的土拱效应最明显，当 $S \geqslant 5D$ 时，土拱被破坏，桩只能视为单桩承载，不能有效利用抗滑桩的土拱效应节约成本。

　　4）最优桩间距的探讨

　　国外学者 Kourkoulis 在 2011 年对边坡抗滑桩和桩群的参数研究和设计中上指出，当桩体直径 $D=1.2m$ 时，桩的极限抗弯矩能力 RF 在 $S=4D$ 时达到最大，形成有效土拱效应，并且 $S>5D$ 时，桩只能视为单桩抗滑。因此，为进一步分析桩的最合理桩间距，做了 3 组试验：$S=4.2D$、$S=4.6D$、$S=4.8D$（图6.13）。

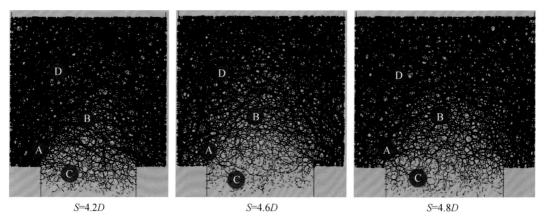

　　　　$S=4.2D$　　　　　　　　　　　$S=4.6D$　　　　　　　　　　　$S=4.8D$

图6.13　不同桩间距下的力链图

　　在图6.13 中可以清楚看到，3 组试验均产生了土拱效应，但是左侧桩 A 区域拱脚的力链集中程度不一样。随着桩间距的增大，桩正截面承担的力逐渐减少，土拱的形态逐渐

清晰。说明在桩间距逐渐增大的过程中土拱效应逐渐发挥作用并分担了部分桩正截面的荷载。但在 $S=4.8D$ 时 B 区域拱矢左侧附近力链又开始集中，说明桩间距的进一步增大可能导致土拱形态的破坏。因此，通过这种细观角度的分析推断土拱效应的最优桩间距 S 在 $4.6D$ 附近，此时的土拱承载能力达到极限。当 $S>4.8D$ 时，左侧桩开始破坏，土拱效应开始消失，可能与间隔桩形成跨拱。

3. 黏性土桩间土拱效应的数值分析

黏性土不同于砂土，颗粒之间存在黏结，并且颗粒与其他颗粒接触之后也会产生黏结，因此，首先介绍 PFC 中与黏性土模拟相关的模型理论。

1）接触模型理论

在 PFC 数值模拟中提供了两种基本的黏结模型：接触黏结模型（contact bond model）和平行黏结模型（parallel bond model）。接触黏结模型是指通过定义颗粒间的法向黏结强度（NBS）和切向黏结强度（SBS）使其允许拉力和剪切力的存在，但当拉力和剪切力超过颗粒间的法向或者切向黏结力时，两个颗粒之间的黏结键就会断裂。平行黏结模型是指在颗粒之间提供一个有限大小的黏性材料使两个颗粒黏结在一起平行传递力和弯矩。接触黏结模型只能传递作用在接触点的力的行为，而平行黏结模型可以传递颗粒之间的力和弯矩行为。

在定义模型时，不同于前面的砂土模型，采用平行黏结时需要引入 5 个细观参数：平行黏结法向刚度 $\bar{k}^n$（pb_kn）、平行黏结切向刚度 $\bar{k}^s$（pb_ks）、法向黏结强度 $\bar{\sigma}_c$（pb_nstrength）、切向黏结强度 $\bar{\tau}_c$（pb_sstrength）、黏结半径 $\bar{R}$（pb_radius）。虽然实例中的滑体颗粒是碎、块石填充了 25%～35% 的黏性土，但研究表明当样本的宽度与颗粒最大粒径比值 W/R_{max} 大于 80 时，可以忽略颗粒尺寸对宏观力学特性的影响。因此在模拟中模型可以适当忽略碎石的影响，只模拟黏性土。对于黏性土工程上常用弹性模量（E），泊松比（ν），内摩擦角（φ）和黏聚力（c）来描述土体的宏观力学特性。其中弹性模量和泊松比反映的是屈服阶段前土体宏观的变形特征，一般认为这种变性参数仅与颗粒的细观变形参数有关，如颗粒的法向刚度、切向刚度、颗粒级配。而内摩擦角和黏聚力反映的是屈服阶段材料的抗剪强度、峰值强度、破坏形态等。周博等人通过大量模拟试验发现颗粒法向和切向刚度对材料的宏观力学特性影响不大，但颗粒法向和切向黏结强度是影响材料剪切破坏的直接因素。因此在进行黏性土的模拟时，必须结合实际使 PFC^{2D} 模拟的黏性土能够真实反映工程的土质特征。

2）黏性土的最优桩间距的数值模拟

黏性土的参数与砂土不同，颗粒的粒径从原来的 $\bar{R}=30mm$ 变化为 $\bar{R'}=4mm$，因此颗粒的密度也与砂土不同，黏性土的密度设定为 $2100kg/m^3$。由于颗粒粒径减小，使得模型增大，为了便于模拟，将桩边长 D 设置成 $0.2m$，其他参数与砂土相同，具体参数见表 6.11。

颗粒间的黏结强度采用平行黏结模型，平行黏结的 5 个参数见表 6.12。同砂土一样，分别从桩间距 $S=4D$、$5D$ 进行数值模拟，通过产生的力链图的 4 个区域进行观察和分析，得出黏性土产生土拱效应的最优桩间距。

表 6.11　黏性土 PFC^{2D} 模拟的主要参数

土体主要参数	法向刚度（k_n）	切向刚度（k_s）	颗粒半径（R）	孔隙率（k）
	$5×10^7 \text{N/m}^2$	$5×10^7 \text{N/m}^2$	（min，max）=（0.003，0.005）	16%
方形桩主要参数	法向刚度（k_n）	切向刚度（k_s）	边长（D）	摩擦系数（f）
	10^8N/m^2	10^8N/m^2	0.2m	1.0

表 6.12　土体颗粒平行黏结模型的参数

平行黏结参数	$\bar{k}_n$	$\bar{k}_s$	$\bar{\sigma}_c$	$\bar{\tau}_c$	$\bar{R}$
大小	$5×10^6 \text{N/m}^2$	$5×10^6 \text{N/m}^2$	$1×10^4 \text{N/m}^2$	$1×10^4 \text{N/m}^2$	0.015

　　黏性土的模型见图 6.14。为了区别砂土的蓝色颗粒，黏性土颗粒的颜色为浅黄色，图 6.14（a）、（b）分别代表桩间距 $S=4D$ 的模型图和初始平行黏结键位置图，在模型图中一共产生了 18716 个颗粒，颗粒之间的平行黏结接触有 43846 次，同砂土加载方式一样，对顶部墙体施加一个水平向下的速度 $v=10^{-5} \text{m/s}$，当顶部墙体下降 20cm 时观察黏性土的力链图和平行黏结键图如图 6.15 所示。

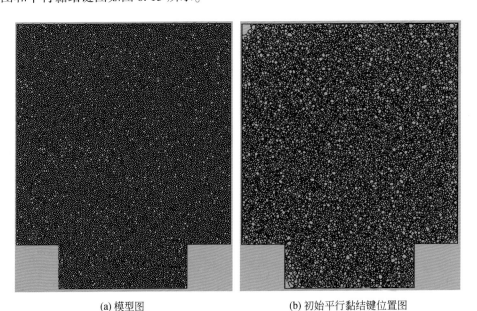

(a) 模型图　　　　　　　　　　　　　　(b) 初始平行黏结键位置图

图 6.14　桩间距 $S=4D$ 的黏性土模型图和平行黏结键位置图

　　从图 6.15（a）中可以看出，黏性土在桩间距 $S=4D$ 时，土拱效应没有砂土土质明显，被挤压出去的土呈现圆弧状态，主要是由于黏性土颗粒之间存在黏结键使得颗粒粘接在一起，并且力链明显比砂土条件下的力链图密集，这也是黏性土之间存在黏聚力的原因。在 6.15（b）图中的黑色力链和红色力链分别表示颗粒之间的压缩和张拉，桩间的红色力链较多主要是由于颗粒被挤压出去之后，颗粒之间的受力主要表现为拉力，这也是黏性土不用于砂土的本质，砂土颗粒之间不会存在拉力。通过检测滑坡推力曲线可以得出滑坡推力范围区间为 $F∈（1.773×10^5，1.497×10^6）$，推力曲线逐渐增大，几乎表现为线性增长。

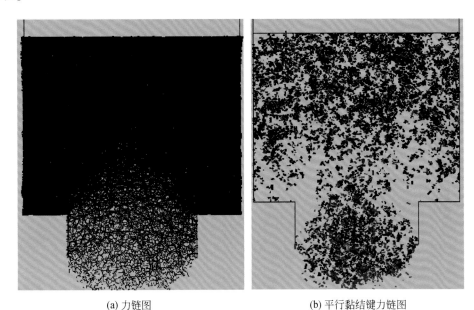

(a) 力链图　　　　　　　　　　(b) 平行黏结键力链图

图 6.15　桩间距 $S=4D$ 的黏性土力链图和平行黏结力链图

继续模拟桩间距 $S=5D$ 的黏性土，加载后的力链图如图 6.16（a）所示。该模型中共设置了 22726 个颗粒，发生了 53148 次接触，其力链图几乎与图 6.15（a）相同，滑坡推力范围值 $F \in (2.171 \times 10^5, 1.623 \times 10^6)$。通过模拟发现，黏性土的力链图非常集中，产生的土拱形态在力链图中表现不明显，因此很难通过力链图对土拱效应的桩间距进行分析，但可以利用颗粒的染色图和加载后的平行黏结力链图观察土拱的形成与破坏情况，如图 6.16 所示。

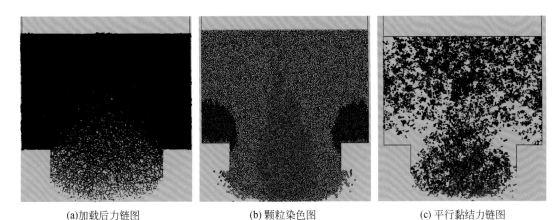

(a)加载后力链图　　　　　　(b) 颗粒染色图　　　　　　(c) 平行黏结力链图

图 6.16　桩间距 $S=5D$ 时加载后力链、颗粒染色和平行黏结力链图

在图 6.16（b）的颗粒染色图中可以看出土拱已经被破坏，颗粒从桩的两侧滑移出去，然后通过对比平行黏结力链图 6.15（b）和图 6.16（c）可以看出，在图 6.15（b）

中左右两侧桩上还有少量的平行黏结键，而图6.16（c）中左侧桩附近没有平行黏结力链，可以推测左侧桩附近的颗粒可能受到了更大的压缩力，使得颗粒之间的黏结键断裂，这也可能是土拱效应破坏原因。对比图6.10砂土桩间距$S=5D$时的力链图中也是左侧桩的力链图明显大于右侧桩，说明黏性土和砂土产生的土拱效应在$S=5D$时都失去了作用。

通过进一步观察黏性土和砂土的颗粒染色图可以观察发现：在墙体加载20cm之后，桩后的砂土颗粒分布松散，而桩后的黏性土颗粒呈现圆弧形态，说明尽管黏性土的土拱效应被破坏，桩间土颗粒大部分仍然存在黏结键，使得土体依然紧密连接在一起，不同于砂土颗粒的破坏形态。黏性土的土拱效应在桩间距$S=4D$时滑坡推力逐渐增大，说明土拱还没发挥最大作用，即土拱效应没被破坏，而$S=5D$时土拱效应破坏，说明黏性土的土拱效应达到极限状态的最优桩间距S也在$4D$和$5D$之间，这里可以借鉴对砂土最优桩间距的进一步探讨认为黏性土的桩间距$S=4.6D$左右土拱效果最佳，因为实际工程中桩间距的没有必要精确到小数点以后。

4. 生基包滑坡实例分析

1）滑坡概况

结合重庆市奉节县生基包边坡的具体实例进行分析，运用PFC数值模拟研究具体工程项目，项目情况如下：生基包滑坡位于奉节县安坪乡新铺村，长江右岸坡中下部，由生基湾滑坡、下黑槽滑坡、蚂蝗湾滑坡、白庙子滑坡等多个滑坡组成。斜坡坡度约20°~40°，方向320°，前缘、中部相对较缓；坡体大致可分为3级平台，高程分别为190m、250m、300m。剖面图覆盖层主要由第四系全新统滑坡堆积层碎块石土夹黏性土组成，滑坡的左侧边界为深切冲沟，右侧边界为山脊，平面形态呈矩形，剖面形态呈阶梯形。滑坡体的各项参数如下：前缘高程95m，后缘高程390m，高差295m，主滑方向350°，坡长约1940m，宽约1420m，土层平均厚度21.5m，滑坡面积为$2.76×10^6 m^2$，总体变形规模$5.89×10^8 m^3$，属一级特大型土质滑坡，滑坡体土体结构松散，与下伏基岩接触面构成重要软弱界面；前缘受长江水不断冲刷；岩层倾向与滑体坡向大致相同；后缘斜坡坡角较大，土体较厚；滑坡体土体在自重应力长期作用下发生缓慢而持续的变形，在大气降雨特别是暴雨的诱发作用下，导致斜坡土体后缘突发性拉裂，形成滑坡（图6.17）。

结合滑坡平面图和4条监测线的剖面图（图6.17），大致标出高程在260m的滑坡平面图，然后通过数值模拟的手段模拟出高程在260m处的平面图，加入抗滑桩，分析抗滑桩在高程260m处的土拱效应，预先为边坡的防治措施给出相关的针对性数据，为工程设计提供参考建议。确定的高程260m平面的水平边界面和地势线在图6.17的生基包滑坡平面图中大致标出后得到的以高程260m为基准面的滑坡平面图。

2）抗滑桩工程受力的数值分析

数值模拟软件PFC[2D]模拟图5.19中高程260m的水平切面时，为便于模拟和分析将滑坡分为3个小块，每一块的推力分别为q_1、q_2、q_3。考虑到数值模拟中加入抗滑桩后模型的底面将保持水平，滑坡260m高程滑体的水平切面的简化如图6.18所示。结合滑坡平面图和剖面图对应相应的比例尺计算出的3个区域的面积分别为$q_1=40260 m^2$、$q_1=35200 m^2$、$q_1=25280 m^2$，在数值模拟时可以模拟出相应的水平面形态，但是面积做出了一定的处理，无法一一对应，只能近似进行相关模拟。

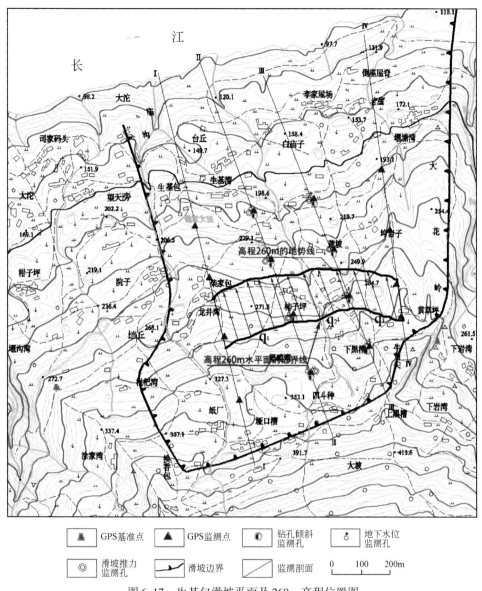

图 6.17　生基包滑坡平面及 260m 高程位置图

在实例中由于滑坡体物质主要由第四系全新统滑坡堆积层碎块石土夹黏性土性土组成，其中黏性土所占的比例约为 25% ~ 30%，碎块石粒径一般为 50 ~ 100mm，最大粒径 3000mm，充填了 25% ~ 35% 的黏性土，因此 PFC^{2D} 中模拟的土体颗粒的粒径是作为首要的研究对象。通过前面的模拟观察发现粒径为 4mm 的黏性土土质所产生的土拱效应不明显，并且抗滑桩在黏性土土质条件下产生土拱效应的桩间距和砂土非常接近，因此本节在进行近似模拟时，考虑到模型较大，模拟的颗粒粒径不再只是 4mm，而是为颗粒的大部分设置为：大部分的颗粒平均粒径为 75mm，33.7% 的颗粒粒径设置为 20mm，这些颗粒的法向刚度、切向刚度、孔隙率等与前面几章的砂土和黏土相同，添加的平行黏结强度参数与第

3.2 节模拟的黏性土相同。桩间距与桩径参照砂土数值模拟结论 $S = 4.6D$，桩的边长参照第四章模拟的结论 $D = 2 \times 1.5 = 3\text{m}$。

在模拟过程中考虑到由于实际情况地势的不同使得水平面顶部的墙体不再是水平面，因此不能只是简单地模拟 1/4 的水平切面，必须将 3 个部分的模拟结合起来，组成一整个模型进行分析。模型图和颗粒初始黏结键位置如图 6.19 所示。

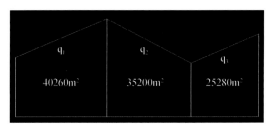

图 6.18　生基包滑坡 260m 高程水平面滑体简化图

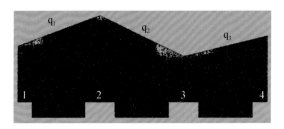

图 6.19　生基包 260m 高程水平面滑坡 PFC^{2D} 模型图

在图 6.19 的模型图中产生了 54630 颗颗粒，具有黏结平行黏结强度的颗粒发生了 128865 次接触产生了黏结，并且相比前面对砂土和黏性土的数值模拟，顶部的墙体不再是水平的，而是具有一定的角度，不再只有两个桩，桩后土体的形状不再是简化的矩形，而是与实际接近的不规则形态。模型图中的边角处有少量"空隙"，通过初始的颗粒平行黏结位置图 6.20 可以更清楚地看到，由于墙体的不规则形态以及颗粒之间的黏性键使得颗粒在墙角处被"拉拢"导致了边角处的空隙。确定了桩的位置以及模型图后，要对滑坡施加一定的荷载，按照前面的加载方式对顶部墙体施加水平向下的平均速度 $V = -10^{-5}\text{m/s}$，直至墙体水平向下移动 20cm，加载后的平行黏结位置如图 6.21 所示。

图 6.20　PFC^{2D} 初始平行黏结位置图（PBL 图）

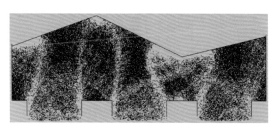

图 6.21　PFC^{2D}加载后平行黏结位置图（PBL图）

结果显示，在同样的时步下，q_3 墙体的推力值最大，但是其下方的土体颗粒明显没有 q_1、q_2 墙体下方的颗粒多，说明墙体 q_3 下方的土拱效应发挥了更大的作用。这很可能是因为抗滑桩与墙体之间距离更近，导致 3、4 号桩之间产生的土拱效应的产生先于其他抗滑桩，其土拱效应破坏过程也将先于其他抗滑桩。q_1、q_2 下方土体较多，但滑坡推力值较小，说明施加的荷载还没有传递至抗滑桩，因此 1、2 号桩产生的土拱效应形成过程相对较慢，桩承担的荷载相对较小。

根据抗滑桩承担的荷载曲线结果，1~4 号抗滑桩的受力分布各不相同，并且 1~4 号桩的受力最大值分别为 max｛1，2，3，4｝＝｛2.969，9.687，3.245，4.943｝× 10^5N。可以看出，2 号桩的受力最大，并且曲线很快达到了稳定阶段，说明 2 号桩的受力已经达到极限水平，而 1、3、4 号桩的受力曲线都是逐渐增大，并且 1、3 号桩增长幅度更快，由于 3、4 号桩会提前产生土拱效应，导致了 4 号桩的受力曲线在 [3.8×10^4 ~ 4.4×10^4] 的时步区间内呈现一定的稳定，说明 3、4 号桩产生的土拱效应已经发挥作用，并且开始破坏，其他抗滑桩的土拱效应正在形成并且开始发挥作用。q_1、q_2、q_3 墙体加载至 20cm 后模型产生的接触力链图和平行黏结力链图分别见图 6.22 和图 6.23。

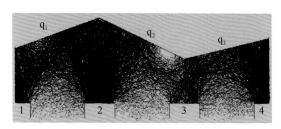

图 6.22　高程 260m 平面加载后的接触力链图

图 6.23　高程 260m 平面加载后的平行黏结力链图

在图 6.22 和图 6.23 中可以看出，随着墙体的加载，初始平行黏结键的位置发生了改变，颗粒之间既有压力又有张力，在图 6.22 的接触力链图中有明显的土拱形态，颗粒之间接触力的最大值为 $CF_{max} = 7.486 \times 10^4 \text{N}$；在图 6.23 的平行黏结力链图中，红色表示颗粒之间的张力，最大张力为 $PF_{max} = 7.877 \text{N}$，并且在颗粒向下移动过程中，黏性土之间大部分颗粒表现为颗粒之间的张拉，只有桩后少量颗粒表现为压缩力。

在对生基包 260m 高程平面图进行数值模拟时，得出黏性土颗粒的平行黏结强度 σ_c 和 τ_c 在进行了一定加载以后颗粒之间主要承受张力荷载，只在桩后的黏性土中存在少部分被压缩的颗粒。并且由于顶部荷载的不规则形态，导致抗滑桩在不同的部位产生的土拱效应有先后顺序，水平面距离与抗滑桩相距较近时，其平面图中抗滑桩产生的土拱效应先形成先破坏，桩所受到的荷载逐步稳定然后继续增大，水平面距离与抗滑桩相距较远时，桩受到的荷载更大，但是总荷载较小，此时，桩的荷载分担比较大，抗滑桩产生的土拱效应逐渐形成，没有发挥出最大的抵抗作用。

因此，在实际工程的设计中应当根据不同的部位设置的抗滑桩具有不同的抵抗能力，地势相对抗滑桩较低处应当将抗滑桩的桩间距设置更小，使得土拱效应不被破坏，地势相对较高处抗滑桩的强度设置应当更大，能够承受桩后土体的加载。本节模拟的奉节县生基包滑坡 260m 高程的平面图只是为实际工程设计提供参考借鉴，为其提供一定的最佳防治方案，实现最安全可靠的治理。

6.3.2　单排抗滑桩优化设计

采用剪切强度折减有限差分三维分析方法，分析了单排自由桩头的抗滑桩加固的边坡稳定性。由于抗滑桩、滑动土和基岩层之间的耦合效应，桩–土相互作用由一个接触界面确定。本节重点阐述单排桩加固边坡的桩位、嵌岩比、桩距、桩的抗弯刚度和坡角因素对稳定性的影响机制（Bakri *et al.*，2014）。

1. 单排抗滑桩边坡建模

三维有限差分模型的构建采用 ANSYS 14.5 是因为它可以准确地创建一个细化网格模型。利用 C++ 编码将生成的网格模型转化到 FLAC3D。在 ANSYS 中可以对桩身及其接触的土体区域的有限元网格进行细分，以便于更好的得出桩的应力和位移结果。通过 FDM 对不同数量的单元的分析来研究网格敏感性和收敛性。桩单元内选定的尺寸为 0.40m，而在相邻的滑动土层和基层单元为 0.50m。模型中的最大单元大小不超过 2m。为了减少边界效应；抗滑桩距离模型前后边界距离为 10 倍桩径。

图 6.24 构造了一个初试滑动状态的无桩边坡的基本模型（FOS=1），然后在模型中添加单排桩加固；改变桩的嵌岩深度的岩石来提高安全系数，我们利用 SSRM 确定边坡加固的安全系数。

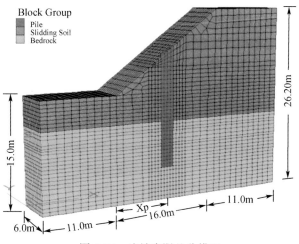

图 6.24　边坡有限差分模型

表 6.13　模型计算所需的材料特性

材料参数	抗滑桩	滑动土	基岩
密度/（kg/m³）	2500	2000	2200
弹性性能			
弹性模量	$1.04×10^6$	$2.00×10^2$	$2.39×10^4$
泊松比	0.2	0.3	0.2
力学性能			
黏聚力/kPa		20	
摩擦角/（°）		10	

土体介质的本构行为采用 Mohr-Coulomb 模型建模。Mohr-Coulomb 强度准则广泛应用于岩土材料。这个模型的破坏包络线对应一个莫尔-库仑准则（剪切屈服函数）与拉伸截断（拉伸屈服函数）。这个包络线上的应力点由一个非关联的流动法则的剪切破坏和一个关联规则的拉伸破坏控制。对于抗滑桩和稳定岩石层的本构行为，使用各向同性弹性模型。选择合适的参数使边坡模型处于临界失稳状态（$FS=1$）。模型计算需要的主要参数如表 6.13 所示。基础模型中坡度为 35°，$S/D=3$，抗滑桩径为 2m。

设定接触界面是边坡-桩分析中必不可少的单元，因为它可以表达土体、桩和基岩之间的相对运动。其在法向方向（k_n）的表观刚度为

$$k_n = 10 × \max\left[\left(K + \frac{4}{3}G\right)/\Delta Z_{min}\right] \tag{6.13}$$

式中，K，G 为贴面单元的体积和剪切模量；ΔZ_{min} 为接触单元法线方向上的最小尺寸。

2. 桩位的影响

边坡和滑坡受桩加固时，桩的位置对加固稳定性有重要的影响。许多学者用不同的分析技术和方法做出了相关研究。如图 6.24 所示，桩位是由一个无量纲比 Xp/X 来表示，

Xp 表示桩头到坡脚的水平距离，X 表示边坡的水平长度。由于桩的最佳位置通常不受桩间距的影响。因此，寻找单个桩的最佳位置（$S=3D$）即可确定多排桩的在三维分析中的最佳位置。前期研究表明，当稳定桩设计在边坡中部时，可以得到最大安全系数，这一结果与采用抗剪强度折减法的其他研究结果是一致的。而为了获得精确桩的最佳位置，以下研究了多个桩位在边坡中部的模型。

从图 6.25 中所示的结果，对于不同坡度的边坡的最佳桩位都在边坡的中上部。随着坡度的增加，最佳桩位也会趋上移动。图 6.25 显示不同坡度的最佳安全系数范围为 1.49 ~ 1.53，此时最佳桩位参数 Xp/X 的范围是 0.53 ~ 0.59。这与 Li 等（2011）应用 FLAC2D 平面应变模型得到的结果为 0.53 是相同的，当然 Hassiotis 等（1997）同摩擦圆的方法得到的最佳 Xp/X 数值为 0.72，所以本研究得到的结果与这些学者的研究结果是接近的。

3. 桩体嵌岩长度的影响

稳定桩和土的耦合效应会影响滑动面深度。不同边坡的滑动层厚度是不同的，并且由于临界滑动面的深度由边坡的各项参数决定，所以没有一个确定的嵌岩深度值适用于所有的边坡。为了评价嵌岩深度的影响，我们用 L_R/L（L_R 代表嵌入稳定层部分的桩长，L 代表总桩长）来表示桩的嵌岩桩长比。图 6.26 表示嵌岩比对边坡安全系数的对应关系，结果表明，边坡的安全系数会随着嵌岩比的增加而增加。然而，嵌岩比增加到一个临界值之后，安全系数将保持不变。这些结果与 Griffith 等（1999）对单排桩加固均质边坡得到的结果是类似的。因此，在对无限桩长的过度分析会导致设计师的桩长设计造成不必要的浪费。

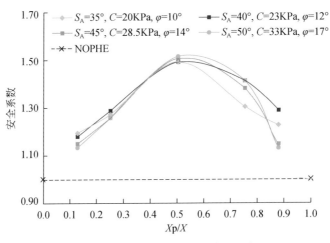

图 6.25　桩位置对安全系数的影响

图 6.27 显示了不同嵌岩比引起不同的临界滑动面与滑动层厚度。可见，当嵌岩比减小到 12% 以下时［图 6.27（a）~（f）］时，临界滑动面越来越深，并且边坡的安全系数快速下降。然而，当嵌岩比大于某一个最小值时，加固边坡临界滑动面深度和安全系数都不会再变化。这是因为嵌岩桩底提供的抗滑力是多余的。我们将最小嵌岩深度为临界嵌岩深度。

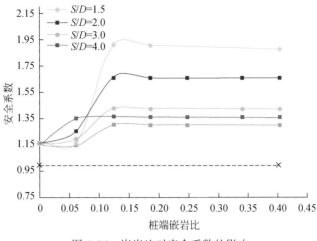

图 6.26 嵌岩比对安全系数的影响

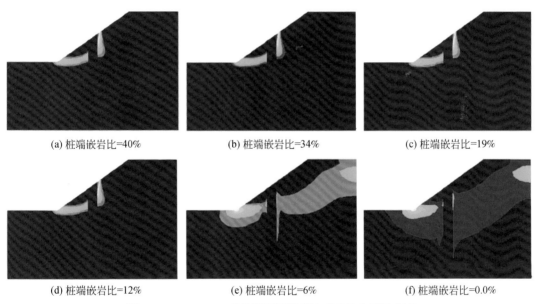

(a) 桩端嵌岩比=40%　　　　(b) 桩端嵌岩比=34%　　　　(c) 桩端嵌岩比=19%

(d) 桩端嵌岩比=12%　　　　(e) 桩端嵌岩比=6%　　　　(f) 桩端嵌岩比=0.0%

图 6.27 S/D =3.0 条件下不同嵌岩比对应的临界滑动面

事实上，桩距的改变会对临界嵌岩深度产生轻微的影响，但不管怎样其范围都在 12% ~ 15% 之间。随着桩间距的减小，变的与地下连续墙很相似，土和桩的完整性加强。因此，对加固后的边坡侧向承载能力有了很大的提高，受临界嵌岩深度影响的区域也扩大了。

不同嵌岩深度的模型的二维分析如图 6.28（a）~（c）所示。嵌岩比减小，边坡失稳时桩的变形会增加，并最终完全失稳。当桩嵌岩比小于临界值时；桩的侧向位移与其埋深呈线性关系。这是由于桩底产生的侧向抗滑力减小和嵌岩层上方滑动区域增大的结果。图 6.28（b）显示了随着嵌岩比的减小，桩的侧向弯矩随之增大。最大弯矩的位置总是略高于滑动土层和稳定土层之间的接触面，当这个表面向上或向下移动时，最大弯矩位置随之移动。如图 6.28（c）所示的桩剪力分布图有两个峰值点。在剪切力负增长区域，嵌岩比减小，桩的剪切应力增大，并且最大剪切力值随滑动面移动直到嵌岩比小于临界值。当嵌岩比小于临界值时，桩的剪切力和弯矩均急剧减少并表现出不同的模式。显然抗滑桩强度极限受弯矩影响更大，因此，抗滑桩可能会在桩土极限相互作用点之前受塑性弯矩破坏。

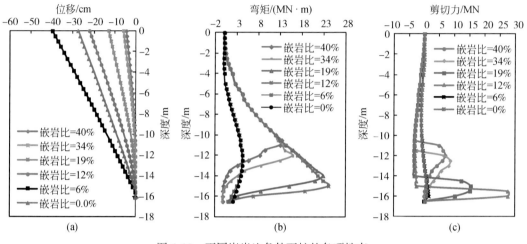

图 6.28　不同嵌岩比条件下桩的各项性态

4. 桩间距的影响

在进行土桩结构相互作用时，在同一时间处理桩间距和桩径。比率 S/D 是用来表示同一时间的间距和直径的比值。图 6.29 显示了不同 S/D 下，嵌岩比与安全系数的对应关系，当 SR 值小于临界值时，S/D 对安全系数的影响很小，不同 S/D 曲线对应的安全系数都很接近，而当 SR 大于临界值很多时，不同 S/D 值对应的安全系数相差很大并且趋于稳定。

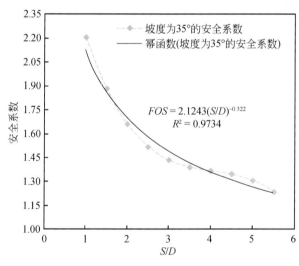

图 6.29　桩间距对安全系数的影响

如图 6.29 所示为 $Xp/X = 0.5$ 时边坡模型桩间距对桩身安全系数的影响。如预期，安全系数随着桩间距的增加而减小。类似的曲线也被 Cai 和 Ugai 和 Jeong 等分别利用耦合和非耦合分析得到（Cai et al.，2000；Jeong et al.，2003）。如图一开始，随着桩间距的增加，安全系数迅速减小，但随着桩间距的增加，安全系数逐渐降低。当桩距为 5 倍桩径时，安全系数是 1.3，略高于中国标准。由于在实际的工程中，桩间距没有很大的参考价值，所以将其视为研究分析中的一小部分就以足够。

确定桩间距与安全系数的对应关系可以对设计抗滑桩加固边坡预先提供有利的参考。因此，根据图 6.29 我们建立了一个幂方程表示边坡安全系数与桩间距的对应关系

$$FOS = 2.1343 \left(\frac{S}{D}\right)^{-0.322} \tag{6.14}$$

图 6.30 显示了嵌岩桩间距对边坡加固的影响。随着桩间距的减小，桩的行为更像是一个连续的材料，土拱效应和桩的荷载均布变得更加明显，此时大变形的土体达到极限状态。不同的桩间距对应的边坡失稳状态的桩的状态可以由桩的变形［图 6.30（a）］弯矩［图 6.30（b）］和剪切力［图 6.30（c）］来表示。

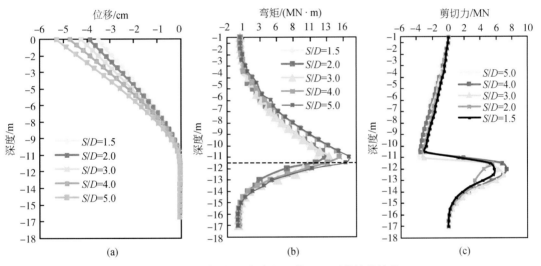

图 6.30　不同桩间距与直径比值 S/D 下的桩的性状

所得到的结果表明，随着桩间距和弯矩增大，最大弯矩的位置略微高出滑动面的位置。换言之，随着桩间距增加，最大弯矩值增大，桩的剪力分布也有同样的趋势。原因可以解释为，随着桩间距增加，受土的侧向运动的影响（滑动），每根桩的承载区增大。同时小间距行为性状改变率比大间距桩更快。这与之前讨论的不同桩间距对加固后的边坡安全系数的结果及 Yang 等得出的结果一致（Yang et al.，2011）。如前面所提到的，对桩的分析表明由弯矩引起的应力比由剪切力引起的应力更为明显。因此，桩身结构极限弯矩作为计算桩的结构稳定性的指标（即桩材料破坏）。

5. 土体黏聚力和摩擦角的影响

为了更深入地了解这个问题，对不同的土体黏聚力和摩擦角的边坡模型进行了分析；

在一个三维模型中，桩被安置在边坡的中部。土体黏聚力对安全系数的影响如图 6.31 所示。其中所有的摩擦角都设为 10°，显然，滑动土体的黏聚力增大时，安全系数成比例增加。自由桩头条件下不同土体黏聚力对应的桩的性状如图 6.31 所示。

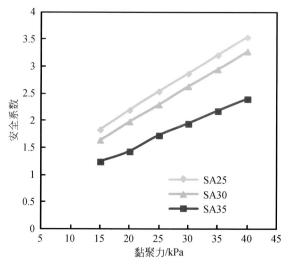

图 6.31　不同土体黏聚力对安全系数的影响

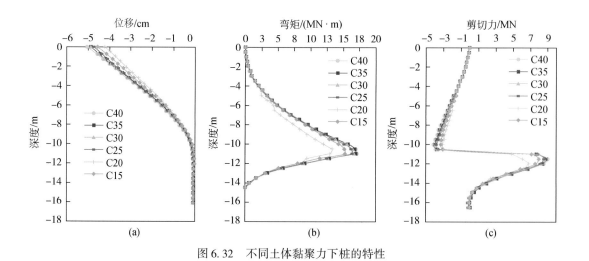

图 6.32　不同土体黏聚力下桩的特性

对于黏性土边坡（土颗粒的黏聚力很大但是摩擦角很小），黏聚力增大时，桩的挠度也会轻微增大，这是与砂质土（土颗粒的黏聚力很小但是摩擦角很大）是不一样的。如图 6.33 所示，土颗粒的内摩擦角增大，桩的挠度减小。对于砂质土边坡，随着内摩擦角减小，桩的挠度增大。图 6.32、图 6.33 显示了弯矩和剪切应力的曲线分布无论在黏质土或砂质土中都是相似的。图 6.32（b）、（c）显示了随着黏聚力的增大，桩的弯矩和剪切力增大。图 6.33（b）、（c）显示了随着摩擦角的增大，弯矩和剪切力减小。

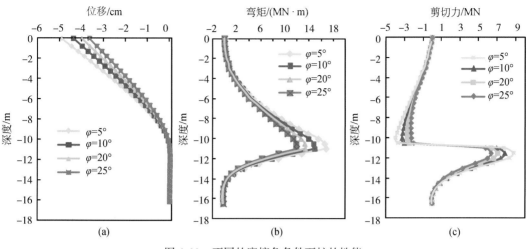

图 6.33　不同的摩擦角条件下桩的性能

6. 桩土接触面黏聚力的影响

桩土接触面的各项参数在数值模型中有重要的作用，它决定桩与土体之间是否有滑动或者缝隙，这两种情况都是无排水假设分析。为了研究界面性质对桩土相互作用的影响，我们选择了两个不同的桩-土界面：一个接触界面具有足够的剪切应力 $C_{int}/C_u = 1$，另一个界面没有剪切应力 $C_{int}/C_u = 0$。$C_{int}/C_u = 0$ 情况下的安全系数比 $C_{int}/C_u = 1$ 情况的小 5%，这个差值会逐渐减小，直到 S/D 值达到 5.0 时，差值减小到 2%，如图 6.34 所示。

图 6.35 显示了不同嵌岩比之下表面黏聚力对安全系数的影响，表面黏聚力不会影响临界嵌岩比，但是其相应的安全系数比剪切应力足够的情况小。

图 6.36 显示了表面黏聚力对位移，弯矩和剪切力的影响。

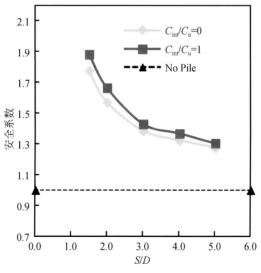

图 6.34　不同表面黏聚力时 S/D 与安全系数的关系

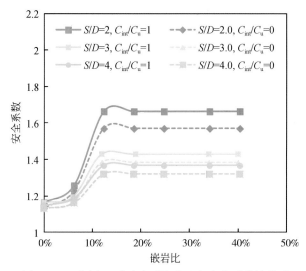

图 6.35　不同表面黏聚力时嵌岩比与安全系数的关系

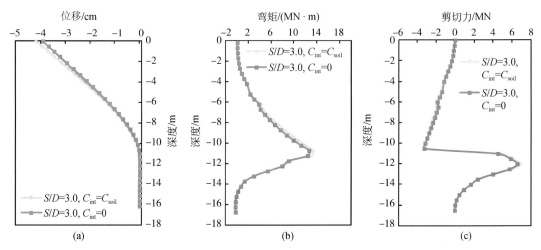

图 6.36　表面黏聚力对位移,弯矩和剪切力的影响

6.4　102 道班滑坡综合整治方案比选

6.4.1　整治历史

102 道班滑坡灾害的防御工作历经数十年的历史,先后多次提出了整治规划、设计方案。其中,部分方案也付诸实施。最早在 20 世纪 60 年代,针对老滑坡明显的活动迹象,西藏公路部门曾设置了防泥走廊(木笼棚洞),但多次遭到毁坏而失效。80 年代后期,在公路内外边坡曾广泛修建木笼挡墙、铁丝笼挡墙及浆砌片石挡墙,但均为临时性公路保通

工程，没有设置防治滑坡灾害的针对性治理措施。每年雨季，经常堵车断道，危害交通安全。

20 世纪末期，中科院成都山地所、西藏交通科研所在对 102 道班滑坡特征调查的基础上，首次系统提出了滑坡的综合整治方案。21 世纪初，交通部门采用了其中的原线整治方案。经中交二院等单位进行整治工程设计后实施。其中，主体工程措施变动为肋板预应力锚索为主。经过本次整治，102 道班滑坡的整体稳定性大大提高，直至目前，仍未发现滑坡整体复活或大规模变形迹象。但是，受投资及施工条件的限制，治理工程主要集中在滑坡的前部，加之对滑坡的认识是一个不断深入的过程，本次整治工程仍未达到彻底根治的目的。表现在滑坡左后部在降雨作用下发育次级滑动并不断向后扩展，破碎的滑坡体表面发育的大量冲沟，在雨季时发育泥石流冲毁或淤埋公路，使得 102 路段仍时常中断交通，成为川藏公路交通安全最大的隐患点之一。

2013 年，随着西藏交通建设的快速发展，国家对西藏交通的投入不断增加，交通部门对 102 道班滑坡采用了从滑坡后部隧洞通过的方案，以期彻底避开滑坡的危害。目前工程仍在实施中。

6.4.2　综合整治方案

根据国家对川藏公路南线整治改造的总体精神和原则，本段公路需在保通的基础上，达到Ⅲ级公路的技术标准。对 102 道班滑坡的整治工程提出以下 5 个具体方案（图 6.37）。

1. 上线绕避方案

1）主要思路

102 滑坡群地处高陡、巨厚的松散堆积层斜坡地带，在地震、降水及地表水、地下水的长期综合作用下，使坡体失去原有的平衡条件，形成了规模巨大的滑坡群。随着 1991 年坡体的剧烈下滑，使原来长期积蓄的能量得到释放，目前的坡体在短期内继续产生整体性滑动的可能性不大，即处于一个相对的稳定时期。然而，滑坡后壁上的松散堆积物的相对高差约有 100m，坡度在 60°左右，还存在与滑坡后壁走向一致或交叉的多条地表裂缝。从长远看，若不采取相应的防治工程措施，后壁在一定的内力、外力作用下，将会继续产生滑动或崩塌，从而对线路安全构成威胁。在表地下水与地表水的作用下，滑坡体表面的冲沟将继续加深、扩大，导致沟坡发生崩滑，产生溯源侵蚀并促使滑坡大量解体，从而使公路遭受破坏。因此，本方案就是企图在 102 滑坡群以上的较稳定地带，重新开辟一条线路，使其能够较长期地避开 102 滑坡群的危害，从而达到公路安全运营的目的。

2）具体内容

上线绕避方案中，新建线路于滑坡后部平台，公路自 102 东沟以东展线上山，经 102 平台，跨加马其美沟展线下山。最高位置设在 102 道班滑坡东北角上部平台的垭口（海拔 2550m），距滑坡后壁最近点为 160m。以此点按 5%的平均坡度向东、西方向展线后，与东、西端原公路（海拔约 2150m）相接。新建线路的计算长度为 18km 左右。

3）防灾能力评价

由于新建线路主要布设在比较稳定的平缓山坡地带，避开了 102 道班滑坡的活动危害

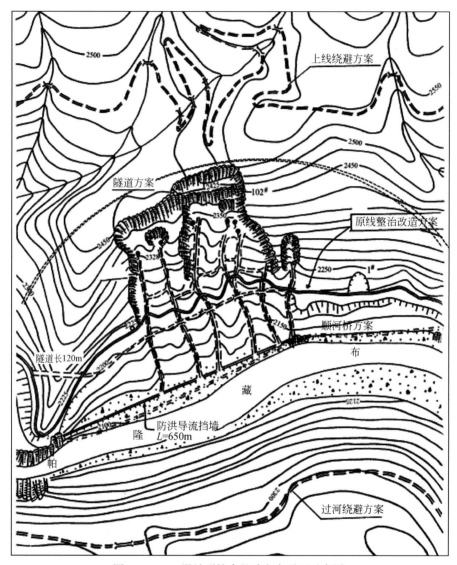

图 6.37　102 滑坡群综合整治方案平面示意图

区间。帕隆藏布的洪水对线路亦无任何直接影响。从整体上看，本方案具备很强的抗灾、防灾能力。但线路上下平台与原线路连接时，地形坡度陡、高差亦大，故新建线路可能诱发大规模的坡体失稳。从而对线路安全与运营带来一定的危害和影响。

2. 过河绕行方案

1) 主要思路

本方案的主要指导思想与上线绕避方案基本一致。为了使线路长期避开 102 道班滑坡的危害及影响，在滑坡的对岸（帕隆藏布左岸）坡地新开辟一条线路，并新建两座桥梁与原线路连接。从而达到本段线路安全运营的目的。

2) 具体内容

根据帕隆藏布江左岸坡地的地貌、地质条件，新线路的最高点至少需设在 2300m 高程。为与本岸的原线路高程一致，东、西两端连接线路的最低海拔高程控制在2150m。线路展线的平均纵坡选用5%，这样需新建线路的理论长度6.0km，实际可能所需新建的长度为7.0km。由于本方案线路需往返跨过帕隆藏布，故需在线路的东、西端各建一座长200m的大型桥梁。桥的最大跨度定为120m，桥面高程为2150m（最高洪水位2125m+安全超高25m），桥的净高约40m。

3）防灾能力评价

本方案线路需往返跨过帕隆藏布，线路的最低海拔高程≥2150m，不受主河洪水及滑坡等再次堵河的影响与危害，故本方案同样具有较大的抗灾、防灾能力。然而，新建线路边坡坡度较大，存在潜在地质灾害的风险，从而使整体防灾能力又有一定程度的减弱。

3. 原线改建方案

1）主要思路

根据对102滑坡群进行全面系统地勘测、试验及综合分析计算，102道班滑坡经过1991年急剧滑动后，滑坡体内的原积蓄的下滑能量已基本被释放，历经数年的坡面侵蚀和江水冲刷，现在坡体已逐渐趋于相对平衡及稳定状态。近年来，对目前线路造成冲埋危害的因素，主要是泉水与降雨形成的地表径流对坡面松散土层的严重下切侵蚀作用，以及滑坡后壁形成的小型坍滑与坡面泥石流。因此，为了确保原线路的安全运营及综合效益的提高，对原线路的整治改建原则主要是以治水、稳沟、固坡为重点，改变现有线路的线形与等级，提高线路的抗灾防灾能力。

2）具体内容

现行线路是滑坡体上临时建的简易公路，为了节省桥涵而形成了5个大的弯道。随着沟谷的逐年下切，弯道半径变小，线路增长、坡度变陡、路基缩窄，已严重影响行车安全。因此，有必要对线路进行截弯取直。即将滑坡东侧60m处（海拔2005m）作为起点，向西端逐渐延伸，在滑坡西侧的线路标高控制在2100～2220m。线路继续西延200m至拟建隧道入口处，其路面高程为2195m。本段线路原长度约950m，改线后长度650m，缩短了300m。

在滑坡西侧的原线路为一环绕山嘴的长弯道，基岩出露，稳定性好。岩石的干极限抗压强度为800～1500kg/cm²，饱和极限抗压强度为625～1200kg/cm²，均能满足坑道开挖的基本条件，故建议新开挖一条长120m的隧道（宽7.0m），替代原线路长达420m的弯道。为了与西头原线连接，隧道西端出口高程控制在2194m。

新建线路沿线，在陡坡易坍塌地段，需要设置上、下浆砌片石挡墙或框架锚索工程。公路跨越各支沟时，需分别设置跨度为5～10m、净高大于5m的钢筋砼平板小桥共5座。

坡面上的5条冲沟进一步加深与扩大，不仅对线路产生直接的危害，而且极大地影响到滑坡体的整体稳定性。因此，必须采取相应的工程保护措施。具体做法是将现有5条冲沟按其自然沟床纵坡，设置排水（含泥沙）沟道。每条冲沟护砌长度约为520m，5条冲沟的整治总长为2600m。同时在滑体上增加盲沟、盲洞，以疏排地下水。

在东滑块防护地段可增设相隔一定间距的抗滑桩。

在滑坡后壁下，特别是东滑块后部地段设置长约250m的拦落石网。

在滑坡后壁有一条长130m、宽0.8～1.0m的贯穿性主裂缝，目前变形不明显，但仍是一个很大的隐患。因此，需将裂缝填平夯实，防止地表水流渗入缝内。或采取人工卸载的办法，消除其潜在危害。

每年雨季滑坡表层水土流失相当严重，现有线路被淤埋或局部被冲毁，经常发生阻车断道事故。因此，在滑坡体上，特别是东滑块上，采用格栅栏（格栅采用锚杆或锚索锚固）护坡措施。格栅栏内种草植树，以防止水土流失。

帕隆藏布洪水对 102 道班滑坡前缘坡脚的严重冲蚀，是导致滑坡活动的重要因素之一。为了保持滑坡体的稳定性，需沿帕隆藏布岸坡设置长 650m、高 5m（加地面标高可达最高洪水水位）、基础埋深 2.5～3.0m（达到基岩面）的浆砌片石重力式导流挡墙。

3）防灾能力评价

通过对滑坡及其西侧的线路改造，可使原线长度总共缩短 600m。这不仅增强了线路抗灾防灾能力，而且会大大增加线路运营的经济效益及社会效益。

4. 沿江架设顺河桥方案

（1）主要思路：本方案的主要指导思想与过河绕行方案基本一致。为了使线路避开 102 道班滑坡的直接危害及影响，在滑坡的前部（帕隆藏布右岸滩地）架设高架线路，从而达到本段线路安全运营的目的。

（2）具体内容：根据帕隆藏布江右岸滩地的地貌、地质条件，新线路海拔高程控制在 2150m 左右，理论长度 1.0km。由于本方案线路直接面对滑坡前缘，桥墩需要特殊设计，以抗滑桩作为桥墩。

（3）防灾能力评价：本方案线路的最低海拔高程大于或等于 2150m，不受主河洪水的影响与危害，但线路位于滑坡前缘，具有较大的风险，只能在对滑坡稳定性有充分认识和较大安全保障下才可能实施，从而整体防灾能力较弱。

5. 隧道穿越方案

从滑坡后部新建隧洞 1.3km，彻底避开滑坡的危害。隧道方案可以达到一次绕避、不留后患、无潜伏病害的目的。

隧道工程方案存在着技术难度大、投资高的缺点，也存在洞口边坡稳定和泥石流灾害处理问题。

6. 治理方案比选

1）方案优缺点

上线绕避方案避开了 i02 道班滑坡及帕隆藏布洪水的危害。方案中的工程措施，技术难度不高，方案中无大型特殊工程，维护方便。工程投资在拟定的各方案中最小。但方案需新建线路长 18km，比原线增长约 15km，故大大降低了长期运营的综合经济效益与社会效益。且新线线形差，仅回头弯就多达 20 多处。与原线路衔接地段，地形坡度大，展线技术难度大。有可能使相对稳定的陡坡地段引发新的中、小型崩滑灾害。

过河绕线方案避开了 102 道班滑坡的直接危害，帕隆藏布洪水影响亦不大，故具有较强的抗灾、防灾能力。新建线路长度相对较短。施工过程中，不影响原线的正常运营。但本方案需建两座长 200m 的大桥，工程投资较大，技术难度较高，新线路施工中，易引发坡体产生新的崩滑。

原线整治改造方案是根据滑坡形成及活动的具体条件，因地制宜地采取相应的防治工程措施，因此不仅具备较强的抗灾、防灾能力，对滑坡区山体稳定及保护生态环境均有很大好处。改建后的线路长度比原线路缩短了 600m，而且线形平顺，无回头弯，看大大提高了线路运营的长期综合经济效益。防治工程技术条件成熟，施工条件受到限制少。本方案的整治工程主要布设在 1991 年滑动后的残余坡体上，对高差达 50～100m 的滑坡后壁未采取相应的有效防治措施。从长远看，在强烈地震及大量降水条件下，后部出现崩滑的可能性存在，从而对线路造成不同程度的影响。同时滑体表面活跃的小型泥石流线路的运营有一定影响。工程投资比上线绕避方案略偏大。

沿江架设顺河桥方案不受主河洪水的影响与危害，也使线路暂时避开 102 道班滑坡的直接危害及影响，但线路位于滑坡前缘，具有较大的风险，工程投资也偏大。

隧道工程方案彻底避开了滑坡的危害。但存在着技术难度大、投资高的缺点，也存在洞口边坡稳定和泥石流灾害处理问题。只在经济技术条件许可的情况下，是一个较优的方案。

2）推荐方案

由 102 道班滑坡各个防治方案存在的优缺点分析可以明显看出：在都能满足Ⅲ级公路标准的防灾、抗灾能力前提下，原线路整治改建方案有关技术经济指标较为合理。所采用的工程技术成熟，并易于施工。

隧道工程方案优点亦比较突出，在经济技术条件许可的情况下，是一个较优的方案。

6.4.3　隧道工程地质问题与建议

1. 危害现状

2001 年采用原路边坡肋板锚索方案进行整治，暂时解决了交通阻断问题，在一段时间内保证了公路的安全运行。但整治后的公路经近 10 年的使用，重新又陷入断道、支挡结构被毁的情况。整治工程仍未达到彻底根治的目的。

随着西藏交通建设的快速发展，国家对西藏交通的投入不断增加，显然，下穿隧道方案能够从根本上解决 102 道班滑坡对公路的威胁问题，加之我国的隧道技术日臻成熟，在高原上的隧道施工已有多个成功案例。无论是从根治滑坡对道路的影响角度还是从社会经济效益角度，隧道方案都是一个工程价值比较高的方案。2013 年，交通部门对 102 道班滑坡采用了从滑坡后部隧洞通过的方案，以期彻底避开滑坡的危害。目前工程仍在实施中。

2. 隧道工程内容

施工中的下穿隧道为单洞双向行驶车道，全长 1731m，属傍山长隧道，按 40km/h 二级公路标准设计，内轮廓净宽 9.00m，净高 5.00m。

下穿隧道进口位于 102 东沟沟口。下穿隧道洞身从 102 道班滑坡后缘滑床以下通过，并穿过 102 道班滑坡西侧山脊后，从 102 西沟沟口以西山脊穿出。总体走向为东西。下穿隧道最大埋深约 350m。

下穿隧道进口设计高程为 2179.28m。纵坡为 0.312%。下穿隧道出口设计高程为

2168.97m，纵坡为-1.008%。

3. 隧道方案涉及的地质灾害问题与建议

1）隧址区地质灾害特征

隧道洞身平面上从102道班滑坡两侧斜坡通过滑坡体，纵向上从滑坡中后缘滑床以下通过，修筑于滑床以下厚约65~170m的花岗片麻岩体或花岗片麻岩断层破碎带中。102道班滑坡基本对隧道影响不大。

隧址区内主要在进出口段发育滑坡、泥石流、潜在不稳定斜坡等山地灾害（表6.14）。102东沟及102西沟纵坡降大，冲沟上游为冰川雪山，且102平台以上已接近雪线。在发生大规模降雪天气下，有可能发生雪崩，直接影响102隧道进口出口安全。

表6.14　隧址区地质灾害特征

灾害名称	里程桩号	不良地质特征	与隧道关系	影响及建议措施
102东沟泥石流	进口 K0+730~K0+755	属高频率泥石流，位于102东沟102隧道进口段。物源区储量较丰富，山高坡陡，平均坡度30°~45°，最大达80°；流通区沟谷呈V形，沟床纵坡达55%，沟谷延伸长为断裂带，两侧坡面植被较发育，岩石节理、裂隙发育、崩坡积层厚度较大。沟口较开阔，坡度较陡，堆积物较少，主要为块石、漂石、卵（碎）石，粒径一般0.1~0.5m，最大者达1.5m。沟内水流量约25L/s，最大流速3m/s。其物源区储量较丰富。流通区较短，发生泥石流的规模较小，固体物质一次冲出量小于300m³，其危害程度较小，处于青壮年期	与隧道近垂直相交，隧道从泥石流流通区穿过	直接危害隧道进口，宜采用明洞通过该段
102西沟泥石流	出口 K2+380~K2+430	属高频率泥石流，位于102西沟102隧道出口段。物源区储量较丰富，山高坡陡，平均坡度30°~55°，最大达80°；流通区沟谷呈V形，沟床纵坡达75%，沟谷延伸长较长，但通过102平台段已修筑浆砌片石排水沟，从102平台以下陡坡两侧坡面植被较发育。崩滑体发育，坡积层厚度较大。沟口较开阔，填积泥石流堆积物较厚。由于移运距离较近，主要为块石、卵石、角砾等，粒径一般0.2~0.5m，最大者达3.0m。沟内水流量约8.7L/s，最大流速2m/s。其物源区储量较丰富。但流通区较短，发生泥石流的规模较小。固体物质一次冲出量小于300m³，其危害程度较小，处于青壮年期	与隧道近垂直相交，隧道从泥石流通区沟床以下通过	直接危害隧道出口，宜采用明洞通过该段

续表

灾害名称	里程桩号	不良地质特征	与隧道关系	影响及建议措施
102 道班滑坡	K1 + 650 ~ K2 +040	详见本报告	隧道从滑床花岗片麻岩体内通过	隧道深埋于滑坡滑床以下花岗片麻岩或断层破碎带中，滑坡对隧道直接影响不大
隧道出口不稳定斜坡	K2+420 ~ 出口	潜在不稳定斜坡在平面上为圆弧形，地面高程 2155 ~ 2228m，地面坡度约 32° ~ 51°，斜坡纵向长约 135m，横向宽约 145m，面积约 15245m²，坡体物质为碎石，厚度 12 ~ 15m，坡向 203°，与帕隆藏布走向近于垂直。斜坡后缘为 102 西沟断层破碎带陡壁，中部坡体较缓，前缘修建川藏公路时切坡后形成陡坡。目前采用挡墙支挡，目前处于稳定状态，仅局部暴雨时出现崩塌	位于隧道出口段及接引段	隧道施工开挖易使斜坡失稳，建议施工开挖时及时采取支挡措施

2）隧道进口段工程地质评价与建议

隧道进口位于 G318 线上边坡山麓斜坡 102 东沟沟口西陡壁，边坡较高陡。山坡总体呈上部和下部陡中间较缓，坡度为 30° ~ 55°，局部达 70°。外边坡高约 80m，表层多覆盖第四系碎石土；内边坡高约 370m，边坡冲沟发育，表层多覆盖第四系碎石土，102 东沟沟口及 102 东沟东侧 G318 沿线出露花岗片麻岩，岩体完整性较好，斜坡整体稳定性较好（图 6.38）。

隧道进口以东约 300m 处公路边坡有发育松散层滑坡的迹象，据野外调查，公路路基略有沉陷，坡面地下水发育，该段坡体于公路内边坡处未见基岩出露。滑坡斜长 100m，循公路长 108m，估计厚度 3 ~ 5m，滑坡体积约为 $4 \times 10^4 m^3$。滑坡虽对隧道无直接影响，但威胁进口段公路的安全，应采取适当工程措施进行处理。初步建议于公路内边坡采取锚索或锚杆肋板墙支挡，坡体布置相应排水工程。隧道进口段线路横穿 102 东沟与山体呈 53° 斜交而入，洞口段存在偏压，洞口稳定性一般，开挖易引发上边坡失稳，且洞内花岗片麻岩基岩裂隙水富集，易引发突水、涌泥等灾害，且 102 东沟常年流水，雨季易发生泥石流灾害，穿越 102 东沟段应采用明洞通过，并在洞顶设置导流槽。明洞开挖前应做好 102 东沟沟水排导措施，明洞基底位于 102 东沟段，应先清除沟底土层，将基底沟床开挖成台阶式，明洞洞顶设置导流槽，并将明洞右侧隐蔽对明洞左侧边墙及基础采取防护措施，防止 102 东沟流水冲刷对明洞的影响；明洞进洞处斜坡仰坡为松散碎石类土，建议按 1：1.5 坡率进行放坡并采取适当的防护措施。隧道进洞后浅埋段洞顶埋深较浅，围岩为第四体系冰积碎石类土，且为地下水富水层，隧道开挖时围岩易坍塌，开挖前应做好排水—泄水措施并做好相应超前支护。

图 6.38　下穿隧道进口（左）和隧道出口地貌特征

3）隧道出口段工程地质评价与建议

隧道出口段线路横穿 102 西沟泥石流沟后，斜穿不斜定坡体，与坡体呈 50°～55°斜交而出。隧道开挖偏压大，易使洞壁内边坡潜在不稳定坡体发生整体失稳滑移。建议隧道出口段从 102 西沟至洞门段采用明洞通过，对出口处潜在不稳定斜坡采用抗滑挡墙或抗滑桩进行支挡。明洞开挖前，应在明洞洞顶设置导流槽，做好 102 西沟排导措施；潜在不稳定斜坡段明洞大开挖前，应对潜在不稳定斜坡以上的边坡采用抗滑挡墙或抗滑桩进行支挡。建议按 1∶1.5 坡率进行放坡并采取适当的防护措施。隧道进洞后的浅埋段，围岩为散体结构的第四体系冰碛层碎石类土或断层破碎带。且洞顶埋深较浅，隧道开挖时围岩易发生坍塌。开挖前应做好超前支护。

4. 治理效果综合评价

经过本次整治，102 道班滑坡的整体稳定性大大提高，直至目前，未发现滑坡整体复活或大规模变形迹象。但是，本次工程仍未彻底解决 102 道班滑坡对公路的危害，存在较多的问题，随着时间的推移，一些问题日益突出。

（1）受投资及施工条件的限制，治理工程主要集中在滑坡的前部，对滑坡后部及高陡的后壁基本未设置工程。事实上，近年来，滑坡左后部在降雨作用下发育了次级滑动并不断向后扩展，滑动物质碎屑化后堆积于公路，对公路造成危害。

（2）由于坡面防护工程、沟道工程及排水工程的缺乏，破碎的滑坡体表面发育的大量冲沟，在雨季时发育小型泥石流冲毁或淤埋公路，使得 102 路段仍时常中断交通。

（3）在雨水等自然营力的作用下，坡面物质不断流失，局部肋板锚索所支挡的坡体松散物质随水沿桩板底流失，造成桩板内被掏空，锚索外露，锚索与桩板在逐渐丧失支护作用。

6.5　川藏公路滑坡锚固结构病害与修复

预应力锚固技术具有对岩土体扰动小、施工快、安全、经济等优点，在滑坡防治工程中已得到了广泛应用。近十余年来，预应力锚固结构已成为西藏公路滑坡防治中最常用和首选的工程措施（强巴等，2015）。如川藏公路 102 道班滑坡治理工程共采用了 768 根锚索，每根长 25～50m，共 32870m（图 6.39）。目前，国内外对预应力锚固结构的作用机理研究还在不断探索和完善，锚固工程破坏或失效的案例时有发生。西藏地处世界屋脊的青藏高原腹地，特殊的高寒（年平均气温小于0℃，极端最低气温−45～−36℃）、高温差（极端日温差≥70℃）、高湿差（常年干旱，但时常伴有短时暴雨）、高盐碱（土壤中普遍存在SO_4^{2-}、Cl^-、Mg^{2+}等侵蚀性介质）、高紫外线照射环境，对锚固结构的可靠性带来了比普通地区更大的挑战。目前，逐渐出现了诸如预应力损失、锚固结构锈蚀、锚头破坏等问题。因此，开展锚固结构作用机理的研究，提出科学合理的缺陷工程修复技术，具有重要的工程意义。

图6.39　西藏干线公路边坡锚固结构调查主要路段

6.5.1　锚固结构现状与影响因素

1. 锚固结构应用现状评述

与国内其他地区相比，锚固结构在西藏滑坡防治工程中应用较晚。20世纪90年代后期，随着国家对西藏公路建设投资力度的增强，加之对西藏滑坡发育规律认识水平的提高，各种新型的抗滑支挡结构开始应用于西藏的滑坡防治中。预应力锚索抗滑桩，格梁（肋板）预应力锚固体系等新技术，先后应用在西藏拉贡公路滑坡、中尼公路卡如滑坡、川藏公路色季拉滑坡、嘎玛沟滑坡及102道班滑坡等防治工程中。据统计，现已有超过40处滑坡（边坡）采用了预应力锚固技术。本项研究调查了西藏公路有锚固结构治理工程的30多处边坡点，调查范围主要为锚固结构使用比较多的川藏公路（图6.39），重点对川藏公路102道班滑坡锚固工程开展了研究。

现场调查发现，102道班滑坡整治工程中预应力锚索结构总体运行情况较好，锚固结构对102道班滑坡的整体稳定性起到了积极的作用。但也出现一些外锚头破坏、锚索锈蚀、局部架空失效等锚固结构损坏问题（图6.40、图6.41）。分析认为，由于滑坡体结构松散，在雨水冲刷作用下滑体上发育了一些冲沟，在暴雨激发下发生了泥石流灾害。泥石流中的块石冲击破坏锚索结构中的突出部位，造成外锚头破坏。部分暴露的锚索产生了一定程度的锈蚀。少数锚索框架被淘蚀悬空，致使预应力失效。这主要与西藏高原气候相对

图 6.40　102 道班滑坡的预应力锚固结构

图 6.41　102 道班滑坡的预应力锚索破坏情况

干旱和季节性集中降雨所导致的坡面径流侵蚀有关。

基于对西藏公路滑坡预应力锚固工程的调查，发现问题主要有三类（张正波等，2014）：

（1）锚头封锚破坏：锚固结构损伤最多的情况是锚头封锚被泥石流、滚石等外力砸坏，但是锚固结构仍可以发挥作用。由于锚头封锚突出于边坡表面，容易受到外力作用而发生损坏，建议对损坏的封锚及时采取措施重新封闭，以免长期暴露引起锈蚀，导致锚索锚头损坏，锚索失效。

（2）框架梁悬空破坏：框架锚索由于框格中没有植被保护，在雨水冲刷和冻融循环作用下，容易引起框架下伏土体侵蚀流失，从而造成框架梁悬空，锚索或锚杆等锚固结构失效。

（3）坡体局部变形滑动引起锚索失效：此种类型的破坏是本次调查中发现的仅有的几个锚索失效破坏的情况，表现为框架锚索由于坡体局部发生滑动引起锚固结构失效。经过对边坡的整体考察，发现大部分锚固结构没有破坏，边坡支护挡墙没有变形迹象，因此判断边坡整体稳定。

2. 锚固结构可靠性的影响因素

影响西藏干线公路边坡锚固结构可靠性的主控因素包括气候、环境等外部条件，砂浆特性、施工质量等内部条件。此外，还有特殊因素（人为或边坡落石等）及服役时间的影响（图 6.42）。

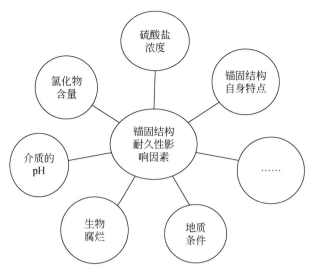

图 6.42　影响西藏公路滑坡锚固结构可靠性的主控因素

1）外界影响因素

主要指土体的腐蚀性和锚索所处工作环境。前者是由土体的物理化学性质决定的。研究表明，反映土体腐蚀性的重要指标是土体孔隙度、土体电阻率、含水量、含盐量、pH以及土体质地、地下水和地面水成分、地层的有效电阻率、地层的氧化还原电势、地下水和地面水的导电率、微生物种类等。一般认为土体腐蚀性的主要影响因素为所在地层土性质、土体含水量和土层侵蚀性等。锚索所处工作环境包括地下水位与锚杆的相对位置及其变化情况，是处于地下水位以上（下），还是地下水位始终上、下波动。此外，影响因素还有大气、降水的侵蚀性以及周围是否有外电场等。

上述因素中，具体影响锚固结构可靠性的物理因子主要是锚固结构承受的荷载、机械磨损、流水冲刷及温度、湿度；化学因子是侵蚀离子、氧气和水及二氧化碳等对锚固结构可靠性的影响，如硫酸盐浓度、氯化物含量等。此外，锚固结构周围的植物对其可靠性的影响也不容忽视。其影响可概括为生物生长和生物腐烂两方面。地质条件对锚固结构的可靠性也有重要影响。

2）内部构造因素

主要是指锚固结构形式及具体的设计参数。同腐蚀相关的内部构造有锚杆类型、锚固预应力、灌浆方式、锚头封闭措施等。锚杆类型分为压力型和拉力型；预应力水平高的杆体容易引起应力腐蚀；灌浆方式分为一次灌浆、二次灌浆和二次高压灌浆。它们在防腐方面有差别；锚头的封闭措施，如采用混凝土、钢罩还是塑料，或是锚头外露。它们引起腐蚀的可能性及其程度也有所不同。

锚固结构所使用的钢筋类型、混凝土等级均会影响锚固结构的使用寿命。而对构件是否采取防腐措施以及采用何种防腐措施也会在一定程度上对锚固结构的可靠性能产生影响。此外，普通砂浆锚杆常采用先灌浆后插筋的工艺，人为因素对灌浆饱满度影响较大，灌浆饱满程度难于保证，常导致实际的有效锚固区与设计要求相差甚远，而当前又缺乏检验砂浆饱满度的有效方法。锚杆的抗拔试验也无法判定这类全长黏结型锚杆是否满足设计要求。由于锚杆施工中砂浆饱满度难以控制，钻孔内的孔隙、空腔以及杆体钢筋裸露现象往往难以避免。这为地下水（特别是含腐蚀介质的地下水）的入侵提供了通路，导致钢质杆体的锈蚀，严重影响锚杆的可靠性。

此外，一些不可预计的事件，诸如边坡落石、设计中的失误或偏差、施工中灌浆体的密实和均匀度等也可能对锚固结构的可靠性产生影响。

6.5.2　锚固结构荷载传递机理与破坏模式

边坡锚固结构在工程中得到非常广泛的应用，但其作用机制问题，特别是涉及荷载传递、侧阻力分布规律等问题还存在许多模糊认识。现有的相关设计规范如《建筑边坡工程技术规范》（GB50330-2002）、《铁路路基支挡结构设计规范》（TB10025-2001）等中，都假设锚固结构侧阻力分布模式为均匀分布，而大量的研究结果表明：锚固段侧阻力并不是均匀分布，而是在其前端形成峰值，并逐步向末端减少并最终趋近于零。显然，现有的设计理论不能满足工程实践的需要。为此，基于岩石力学相关理论，以锚杆为研究对象，综合理论分析，数值计算和模型试验多种研究手段，多角度对边坡锚固结构的荷载传递机理和破坏模式进行研究，明晰其内在作用机理，为提高西藏干线公路边坡锚固结构的可靠性提供参考。

1. 锚杆抗拔作用的理论分析

考察如图 6.43 所示的锚杆体系，根据圣维南原理，假设锚杆的抗拔荷载作用只对半径为 C 范围内的围岩产生影响。显然，锚杆体系由 3 个部分组成，存在两个界面，即锚杆体、灌浆体和围岩体；锚杆与灌浆体界面、灌浆体与围岩体界面。在完全黏结条件下，接触界面上满足力和变形协调关系，界面之间不存在黏滑或脱黏。为此，根据剪滞模型的基本解，在引入合理假设的情况下，分别对这 3 个部分及界面特性进行力学分析。

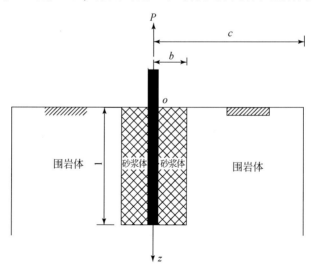

图 6.43　全长黏结式锚杆简化模型

1）锚杆体荷载传递特性

根据轴对称问题的基本方程以及锚杆单元体力的平衡条件，有如下关系成立。

$$\frac{\mathrm{d}\sigma_f(z,\ a)}{\mathrm{d}z} = -\frac{2}{a}\tau(z,\ a)_i \tag{6.15}$$

式中，$\sigma_f(z,\ a)$ 作用在锚杆任意深度位置处的轴向应力；a 为锚杆半径；$\tau(z,\ a)$ 为作用在锚杆与灌灌浆体界面上的剪应力。

$$\tau(z,\ r) = \frac{a}{r}\tau(z,\ a) \tag{6.16}$$

式中，$\tau(z,\ r)$ 为锚杆体系任意位置处（包括灌浆体和围岩体）的剪应力。

2）完全黏结条件下灌浆体荷载传递特性

根据公式（6.16），在灌浆体内，任意位置处的剪应力可以表示为

$$\tau_{\mathrm{m}}(z,\ r) = \frac{a}{r}\tau(z,\ a) = \frac{E_{\mathrm{m}}}{2(1+\nu_{\mathrm{m}})}\frac{\mathrm{d}w_{\mathrm{m}}(z,\ r)}{\mathrm{d}r} \quad a \leqslant r \leqslant b \tag{6.17}$$

式中，E_{m} 为灌浆体的弹性模量；ν_m 为灌浆体的泊松比；b 为锚杆钻孔半径；$w_{\mathrm{m}}(z,\ r)$ 为灌浆体内任意位置处的轴向变形量。对式（6.17）沿 a 到 r 积分得

$$w_{\mathrm{m}}(z,\ r) - w_{\mathrm{m}}(z,\ a) = \frac{2a(1+\nu_{\mathrm{m}})}{E_{\mathrm{m}}}\tau(z,\ a)\ln\left(\frac{r}{a}\right) \tag{6.18}$$

式中，$w_{\mathrm{m}}(z,\ a)$ 为灌浆体与锚杆界面位置处的轴向变形。

根据锚杆与灌浆体界面完全黏结条件

$$\begin{cases} w_{\mathrm{m}}(z,\ a) = w_{\mathrm{f}}(z,\ a) \\ \varepsilon_{\mathrm{m}}(z,\ a) = \varepsilon_{\mathrm{f}}(z,\ a) \end{cases} \tag{6.19}$$

式中，$w_{\mathrm{f}}(z,\ a)$ 为锚杆轴向变形；$\varepsilon_{\mathrm{m}}(z,\ a)$、$\varepsilon_{\mathrm{f}}(z,\ a)$ 分别灌浆体和锚杆在界面位置处得的轴向应变。

3）完全黏结条件下围岩体荷载传递特性

同样利用式（6.16），围岩体内任意径向位置处的剪应力可以表示为

$$\tau_{\mathrm{r}}(z,\ r) = \frac{a}{r}\tau(z,\ a) = \frac{E_{\mathrm{r}}}{2(1+\nu_{\mathrm{r}})}\frac{\mathrm{d}w_{\mathrm{r}}(z,\ r)}{\mathrm{d}r} \quad b \leqslant r \leqslant c \tag{6.20}$$

式中，E_{r} 为围岩体的弹性模量；v_{r} 为围岩体的泊松比；c 为影响半径；$w_{\mathrm{r}}(z,\ r)$ 为围岩体内任意位置处的轴向变形量。

4）锚杆体系荷载传递分析

根据锚杆体系任意截面上轴向力系平衡条件得

$$0 = \pi a^2\sigma_f(z,\ a) + \int_0^{2\pi}\mathrm{d}\theta\int_a^b\sigma_m(z,\ r)r\mathrm{d}r + \int_0^{2\pi}\mathrm{d}\theta\int_b^c\sigma_r(z,\ r)r\mathrm{d}r \tag{6.21}$$

整理式（6.21）得

$$\sigma_f(z,\ a) = A\sinh(kz) + B\cosh(kz) \tag{6.22}$$

式中，A、B 为待定参数，可根据如下边界条件确定。

$$\begin{cases} \sigma_f(z,\ a) = \dfrac{p}{\pi a^2} & z = 0 \\ \sigma_f(z,\ a) = 0 & z = l \end{cases} \tag{6.23}$$

式中，l 为锚杆长度。

$$\begin{cases} A = -\dfrac{p}{\pi a^2}\coth(kl) \\ B = \dfrac{p}{\pi a^2} \end{cases}$$ (6.24)

锚杆界面上的剪应力分布公式为

$$\tau(z,\ a) = \frac{p}{2\pi a}k\big[\sinh(kz) - \coth(kl)\cosh(kz)\big]$$ (6.25)

灌浆体与围岩界面的剪应力分布公式为

$$\tau(z,\ b) = \frac{p}{2\pi b}k\big[\sinh(kz) - \coth(kl)\cosh(kz)\big]$$ (6.26)

从式（6.25）和式（6.26）可以看出，剪应力在锚杆与灌浆体界面的分布规律与灌浆体、围岩界面的分布规律相同。

上述理论模型以剪切滞理论为基础，在引入合理假设的条件下，研究了锚杆体在完全粘结条件下的荷载传递规律，锚杆轴力分布以及侧阻力分布特性，阐述了锚杆作用机制，并得出了以下结论：①锚杆侧阻力呈指数规律分布；②锚杆侧阻力主要分布在锚杆前端部位，其末端分担的荷载极其有限，盲目增加锚杆长度并不能有效提高锚杆承载力；③混凝土基础相对刚度越大，剪应力分布越不均匀；相反，混凝土基础越软，剪应力分布越均匀。

2. 锚杆锚固机理数值分析

采用有限元方法，对锚杆拔出过程、锚杆的最大抗拔力以及混凝土的应力、应变、位移分布和破坏模式进行了计算与分析。

1）计算模型和材料参数

（1）计算模型：根据分析与实验观察，螺栓抗拔实验较好的满足轴对称条件。因此，为了节约计算资源和时间，对三维抗拔实验简化为二维平面轴对称问题，只需要通过轴对称单元建立如图 6.44 所示的二分之一模型，有效地提高了计算效率。

（2）有限元模型：根据锚杆抗拔实验方案，利用 Abaqus 有限元软件，建立有限元模型，其中主要部件采用的有限元单元如下：混凝土（图 6.44 灰色区域所示）和钢筋（图 6.44 蓝色区域所示）采用四边形轴对称缩减单元——CAX4R，靠近钢筋的四边形单元相应的细化。胶结物与混凝土和钢筋之间的界面采用轴对称黏着单元——COHAX4，模拟界面之间作用力的传递以及破坏过程。

（3）边界条件：根据螺栓抗拔实验的实际情况考虑如下边界条件：位移约束条件，约束混凝土底部的水平和竖向位移，同时右侧垂直线上混凝土的节点水平位移；载荷边界条件，在钢筋端面上施加位移载荷，通过节点反力获得端面上的抗拔力。

（4）材料参数：钢筋采用 Q235 号钢，其材料参数为：密度 7850kg/m³，弹性模量为 206GPa，泊松比为 0.3，其屈服极限为 235MPa，切向模量取弹性模型的 1/100。混凝土采用含块碎石骨料的混合模型，其中碎石采用弹性模型；混凝土为 C30 标号混凝土，采用 Abaqus 里面的损伤塑性模型，其弹性模量 26.5GPa，泊松比为 0.167，密度为 2400kg/m³。

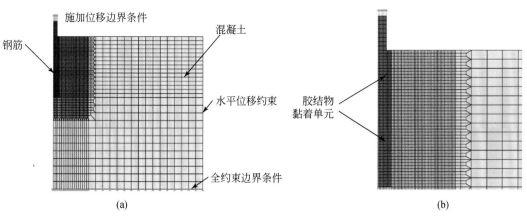

图6.44　锚固结构有限元整体模型（a）和局部模型（b）

胶结物，采用弹性模型，常温下弹性模量1.8GPa，泊松比为0.25，密度为2000kg/m³，剪切极限破坏应力为15.4MPa。另外，考虑到钢棒的光滑表面与黏结剂之间的黏结力不够的因素，钢棒与黏结剂之间的极限破坏应力为最大破坏应力的80%，即15.4×0.8=12.32MPa。

2）计算结果分析

根据要求，计算过程中分别考虑了不同螺栓直径和不同锚固长度的后置锚杆在常温下的极限抗拔力和变形破坏模式。其中不同影响因素下的后置锚杆极限抗拔力和平均黏着强度见表6.15。分析计算结果与实验结果发现：有限元计算获得的极限抗拔力小于实验获得的极限抗拔力，其误差在6%~44%。计算与实验结果存在误差的原因可能如下：计算中钢棒与胶结物之间的黏着强度取平均黏着强度的80%可能偏小；混凝土的损伤塑性模型可能低估了混凝土的真实强度。

（1）锚杆抗拔过程分析

图6.45显示了锚杆直径为48mm，埋深为8天的试样的抗拔力随加载位移变化曲线。从曲线中可以看出，当加载位移达到0.45mm时，加载力急剧下降。通过观察如图6.46所示试样内部的位移云图可以看出，此时钢棒与胶结物之间已经明显的出现脱黏现象，导致抗拔力急剧下降。其外，从图6.46中还可以看出，靠近表面的钢棒与黏结剂之间黏合较好，没有出现脱黏，同时表面混凝土的位移呈倒三角形分布，此现象与实验观察发现大部分试样呈现锥形复合破坏模式一致。

表6.15　常温下不同试样下极限抗拔力计算结果列表

螺栓直径/mm	锚固长度/天	胶黏剂强度/MPa	20℃计算的极限抗拔力/kN	平均黏着强度/MPa	实验极限抗拔力/kN
36	8	15.4	193.5	5.940	242（20.0%）
36	12	15.4	251.8	5.153	288（12.6%）
48	8	15.4	320.5	5.534	540（40.6%）
48	12	15.4	401.9	4.627	590（31.8%）
60	6	15.4	333.6	4.916	

续表

螺栓直径/mm	锚固长度/天	胶黏剂强度/MPa	20℃计算的极限抗拔力/kN	平均黏着强度/MPa	实验极限抗拔力/kN
60	8	15.4	441.7	4.881	
60	10	15.4	536.8	4.746	
60	12	15.4	638.4	4.703	
75	8	15.4	620.9	4.391	
75	12	15.4	829.6	3.912	
90	6	15.4	586.3	3.840	
90	8	15.4	782.0	3.841	1200（34.8%）
90	10	15.4	1062	4.173	
90	12	15.4	1119	3.664	2000（44.0%）
110	8	15.4	1127	3.705	
110	12	15.4	1439	3.154	
130	8	15.4	1588	3.738	
130	12	15.4	1970	3.092	
150	8	15.4	1964	3.473	2100（6.4%）
150	12	15.4	2499	2.946	2720（8.1%）

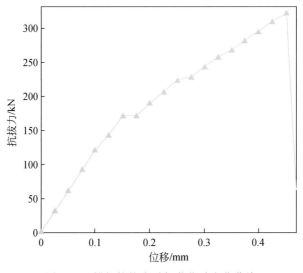

图 6.45　锚杆抗拔力随加载位移变化曲线

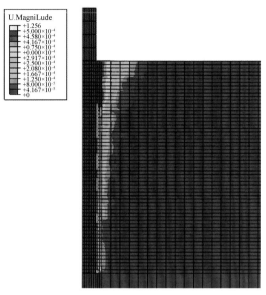

图 6.46　锚杆与胶结物发生脱黏时位移云图

（2）锚杆直径和锚固长度的影响

图 6.47 显示了不同锚固深度下平均黏着强度随钢棒直径变化曲线。从图 6.47 中可以清晰地看出随着锚固深度从 8 天增加到 12 天，其平均黏着强度呈下降趋势。另外，随着钢棒直径的增加，锚杆的平均黏着强度也相应减小（图 6.48）。

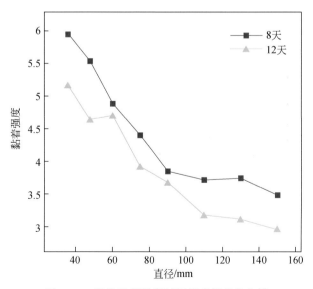

图 6.47　平均黏着强度随钢棒直径变化曲线

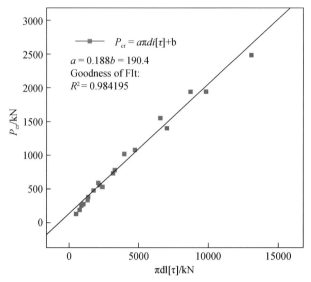

图 6.48　常温下锚杆极限抗拔力与直径的关系

（3）锚杆极限抗拔力计算拟合公式

借鉴计算极限抗拔力在设计时经常被采纳的公式

$$P_{cr} = \pi dl[\tau] \tag{6.27}$$

式中，P_{cr} 为锚杆极限抗拔力；d 为锚筋直径；l 为锚筋埋设深度；$[\tau]$ 为锚筋与灌浆材料胶结面抗剪强度，当前取平均黏结强度 15.4MPa。采用如下线性关系拟合极限抗拔力与试样之间的关系

$$P_{cr} = a\pi dl[\tau] + b \tag{6.28}$$

式中，$\pi dl[\tau]$ 为拟合因变量；a，b 为拟合系数，分别为拟合直线的斜率和截断距离。

图 6.48 把所有的计算数据通过式（6.28）拟合，得到锚杆极限抗拔力的计算公式如下

$$P_{cr} = 0.188\pi dl[\tau] + 190.4 \tag{6.29}$$

拟合曲线的相关系数为 98.4%，说明通过直线拟合数据点具有很高的相关性，式（6.29）可以作为锚杆极限抗拔力的计算公式。

6.5.3　锚固结构缺陷修复技术

西藏公路滑坡防治工程中的锚固结构因特殊的自然环境作用而存在着可靠性问题，制约着结构的使用安全和工作寿命。基于前述有关西藏公路滑坡锚固结构可靠性的调查分析与评价，在解析了锚固结构受损力学机理的前提下，提出西藏公路滑坡锚固结构缺陷的修复技术。

1. 锚头修复加固技术

西藏公路边坡崩塌滚石灾害频发。除造成人员伤亡外，也往往砸坏锚固结构的封锚，影响锚固结构的耐久性。基于此，可采用新型封锚设计，即通过开挖坡面，将封锚嵌入坡

体来避免滚石撞击，甚至避免坡面流水的侵蚀，增加结构的耐久性（图6.49）。

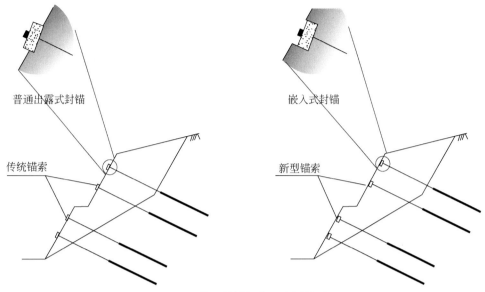

图6.49　普通封锚与嵌入式封锚对比

2. 预应力锚索框架维修加固技术

1）框架梁跨中缺损加固

框架梁跨中易出现截面抗弯能力不足和弯曲裂缝较大两种缺损病害。为此，可以加大跨中截面和增加纵向受力钢筋的方法来处理（图6.50）。

设计施工的要点：①将原有混凝土表层凿除，露出梁的箍筋和纵向受力钢筋。②将新增纵向受力钢筋两头与原有的纵向受力钢筋焊接，纵向受力钢筋可以紧靠原受拉钢筋，如果紧靠不能满足要求时，可在靠河侧重新布置一排。新增受拉钢筋和原有受力钢筋的间距要满足规范要求。③将新增箍筋和原有的箍筋焊接。④立模浇注混凝土。

2）框架梁节点缺损加固

框架梁节点处有可能出现的缺损病害，如截面靠山侧抗弯能力不足、截面靠山侧出现较大弯曲裂缝、截面出现斜向剪切裂缝。对这3种缺损病害都可以采用扩大节点的方法进行处理（图6.51）。

设计施工要点：①从节点附近的侧面，凿除混凝土，露出框架梁的纵向受力钢筋；②将新增加的斜向受力钢筋以45°夹角和框架梁的竖肋和横梁钢筋焊接；③在节点的水平方向和竖直方向新增设箍筋，分别和竖肋与横梁焊接。

3）框架梁凹陷加固

框架梁凹陷是由于框架梁下部的边坡岩土承载力较低，可采用注浆方法进行加固。加固的深度以超出软弱层的厚度为准。注浆孔的方向有"竖直方向"和"预应力锚索方向"两种方式（图6.52）。如果边坡表层较松散，整体性较差，可增加小孔注浆的措施：在节点和跨中深层注浆孔间以小孔注浆进行加密，注浆深度2～3m即可；也可以在梁上采用小孔注浆加固措施。

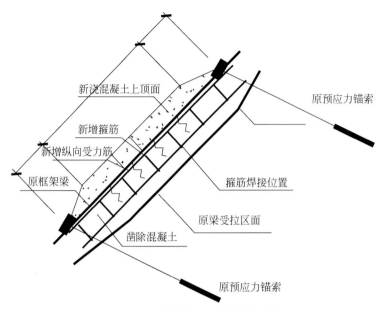

图 6.50　框架梁跨中缺损病害加固图

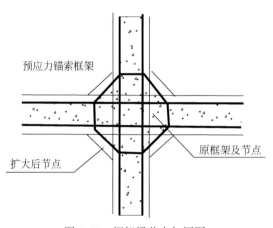

图 6.51　框架梁节点加固图

　　具体操作方法如下：①凿除框架横梁和竖肋混凝土，露出纵向受力钢筋和箍筋；②在钢筋间隙中钻孔至松散层以下；③插入 $\phi25\mathrm{mm}$ 钢管至孔底，钢管与岩土接触部分每隔 $15\mathrm{cm}$ 钻孔眼；④将孔口段用封孔材料封孔；⑤在钢管中进行压力注浆；⑥ 恢复凿除的混凝土。

　　4）框架悬空加固措施

　　根据底部悬空的原因、范围和发展趋势选用不同的方法进行加固。若框架底部的岩土仅仅是松动、框架底部脱落，可以采用注浆的方法进行加固（图6.52）；若已发生一定规模的坍塌，可采用砂袋或浆砌片石填补加锚索（杆）框架方法加固。

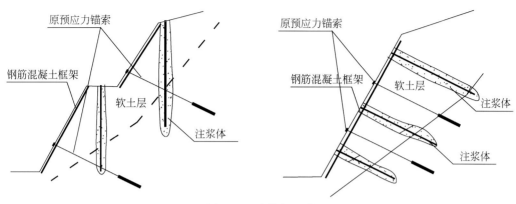

图 6.52　注浆加固图

3. 提高锚固结构抗滑力技术

锚索的预应力损失是边坡锚固结构失效的主要因素之一。锚索的预应力损失包括两部分：一部分是锚索张力锁定后，在较短时间内由于锚索体系的回弹变形、锚墩下基础变形等原因造成的预应力损失量；另一部分是预应力锚索在长期荷载作用下，由于灌浆材料的徐变、锚固段周围岩体蠕变以及钢绞线应力松弛等原因造成的预应力损失。

在计算确定了预应力损失量后，可以通过超张拉和补偿张拉给予弥补。锚索荷载补偿的原理是通过外力对已锁固的预应力锚索重新进行张拉锁定，补偿已损失的预应力，使之达到设计要求或最大可用值，以充分发挥预应力锚索的锚固作用。

对于荷载补偿后仍达不到结构安全需要的保障，则需要增加其他工程措施如补增预应力锚索进行补强加固，以保证结构安全。本方法也适用于设计预应力不足的状况（图6.53）。

补增的预应力锚索需满足以下要求：①锚固段应穿过变形体破裂面后一定的距离；② 和原有的预应力锚索要有一定的间距。如果最小间距满足不了《岩土锚杆（索）技术规程》的要求，要沿预应力锚索伸入方向与原预应力锚索的锚固段错开。

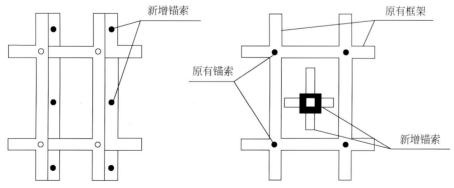

图 6.53　预应力锚索补强加固立面

增加的预应力锚索与新增加的竖肋连接，竖肋要紧靠原框架竖肋。在与横梁交叉处凿除横梁混凝土，新增竖肋的纵向钢筋穿过横梁。其内力计算和配筋按独立的连续梁或弹性地基梁法计算。竖肋厚度和原有框架梁的厚度一致。宽度按满足截面配筋的要求和地基承载力的要求确定。预应力锚索补强加固也可采用在原有框架中间设置"十"字梁或锚墩的方法设计。

6.6　小　　结

本章以三峡库区和川藏铁路工程扰动区滑坡防治技术为例，探索了常用成熟防治技术的适宜性、优化设计和病害修复问题，初步取得以下成果。

针对三峡库区滑坡，较为系统地分析了各类已有成熟的滑坡防治技术的适宜性及优缺点。考虑"滑坡基本要素、治理设计、施工组织、稳定状况、治理效益"5 种基本要素，建立了滑坡防治效果评价指标体系。基于综合模糊层次理论原理，将防治效果分为"优秀、良好、一般、差"4 级。通过对奉节县城刘家包滑坡防治效果评价与实际情况对比，表明该评估方法适用性接好，能够准确的评判防治效果。

在众多滑坡防治技术中，重点选取应用最为普遍的抗滑桩支挡技术，开展了基于离散元原理的桩土耦合作用机理数值模拟，结果显示方形桩在同等条件下的土拱承载能力优于圆形桩，且其最优桩间距约在 4.6 倍桩径。初步揭示了砂性土和黏性土的土拱效应的形成演化过程。模拟分析了生基包滑坡抗滑桩工程土拱效应与抗滑效果，为实际支护设计提供了参考。基于三维有限差分和强度折减分析方法，模拟分析了单排自由桩头的抗滑桩加固的边坡稳定性，且重点剖析了单排桩加固边坡的桩位、嵌岩比、桩间距、体黏聚力和摩擦角等因素对滑坡稳定性的影响机制。

针对川藏公路 102 道班滑坡，提出了"上线绕避、过河绕行、原线改建、沿江架设顺河桥、隧道穿越"5 种具体的综合整治方案，通过对各方案优缺点、经济和技术可行性等方面的综合比选，确定隧道工程为最优方案。剖析了隧道进口和出口段的工程地质与地质灾害问题，提出了具体的支护措施建议，为下一步隧道施工提供了支撑和依据。

锚固结构作为川藏公路滑坡防治工程中最具代表性的技术之一，通过分析总结了此类工程存在"锚头封锚破坏、框架梁悬空破坏、坡体变形致锚索失效"三类主要问题，指出了其主要影响因素。通过理论分析和有限元模拟方法，初步揭示了锚固结构的荷载传递机理和锚杆的极限抗拔力和变形破坏模式，结果显示：极限抗拔力与钻孔直径和埋设深度呈正比，平均黏着强度与钻孔直径和埋设深度呈反比。基于上述，通过"锚头、锚索框架和锚固力恢复"等修复技术，初步探讨了锚固结构的缺陷修复和技术改良技术。

通过上述工程滑坡防治技术优化和设计改良，进一步丰富和深化了工程滑坡综合防治技术研究工作。

第七章　重大工程滑坡防治技术示范基地建设

7.1　概　　述

本项研究围绕国内典型重大工程区及西部黄土城镇建设区，开展了重大工程滑坡综合防治技术研究，首先建立了工程滑坡空间数据库建设，揭示了不同类型滑坡的形成机理与演化过程，有针对性地探索了工程滑坡综合防治理论与技术方法。同时，为了满足滑坡灾害抢险的需求，在工程滑坡快速防治关键技术研究方面也取得了较好地进展。此外，还对成熟防治技术和防治设计缺陷分别进行了技术优化和设计改良；总之，在重大工程扰动区滑坡综合防治研究方面，确定了较为丰富的进展和成果，为了进一步将研究成果进行推广应用，更好地服务于国家层面的重大工程滑坡防治工作，特地选取工作和研究基础较好的三峡库区和宝鸡城镇区，建设成为工程滑坡综合防治技术研究和应用示范基地。

7.2　三峡库区奉节县城滑坡综合防治技术集成与研究示范基地

建设典型特大滑坡灾害防治技术示范基地（后简称"示范基地"），一方面作为科普教育基地向社会大众普及特大滑坡灾害综合防治科学思想，同时又是向业内人士传播防治技术集成与优化的展示平台；另一方面，以示范基地为基础，建设特大滑坡灾害监测预警平台和滑坡防治工程新技术新方法的成果转化平台，既保障特大滑坡灾害防治工程的安全有效，又更好的促进了特大滑坡灾害防治技术的发展。

示范基地依托中国地质科学院探矿工艺研究所三峡库区地质灾害监测站建立，根据示范基地建立的基本条件和任务目标，基地建设围绕"滑坡防治技术科普示范"、"滑坡防治技术示范路线建立"和"完善已有监测预警平台"三大内容进行，还可具体细分为8个子项实体内容（图7.1）。

7.2.1　防治技术科普示范与考察路线

1. 滑坡防治技术科普示范

公益性科普的宣传与示范须明确面向公众普及科学技术知识、倡导科学方法、传播科学思想的目的，需要秉承"简明易懂"、"重点突出"、"吸引观众"、"发人深省"的设计理念，以达到科普推广的效果。结合本项目研究成果，突出特大滑坡定义与识别、防治技术集成与优化、防治新技术新方法推广3个研究重点，完成了宣传展板和科普手册的制作（图7.2）。

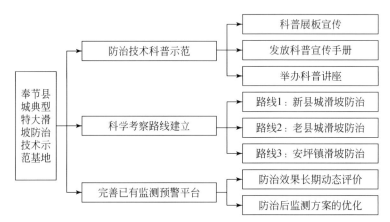

图 7.1　三峡库区奉节县城示范基地的建设框图

从 2013 年 5 月起，示范基地先后在两次汛期 2013 年 7 月和 2014 年 9 月采用平面展板、发放宣传资料和科普讲解、参观体验示范基地等多种形式，在奉节县城开展科普宣传活动（永安中学、三台小学等），发放宣传手册 420 份（图 7.2），起到了积极的宣传效果。

(a) 展板悬挂合景照

(b) 宣传展板局部照

(c) 科普宣传手册封面

(d) 科普宣传上街头、进社区

图 7.2　示范基地科普宣传材料及方式示意图

2. 特大滑坡灾害防治技术科学考察路线

库区奉节段内特大滑坡绝大多数为堆积层滑坡，堆积层滑坡物质组成及结构多为块碎石混合土，粗粒物质混杂排列，骨架间充填粉质黏土、角砾，与块石胶结不紧密，表层土体堆积松散–稍密。特大滑坡形成机制主要包含两类：老滑坡（局部）解体复活、斜坡坡脚卸荷改造（工程切坡、库岸塌岸）。变形发展的重要因素为库水位波动（动水压力型>静水浮托型）和强降雨，变形破坏多集中于 5～8 月。研究区内人地矛盾突出，滑坡新生与老滑坡复活多数与人类生活和工程活动有密切的关系。此外，滑坡的破坏方式多以中–浅层顺层滑移（安坪、永乐镇内滑坡多为此类型）。

针对奉节县特大滑坡灾害的发育机制和特征，其防治工程也具有代表性：滑坡中地下水的影响往往具控制性因素，因此研究区特大滑坡几乎都有排水措施，受三峡水库蓄水影响，涉水滑坡都有护岸护坡防治工程。因地制宜，利用移民安置和城市建设，"削坡反压"技术在研究区内较多使用。奉节县城特大滑坡不仅具有代表性，而且具有自身的特色。特大滑坡分布集中，且交通便捷，有利于考察示范。通过实地调查，项目组按特大滑坡防治特点和地理位置拟定了 3 条防治技术示范路线，供特大滑坡防治技术的示范考察（图7.3）。

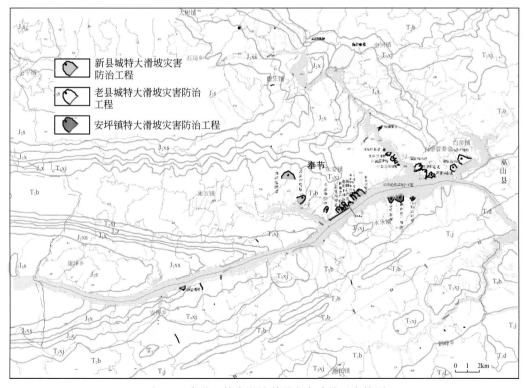

图 7.3　奉节县特大滑坡科学考察路线示意简图

考察路线 1：新县城特大滑坡灾害防治工程（10 处），考察主题为滑坡治理与新型城镇建设、土地合理利用之间的关系。考察案例包括：桂花井滑坡→大河沟口滑坡→张家屋场滑坡→丝绸厂滑坡→老房子滑坡→植物油厂滑坡→猴子石滑坡→刘家包滑坡→挖断村滑坡→周家包滑坡。

考察路线2：老县城特大滑坡灾害防治工程（14处），考察主题为水库蓄水、公路建设等对滑坡的影响及相应的治理工程。考察案例包括：马道子滑坡→孙家湾滑坡→陈家包滑坡→宝塔坪滑坡→陈家沟滑坡→卧龙岗滑坡→茶土坡滑坡→白衣庵滑坡→芝麻田滑坡→何家湾滑坡→水田坝滑坡→寂静滑坡→大坪滑坡→樊家村滑坡。

考察路线3：安坪镇特大滑坡灾害防治工程（9处），考察主题为特大型滑坡治理与监测工程。考察案例包括黄莲树滑坡→新房子滑坡→藕塘滑坡→何家屋场滑坡→杏花村滑坡→黄瓜坪滑坡→永乐滑坡→铁合金厂滑坡→向家淌滑坡。

7.2.2　滑坡监测预警平台建设

中国地质科学院探矿工艺研究所奉节监测站正坚守驻地，进行加密监测和群测群防指导，完善已有监测体系；并紧张修复和新建监测点，编写应急监测设计，为保障一方平安发挥地质灾害防治的技术支撑作用。特别是工艺所于2012年5月底到6月初监测到滑坡地表位移、降雨量等参数的异常突增，紧急现场踏勘，并成功准确预报三峡库区奉节县曾家棚和黄莲树滑坡险情（图7.4、图7.5），确保了当地群众及时撤离险情，实现成功避险，得到当地各级政府和三峡库区地质灾害防治工作指挥部的充分肯定。

通过示范基地建设，完善既有监测预警平台主要开展了两项工作：一是，针对已治理特大型滑坡构建动态长期的滑坡稳定性评价平台，增加位移监测对防治效果的跟踪评价，为滑坡防治技术集成与优化提供数据支撑；二是，反馈优化已有滑坡监测技术，完善已有监测网络平台（图7.6），尤其是针对已治理滑坡的效果分析，反馈优化现有监测网络的设计和布置。

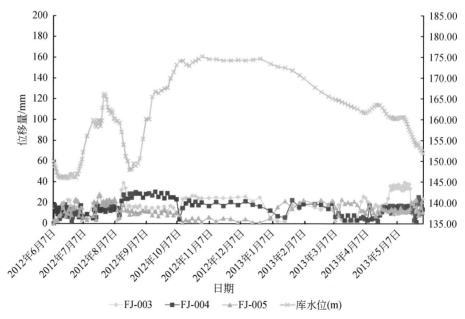

图7.4　黄莲树滑坡GPS监测点位移矢量时间曲线图

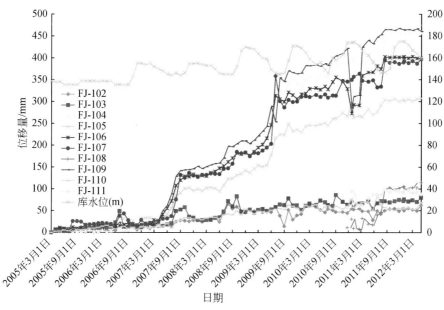

图 7.5　曾家棚滑坡解体前期 GPS 监测点位移矢量时间曲线图

图 7.6　奉节县城地质灾害信息管理系统

7.3　宝鸡市黄土城镇滑坡综合防治技术研究示范基地

7.3.1　滑坡专业监测体系建设

建立了由全自动雨量计、测量机器人、高精度 GPS、孔隙水压力计和应力应变计、钻孔倾斜仪、核磁共振测深仪、三维激光扫描仪、北斗卫星通信系统等组成的地质灾害专业监测体系，实现了监测数据的自动采集、无线远程传输和及时入库。建立了 7 个滑坡监测站、10 个降雨自动观测站（表 7.1）和 1 个地质灾害野外科学观测研究基地（图 7.7、图 7.8）。

表 7.1 宝鸡市主要滑坡监测站简表

监测站	位置	滑坡简要特征及监测意义	监测设备与内容	监测结果
李家下滑坡	陇县河北乡李家下村	大型基岩老滑坡，体积约 $1500×10^4 m^3$，现今局部变形明显，威胁 41 户居民	应力应变计、雨量计、全站仪；降雨、地表位移	2009 年至今，位移 9～29mm
簸箕庄滑坡	陈仓区桥镇簸箕庄村	大型黄土滑坡，体积约 $2502.5×10^4 m^3$，中部有一所小学和十几户居民	全站仪监测地表位移	2009 年至今，位移 8～48mm
簸箕山滑坡	金台区北坡黄土塬边	大型黄土滑坡体，积约 $2100×10^4 m^3$，现今局部活动，威胁市区繁华地段。	钻孔倾斜仪、孔压计、雨量计；降雨、深部位移、孔压	2012 年监测 12.7～16.5mm
金顶寺滑坡	金台区渭河北岸	多级旋转老黄土滑坡，体积约 $1300×10^4 m^3$，现局部活动，威胁市区繁华地段	应力应变计、GPS 监测地应力、地表位移	
夏牙合滑坡	渭滨区神农镇夏牙河村	黄土、黏土砂砾石混层滑坡，体积 $480×10^4 m^3$，多次滑动，威胁该村共 57 户	全站仪、GPS 监测地表位移	2009 年至今，位移 101～815mm
蔡家坡滑坡	岐山县蔡家坡镇塬边	大型滑坡堆积土滑坡，现今变形和局部滑动明显，威胁蔡家坡镇几百人安全	雨量计、全站仪监测降雨、地表位移	刚开始监测
荔家山滑坡	金台区荔家山村	2011 年发生浅层黄土状土与坡积物滑坡，威胁 50 多人	雨量计、全站仪监测降雨、地表位移	刚开始监测

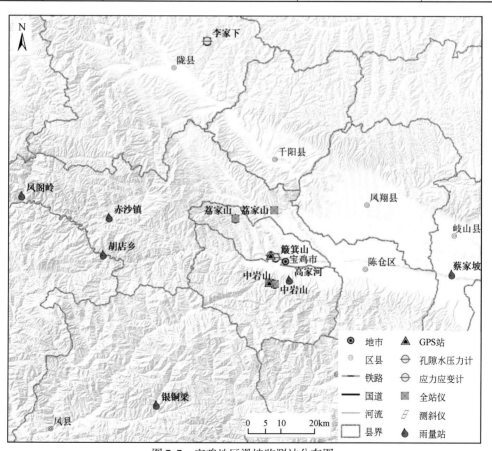

图 7.7 宝鸡地区滑坡监测站分布图

图 7.8　地质灾害宝鸡野外科学观测研究基地全貌

　　监测设备包括：全自动雨量计、测量机器人、高精度 GPS、孔隙水压力计和应力应变计、钻孔倾斜仪、核磁共振测深仪、三维激光扫描仪、北斗卫星通信系统等（图 7.9）。

(a) 全站仪(徕卡TCA2003)

(b) GPS(Trimble 5800)

(c) 三维激光扫描仪

(d) 核磁共振测深仪(用于滑坡地下水监测)

(e) 雨量计

(f) 北斗卫星通信系统

图 7.9　宝鸡示范区地质灾害系列监测设备

逐步建立了由全自动雨量计、测量机器人、钻孔倾斜仪、孔隙水压力计和应力应变计等组成的滑坡监测系统。逐步建立完善了了李家下滑坡、簸箕庄滑坡、荔家山滑坡、金顶寺滑坡、簸箕山滑坡、中岩山滑坡和夏牙合滑坡7个滑坡监测台站。

1）李家下滑坡监测

李家下滑坡位于陕西省陇县县城东北方向，距离县城大约11km（东经106°56′35″，北纬34°57′45″）。地貌上处于黄土梁地区，大地构造位置处于六盘山构造带千河断陷盆地北缘。李家下滑坡位于河北乡银子河的西岸，基本位于银子河北北东向背斜的西翼，剪出口位于该背斜的核部附近。该滑坡南北宽约1200m，东西长约400~450m，厚约25~60m，主滑方向120°，属于中深层、复合型、特大型滑坡。滑坡体由晚白垩世砾岩、砂岩、粉砂岩、泥质岩，砂砾石层、粉土以及中晚更新世黄土组成。目前，在滑坡体上有居民46户，房屋260间，潜在经济损失375.515万元，受威胁人口202人（图7.10）。

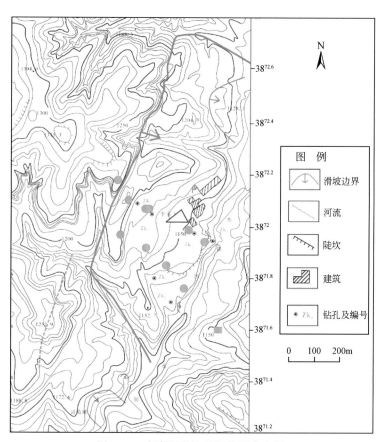

图7.10　李家下滑坡监测装置分布图

在滑坡体后缘和前缘及中部曾经发生多次崩滑，但是规模较小。2008年汶川地震时，在滑坡后缘及邻区形成了100多米长的地裂缝，滑坡体上的居民一度比较恐慌。为了探讨和评价该滑坡的稳定性，2008年4~6月，在该滑坡体上建立了由1个降雨量自动测量站、测量机器人、棱镜、测站、后视点和监测庄组成的监测系统。2009年7月、12月，2010年8月、12月，2011年9月，2012年9月对该滑坡进行了6次野外测量工作。4年来滑坡监测结果表明，滑坡中前部的变形大于后部的变形，滑坡中前部的位移速率在6mm/a以上，滑坡总体处于较稳定状态，中前部有发生小滑坡的可能。

2）簸箕庄滑坡监测

簸箕庄滑坡位于陈仓区桥镇簸箕庄，地处千河西侧一个近东西向展布的一级冲沟北岸，位于北部基岩山区与黄土台塬的过渡区。滑坡后缘地理坐标为：北纬107°7′46″，东经34°30′59″。目前，在主滑坡的中部有一所小学（约100人）和十几户居民（约100人）。

簸箕庄滑坡平面上呈簸箕状，上窄下宽，剖面上呈台阶状，上下薄，中间厚且突出，两侧稍低。在滑坡体的东西两侧，发育两条规模较大的冲沟，双沟同源现象较明显。该滑坡后缘高程950m，前缘高程750m，高程相差200m，滑坡体南北纵长820m，东西宽240~960m，厚约60~100m，面积约38.5×10⁴m²，体积约2502.5×10⁴m³，主滑方向170°，属特大型黄土+古土壤+新近系湖相沉积滑坡。老滑坡滑动面呈弧形，坡体表面上呈阶型，整体坡度约为30°（图7.11）。滑坡后缘为圈椅状，高达30m，倾角60°，2008年汶川大地震导致滑坡后壁两处崩塌的发生，但方量不大，大约20~30m³。同时，在滑坡体后部和中前部，形成两条地裂缝，长度均大于100m。4年来的监测结果表明，滑坡体中各监测点的位移速率较低，滑坡处于稳定状态。

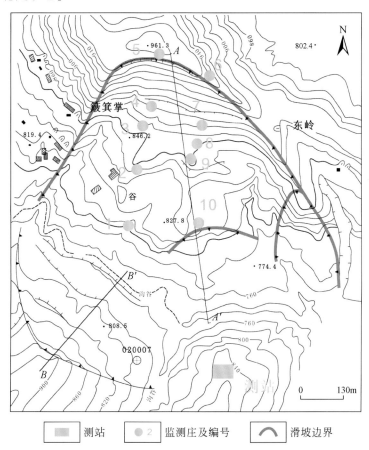

图7.11　簸箕庄滑坡监测装置分布图

3）夏牙合滑坡监测

夏呀河滑坡位于渭滨区神农镇夏家牙河村4、5、6组，分布于渭河南岸一级支流清姜河东侧夏呀河支沟右岸边坡上，属黄土梁峁区斜坡地带，距离宝鸡市大约6km。地理坐标为：东经107°07′11″，北纬34°18′51″。地貌为黄土塬基岩边坡，大地构造位置处于渭河盆地与秦岭山地过渡带。地表出露的岩性下部为花岗岩，上部为古近系、新近系黏土，中晚更新世黄土夹古土壤。威胁该村4、5、6组共57户、238人、146间房屋。

夏呀河滑坡分布于渭河的二级支流、清姜河一级支流夏呀河右岸边坡上，属黄土梁峁区斜坡地带。该处河流切割深度在80～120m，该处边坡低缓，平均坡度在20°～25°。由于人类活动频繁，在坡体上修建房屋、切坡建房、平整田地，形成坡体上多处陡坎，加之引水灌溉与饮用的渠道漏水，使局部坡体上土体呈饱和状态，并向坡体前缘渗流，同时在暴雨或连阴雨的影响下经常导致坡体上多处出现滑塌和裂缝（图7.12）。

夏呀河滑坡坡体表面在钻孔剖面线以南多以农田为主，北部以房屋建筑及树林为主。坡体在平面上呈现马鞍形，宽度约550m，长度约290m，最大滑坡体厚度平均约30m，体积达$4.8×10^6m^3$，属于大型的黄土-黏土砂砾石混层滑坡。沿着钻孔剖面呈上缓下陡的阶梯状，相对高度约90m，平均坡度20°，主滑动方向约322°。滑坡体表层多处有浅层滑体滑动、滑塌，而钻探揭示钻孔深度内有多个滑动面及滑动痕迹，表明滑坡为多期活动形成。

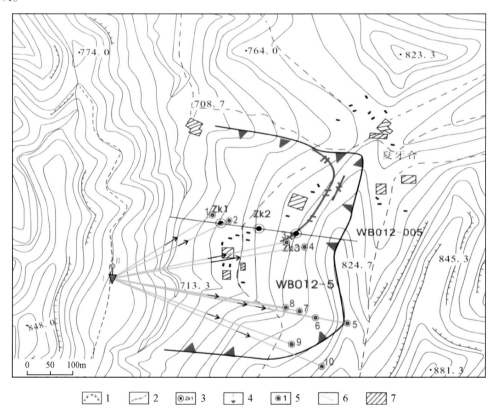

图7.12 夏牙合滑坡平面图

1. 滑坡边界；2. 地裂缝；3. 钻孔；4. 测站；5. 监测桩及其编号；6. 测线；7. 居民点

4 年来的监测结果表明，该滑坡 2009 年下半年总体变形较强，滑坡体内的 8 个监测点除两个有异常之外，其余 6 个点变形均较强，有 5 点位移量均在厘米级，沿主滑方向的最大位移量达到 46.63mm。而位于滑坡以东山脊上的 5 号监测点位移量较小，与野外的调查结果相一致。此外，滑坡南部东西向冲沟附近位移量较大，未来有发生滑动的可能，威胁其下游两户居民的安全，应加密监测和加强群测群防。此外，野外调查结构表明，该滑坡北部也有可能发生滑坡的可能。滑坡其余部分变形相对较弱。

4）金顶寺滑坡监测

金顶寺滑坡位于宝鸡市金台区渭河北岸，属于古滑坡，滑坡坡体中部是高家堡村，前缘是宝鸡市区及陇海、宝成铁路线，滑坡体目前基本稳定，古滑坡的原始地形经过多期不同程度的自然或人类改造，现有多处开裂变形迹象，经分析属于浅层的局部变形（图7.13）。

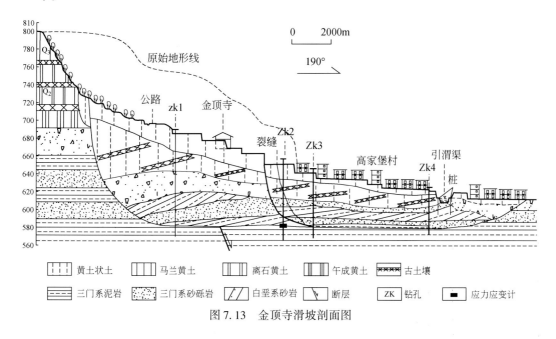

图 7.13 金顶寺滑坡剖面图

金顶寺滑坡呈近南北向，后缘位于 4 级阶地前部，前缘可达渭河北岸高漫滩，滑坡南北长 520m，宽 350m，最大厚度 109m，平均厚度约 70m，总体积约 $1300×10^4 m^3$。滑坡经后期剥蚀和人类活动改造，滑坡后壁的圈椅状轮廓尚基本清楚，后壁面最大高度可达80m，坡度 65°~70°，滑体坡面较为平缓，坡度 20°，呈多个陡坎，高一般 10~20m，滑体中后部公路及陡坎边缘发育多条与滑坡后壁平行的张裂缝，长 20~30m。滑坡的西侧紧邻高升堡古滑坡，东侧为宝鸡中学滑坡。

位于滑带上的应力应变计两年来的监测结果表明（图7.14），该滑坡目前处于较稳定状态。但是，由于近年来，金顶寺内大兴土木等原因导致金顶寺所在的斜坡有向东南方向位移变形的趋势，从而对金顶寺滑坡产生侧向挤压。从地应力计数时程曲线上可以看出，应力应变计附近土体的变形过程可以分为 4 个阶段，2011 年 1 月初至 2011 年 10 月底为调整期，可能与钻孔周围岩土体应力调整（钻孔缩径）有关；2011 年 10 月底至 2012 年 9 月上旬为变形分异阶段，虽然 3 个方向的应力仍然呈不断上升的趋势，但是，140°和 200°方向应力增加的幅度远远大于 260°方向，显示滑坡活动有增强的趋势，这可能与 2011 年 9 月长期连阴雨导致地下水水位上升有关；2012 年 9 月上旬至 2013 年 2 月中旬，140°和 200°方向应力增加的幅度趋缓，260°方向地应力趋于松弛，显示滑坡活动变缓；2013 年 2 月中旬以后，140°和 200°方向应力增加的幅度增大。

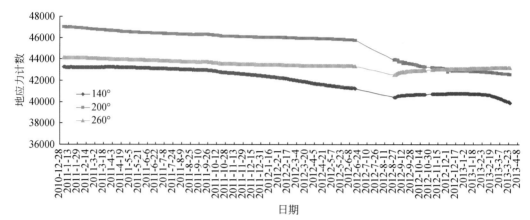

图 7.14　金顶寺滑坡地应力计数时程曲线

5）簸箕山滑坡监测

簸箕山滑坡位于宝鸡市金台区北部黄土塬边、渭河五级阶地前缘，与市区繁华的中山路相接。滑坡范围西起新维巷，东至胜利木柄厂；北起醉汉林，南到陇海铁路，东西宽约600m，南北长约 700m，呈近半圆状，滑体平均厚度 50m，平面面积 $42 \times 10^4 m^2$，体积约 $2100 \times 10^4 m^3$。滑坡区在高程 795m 以上为渭河四级阶地塬面，地势开阔，较平坦；在 710m 至 795m 为滑坡堆积体以上的陡坡段，平均坡度约 35°，局部缓者约 30°，陡者约 40°，为老滑坡的后缘，由老滑坡后壁经长期外力地质作用改造而成，现已成为公园绿化区。该段以下为滑坡堆积体，从 610m 至 710m 为缓坡段，是簸箕山公园绿化休闲区；该段上部坡度 15°~20°，下段 5°~13°，局部仍有陡坎、陡崖分布。宝鸡峡引渭灌渠高程在 610m 左右，位于滑坡体的中前部、二级阶地之上。在宝鸡峡引渭灌渠以南至陇海铁路，坡度平缓，在 3°~5°左右，是老滑坡体的前部，被一级阶地所覆盖（图 7.15）。

滑坡区水文地质特征：高阶地含水区分布于黄土塬区下部 4 级阶地砂砾石层中，埋藏深度在 90m 以上，在滑坡东部八角寺、财贸干校附近可见到泉水出露，流量稳定。主要受大气降水深入及北部陵原远处地下水补给，向老滑坡体含水区及低阶地砾石层中。老滑坡体含水区是宝鸡市北坡主要含水区。含水层为扰动的砂砾石层及黄土状土，地下水埋深在15~33m，地下水位高程 611.21~652.06m，水位年幅度在两米以内。含水层流向南偏西18°~25°，水力坡度 9°~14°，受大气降水及高阶地地下水补给。由于滑坡区为公园绿化区，绿化灌溉水下渗，地下水较丰富。除少部分在宝鸡峡引渭灌渠北坡渗出外，大部分蓄于滑坡体中。根据前人资料，宝鸡市金陵河以西渭河北岸含水层渗透系数 $k = 3.25 \sim 13.04 m/d$。4 级阶地砂砾石层渗透系数较大，滑坡体砂砾石层次之，新近系砂砾石层较小。

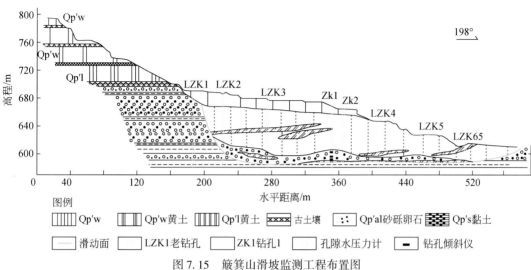

图7.15　簸箕山滑坡监测工程布置图

滑坡体变形特征：根据前人资料，自1981年8月以来，簸箕山老滑坡体中前部出现裂缝，并不断扩展，至1984年发展至13条，较大的有3条：一条分布于古城墙南侧，距陡坎前缘9~18m不等，裂缝近东西向，宽30cm；第二条位于古城墙北侧，长约200m，宽5~7cm，走向北西；第三条位于胜利木柄厂以北70m，近东西向，地表可见长度大于40m，宽1~2cm。在20世纪90年代，这些裂缝所产生的墙体开裂、民房破坏等迹象仍可见到。

根据2012年簸箕庄滑坡孔隙水压力时程曲线（图7.16），2012年1月中旬至2012年5月底，孔隙水压力较低，有波动；2012年5月底至2012年10月上旬孔隙水压力较大，2012年10月中旬至年底，孔隙水压力又降低。由此可见，滑坡体中的地下水主要来源于大气降雨，即该滑坡的稳定性主要受控于持续强降雨的影响。

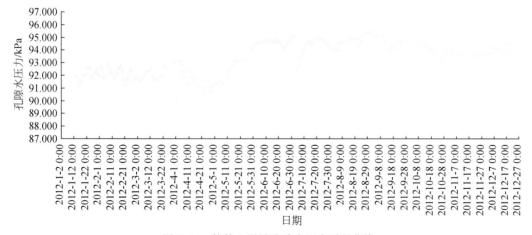

图7.16　簸箕山滑坡孔隙水压力时程曲线

7.3.2　滑坡监测预警与风险评估系统研发

为了补充区域重大滑坡点状专业监测数量较少的局限性，将典型滑坡的监测及变形机理研究成果更好地推广到区域尺度上，同时提升宝鸡市地质灾害群测群防系统的信息化水平和风险管理的科技层次，遂开展了宝鸡市地质灾害监测预警与风险评估系统的研究和开发工作。截至目前，已初步完成了宝鸡地区地质灾害监测预警信息系统集成和专业级风险评估模型研发工作，以及服务器软件包及客户端的安装运行，将在应用中进行逐步调试和完善。

7.3.2.1　系统研发概述

"宝鸡市地质灾害监测预警与风险管理系统研发"旨在完成两个方面的主要工作：即宝鸡地区地质灾害监测预警信息系统集成和专业级风险评估模型研发。具体的工作目标与主要任务如下。

1. 宝鸡地区地质灾害监测预警信息系统集成

系统基于国土资源部《县（市）地质灾害调查与区划基本要求及实施细则》和中国地质调查局《滑坡崩塌泥石流灾害调查规范（中国地质调查局地质调查技术标准 DD2008-02)》进行开发研制，为斜坡、滑坡、崩塌、泥石流、地面沉降、地面塌陷、地裂缝等地质灾害调查信息，群测群防信息（防灾预案表、工作明白卡、避灾明白卡）和动态监测信息提供一个一体化的管理平台。

系统基于 iTelluro 三维地理信息组件，在三维环境下实现了地质灾害、预警分析、群测群防、监测信息的一体化管理，基于插件式二次开发接口，可快速实现防治决策、预警预报、综合管理等定制业务。系统符合地质灾害防治业务流程，可满足地质灾害监测、预警工作对多源属性、空间信息的业务需求该系统基于 C/S 模式，运行于 Internet 互联网络环境。用户可以在统一的三维地理信息平台之上，进行统一的地质灾害信息采集管理（增删改）、浏览、查看，不同来源、不同类型的地质灾害监测数据浏览查询，地质灾害预警分析计算以及基础的三维地理信息系统基本功能，如图层管理、三维漫游、地名标注查询管理、二三维空间量算和分析等。

2. 专业级风险评估模型研发

利用 GIS 提供的地质环境条件空间数据和地质灾害空间数据库，并基于 AO（Arcgis Objects）环境，开发实现了地质灾害风险区划与制图，主要包括证据权模型和信息量模型（王涛等，2013）。为了完成上述目标任务，研发工作的主要内容可以细化为 4 个方面：①地质灾害空间数据库管理；②监测预警设备与数据采集系统；③动态气象数据预警信息发布；④专业级地质灾害风险评估模型。

7.3.2.2　系统设计与开发

1. 开发平台与关键技术

根据"宝鸡地区地质灾害监测预警信息系统"的项目建设目标和建设原则，在系统需

求分析基础上，系统选用三维地理信息系统平台 iTelluro（网图）进行客户端开发，选用
GDAL 开源数据平台作为地理信息读写、运算的支撑平台（表 7.2）。

表 7.2　系统平台和开发环境概述

开发平台	Microsoft. net 2. 0/3. 5，ASP. net
开发语言	C#
运行环境	Windows XP，Windows 2003 以上操作系统
GIS 平台	GDAL
三维 GIS 平台	iTelluro ｜ 网图
数据库	SQL Server 2008，Access，PostgreSQL

注：服务器数据库选用 SQL Server 2008，主要目的是为了后续版本开发升级提供空间数据存储能力；GDAL 主要用
于客户端矢量数据的加入和读取（iTelluro 功能扩展）；其他数据库为监测数据集成所需。

2. 运行环境

服务器运行环境：Windows Server 2003；. net 3. 5 环境；SQL Server 2008 R2 数据库。

客户端运行环境：①硬件需求：P3 1G 以上 CPU；512M 以上内存；支持 DirectX 9. 0c
以上的显卡；②软件需求：Windows XP sp2，Windows Server 2003，Vista，Windows 7 以上
操作系统；. net 2. 0 运行库支持；DirectX 9. 0c 运行时（托管 Dx 支持）。

3. 关键技术

（1）三维地理信息技术：通过三维地理信息技术，为系统提供统一的应用和数据集成
平台。选用三维地理信息系统平台 iTelluro（网图）进行客户端开发，iTelluro 是一款高
效、稳定的网络三维地理信息系统平台，它采用面向 Internet 的分布式计算技术和三维可
视化技术，支持跨区域、跨网络的复杂大型网络三维应用系统集成。iTelluro 为海量三维
空间数据的发布提供了可扩展的开发平台，开发者可以方便、灵活地实现网络空间数据的
共享和三维可视化。iTelluro 基于主流技术平台. NET 开发，产品开放性好、架构灵活、三
维功能和 GIS 功能强大、支持 TB 级海量、多源数据一体化管理和快速三维实时漫游功能，
支持三维空间查询、分析和运算，可与常规 GIS 软件集成，提供全球范围基础影像资料，
方便快速构建三维空间信息服务系统，亦可快速在二维 GIS 系统完成向三维的扩展。

（2）开源栅格空间数据读写接口（GDAL）：GDAL 是一个操作各种栅格地理数据格式
的库。包括读取、写入、转换、处理各种栅格数据格式（有些特定的格式对一些操作如写
入等不支持）。它使用了一个单一的抽象数据模型就支持了大多数的栅格数据，此外，这
个库还同时包括了操作矢量数据的另一个有名的库 ogr（ogr 这个库另外介绍），这样这个
库就同时具备了操作栅格和矢量数据的能力。系统在敏感性计算和预警分析中使用了
GDAL，通过应用 GDAL，避免了使用商业 GIS 软件，极大降低了总拥有成本，并且可以有
效减少系统服务器端和客户端的空间占用大小。

（3）基于服务的多源监测数据集成：系统包括了来自不同数据源的多源地质灾害监测
数据，为了在一个统一的平台上集成这些数据源，采用了基于服务的数据集成技术，通过
数据服务，可以为数据应用层提供一个统一的数据应用接口，从而统一应用层的数据调用
和应用接口，实现多源地质灾害监测数据的集成（图 7.17）。

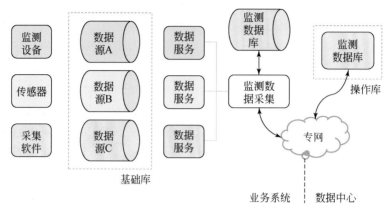

图 7.17　基于服务的数据集成模式示意图

7.3.2.3　系统结构与组成

1. 系统架构

"宝鸡地区地质灾害监测预警信息系统"采用 C/S 模式，总体划分为富客户端应用和服务器端两部分，整体架构设计如图 7.18 所示。

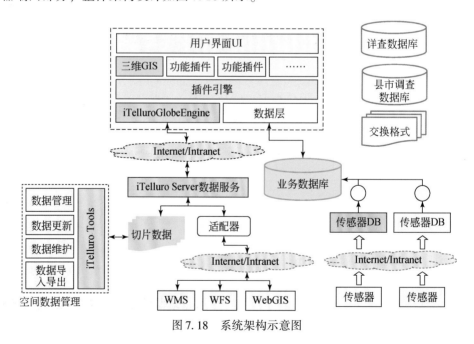

图 7.18　系统架构示意图

如上图所示，系统包括客户端、服务器端两个部分。

（1）三维浏览器（客户端）：客户端是一个基于三维浏览器（GeoBrowser）技术的富客户端应用，该部分基于 iTelluro GlobeEngine，应用 WinForm 技术构建，是一个轻量级、可以提供友好的用户交互体验的地理信息客户端系统。客户端本身不保存数据，所有数据由服务器端提供，客户端通过先进的空间索引技术和流技术，从服务器获取所需部分，以实现海量空间数据的支持。客户端可以选择是否保存缓存数据，保存了缓存数据的客户端可以在网络断开状态下查看缓存于本地的部分数据。系统客户端构建于功能组件和 iTelluro GlobeEngine 之上，提供基本的地图数据浏览、查询、量算等功能，在此基础上，可以对工作区内灾害点、监测点进行浏览查看、查询、管理等功能。客户端功能组件基于公司客户端插件引擎构建，各个功能模块开发为独立的插件，可独立开发，互不影响。

（2）服务器端：包括 3 个部分，①空间数据部分：基于 iTelluro Server，实现空间数据管理和服务；②业务数据库：地质灾害和监测数据业务数据库；③监测数据集成服务：地质灾害监测数据流水数据集成服务，即不同传感器获取的监测数据统一读取、聚合到业务数据库的后台服务程序（图 7.19）。

2. 系统结构与组成

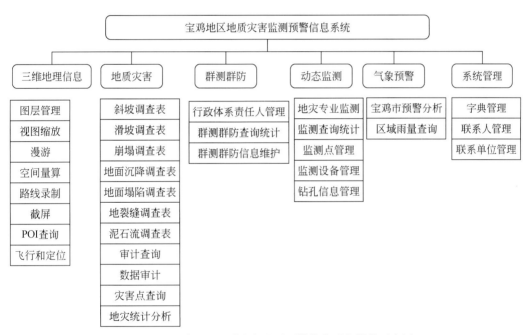

图 7.19 宝鸡地区地质灾害监测预警信息系统模块示意图

7.3.2.4 主要功能与特色

（1）主要功能："宝鸡地区地质灾害监测预警信息系统"的主要功能包括：三维地理信息系统基本功能、地质灾害、群测群防、动态监测、气象预警；

（2）优势和特色："宝鸡地区地质灾害监测预警信息系统"的优势和特色包括：①系统基于 iTelluro 三维地理信息组件，在三维地理环境下实现了地质灾害、群测群防、监测信息、气象数据的一体化管理，具有高效灵活的地质灾害信息整合、集成、处理、分析能力；②基于多尺度数字高程模型（DEM）和遥感影像，实现高精度（亚米）的三维地形、地貌仿真，为地质灾害决策、管理、研究提供可视化环境；③海量三维矢量数据解决方案：可以在三维地形之上，基于不同透明度叠加显示海量多层矢量专题数据（或者遥感影像等栅格数据），如基础地理、基础地质、环境地质、灾害地质、水文等专题地图，结合相关专业系统，实现专题图层的查询、分析和统计，为地质灾害决策管理提供专业保障；④基于插件式二次开发接口，可快速实现灾害防治决策、预警预报、综合管理等专业特色业务；⑤系统符合地质灾害防治业务流程，可满足地质灾害监测、预警工作对多源属性、空间信息的业务需求。

7.3.2.5　数据库建设

1. 地质灾害数据库建设

系统数据主要包括六类数据：①自然地理数据。主要包括行政区划、交通位置、地表水系、城镇村落基础设施以及 DEM 数据等，主要为一些基础数据，提供管理的背景条件。②地质灾害类数据。主要有地质灾害分布图、遥感解译图、易发区划图、危险区划图、防治规划图。③地质灾害专业监测数据。主要有分布图、站点信息和监测数据，如深部位移、含水量、降雨量、地表位移等监测数据以及裂缝伸缩仪和报警器的分布图、监测点信息（责任人、安装位置等），这部分数据作为管理者查询使用。④气象数据。主要是气象站点信息、预报站点信息和雨量流水数据。⑤群测群防数据。⑥综合文档和其他数据。包括示范站简介、项目成果报告、多媒体等。系统数据库选用 SQL Server。系统数据统一存储于 SQL Server。

数据库设计包括 3 个部分：①地灾及系统模块表结构；②动态监测表结构；③气象预警表结构。限于篇幅，这里不再赘述。

通过数据库建设，基于宝鸡详查数据库，利用系统提供的数据交换工具，将地质灾害数据进行了整理、导入，主要包括灾害点、群测群防点、雨量站点等数据的处理，并进行了三维集成显示。实现了宝鸡市 12 个区县 1∶5 万地质灾害详查灾数据的整理入库，共1555 个灾害点、2880 个多媒体文件（照片、平面图、素描图、剖面图）以及宝鸡市 12 个区县 180 个雨量站点数据处理（图 7.20）。

图 7.20　宝鸡市灾害点分布图及灾点多媒体

2. 空间数据建设

空间数据是 GIS 平台的重要部分。整个 GIS 都是围绕空间数据的采集、加工、存储、分析和表现展开的。而原始空间数据本身通常在数据结构、数据组织、数据表达上和用户自己的信息系统不一致，就需要对原始数据进行转换与处理，如投影变换、不同数据格式之间的相互转换以及数据的裁切、拼接等处理。以上所述的各种数据转换与处理均可以利用 ArcToolbox 中的工具实现。

利用上述数据处理方法，主要包括基础影像、矢量地形图、GIS 专题图等数据的处理，并进行了三维集成显示。完成了宝鸡市 12 个区县 5m 分辨率 SPOT5 影像和宝鸡市北坡 0.5m 分辨航拍影像的处理；宝鸡市矢量地形图数据处理，包括区县界、水系、交通、居民地；地形阴影、地震动峰值加速度、历史地震震中三类 GIS 专题图的处理（图 7.21、图 7.22）。

图 7.21　宝鸡市北坡 5m 分辨率地形阴影（黑白）

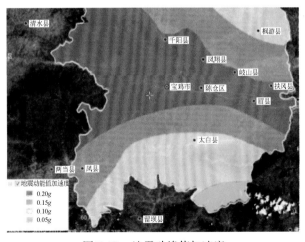

图 7.22　地震动峰值加速度

7.3.2.6　系统功能模块

1. 三维地理信息模块

三维地理信息模块是系统的核心模块，包括服务器端和客户端两部分，服务器端通过 iTelluro Server 向服务器端提供空间数据服务和分析、查询服务，客户端将服务器端通过 http 协议返回的空间数据展示给用户。三维地理信息模块可以展示系统内的空间数据（遥感影像和 DEM、行政区划、灾害数据、基础地理、预警计算结果等）（图 7.23）。其功能实现由基于"三维地理信息系统平台 iTelluro（网图）"开发平台实现，系统客户端和服务器端只提供所需的功能调用接口即可。

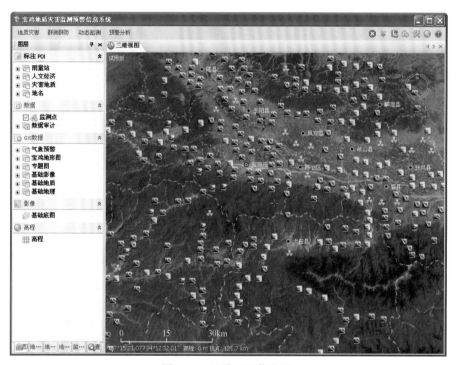

图 7.23　三维地理信息图

2. 地质灾害模块

地质灾害管理包括各类灾害信息的调查表、灾害信息查询和地灾统计分析。数据管理模块在实现数据一体化输入，管理的同时，需要充分考虑不同数据项的地质含义，使用单选、多选、地图操作、对话框等方式，输入所需的信息。不同的选项需要可以在数据字典中管理（图 7.24）。

地灾统计分析模块，主要基于 C/S 模式，运行于 Internet 互联网络环境。在统一的三维地理信息平台之上，对三峡库区各种类型的地质灾害数据，以地域方式来查询统计出各种灾害的分布情况、稳定及变形情况、灾害威胁情况、监测情况、治理情况等内容。

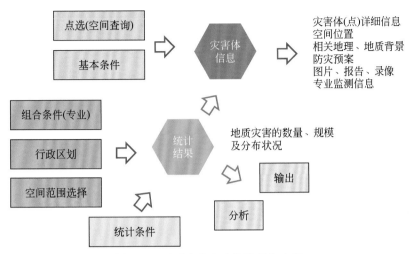

图7.24　地质灾害点查询流程和内容

3. 群测群防与动态监测

群测群防包括防灾预案卡、工作明白卡和避灾明白卡。其中，防灾预案卡中主要记录灾害基本情况、灾害的威胁情况、稳定情况、潜在危险和负责人详细信息等。工作明白卡中主要记录灾害基本情况、监测预报，应急避险撤离和本卡详细信息。避灾明白卡中主要记录基本情况、监测与预警，撤离与安置和本卡详细信息。动态监测包括地灾专业监测、监测查询统计、监测点管理、监测设备管理和钻孔信息管理。

4. 地质灾害气象预警

根据用户选择的预警日期和时间，预警分析因子，系统自动对需要的参数进行计算，插值生成雨量因子的栅格地图，然后进行预警计算，生成预警结果，显示于三维地图。

对于地质灾害这一极其复杂的过程，为了提高预警系统的实用性，采用简单的模型来模拟其发生的危险性。高的敏感性等级极高的诱发因素必然对应地质灾害发生的高可能性，而低的敏感性等级极低的诱发因素则必然对应地质灾害发生的低可能性。基于合理的考虑，我们采用了由"敏感因子"和"诱发因子"计算"危险因子"的算法。较高的地质灾害敏感性和较强烈的诱发因素一起能够造成高程度的地质灾害危险性，而较低的地质灾害敏感性或者较弱的地质灾害诱发因素均可控制较低程度的地质灾害危险性（图7.25）。预警分析的算法流程如图7.26所示。

5. 专业级风险评估模

基于 ArcGIS Objects 环境，利用 GIS 提供的地质环境条件空间数据和地质灾害空间数据库，开发实现了地质灾害风险区划与制图，主要包括证据权模型和信息量模型。

1）证据权模型

利用确定地质灾害发生的后验概率，来圈定研究区有利成灾部位的数学模型。其数学原理及计算中的关键是：前验概率→证据权重→后验概率。

（1）前验概率。即根据已知灾害点分布计算各证据因子单位区域内的成灾的概率。假

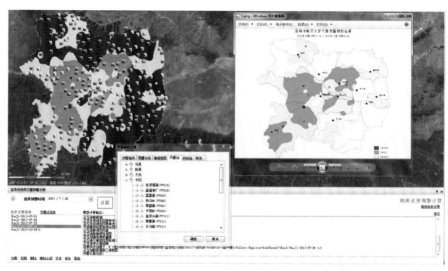

图 7.25　地质灾害预警分析界面

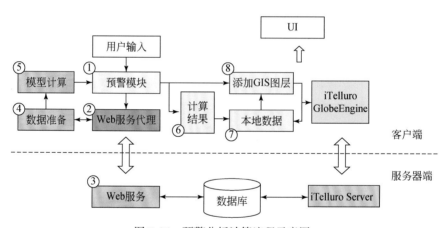

图 7.26　预警分析计算流程示意图

设每个灾害点所占的单元格面积为 u，研究区的面积（以单元格为单位）为 $A(T)/u=N(T)$，T 为研究区；$A(T)$ 为面积；$N(T)$ 为单元格数目。研究区内的灾害点数为 $N(D)$，则随机选取一个单元格中灾害点的概率为 $P(D)=N(D)/N(T)$，也被称为先验概率。

（2）证据权重。假设研究区被划分成面积相等的 T 个单元，其中有 D 个单元为有灾害点的单元。对于任意一个证据因子，其权重定义为

$$W^+=\ln\left[P(B/D)/P(B/D-)\right];\quad W^-=\ln\left[P(B-/D)/P(B-/D-)\right]$$

式中，W^+ 和 W^- 分别为证据因子存在区和不存在区的权重值，对于原始数据缺失区域的权重值为 0；B 为因子存在区的单元数；$B-$ 为因子不存在区的单元数。证据层与灾害点的相关程度为 $C=W^+-W^-$。

（3）后验概率。是在大量地质环境条件空间数据图层叠加操作的基础上计算出来的。因此，其结果综合反映了各种地质环境条件空间数据对灾害的控制和指示意义。

$$0_{后验} = \exp \left[\ln D1 - D + \sum n_i = 1 Wk_j \right]$$

式中，Wk_j 为第 j 个因子的权重。

该模型以贝叶斯条件概率为基础，通过一定的数学计算方法，确定与成灾发生作用关系密切的证据层的权重值，进而计算空间任一位置灾害点发育的概率值，来圈定不同级别的预测靶区。预测评价结果是一个成灾后验概率图，后验概率值的大小对应着成灾概率的大小，数值越大，表明发现灾害的概率越大。

2）信息量模型

信息量模型在地质灾害危险性评估过程中，可以较好的融合专家经验及影响因素与地质灾害相关性的客观信息，模型算法稳定性较好且内涵明确。以此进行定量评估，不仅可以反映各种成灾因素的相对敏感程度，还可反映特定影响因素中不同指标区间的致灾效应大小。信息量模型可以利用样本频率的形式描述不同因素指标区间对地质灾害形成的贡献大小，具体信息量 $I_{A_j \to B}$ 的表达式为：

$$I_{A_j \to B} = \ln \frac{P(B/A_j)}{P(B)} = \ln \frac{N_j/S_j}{N/S} \quad (j = 1, 2, \cdots, n)$$

式中，$I_{A_j \to B}$ 为成灾因素 A 中第 j 区间地质灾害 B 发生的信息量；N_j 为成灾因素 A 中第 j 区间的地质灾害面积值或灾点数；S_j 为成灾因素 A 中第 j 区间的分布面积；N 为区域地质灾害的总面积或总点数；S 为区域总面积。

需要说明，信息量 $I_{A_j \to B}$ 值通常有正负之分，"正值"表明该因素区间对地质灾害形成的贡献量大于区域本底值或平均水平，利于地质灾害发生；"负值"表明该因素区间不利于地质灾害发生；"0 值"表明该因素区间对地质灾害形成的贡献水平中等，与区域因素本底值相当。

7.4　小　　结

通过在三峡库区和宝鸡黄土城镇建设区的重大工程滑坡防治技术示范基地建设，主要取得了以下成果：

（1）三峡库区奉节县城滑坡综合防治技术集成与研究示范基地，逐步建成了库区滑坡灾害监测预警平台和滑坡防治新技术方法的成果转化平台，同时也具有面向公众的科普教育以及面向业内人士的防治技术集成与优化成果展示的综合性功能。重点在"滑坡防治技术科普示范、滑坡防治技术案例路线考察、滑坡监测预警平台"3 个方面取得了丰富成果。主要包括：

① 采用展板、发放资料、科普讲解和参观体验示范基地等形式，在奉节县城永安中学、三台小学等地开展科普宣传活动；

② 按特大滑坡防治特色和分布特征，设计了"新县城滑坡、老县城滑坡、安坪镇滑坡"等 3 条库区滑坡的工程防治技术示范考察路线；

③ 建立了重大滑坡监测预警平台，成功预报了三峡库区奉节县曾家棚和黄莲树滑坡险情，协助地方政府完成群众撤离避险，得到当地政府和三峡库区地质灾害防治工作指挥部的充分肯定。

（2）宝鸡市黄土城镇滑坡综合防治技术研究示范基地，逐步建成了融合"科普宣传、案例考察、监测预警、风险管理"四大主体功能的综合性示范基地，具体包括：

① 减灾防灾科普宣传与培训：利用展板、多媒体和不定期培训等方式向各县国土局、群测群防人员及非专业人员进行减灾防灾科普宣传和培训；

② 典型地质灾害案例科普考察：利用2~3条科普考察路线，针对专业人员短期考察典型黄土滑坡的形成机理、综合防治措施和监测预警技术等；

③ 宝鸡市地质灾害监测预警系统平台：与宝鸡市国土局、气象局共同建立群专结合的地质灾害监测预警平台，包括全市群专相结合的气象监测预警平台、北坡重点滑坡带专业监测预警体系和13个典型滑坡专业监测站；

④ 宝鸡市北坡滑坡带风险管理示范基地：在1∶1万滑坡风险评估基础上，在高风险地段逐步实施主动搬迁避让、分层护坡格挡、排水、植被护坡建城市绿化带（公园化）；经过5年来分步实施，取得很好的减灾防灾效果。

第八章 结 论

追踪国内外工程滑坡防治研究进展，选择典型黄土城镇工程扰动区、三峡库区和川藏公路重大工程滑坡为研究对象，利用理论研究与典型工程滑坡防治案例剖析相结合、具有业务优势的研究团队联合攻关与国际合作研究相结合、野外调查与高精度遥感和地理信息系统空间分析相结合、原位试验与室内分析测试相结合、物理模型实验与数值仿真分析相结合，在灾难性工程滑坡数据库建设、工程滑坡防治关键科技问题、典型易滑岩土体工程特性及工程滑坡形成机理研究、工程滑坡快速防治关键技术、工程滑坡防治技术集成优化与综合防治技术、主动减灾防灾技术、黄土城镇建设区滑坡风险评估技术指南及滑坡综合防治示范基地建设等方面取得新进展和重要成果，特别是初步提出了融合"有效预防、快速治理、主动减轻"三位一体的综合减灾思想，建立了重大工程扰动区特大滑坡灾害综合防治理论与技术体系，为创新工程滑坡防治技术思路、深化工程滑坡研究程度、提升国家层面的工程滑坡防治、应急和减灾管理水平提供了理论依据和科技支撑。

1）初步建立国内外重大工程滑坡防治案例空间数据库和共享信息平台，为进行工程滑坡防治技术的跨行业开放交流奠定基础

在综合分析国内外典型灾难性工程滑坡实例基础上，初步划分了"采矿工程滑坡、水利水电工程滑坡、线性基础设施工程滑坡、城镇建设复合型工程滑坡"四类基本工程滑坡型。初步比较分析了各类工程滑坡的发育特征和成灾机理，总结了工程滑坡灾害及成功处置案例中汲取经验与教训。初步建立了基于 ArcGIS 软件平台的国内外与工程滑坡有关的地质地理和滑坡案例空间数据库，一定程度上打破了不同行业的资料和成果共享的界限，为工程滑坡的公共研究提供了案例检索和共享交流的平台。

2）初步揭示黄土城镇区、三峡库区和青藏高原交通干线工程滑坡，在不同工程地质背景和诱发因素下的形成机理，深化了工程滑坡的研究程度，为基于机理的防治技术研究奠定基础。

分析了宝鸡城镇区"直线型和阶梯型"两类主要黄土边坡的防治现状，获取了粘黄土的土水特征曲线（SWCC）及增湿应力路径（UDL）条件的非饱和土力学特征曲线，结果显示基质吸力的降低是宝鸡黄土变形的必要条件，而胶结联结的破坏则是土体变形破坏的主要原因；通过高陡阶梯型路堑边坡和近直立高边坡的离心机试验研究，初步总结了"滑动–流动、卸荷–蠕滑–拉裂"等两种黄土边坡的主要破坏模式。同时，给出了黄土颗粒周边的不平衡表面张力造成土体垂直节理形成的一种非饱和土力学解释。从物质组成方面，进一步揭示了三趾马红土和三门系硬黏土以伊利石/蒙脱石混层矿物为主的特点，且具有中等–强膨胀性；硬黏土边坡在开挖和在干湿交替条件下形成小型剥皮和滑塌的失稳模式。从结构控制方面，分析了宝鸡塬边斜坡的"原生结构面、断裂结构面、次生结构面"三类结构面对塬边滑坡发育的制约作用。

初步揭示了黑方台滑坡群"灌溉型和冻融型"两种滑坡诱发机制，其中前者诱发机制

经历了"灌溉引起地下水位抬升，造成饱和带厚度增大和非饱和带增湿"→水–岩作用产生岩土强度"劣化弱化"效应→灌溉型滑坡的形成与启动；后者通过变温度及冻融循环条件下渗透系数试验，初步揭示了冻结滞水效应及促滑机理。

利用 PFC2D 数值仿真技术，模拟了三峡库区工程滑坡土石混合体应力–应变关系，结果显示随着含石率增加，土石混合体的剪切强度大大提高；当含石率低于 0.3 时，块石对土石混合体的力学性质影响不大，整体屈服破坏形式主要表现为土体的屈服破坏。

针对青藏高原交通干线区，分析了川藏公路 102 道班滑坡的地质环境条件和滑坡发育特征，从化学溶蚀作用、渗透应力和冰碛物强度弱化角度分析了水–岩相互作用；同时，分析了入渗和径流作用对坡体稳定的影响，综合揭示了水对滑坡的诱发机制。利用树轮年代学和多时相遥感解译方法，反演重建了滑坡的演化过程。

3）提出融合"有效预防、快速治理、主动减轻"三位一体的综合减灾思想，初步建立涉及黄土城镇和灌溉区、三峡库区和川藏公路等工程区滑坡综合防治理论与技术体系，为创新工程滑坡防治研究和改进灾害管理理念提供了参考。

初步提出将"有效预防、快速治理、主动减轻"技术融为一体的综合防治技术思路，作为指导工程扰动区特大滑坡综合防治技术研究的指导思想，包括：①综合工程滑坡机理、滑坡危险性评估和监测预警 3 个方面的工程滑坡有效预防技术研究；②综合快速勘查、应快速评估制图和快速加固三类技术的快速治理技术研究；③融合主动减灾理念、风险评估与控制及综合减灾技术 3 个方面的主动减轻风险技术研究。

综合分析了宝鸡城镇区黄土路堑边坡防治现状，指出主要存在"设计缺陷、防治不足和防治过度"三类问题，总结了黄土斜坡挡墙"泥流越顶、坐船随行和剪切破坏"3 种破坏模式，提出了失效工程的修缮建议。以飞凤山滑坡为例，初步提出了"削坡减载+坡脚抗滑挡墙+坡面格构梁加固+排水+绿化"结合监测的综合防治设计方案。

通过对黑方台滑坡群的地下水流模拟和稳定性分析，提出了基于节水灌溉的主动防控技术，确定年灌溉量 $350 \times 10^4 \text{m}^3$ 的灌溉量调控临界值。设置了快速入渗通道填埋和灌渠防渗处理等地表主动防渗的措施，试验了混合井疏排水、集水廊道疏排水、虹吸排水系统、软式透水管疏排水和辐射井疏排水等一系列地下水位被动控制措施。初步完成了综合削方减载工程、扶壁式挡墙、抗滑桩、明洞、地表截水渗沟和排水构筑物等措施的滑坡群综合防治体系设计。

综合集成了三峡库区已有滑坡防治技术，初步提出库区滑坡防治技术的决策支持体系，通过考虑滑坡类型、发展阶段、技术可行性、工程效益以及防治技术适应性，对不同防治技术进行排序，以便将更加合理、经济、有效的防治技术优先应用到滑坡防治中去。结合猫儿坪滑坡的防治工程，验证了防治技术决策支持体系结构和逻辑判别的合理性。

剖析了川藏公路沿线溜砂坡灾害的基本类型、发育特征及溜砂坡物理力学参数；通过室内和原位试验，获得了中坝段溜砂坡休止角约介于 35°～40°。逐步建立了集合"避让与清除溜砂锥、砂源区控制、固砂、拦砂和排砂"五类技术措施的溜砂坡综合防治技术体系。

4）初步建立了融合快速勘查和快速锚固两种技术的重大工程滑坡快速防治关键技术方法、设备产品和工艺流程，为滑坡灾害管理和应急响应提供了科技和装备支撑。

通过潜孔锤跟管钻具结构设计和钻进工艺技术优化研究，初步建立了适用于硬脆碎地层大直径（$\phi245mm$、$\phi273mm$）钻孔快速勘查成孔技术方法；并且优化了成套的施工工艺流程，现场试验表明：大直径空气潜孔锤跟管钻具和跟管钻进工艺技术作为跟管钻进研究的关键技术，其钻具结构可靠、动作灵活，整体能满足硬脆碎地层条件的使用要求。

为了达到对灾后不稳定斜坡体快速加固的目的，重点在"高强混凝土格构、型钢劲性骨架锚墩、非金属锚索、深层自适应锚固技术"4 项关键技术和产品设计方面取得了突破，包括预制。设计研发了：①适用于岩质地基的 100t 和 150t 预制高强预应力混凝土格构、适用于碎石土地基的 50t 预制格构；②适用于开挖面较小且具有环保优势的 50t 型钢劲性骨架锚墩；③选用特种无碱玻璃纤维作为基材研发的非金属锚索，可用于锚固力较小或施工条件复杂，或者需要超前支护后切割锚索的工程；④适用于滑体较完整且滑面较深滑坡的深层自适应锚固技术，三维数值模拟和现场试验结果显示此类锚索于具有安全、快速、经济、合理的优势。

选取四川省凤凰岩不稳定斜坡，开展了大直径空气潜孔锤跟管钻具、预制高强混凝土格构（50t）和型钢劲性骨架锚墩（50t）的工程适用性检验和示范，结果显示各项技术均达到了预期目标。

5）围绕三峡库区和川藏铁路工程扰动区，探索了已有成熟的滑坡防治技术适宜性、优化设计和病害修复技术，为重大工程滑坡防治的精细化设计、缺陷修复和技术改良提供了科技依据。

较为系统地分析了三峡库区滑坡各类成熟的滑坡防治技术的适宜性及优缺点。考虑"滑坡基本要素、治理设计、施工组织、稳定状况、治理效益"5 种基本要素，建立了滑坡防治效果评价指标体系。基于综合模糊层次理论原理，将防治效果分为"优秀、良好、一般、差"4 级。通过对奉节县城刘家包滑坡防治效果评价与实际情况对比，表明该评估方法适用性较好，能够准确的评判防治效果。

在众多滑坡防治技术中，重点选取应用最为普遍的抗滑桩支挡技术，开展了基于离散元原理的桩土耦合作用机理数值模拟，结果显示方形桩在同等条件下的土拱承载能力优于圆形桩，且其最优桩间距约为 4.6 倍桩径。基于三维有限差分和强度折减分析方法，模拟分析了单排自由桩头的抗滑桩加固的边坡稳定性，且重点剖析了单排桩加固边坡的桩位、嵌岩比、桩间距、体黏聚力和摩擦角等因素对滑坡稳定性的影响机制。

针对川藏公路 102 道班滑坡，提出了"上线绕避、过河绕行、原线改建、沿江架设顺河桥、隧道穿越"5 种具体的综合整治方案，通过对各方案优缺点、经济和技术可行性等方面的综合比选，确定隧道工程为最优方案。剖析了隧道进口和出口段的工程地质与地质灾害问题，提出了具体的支护措施建议，为下一步隧道施工提供了支撑和依据。

锚固结构作为川藏公路滑坡防治工程中最具代表性的技术之一，通过分析总结了此类工程存在"锚头封锚破坏、框架梁悬空破坏、坡体变形致锚索失效"三类主要问题，指出了其主要影响因素。通过理论分析和有限元模拟方法，初步揭示了锚固结构的荷载传递机理和锚杆的极限抗拔力和变形破坏模式，结果显示：极限抗拔力与钻孔直径和埋设深度呈正比，平均黏着强度与钻孔直径和埋设深度呈反比。基于上述，通过"锚头、锚索框架和锚固力恢复"等修复技术，初步探讨了锚固结构的缺陷修复和技术改良技术。通过上述工程滑坡防治技术优化和设计改良，进一步丰富和深化了工程滑坡综合防治技术研究工作。

6）研究编写完成《黄土城镇建设区滑坡风险评估技术指南》初稿，为引导黄土城镇化建设工程滑坡风险评估管理奠定基础。

针对黄土城镇建设区工程滑坡发育和危害特征，提出滑坡风险评估的目标导向性和空间导向性原则，重点提出：不同工程扰动、极端降雨和极端地震诱发条件下城镇周围工程边坡发生滑坡的危险性与风险评估制图方法和流程，为引导和推动黄土城镇化建设工程滑坡风险评估管理规范化奠定基础。

7）建立"三峡库区和宝鸡城镇区"两处重大工程滑坡防治技术研究和应用示范基地，进一步将工程滑坡综合防治技术研究成果推广应用、为具有相似背景的工程滑坡防治提供了经验和参考。

三峡库区奉节县城滑坡综合防治技术集成与研究示范基地，逐步建成了库区滑坡灾害监测预警平台和滑坡防治新技术方法的成果转化平台，同时也具有面向公众的科普教育、以及面向业内人士的防治技术集成与优化成果展示的综合性功能。重点在"滑坡防治技术科普示范、滑坡防治技术案例路线考察、滑坡监测预警平台"3个方面取得了丰富成果。

宝鸡市黄土城镇滑坡综合防治技术研究示范基地，逐步建成了融合"科普宣传、案例考察、监测预警、风险管理"四大主体功能的综合性示范基地，具体包括：①面向专业人士和社会公众的减灾防灾科普宣传与培训；②针对专业人员的典型地质灾害形成机理和防治案例科普考察；③与宝鸡市国土局和气象局共建了群专结合的宝鸡市地质灾害监测预警系统平台；④历时5年建立了基于1∶1万滑坡风险评估的宝鸡市北坡滑坡带风险管理示范基地，取得很好的减灾防灾效果。

参 考 文 献

澳新土地信息理事会 . 1996. 澳大利亚和新西兰的空间数据基础设施 . 测绘标准化, 16（46）: 24 ~ 37

陈洪凯, 唐红梅, 王蓉 . 2004. 三峡库区危岩稳定性计算方法及应用 . 岩石力学与工程学报 23（4）: 614 ~ 619

陈云, 董国榜, 曹家栋, 李铮华, 贾艳琨, 徐建明, 杨振京 . 1999. 渭河宝鸡段河谷地貌的构造气候响应 . 地质力学学报, 5（4）: 49 ~ 56

陈祖煜 . 1998. 岩质高边坡稳定分析方法与软件系统 . 水力发电,（03）: 50 ~ 53

陈祖煜 . 2002. 土力学经典问题的极限分析上、下限解 . 岩土工程学报,（01）: 1 ~ 11

陈祖煜, 汪小刚 . 1999. 水电建设中的高边坡工程 . 水力发电,（10）: 53 ~ 56

陈祖煜, 弥宏亮, 汪小刚 . 2001. 边坡稳定三维分析的极限平衡方法 . 岩土工程学报,（05）: 525 ~ 529

陈祖煜, 汪小刚, 邢义川, 韩连兵, 梁建辉, 邢建营 . 2005. 边坡稳定分析最大原理的理论分析和试验验证 . 岩土工程学报,（05）: 495 ~ 499

程秀娟, 张茂省, 朱立峰, 裴赢, 李政国, 胡炜 . 2013. 季节性冻融作用及其对斜坡土体强度的影响——以甘肃永靖黑方台地区为例 . 地质通报,（06）

戴福初, 李军 . 2000. 地理信息系统在滑坡灾害研究中的应用 . 地质科技情报, 19（1）: 91 ~ 96

戴汝为 . 2005. 数字城市——一类开放的复杂巨系统 . 中国工程科学, 7（8）: 18 ~ 21

董英, 贾俊, 张茂省, 孙萍萍, 朱立峰, 毕俊擘 . 2013a. 甘肃永靖黑方台地区灌溉诱发作用与黄土滑坡响应 . 地质通报,（06）

董英, 孙萍萍, 张茂省, 程秀娟, 毕俊擘 . 2013b. 诱发滑坡的地下水流系统响应历史与趋势——以甘肃黑方台灌区为例 . 地质通报,（06）

段恰红 . 2001. 加拿大地理空间数据基础设施框架数据定义 . 测绘标准化, 17（52）: 45 ~ 48

范立民, 岳明, 冉广庆 . 2004. 泾河南岸崩岸型滑坡的发育规律 . 中国煤田地质, 16（5）: 33 ~ 35

房江锋 . 2010. 黄土节理抗剪强度和渗透性试验研究及工程应用 . 西安建筑科技大学硕士研究生学位论文

冯希杰, 戴王强, 董星宏 . 2003. 从陕西省扶风县古水路堑剖面剖析渭河断裂第四纪活动 . 中国地震, 19（2）: 188 ~ 193

高小力 . 2000. 美国国家空间数据基础设施标准的制定概况 . 测绘标准化, 16（46）: 37 ~ 40

何明均, 黄上 . 2014. 三峡库区滑坡监测预警技术方法应用讨论 . 科技信息,（03）: 281, 282

何晓燕, 王兆印, 黄金池, 丁留谦 . 2005. 中国水库大坝失事统计与初步分析 . 见: 国家防汛抗旱总指挥部办公室, 中国水利学会减灾专业委员会编 . 中国水利学会 2005 学术年会论文集——水旱灾害风险管理 . 北京: 中国水利水电出版社

胡炜, 朱立峰, 张茂省, 裴赢, 毕俊擘, 马建全 . 2013. 灌溉引起的黄土工程地质性质变化 . 地质通报,（6）: 875 ~ 880

胡余道 . 1987. 铁西滑坡发生发展规律与整治工程实践 . 铁道标准设计通讯,（1）: 14 ~ 22

黄健, 巨能攀 . 2012. 滑坡治理工程效果评估方法研究 . 工程地质学报, 20（2）: 189 ~ 194

黄润秋 . 2005. 中国西南岩石高边坡的主要特征及其演化 . 地球科学进展,（03）: 292 ~ 297

黄润秋 . 2007. 20 世纪以来中国的大型滑坡及其发生机制 . 岩石力学与工程学报, 26（3）: 433 ~ 454

黄润秋, 向喜琼, 巨能攀 . 2004. 我国区域地质灾害评价的现状及问题 . 地质通报,（11）: 1078 ~ 1082

黄润秋, 许强等 . 2008. 中国典型灾难性滑坡 . 北京: 科学出版社

贾俊, 朱立峰, 胡炜 . 2013. 甘肃黑方台地区灌溉型黄土滑坡形成机理与运动学特征——以焦家崖头 13 号滑坡为例 . 地质通报,（12）: 1968 ~ 1975

蒋忠信 . 2012. 震后山地地质灾害治理工程设计概要 . 成都: 西南交通大学出版社

卡森 M A, 柯克拜 M J. 1984. 坡面形态与形成过程 . 北京: 科学出版社

李凤明，谭勇强. 2002. 采矿活动引发的滑坡及工程治理实践. 煤矿开采，7 (2)：1~6

李耀东，崔霞，戴汝为. 2004. 综合集成研讨厅的理论框架、设计与实现. 复杂系统与复杂性科学，1 (1)：27~32

李玉生，谭开鸥，王显华. 1994. 乌江鸡冠岭岩崩特征及成因. 中国地质，(7)：25~27

刘传正. 2010. 重庆武隆鸡尾山危岩体形成与崩塌成因分析. 工程地质学报，18 (3)：297~304

刘传正，黄学斌，黎力. 1995. 乌江鸡冠岭山崩堵江地质灾害及其防治对策. 水文地质工程地质，(4)：6~11

马永锋，生晓高. 2001. 大坝失事原因分析及对策探讨. 人民长江，32 (10)：53~56

美国公路局滑坡委员会. 1987. 滑坡的分析与防治. 北京：中国铁道出版社

孟晖，胡海涛. 1996. 我国主要人类工程活动引起的滑坡、崩塌和泥石流灾害. 工程地质学报，4 (4)：69~74

欧树军. 2012. 滑坡灾害：香港治理的历史经验. http：//www. guancha. cn/ou-shu-jun/2012_07_27_87329. shtml

钱宁，万兆惠. 1983. 泥沙运动力学. 北京：科学出版社

钱学森，于景元，戴汝为. 1990. 一个科学新领域——开放的复杂巨系统及其方法论. 自然杂志，13 (1)：3~10

强巴，钟建，张小刚. 2015. 西藏公路滑坡灾害治理工程的现状分析. 西藏科技，(07)：62~64

山田刚二，渡正亮，小桥澄治. 1980. 崩塌、滑坡及防治. 北京：科学出版社

石菊松，曲永新，李滨，吴树仁. 2013. 陕西宝鸡市新近系硬粘土工程地质特性与斜坡失稳效应. 地质通报，(12)：1911~1917

石玲，王涛，辛鹏. 2013. 陕西宝鸡市地质灾害基本类型和空间分布. 地质通报，(12)：1984~1992

舒斯特 R L，克利泽克 R J. 1987. 滑坡的分析与防治. 北京：中国铁道出版社

斯开普敦 A W. 1975. 沿硬粘土构造间断处的强度. 土工译丛，(2)：47~52

宋恩来. 2000. 国内几座大坝事故原因分析. 大坝与安全，(2)：41~44

孙广忠，姚宝魁，傅冰骏，许兵，廖国华，王兰生，周书举. 1988. 中国典型滑坡. 北京：科学出版社

孙萍萍，张茂省，董英，于国强，朱立峰. 2013. 甘肃永靖黑方台灌区潜水渗流场与斜坡稳定性耦合分析. 地质通报，(6)：887~892

孙仁先. 2008. 三峡库区滑坡防治工程技术体系分析与应用研究. 三峡大学硕士研究生学位论文

孙玉科，姚宝魁. 1983. 盐池河磷矿山体崩坍破坏机制的研究. 水文地质工程地质，(1)：1~7

唐辉明，许英姿，程新生. 2004. 滑坡治理工程中钢筋混凝土格构梁设计理论研究. 岩土力学，25 (11)：1683~1687

唐亚明，张茂省，薛强，毕俊擘. 2012. 滑坡监测预警国内外研究现状及评述. 地质论评，(03)：533~541

王恭先. 1998. 滑坡防治工程措施的国内外现状. 中国地质灾害与防治学报，9 (1)：1~9

王恭先. 2010. 滑坡学与滑坡防治技术文集. 北京：人民交通出版社

王恭先，王应先，马惠民. 2008. 滑坡防治100例. 北京：人民交通出版社

王恭先，徐峻龄，刘光代，李传珠. 2007. 滑坡学与滑坡防治技术. 北京：中国铁道出版社

王树丰，门玉明. 2010. 黄土滑坡微型桩破坏模式研究. 工程勘察，(10)：19~22

王思敬. 2011. 工程地质学的大成综合理论. 工程地质学报，19 (1)：1~5

王涛，吴树仁，石菊松，李滨，辛鹏. 2013a. 秦岭中部太白县地质灾害发育特征及危险性评估. 地质通报，(12)：1976~1983

王涛，吴树仁，石菊松，辛鹏，石玲. 2013b. 国内外典型工程滑坡灾害比较. 地质通报，(12)：1881~1899

王延贵. 2003. 冲积河流岸滩崩塌机理的理论分析及试验研究. 中国水利水电科学研究院博士研究生学位论文

王兆印，刘丹丹，施文婧. 2009. 汶川地震引发的颗粒侵蚀及其治理. 中国水土保持科学，7（6）：1~8

王治华. 2003. 青藏公路和铁路沿线的滑坡研究. 现代地质，17（4）：355~362

王治华. 2007. 三峡水库区城镇滑坡分布及发育规律. 中国地质灾害与防治学报，18（1）：33~38

吴瑾，黄仁雄，邹启学，张勇. 2011. 贵州开阳磷矿区崩塌及其防治. 中国地质灾害与防治学报，22（3）：27~32

吴树仁，石菊松，王涛，汪华斌. 2009. 地质灾害活动强度评估的原理、方法和实例. 地质通报，28（8）：1127~1137

吴树仁，石菊松，王涛，张春山，石玲等. 2012. 滑坡风险评估理论与技术. 北京：科学出版社

吴树仁，王涛，石菊松，石玲，辛鹏. 2013. 工程滑坡防治关键问题初论. 地质通报，（12）：1871~1880

伍法权，乔建平，冯夏庭，颜宇森，李铁锋，李绍军. 2010. 三峡库区高切坡基础性研究丛书. 北京：中国三峡出版社

夏军强，王光谦，杨文俊，周厚贵. 2005. 三峡工程明渠截流水流数学模型研究及其应用Ⅱ：方案计算与反演计算. 长江科学院院报，22（3）：1~5

辛鹏，吴树仁，石菊松，王涛，杨为民. 2012. 基于降雨响应的黄土-基岩型滑坡失稳机制分析——以宝鸡市麟游县岭南滑坡为例. 工程地质学报，（4）：547~555

辛鹏，吴树仁，石菊松，王涛，石玲，韩金良. 2013. 渭河中游宝鸡-扶风北岸斜坡结构及其对大型滑坡形成机理的指示意义. 吉林大学学报：地球科学版，（2）：506~514

辛鹏，吴树仁，石菊松，王涛，石玲. 2014. 黄土高原渭河宝鸡段北岸大型深层滑坡动力学机制研究. 地质学报，（7）：1341~1352

辛鹏，吴树仁，石菊松，王涛，石玲. 2015. 降雨诱发浅层黄土泥流的研究进展、存在问题与对策思考. 地质论评，（3）：485~493

邢林生. 2001. 我国水电站大坝事故分析与安全对策. 水利水电科技进展，21（2）：26~34

许强，黄润秋. 2000. 非线性科学理论在地质灾害评价预测中的应用——地质灾害系统分析原理. 山地学报，18（3）：272~277

薛振勇，侯书云. 1991. 人类活动诱发的地质灾害——天水锻压机床厂滑坡. 中国地质灾害与防治学报，2（4）：52~60

鄢毅. 1993. 宝成铁路滑坡与降雨关系探讨. 水文地质工程地质，（4）：14~16

闫金凯，殷跃平，门玉明. 2011. 滑坡微型桩群桩加固工程模型试验研究. 土木工程学报，44（4）：120~128

叶米里扬诺娃 E Π. 1985. 滑坡过程的基本规律. 重庆：重庆出版社

殷坤龙，陈丽霞，张桂荣. 2007. 区域滑坡灾害预测预警与风险评价. 地学前缘，（06）：85~97

殷跃平. 2001. 重庆武隆"5·1"滑坡简介. 中国地质灾害与防治学报，12（2）：98

殷跃平. 2003. 贵州省三穗—凯里高速公路"5·11"滑坡灾害调查. 中国地质灾害与防治学报，（03）：141，146

殷跃平. 2004. 长江三峡库区移民迁建新址重大地质灾害及防治研究. 北京：地质出版社

殷跃平. 2007. 中国典型滑坡. 北京：中国大地出版社

殷跃平. 2010. 斜倾厚层山体滑坡视向滑动机制研究——以重庆武隆鸡尾山滑坡为例. 岩石力学与工程学报，29（2）：217~226

殷跃平，吴树仁. 2013. 滑坡监测预警与应急防治技术研究. 北京：科学出版社

殷跃平，康宏达，张颖. 1996. 三峡链子崖危岩体锚固工程施工方案. 中国地质灾害与防治学报，（01）：44~51

扎留巴 Q，门茨尔 V. 1975. 滑坡及其防治. 北京：建筑工业出版社

张茂省. 2013. 引水灌区黄土地质灾害成因机制与防控技术——以黄河三峡库区甘肃黑方台移民灌区为例. 地质通报, 32 (6): 833 ~ 839

张茂省, 程秀娟, 董英, 于国强, 朱立峰, 裴赢. 2013. 冻结滞水效应及其促滑机理——以甘肃黑方台地区为例. 地质通报, (6): 852 ~ 860

张文标, 李文珠, 阮锡根. 2001. 树木的生长应力. 世界林业研究, 14 (3): 29 ~ 34

张小刚, 刘维明. 2013. 帕隆藏布江中坝段河岸沉积 ESR 测年. 第四纪研究, (3): 610 ~ 612

张小刚, 杨天军, 陈伟. 2014. 藏东南溜砂坡的发育特征与防治. 灾害学, (1): 47 ~ 51

张小刚, 杨天军, 田金昌. 2013. 川藏公路特殊碎屑流灾害综合防治技术. 地质通报, (12): 2031 ~ 2037

张燕. 2004. 国外登山机器人治理滑坡新技术的研究现状与发展. 探矿工程 (岩土钻掘工程), (06): 65, 66

张勇, 石胜伟, 宋军. 2013. 三峡库区特大滑坡灾害防治工程评价方法初探. 地质通报, (12): 2015 ~ 2020

张正波, 何思明, 田金昌, 钟建, 杨天军. 2014. 西藏公路滑坡防治中锚固结构的耐久性及修复技术. 地质通报, 32 (12): 2038 ~ 2043

郑明新, 殷宗泽, 吴继敏, 杜宇飞, 栾宇. 2006. 滑坡防治工程效果的模糊综合后评价研究. 岩土工程学报, 28 (10): 1224 ~ 1229

郑颖人. 2010. 切实加强滑坡全程预警预报研究. 水文地质工程地质, (06): 2

郑颖人, 赵尚毅. 2004. 有限元强度折减法在土坡与岩坡中的应用. 岩石力学与工程学报, 23 (19): 3382 ~ 3390

郑颖人, 陈祖煜, 王恭先, 凌天清. 2007. 边坡与滑坡工程治理. 北京: 人民交通出版社

中村浩之, 王恭先. 1990. 论水库滑坡. 水土保持通报, 10 (1): 53 ~ 64

中国地质环境监测院, 中国地质调查局西安地质调查中心, 中国地质科学院地质力学研究所等. 2014. 滑坡崩塌泥石流灾害调查规范 (1: 50000) DZ/T0261-2014. 北京: 中国标准出版社. 46

中华人民共和国国土资源部. 2006. 滑坡防治工程设计与施工技术规范. 北京: 中国标准出版社. 52

周博, 卢自立, 汪华斌, 李纪伟. 2013. 基于均匀化理论的土石混合体应力应变关系. 地质通报, (12): 2001 ~ 2007

朱立峰, 胡炜, 贾俊, 马建全, 毕俊擘, 孙巧银. 2013a. 甘肃永靖黑方台地区灌溉诱发型滑坡发育特征及力学机制. 地质通报, (6): 840 ~ 846

朱立峰, 胡炜, 张茂省, 唐亚明, 毕俊擘, 马建全. 2013b. 甘肃永靖黑方台地区黄土滑坡土的力学性质. 地质通报, 32 (6): 881 ~ 886

朱雪征, 李莉. 2010. 欧盟空间数据基础设施规划研究. 测绘通报, (8): 7 ~ 10

AL-Homoud A S, Husein A I, Salameh E, Tal A B, Saket S, Sadoon M I. 1995. A review of twenty years of geotechnical studies at Na´ur Landslide No. 4 in Jordan. Bulletin of the International Association of Engineering Geology, 51 (1): 39 ~ 55

Alejano L R, Pons B, Bastante F G, Alonso E, Stockhausen H W. 2007. Slope geometry design as a means for controlling rockfalls in quarries. International Journal of Rock Mechanics and Mining Sciences, 44 (6): 903 ~ 921

Alonso E E, Pinyol N M. 2010. Criteria for rapid sliding I. a review of Vaiont case. Engineering Geology, 114 (3-4): 198 ~ 210

Altun A O, Yilmaz I, Yildirim M. 2010. A short review on the surficial impacts of underground mining. Scientific Research and Essays, 5 (21): 3206 ~ 3212

Arbanas Ž, Dugonjić S. 2010. Landslide risk increasing caused by highway construction. International Symposium in Pacific Rim, Taiwan, China

Ayalew L. 1999. The effect of seasonal rainfall on landslides in the highlands of Ethiopia. Bulletin of Engineering

Geology and the Environment, 58（1）：9～19

Bakri M，Xia X，Wang H. 2014. Load sharing of anti slide piles based on three dimensional soil arching numerical analysis. Electronic Journal of Geotechnical Engineering，17543～17590

Barnard P L，Owen L A，Sharma M C，Finkel R C. 2001. Natural and human-induced landsliding in the Garhwal Himalaya of northern India. Geomorphology，40（1-2）：21～35

BBC. 2008. Deadly rockslide hits Cairo homes. http：//news. bbc. co. uk/2/hi/middle_ east/7601761. stm

Benko B，Stead D. 1998. The Frank slide：a reexamination of the failure mechanism. Canadian Geotechnical Journal，35（2）：299～311

Bentley S P，Siddle H J. 1990. The evolution of landslide research in the South Wales coalfield. Proceedings of the Geologists' Association，101（1）：47～62

Bentley S P，Siddle H J. 1996. Landslide research in the South Wales coalfield. Engineering Geology，43（1）：65～80

Brand E W，Premchitt J，Phillipson H B. 1984. Relationship between rainfall and landslides in Hong Kong. Proceedings 4th International Symposium on Landslides，Toronto

Cai F，Ugai K. 2000. Numerical analysis of the stability of a slope reinforced with piles. Soils Found，40（1）：73～84

Caine N. 1980. The rainfall intensity：duration control of shallow landslides and debris flows. Geografiska Annaler，Series A，Physical Geography，62（1-2）：23～27

Carvalho R F，Antunes do Carmo J S. 2007. Landslides into reservoirs and their impacts on banks. Environmental Fluid Mechanics，7（6）：481～493

Cascini L. 2005. Risk assessment of fast landslide-from theory to practice. General Report，Proceedings of the International Conference on "Fast Slope Movements-Prediction and Prevention for Risk Mitigation，2：33～52

Clague J J. 2010. Dating landslides with trees. In：Stoffel M，Bollschweiler M，Butler D R，Luckman B H（eds）. Tree Ring and Natural Hazards，A State- of- the- Art（Advances in Global Change Research）. Dordecht Heidelberg，London，New York：Springer. 81～89

Cload L，Webby G. 2007. Mokihinui dam- effect of landslides on dam and reservoir. Wellington，New Zealand，Opus International Consultants Limited：13

Cojean R，Caï Y J. 2011. Analysis and modeling of slope stability in the Three-Gorges Dam reservoir（China）——The case of Huangtupo landslide. Journal of Mountain Science，8（2）：166～175

Cornforth D H. 2005. Landslides in Practice：Investigation，Analysis，and Remedial/Preventative Options in Soils. Hoboken，New Jersey：John Wiley & Sons，Inc

Corominas J，Westen C，Frattini P，Cascini L，Malet J P，Fotopoulou S，Catani F，Eeckhaut M，Mavrouli O，Agliardi F，Pitilakis K，Winter M G，Pastor M，Ferlisi S，Tofani V，Hervás J，Smith J T. 2013. Recommendations for the quantitative analysis of landslide risk. Bulletin of Engineering Geology and the Environment

Cruden D M，Martin C D. 2006. A century of risk management at the Frank Slide，Canada. The 10th IAEG International Congress，Nottingham，United Kingdom，The Geological Society of London，1～7

Crutzen P J. 2002. Geology of mankind. Nature，415：23

Davies T C. 1996. Landslide research in Kenya. Journal of African Earth Sciences，23（4）：541～545

Deng J，Wei J，Min H，Tham L G，Lee C F. 2005. Response of an old landslide to reservoir filling：a case history. Science in China（Ser E）：Engineering & Materials Science，48（Supp）：27～32

Derbyshire E. 2001. Geological hazards in loess terrain，with particular reference to the loess regions of

China. Earth Sci Rev, （54）: 231～260

Ding Y, Wang Q. 2009. Remediation and analysis of kinematic behaviour of a roadway landslide in the upper Minjiang River, Southwest China. Environmental Geology, 58 （7）: 1521～1532

Fredlund D G, Rahardjo H. 1993. Soil Mechanics for Unsaturated Soils. New York: Wiley-Interscience Publication

Froese C R, Moreno F. 2007. Turtle Mountain Field Laboratory （TMFL）: Part 1, overview and activities. 1st North American Landslide Conference

Geertsema M, Schwab J W, Blais-Stevens A, Sakals M E. 2008. Landslides impacting linear infrastructure in west central British Columbia. Natural Hazards, 48 （1）: 59～72

Genuchten M T V. 1980. A closed-form equation for predicting the hydraulic conductivity of unsaturated soils. Soil Science Society of America Journal, 44 （5）: 892～900

Glade T. 1998. Models of antecedent rainfall and soil water status applied to different regions in New Zealand. Annales Geophysicae, 16 （Suppl）: 24～70

Griffiths D, Lane P. 1999. Slope stability analysis by finite elements. Geotechnique, 49 （3）: 387～403

Guidicini G, Iwasa O Y. 1977. Tentative correlation between rainfall and landslides in a humid tropical environment. Bulletin of the International Association of Engineering Geology, Bulletin de l'Association Internationale de Géologie de l'Ingénieur, 16 （1）: 13～20

Haigh M J, Rawat J S, Bartarya S K. 1988. Environmental correlations of landslide frequency along new highways in the Himalaya: Preliminary results. Catena, 15 （6）: 539～553

Hancox G T. 2007. The 1979 Abbotsford Landslide, Dunedin, New Zealand: a retrospective look at its nature and causes. Landslides, 5 （2）: 177～188

Hand D. 2000. Report of the inquest into the deaths arising from the Thredbo landslide. New South Wales, 206

Hardin B O. 1985. Crushing of soil particles. Journal of Geotechnical Engineering, ASCE, 111 （10）: 1177～1192

Hassiotis S, Chameau J, Gunaratne M. 1997. Design method for stabilization of slopes with piles. Journal of Geotechnical and Geoenvironmental Engineering, 123 （4）: 314～323

Hedges L V, Olkin I. 1985. Statistical Methods for Meta-Analysis. Orlando: Academic Press

Hendron Jr A J, Patton F D. 1987. The vaiont slide-a geotechnical analysis based on new geologic observations of the failure surface. Engineering Geology, 24 （1-4）: 475～491

Highland L M, Robert L. 2012. Schuster significant landslide events in the United States. US Geological Survey, 1～21

Jaiswal P, van Westen C J, Jetten V. 2010. Quantitative landslide hazard assessment along a transportation corridor in southern India. Engineering Geology, 116 （3-4）: 236～250

Jaiswal P, van Westen C J, Jetten V. 2011. Quantitative assessment of landslide hazard along transportation lines using historical records. Landslides, 8 （3）: 279～291

Jeong S, Kim B, Won J, Lee J. 2003. Uncoupled analysis of stabilizing piles in weathered slopes. Computers and Geotechnics, 30 （8）: 671～682

Jones F O, Embody D R, Peterson W L, Hazlewood R M. 1961. Landslides along the Columbia River valley, northeastern Washington, with a section on seismic surveys. US Geological Survey, 98

Katz O, Reichenbach P, Guzzetti F. 2010. Rock fall hazard along the railway corridor to Jerusalem, Israel, in the Soreq and Refaim valleys. Natural Hazards, 56 （3）: 649～665

Keqiang H, Xiangran L, Xueqing Y, Dong G. 2007. The landslides in the Three Gorges Reservoir Region, China and the effects of water storage and rain on their stability. Environmental Geology, 55 （1）: 55～63

Khan Y A, Lateh H. 2011. Failure Mechanism of a Shallow Landslide at Tun-Sardon Road Cut Section of Penang Island, Malaysia. Geotechnical and Geological Engineering, 29 (6): 1063 ~ 1072

Klukanová A, Rapant S. 1999. Impact of mining activities upon the environment of the Slovak Republic: two case studies. Journal of Geochemical Exploration, 66 (1-2): 299 ~ 306

Knapen A, Kitutu M G, Poesen J, Breugelmans W, Deckers J, Muwanga A. 2006. Landslides in a densely populated county at the footslopes of Mount Elgon (Uganda): characteristics and causal factors. Geomorphology, 73 (1-2): 149 ~ 165

Koca M, Kincal Y C. 2004. Abandoned stone quarries in and around the Izmir city centre and their geo-environmental impacts-Turkey. Engineering Geology, 75 (1): 49 ~ 67

Kojogulov K Ch, Nikolskay O V. 2008. Danger of the Landslide Activity of Slopes on the Railway Line China-Kyrgyzstan-Uzbekistan On Site Karasu-Torugart. Berlin Heidelberg: Springer. 526 ~ 532

Kotyuzhan A I, Molokov L A. 1990. Landslide at the abutment of the dam of the Mingechaur hydroelectric station. Hydrotechnical Construction, 24 (2): 92 ~ 95

Krahn J, Morgenstern N R. 1976. The mechanics of the frank slide. Geotechnical Engineering Specialty Conference on Rock Engineering for Foundations and Slopes, Boulder, Colorado, American Society of Civil Engineers

Kumar A, Sanoujam M. 2006. Landslide studies along the national highway (NH 39) in Manipur. Natural Hazards, 40 (3): 603 ~ 614

Lepore C, Kamal S A, Shanahan P, Bras R L. 2011. Rainfall-induced landslide susceptibility zonation of Puerto Rico. Environmental Earth Sciences, 66 (6): 1667 ~ 1681

Li X, He S, Luo Y, Wu Y. 2011. Numerical studies of the position of piles in slope stabilization. Geomechanics and Geoengineering, 6 (3): 209 ~ 215

Li Y, Fan X, Cheng G. 2006. Landslide and rockfall distribution by reservior of stepped hydropower station in the Jinsha River. Wuhan University Journal of Natural Sciences, 11 (4): 801 ~ 805

Lindberg F, Olvmo M, Bergdahl K. 2011. Mapping areas of potential slope failures in cohesive soils using a shadow-casting algorithm-a case study from SW Sweden. Computers and Geotechnics, 38 (6): 791 ~ 799

Liu C N, Dong J J, Chen C J, Lee W F. 2011. Typical landslides and related mechanisms in Ali Mountain highway induced by typhoon Morakot: perspectives from engineering geology. Landslides, 9 (2): 239 ~ 254

Liu W, Lai Z, Hu K, Ge Y, Cui P, Zhang X, Liu F. 2015. Age and extent of a giant glacial-dammed lake at Yarlung Tsangpo gorge in the Tibetan Plateau. Geomorphology, 246: 370 ~ 376

Luzzani L, Coop M R. 2002. On the relationship between particle breakage and the critical state of sands. Soils and Foundations, 42 (2): 71 ~ 82

Ma Q, Wang C, Kong J. 2006. Dynamical mechanisms of effects of landslides on long distance oil and gas pipelines. Wuhan University Journal of Natural Sciences, 11 (4): 820 ~ 824

Malgot J, Baliak F, Mahr T. 1986. Prediction of the influence of underground coal mining on slope stability in the Vtáčnik mountains. Bulletin of the International Association of Engineering Geology, 33 (1): 57 ~ 65

Malkawi A I H, Taqieddin S A. 1996. Geotechnical study of landslides resulting from a highway construction in Jordan. Natural Hazards, 13 (1): 1 ~ 15

Mark R K, Newman E B. 1988. Rainfall totals before and during the storm: distribution and correlation with damaging landslides. In: Ellen S D, Wieczorek G F (eds). Landslides, floods, and marine effects of the storm of January 3-5, 1982, in San Francisco Bay region, California. US Geological Survey Professional Paper, 1434: 17 ~ 26

Marschalko M, Yilmaz I, Bednárik M, Kubečka K. 2012. Influence of underground mining activities on the slope deformation genesis: Doubrava Vrchovec, Doubrava Ujala and Staric case studies from Czech Republic. Engineering Geology, 147-148: 37 ~ 51

Maruyama Y, Sugiura M. 1996. The effect of urbanization on sediment disasters. Geo Journal, 38 (3): 355 ~ 364

Min H, Deng J, Wei J, Zhang Q, Zou J, Zhou Z. 2005. Slope safety control during mining below a landslide. Science in China (Ser E): Engineering and Materials Science, 48 (Supp): 47 ~ 52

Nichol D, Graham J R. 2001. Remediation and monitoring of a highway across an active landslide at Trevor, North Wales. Engineering Geology, 59 (3-4): 337 ~ 348

Novotný J. 2011. Stability problems in road and pipeline constructions and their mitigation-Examples from Sakhalin and Azerbaijan. Journal of Mountain Science, 8 (2): 307 ~ 313

Okagbue C O. 1986. An investigation of landslide problems in spoil piles in a strip coal mining area, West Virginia (U. S. A.). Engineering Geology, 22 (4): 317 ~ 333

Okagbue C O. 1988. A landslide in a quasi-stable slope. Engineering Geology, 25 (1): 69 ~ 82

Oliver S. 1993. 20th- century urban landslides in the Basilicata region of Italy. Environmental Management, 17 (4): 433 ~ 444

Osman A M, Thorne C R. 1988. River bank stability analysis I: Theory. Journal of Hydraulic Engineering, 114 (2): 134 ~ 150

Panizzo A, Girolamo P D, Risio M D, Maistri A, Petaccia A. 2005. Great landslide events in Italian artificial reservoirs. Natural Hazards and Earth System Sciences, 5: 733 ~ 740

Paronuzzi P, Bolla A. 2012. The prehistoric Vajont rockslide: an updated geological model. Geomorphology, 169-170: 165 ~ 191

Pellegrini G B, Surian N. 1996. Geomorphological study of the Fadalto landslide, Venetian Prealps, Italy. Geomorphology, 15 (3-4): 337 ~ 350

Petley D. 2010. The landslide at Attabad in Hunza, Gilgit/Baltistan: current situation and hazard management needs. National Disaster Management Agency, Pakistan, 9

Petley D. 2012. Global patterns of loss of life from landslides. Geology, 40 (10): 927 ~ 930

Pinyol N M, Alonso E E. 2010. Criteria for rapid sliding II. Thermo-hydro-mechanical and scale effects in Vaiont case. Engineering Geology, 114 (3-4): 211 ~ 227

Popescu M E. 2001. A suggested method for reporting landslide remedial measures. Bulletin of Engineering Geology and the Environment, 60 (1): 69 ~ 74

Popescu M E, Sasahara K. 2009. Engineering Measures for Landslide Disaster Mitigation. In: Sassa K, Canuti P (eds). Landslides—Disaster Risk Reduction. Verlag Berlin Heidelberg: Springer. 609 ~ 631

Rico M, Benito G, Salgueiro A R, Diez-Herrero A, Pereira H G. 2008. Reported tailings dam failures: a review of the European incidents in the worldwide context. J Hazard Mater, 152 (2): 846 ~ 852

Riemer W. 1992. Landslides and reservoirs, keynote paper. the 6th International Symposium on Landslides, Christchurch

Rogers J D. 2010. Aldercrest- Banyon Landslide Kelso, Washington (1998- 1999). http: //web. mst. edu/-rogersda/ professional_ experience/aldercrest-banyon_ ls. htm

Rudolph T, Coldewey W G. 2008. Implications of Earthquakes on the Stability of Tailings Dams. http: //www. imwa. info/docs/imwa_ 2008/IMWA2008_ 025_ Rudolph. pdf [2013-11-05]

Saez J L, Corona C, Stoffel M, Berger F. 2013. High- resolution fingerprints of past landsliding and spatially explicit, probabilistic assessment of future reactivations: Aiguettes landslide, Southeastern French Alps. Tectonophysics, 602: 355 ~ 369

Salcedo D A. 2009. Behavior of a landslide prior to inducing a viaduct failure, Caracas-La Guaira highway, Venezuela. Engineering Geology, 109 (1-2): 16~30

Sammarco O. 2004. A tragic disaster caused by the failure of tailings dams leads to the formation of the Stava 1985 Foundation. Mine Water and the Environment, 23 (2): 91~95

Schuster R L. 1979. Reservoir-induced landslides. Bulletin of the International Association of Engineering Geology, 20 (1): 8~15

Schuster R L, Highland L M. 2006. The Third Hans Cloos Lecture. Urban landslides: socioeconomic impacts and overview of mitigative strategies. Bulletin of Engineering Geology and the Environment, 66 (1): 1~27

Schweingruber F H. 1996. Tree Rings and Environment Dendroecology. Bern: Paul Haupt AG

Shang Y, Park H D, Yang Z, Yang J. 2005. Distribution of landslides adjacent to the northern side of the Yarlu Tsangpo Grand Canyon in Tibet, China. Environmental Geology, 48 (6): 721~741

Shou K J, Chen Y L. 2005. Spatial risk analysis of Li-shan landslide in Taiwan. Engineering Geology, 80 (3-4): 199~213

Sidle R C, Furuichi T, Kono Y. 2010. Unprecedented rates of landslide and surface erosion along a newly constructed road in Yunnan, China. Natural Hazards, 57 (2): 313~326

Simon A, Wolfe W J, Molinas A. 1991. Mass wasting algorithms in an alluvial channel model. 5th Fed. Interagency sediment, Las Vegas, Nevada

Stamatopoulos C A, Petridis P. 2006. Back analysis of the lower San Fernando Dam slide using a multi-block model. Engineering Conferences International

Stoffel M, Bollschweiler M, Butler D R, Luckman B H. 2010. Tree Rings and Natural Hazards: A State-of-Art. Advances in Global Change Research 41

Sun P, Peng J, Chen L, Lu Q, Igwe O. 2015. An experimental study of the mechanical characteristics of fractured loess in western China. Bulletin of Engineering Geology & the Environment, 1~9

Suwa H, Mizuno T, Ishii T. 2010. Prediction of a landslide and analysis of slide motion with reference to the 2004 Ohto slide in Nara, Japan. Geomorphology, 124 (3-4): 157~163

Suwa H, Mizuno T, Suzuki S, Yamamoto Y, Ito K. 2008. Sequential processes in a landslide hazard at a slate quarry in Okayama, Japan. Natural Hazards, 45 (2): 321~331

Tang F Q. 2009. Research on mechanism of mountain landslide due to underground mining. Journal of Coal Science & Engineering, 15 (4): 351~354

Terzaghi K V. 1950. Mechanism of landslides. In: Paige S (ed). Application of Geology to Engineering Practice. New York: Geological Society of America. Berkey Volume. 83~123

Topal T, Akin M. 2008. Geotechnical assessment of a landslide along a natural gas pipeline for possible remediations (Karacabey-Turkey). Environmental Geology, 57 (3): 611~620

Tropeano D, Turconi L. 2004. Using historical documents for landslide, debris flow and stream flood prevention, applications in Northern Italy. Natural Hazards, 31 (3): 663~679

Trzhtsinskii Y B. 1978. Landslides along the Angara reservoirs. Bulletin of the International Association of Engineering Geology, 17 (1): 42, 43

Wang F, Zhang Y, Huo Z, Peng X, Araiba K, Wang G. 2008. Movement of the Shuping landslide in the first four years after the initial impoundment of the Three Gorges Dam Reservoir, China. Landslides, 5 (3): 321~329

Wang H B, Xu W Y, Xu R C, Jiang Q H, Liu J H. 2007. Hazard assessment by 3D stability analysis of landslides due to reservoir impounding. Landslides, 4 (4): 381~388

Wang J J, Zhang H P, Liu T. 2011. A new method to analyze seismic stability of cut soil slope. Applied Mechanics and Materials, (54): 48~51

Wang Y, Zhou L. 1999. Spatial distribution and mechanism of geological hazards along the oil pipeline planned in western China. Engineering Geology, 51 (3): 195~201

Wang J E, Xiang W, Zuo X. 2010. Situation and prevention of loess water erosion problem along the west-to-east gas pipeline in China. Journal of Earth Science, 21 (6): 968~973

Wei Z, Yin G, Wan L, Shen L. 2007. Case history of controlling a landslide at Panluo open-pit mine in China. Environmental Geology, 54 (4): 699~709

Wen B, He L. 2012. Influence of lixiviation by irrigation water on residual shear strength of weathered red mudstone in Northwest China: implication for its role in landslides´ reactivation. Engineering Geology, 151: 56~63

Wen B, Yan Y. 2014. Influence of structure on shear characteristics of the unsaturated loess in Lanzhou, China. Engineering Geology, (168): 46~58

Wen B, Shen J, Tan J. 2009. Evaluation of the roles of reservoir impoundment and rainfall for the Qianjiangping Landslide in Zigui County, Three Gorges area. In: Wang F, Li T (eds). Landslide Disaster Mitigation in Three Gorges Reservoir, China. Verlag Berlin Heidelberg: Springer. 231~242

Wichter L. 2006. Stabilisation of old lignite pit dumps in Eastern Germany. Bulletin of Engineering Geology and the Environment, 66 (1): 45~51

Wikipedia. 2011. Buffalo Creek Flood. http://en.wikipedia.org/wiki/Buffalo_ Creek_ Flood

Williams A A B, Donaldson G. 1980. Building on expansive soils in South Africa. 4th Int Conf Expansive Soils Denver

Xu L, Dai F C, Gong Q M, Tham L G, Min H. 2011a. Irrigation-induced loess flow failure in Heifangtai Platform, North-West China. Environmental Earth Sciences, 66 (6): 1707~1713

Xu L, Dai F C, Tham L G, Tu X B, Min H, Zhou Y F, Wu C X, Xu K. 2011b. Field testing of irrigation effects on the stability of a cliff edge in loess, North-west China. Engineering Geology, 120 (1-4): 10~17

Xue G, Xu F, Wu Y, Yu Y. 1997. Bank slope stability evaluation for the purpose of Three Gorges reservoir dam construction. In: Wang F, Li T (eds). Landslide DisasterMitigation in Three Gorges Reservoir, China. Verlag Berlin Heidelberg: Springer. 41~86

Yamaguchi U, Shimotani T. 1986. A case study of slope failure in a limestone quarry. Int J Rock Mech Min Sci & Geomech Abstr, 23 (1): 95~104

Yang S, Ren X, Zhang J. 2011. Study on embedded length of piles for slope reinforced with one row of piles. Journal of Rock Mechanics and Geotechnical Engineering, 3 (2): 167~178

Yilmazer I, Yilmazer O, Saraç C. 2003. Case history of controlling a major landslide at Karandu, Turkey. Engineering Geology, 70 (1-2): 47~53

Zhang D, Wang G, Luo C, Chen J, Zhou Y. 2008. A rapid loess flowslide triggered by irrigation in China. Landslides, 6 (1): 55~60

Zhang D, Wang G, Yang T, Zhang M, Chen S, Zhang F. 2012. Satellite remote sensing-based detection of the deformation of a reservoir bank slope in Laxiwa Hydropower Station, China. Landslides, 10 (2): 231~238

Zhang F, Wang G, Kamai T, Chen W, Zhang D, Yang J. 2013. Undrained shear behavior of loess saturated with different concentrations of sodium chloride solution. Engineering Geology, 155 (6): 69~79

Zhang L, Wei Z, Liu X, Li S. 2005. Application of three-dimensional discrete element face-to-face contact model with fissure water pressure to stability analysis of landslide in Panluo iron mine. Science in China (Ser E): Engineering and Materials Science, 48 (Supp): 146~156

Zhang M, Dong Y, Sun P. 2012. Impact of reservoir impoundment-caused groundwater level changes on regional slope stability: a case study in the Loess Plateau of Western China. Environmental Earth Sciences, 66 (6): 1715~1725

Zhang T, Yan E, Cheng J, Zheng Y. 2010. Mechanism of reservoir water in the deformation of Hefeng landslide. Journal of Earth Science, 21 (6): 870~875

Zhang Y, Shi S, Song J, Cheng Y. 2014a. Evaluation on effect of landsilide control based on Hierarchy-Fuzzy comprehensive evaluation method. Engineering Geology for Scociety and Territory, 2: 1501~1506

Zhang Y, Shi S, Song J. 2014b. Evaluation on effect for the prevention and control against the landslide disasters in the Three Gorges reservoir area. World Landslide Forum, 31: 407~414

Zhang Z, Liu G, Wu S, Tang H, Wang T, Li G, Liang C. 2014. Rock slope deformation mechanism in the Cihaxia Hydropower Station, Northwest China. Bulletin of Engineering Geology & the Environment, 1~16

Zhou J W, Xu W, Yang X, Shi C, Yang Z. 2010. The 28 October 1996 landslide and analysis of the stability of the current Huashiban slope at the Liangjiaren Hydropower Station, Southwest China. Engineering Geology, 114 (1-2): 45~56

附录 黄土城镇建设区滑坡风险评估技术指南

引　言

近年来黄土高原城镇扰动区地质灾害频繁发生，随着国家城镇化和西部大开发建设的深入发展，黄土高原地区城镇化建设扰动规模越来越大，人口密集度越来越高，工程扰动和降雨诱发滑坡灾害时有发生，如何主动减轻和预防这类城镇化过程中的滑坡灾害，特别是如何引导防灾减灾、土地利用和城镇规划等方面的滑坡灾害风险评估技术与制度建设，逐步实施滑坡风险管理战略是行之有效的方法之一，而滑坡风险评估技术指南是逐步实施滑坡风险管理的基础；鉴于此，本指南在已出版"突发地质灾害风险评估技术指南"的基础上，综合国内外滑坡风险评估研究进展，尤其是西北黄土区城镇建设过程中诱发的滑坡风险评估研究成果和管理经验，有针对性地编写"黄土高原城镇建设扰动区滑坡风险评估技术指南"初稿，以期逐步推广应用，为黄土地区城镇化规划建设减灾防灾服务。

1　总　则

为了阐明黄土高原城镇扰动区滑坡（广义滑坡，包括崩塌、滑坡、泥石流）灾害风险评估技术方法的指导性原则，引导黄土城镇化规划建设过程中滑坡灾害预测评价与风险评估工作向更规范化、更国际化和更适用于中国西部实际情况的方向发展，结合近年来的研究成果和实践经验，特起草本技术指南。

本指南主要围绕黄土城镇规划建设扰动区滑坡灾害风险评估逐层展开，主要包括：城镇附近区域滑坡风险评估、城镇（场地）滑坡风险评估和单体滑坡风险评估3个层次，其中，黄土城镇附近区域滑坡风险评估，可参考前期出版的突发地质灾害风险评估技术指南；城镇（场地）滑坡风险评估技术与流程是本指南的核心和重点。

本指南适用于从事滑坡灾害调查评价、城镇风险评估与管理方面的技术人员、相关专业人员和科研工作者参考应用。

1.1　总体要求

（1）黄土高原城镇滑坡风险评估区划，需要有针对性地调查研究黄土的特殊性质（水敏性、湿陷性、崩解性等）及其在斜坡变形破坏过程中的催化加速效应。

（2）提倡实用型滑坡风险评估制图技术方法与新技术相结合、定性分析判断与定量评价相结合，不断改进提高滑坡风险评估质量和减灾防灾效果。

（3）提倡遥感（RS）技术与地理信息系统（GIS）技术相结合，充分发挥其在数据采集、更新、信息共享与发布、空间分析与制图及可视化管理等方面的优势，便于滑坡灾害风险管理和控制，有利于滑坡风险评估技术在逐步规范化过程中推广应用。

1.2　滑坡风险评估技术流程总体框架

滑坡风险评估区划与制图总体技术流程，主要包括：从调查编录、数据库建设、形成条件和影响因素分析、易发性评价、危险性、易损性和风险评价及分区，其中，核心是由易发性、危险性和风险评价构成的 3 个层次的评估内容与方法，三者既有逐层次递进的关系，也可以独立进行评估区划制图。其中，易发程度评估区划是基础，强调不同地区滑坡发生条件（相对静态）的分析评价，主要应用于区域（初步）土地利用规划和气象预警（附图 1）；危险性分析评估，强调动态（时间）变化评价，即诱发因素、活动强度和速度及潜在发展趋势的分析评价，主要应用于区域土地利用规划、防治规划和监测预警系统建

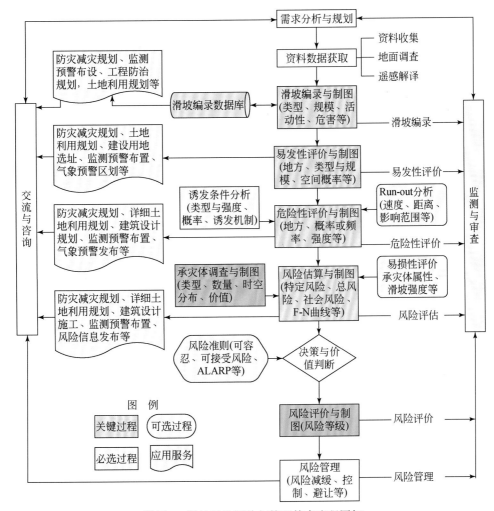

附图 1　滑坡风险评估与管理技术流程图解

设；风险评估（含易损性评估），则强调承灾体分布特征、易损性和危害分析评价，主要应用于场地土地利用规划、风险管理和单体监测预警预报研究（附图1）。

1.3　导则性引用文件

（1）Guideline for landslide susceptibility, hazard and risk zoning for land use planning；

（2）Landslide risk management concepts and guidelines；

（3）突发地质灾害风险评估技术指南；

（4）滑坡崩塌泥石流灾害详细调查规范；

（5）工程地质调查规范（1∶2.5万~1∶5万）；

（6）Guideline for Management of Risk in Professional Practice；

（7）岩土工程勘查规范；

（8）1∶5万区域水文地质工程地质环境地质综合勘查规范；

（9）区域环境地质勘查遥感技术规程（1∶5万）；

（10）地质灾害分类分级；

（11）建设用地地质灾害危险性评估技术要求；

（12）岩土体工程地质分类标准。

2　术语和定义

黄土城镇区（loess urban area）：黄土高原地区的市、县、乡（镇）域行政中心，人口相对密集，工业、商业和文教卫生等公共设施较为集中。本指南所指的城镇范围包括已有城镇和规划区。

工程扰动区：城镇规划建设工程开挖、填埋、规模灌溉所产生的工程扰动斜坡区段及其所影响的邻近区域。

地质灾害（geological hazard）：自然因素或者人为活动引发的对人类生命、财产和生存环境造成破坏或损失的地质现象。本指南地质灾害主要指崩塌、滑坡、泥石流灾害，相当于国际上广义的滑坡（landslide）灾害。

滑坡（landslide）：国际通用的广义滑坡概念（包括崩塌、滑坡及泥石流等）。狭义滑坡具体是指岩土体沿着相对软弱的剪切滑动带或者破裂面发生向坡体下方运动的地质现象，根据失稳机制和运动形式可以分别为旋转式滑坡（rotational landslide）、平移式滑坡（translational landslide）及侧向扩展式滑坡（lateral spread landslide）等。

崩塌（fall；topple）：包括坠落和倾倒两种类型。坠落指岩土体从陡坡或悬崖发生向下运动的崩塌形式，崩塌体经常对坡体底部形成冲击，并伴有弹跳、破碎及翻滚等运动方式。倾倒指岩土体以栽倒的方式向坡体外运动的崩塌形式，其发生源于坡体结构和坡形的影响，通常发生在岩体破碎或节理密集的陡坡或都压低地段。

泥石流（debris flow）：在暴雨或持续降雨诱发作用下，松散的岩土体及水组成的流体沿坡体向下快速流动的现象，仅含有大量的细粒物质的泥石流体经常称为"泥流"。在降雨作用下，旋转或平移式滑坡经常在活动过程中获取速度，当滑体破碎或黏聚力丧失条件下，伴随含水量的增加，会演化成为泥石流。干碎屑流经常发生在无黏聚力的碎石或砂土中。由于泥石流的流速极快且具有突发性，经常造成灾难性的危害。

复合型地质灾害（complex geologicalhazard）：由滑坡、崩塌、碎屑流和泥石流等组合而成的地质灾害，具有滑动、倾倒、流动等特征。

地质灾害链（geologicalhazard chain）：启动失稳、运动迁移、堆积停留、复活转化全过程具有成因联系和模式转化特征的地质灾害。包括山体滑坡-碎屑流-堰塞湖堵江-堰塞湖溃决等类型。

易发性（susceptibility）：某一地区过去和未来易于发生滑坡的倾向性或敏感性，即对某一地区现存或潜在滑坡的类型、体积（或面积）和空间分布的定量或定性评价，也即某一地区由易发条件决定的"已有滑坡复活或潜在滑坡发生的潜势或可能性"。易发性主要与区域性不良地质因素（如易滑地层）的控制效应有关。

危险性（hazard）：可能导致潜在不良后果的状况。主要指滑坡发生的时间概率、破坏力（强度）、速度、位移及其扩展影响范围。

风险（risk）：对人类生命、健康、财产或生存环境产生危害的概率和严重程度的度量。风险通常表达为时空发生概率及其危害的乘积。对于人员损失，考虑到滑坡危险性，受险的时空概率和人员易损性情况下的，处于最大风险的人员死亡的年概率；对于财产损失，考虑承灾体时空概率和易损性情况下的危害年概率或年损失。

危害（consequence）：定性或定量的由于滑坡发生所导致的后果或潜在后果，一般用财产损失、建筑物破坏、人员伤亡及社会影响等指标来表征。

承灾体（elements at risk）：特定地区内受滑坡灾害潜在影响的人口、建筑物、工程设施、经济活动，公共事业设备、基础设施和环境等。也有人称为受灾体（或者易损体），建议统一称为承灾体。

易损性（vulnerability）：滑坡影响区内单个或者一系列承灾体的受损程度，用0（没有损失）和1（完全损失）之间的数字来表征。对于财产，是损坏的价值与财产总值的比率；对于人员，是在滑坡影响范围内作为承灾体的人的死亡概率。

风险估算（risk estimation）：确定所分析的灾害对生命、健康，财产或环境风险级别度量的过程。具体包括：灾害发生频率分析、危害分析及其两者的合成计算。

风险分析（risk analysis）：利用可用的信息去定性估计灾害对个人、群体、财产或环境造成的风险大小。具体过程包括：确定分析范围和灾害影响范围、危险识别和评估、风险估算。

风险评价（risk evaluation）：通过考虑已估算风险的重要性和随之伴生的社会、环境及经济效应，将价值和可容许风险评判标注纳入决策，判定潜在的风险是否可以容许以及目前的风险控制措施是否完备。如果得出否定结果，评价可替代的风险控制方案是否合理或是否将要实施。

风险评估（risk assessment）：风险分析和风险评价两个过程的总称。

风险控制（risk control；risk treatment）：具体包括风险管理中的决策、风险减缓措施的执行或强制执行以及利用风险评估结果，不时的对措施有效性进行再评估等过程。

风险管理（risk management）：风险评估和风险控制两个过程的总称。

3 基本要求与原则

3.1 目的导向性原则

黄土城镇滑坡灾害风险评估与制图主要为城镇化快速发展过程中的减灾防灾规划、土地利用规划、大规模工程和城镇建设规划及灾害防治管理服务，不同的服务目标，滑坡风险评估区划存在差异，特别要重视下列 3 个方面：

（1）大规模开山填沟的新城镇规划建设和新农村集镇建设，需要对规划开挖和填埋高于 10m 的黄土边坡进行大比例尺滑坡危险性评估区划；

（2）城镇局部居民区扩建工程边坡高于建筑物，需要进行大比例尺高精度滑坡风险评估；

（3）城镇滑坡风险管理与居民滑坡灾害保险，需要进行有针对性的滑坡风险评估区划及制图。

3.2 空间导向性原则

滑坡风险评估关键是时间概率和空间概率预测评估，对于城镇规划建设千秋万代的生命线工程而言，空间概率评估尤其重要，不论何时发生，只要在空间影响范围内，其危害就大，因此，特别是城镇建设工程边坡高于居民建筑物，必须进行详细的滑坡空间概率与风险评估。

具有潜在强震背景的活动断裂沿线城镇规划和重大工程建设活动，需要开展潜在强震诱发灾难性滑坡的风险评估区划。

坐落于已有泥石流沟口等隐患区的城镇规划和重大工程建设活动，需要开展极端降雨诱发灾难性泥石流风险评估区域。

3.3 滑坡风险评估结果分级原则

1）与研究工作精度分级相对应的分级原则

滑坡风险评估结果与制图等级不宜划分太细，为了便于统一和对比，建议不同层次的评价（易发性、危险性、风险）与工作精度分级相对应，分 3~5 级（附表 1）；即：初级工作精度地区评价结果分为：高、中、低 3 级；中等工作精度地区分为：极高、高、中、低 4 级；而高等工作精度地区分为：极高、高、中、低和极低 5 级。建议不同层次评价结果分级数量需要保持一致，即如果易发程度评价结果分为 4 级，相应的危险性和风险评价结果也分为 4 级。为了制图方便、美观和统一，不同级别分区制图颜色建议统一，从低级到高级颜色逐步加深。

附表 1　滑坡灾害风险评估结果分级原则简表

工作精度级别	易发程度	危险性	风险
初级	高、中、低	高、中、低	高、中、低
中等	极高、高、中、低	极高、高、中、低	极高、高、中、低
高等	极高、高、中、低和极低	极高、高、中、低和极低	极高、高、中、低和极低

2）相对（定性）分级原则

根据评估区实际情况，定性分析区域滑坡分布特征、主要影响因素、危害大小和发展趋势等，确定明显的陡变带，作为分级依据；或者统计灾害分布曲线上的明显拐点作为分级界线，包括：点密度分布、面密度分布曲线、计算信息值分布曲线上的拐点作为分级（分区）界线值（附图2）。（自然断点法 Natural breaks）

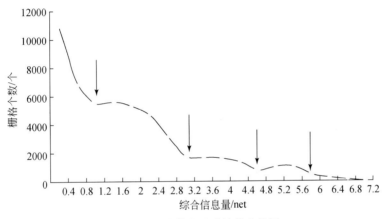

附图 2　区域信息量计算分布简图

3）绝对（定量）分级原则

根据评估区实际情况，定量统计分析区域滑坡密度、发生概率和灾情财产损失，确定地质灾害易发性、危险性和风险分级标准。根据宝鸡市地质灾害风险评估研究实例和国内外研究进展，参考国际上有关滑坡风险评估技术指南，初步提出区域地质灾害风险评估3个层次定量评价分级标准（附表2）。

附表 2　地质灾害风险评价 3 个层次定量分级标准简表

易发性评价	极高易发区	高易发区	中易发区	低易发区	极低易发区
滑坡面密度（概率）	>50%	≥20%	5%~20%	0.1%~5%	0
点密度/［点数/(100km²)］	>50	≥20	5~20	1~5	0
危险性评价	极高危险	高危险	中等危险	低危险	极低危险
灾害发生数量/(km²·a)	>3	1~3	0.1~1	0.01~0.1	<0.01
风险评价	极高风险	高风险	中等风险	低风险	极低风险
死亡人数/(km²·a)	>5	1~5	0.1~1	0.01~0.1	<0.01
损失财产/(km²·a)	>50 万元	20 万~50 万元	2 万~20 万元	0.2 万~2 万元	<0.2 万元

3.4　定性分析与定量计算评估相结合原则

黄土城镇滑坡风险评估过程中鼓励提倡实用型滑坡风险评估技术方法，强调滑坡易发程度、危险性和风险评估以定性分析评价与定量评价相结合；首先，基于定性分析，确定定量计算的参数类型和相对权重；然后，结合定量评价模型进行综合评价区划与制图；最终，在评价结果的基础上，综合考虑定性与定量因素，获得不同层次的评价区划结果。

3.5　从事滑坡风险评估区划资质原则

滑坡风险评估是一门包括易发性、危险性和风险评价分区的科学，相应的工作应当由具有相关丰富经验的，并了解斜坡演化、风险评估技术方法，具有资格的工程地质和岩土工程专业人员承担。这通常意味着多领域专业人员的协作和多学科的交叉，即需要包括工程地质学、地貌学、岩土工程和制图等方面知识的交叉。

申请承担滑坡风险评估区划工作的咨询者们应当证明他们拥有具备相关技能和经验的人员参与项目，主要包括：单位具有从事地质灾害危险性评价工作的资质、曾经公开发表过相关的论文、具有中级以上职称或者获得相关专业博士学位、从事有关地质灾害调查评价工作 2~3 年等。

3.6　同行监督原则

滑坡风险评估区划工作应当指定一名同行作为监督者，以针对易发性、危险性和风险分区提出独立的评价，这个过程是保障质量控制的基本形式。监督者在技能和经验方面，都应当具备高水平。在可行性评估、开始评价制图过程中以及在分区即将完成之时，监督者应当置身项目组中间监督研究者们的工作进展，了解监督评价参数选择的合理性、评价模型的可行性、评价结果的适用性。

4　滑坡风险评估主要技术方法

4.1　定性分析方法

定性分析方法在地质灾害风险评估各环节中取决定性作用，风险评估过程中定性-定量参数的选择需要在定性分析过程中，通过统计、类比、对比、趋势分析与极端情况分析获得各种可以量化的指标和参数，选择确定这些参数是滑坡预测评价和风险评估重要的环节。以下 5 种方法，供参考使用。

4.1.1　工程地质类比法

工程地质类比法是工程地质及相关地学领域常用的分析方法，遵循的主要原则是具有与曾经发生滑坡地区相似的地形地貌、地质及诱发因素的地区未来也有可能发生滑坡。主要从滑坡形成条件、影响因素、基本特征和危害方面对比分析不同地段地形地貌、地质构造、工程岩组、斜坡结构、水文地质条件、降雨量差异、地震影响、工程活动类型等方面的差异性，从而相对分析不同地段滑坡易发条件、主要影响因素、诱发因素、危险性、影响范围、易损性和危害性差异，根据这些差异排列相对大小—强弱顺序，为定量–半定量模型计算提供指标参数依据。

4.1.2　将今论未来方法

将今论未来方法与工程地质类比法类似，也是工程地质及相关地学领域常用的分析方法，只是前者强调空间对比分析，后者强调时间对比分析；将今论未来方法遵循的主要原则是：过去对未来有一定的指示作用，因此过去曾经发生过滑坡的地区未来也有可能发生滑坡，即基于历史和现实资料预测未来滑坡发展趋势和过程。将今论未来分析法强调动态变化因素的影响，主要包括：滑坡前期发生的概率分析，滑坡发生后，地质环境条件变化趋势，是更易发还是倾向于稳定而不易发；特别是一定时间范围内诱发因素：降雨量、地震和工程活动诱发滑坡的发展态势对比分析，为灾害发生的时空概率估算提供依据。

4.1.3　极端事件分析法

所谓极端事件分析是指：一定地区一定时期滑坡极端事件研究分析和统计分析，即区域上最大滑坡事件、最大灾情事件、最有影响的诱发事件（地震和暴雨）研究分析，特别是极端降雨引发的群发滑坡事件，进行编录分析，为定量化参数选择提供依据；通常包括：极端工程地质条件、滑坡极端规模、极端范围（距离）、极端频率、极端降雨量、极端地震、极端损失伤亡情况研究分析。具体分析过程中，包括一定区域、一个流域（和分支流域）、一段斜坡、一个特殊场区的极端灾害事件研究分析，也包含极端偶然灾变事件的研究分析，为不同层次风险评估区划参数选择提供依据。

4.1.4　统计分析法

利用数学统计的技术方法，统计分析区域上滑坡分布特征、规律及其主要的影响因素，是统计预测研究的基础；基于 GIS 平台的统计分析是滑坡风险评估和预测预警的主要途径之一。统计分析可能是一个参数变量，如位移也可能是多参数变量，主要涉及滑坡静态影响因素（地形、地貌、岩土性质和结构及地质构造等）和动态影响因素（降雨、地下和地表水、振动和工程活动等）及各种变形标志（滑坡几何形态、裂隙、位移等），统计数据应尽量反映滑坡事件的客观事实，并要求数据量越多越好。

4.1.5　成因分析法

滑坡成因分析法，强调滑坡发生发展是内外动力地质作用相互耦合作用的结果，从地形地貌、地质构造背景、工程岩组性质、斜坡结构和水文地质条件，主要诱发因素（地震、降雨和工程活动）分析滑坡形成发展的决定性因素；从斜坡表层的风化作用、剥蚀作用、地表水冲蚀作用、地下水渗流作用分析水–岩土相互作用过程和斜坡岩土体变形破坏的力学机理，分析斜坡破裂源、扩展源和启动过程的成因动力学机制；如河流冲蚀作用形成的滑坡群带，暴雨诱发的表层坡积物群发崩塌、滑坡、泥石流灾害，强震诱发的大规模滑坡群带等，在成因上的差异，也决定其基本特征、强度、现象上也有很大差异，从而使滑坡成因分析为定量化风险评估提供依据。

4.2　定量–半定量估算技术方法

滑坡风险评估需要在定性分析基础上，进行定量评价，常用的定量–半定量评价方法主要有国际上通用的公式法和各种模型模拟计算技术，不同的技术方法有不同的针对性和适用性。

4.2.1　公　式　法

利用国际上通用的滑坡风险定量评估计算公式，根据条件概率原理，分别定量地计算滑坡导致人员死亡和财产损失的风险。当滑坡风险定义为每年个体生命死亡概率时，它就可以按以下公式进行计算。

$$R(\text{DI}) = P(\text{H}) \times P(\text{S}|\text{H}) \times P(\text{T}|\text{S}) \times V(\text{L}|\text{T}) \tag{1}$$

式中，$R(\text{DI})$ 为风险概率（即每年的个体生命死亡概率）；$P(\text{H})$ 为每年滑坡事件发生的概率；$P(\text{S}|\text{H})$ 为事件发生的空间影响概率；$P(\text{T}|\text{S})$ 为对于空间影响的时间影响概率；$V(\text{L}|\text{T})$ 为个体的脆弱程度（即对于这些影响，个体生命死亡的概率）。

对于财产损失，相当的表达方式是

$$R(\text{PD}) = P(\text{H}) \times P(\text{S}|\text{H}) \times V(\text{P}|\text{S}) \times V(\text{L}|\text{T}) \times E \tag{2}$$

式中，这里的 $R(\text{PD})$ 为滑坡造成的风险（即每年财产损失的价值）；$P(\text{H})$ 为每年滑坡事件发生的概率；$P(\text{S}|\text{H})$ 为空间影响的概率；$V(\text{P}|\text{S})$ 为财产的易损性（即财产价值损失的比例）；E 为风险因素（如社会总资产）。

实际评估过程中，关键是 P 为危险性和 V 为易损性的定量化评估，危险性包括发生概率、条件诱发概率、强度和影响范围（距离 run-out）估算，一直是风险评估的关键困难问题之一；易损性的量化值在 $0 \sim 1$，用百分率表示，具体的数值需要结合定性分析确定。易损性是承灾体固有的抵抗灾害损失的能力，实际评估过程中，承灾体的分布位置和灾害强度对抗灾能力的影响很大，因此，导致易损性评估难度大。

公式法更适用于单体滑坡、单个斜坡、特定场地的滑坡风险评估，对于区域滑坡风险评估，公式法有局限性，公式右边的每个单项不是定量常数，而是一个复合函数，需要结合定性、统计、模拟计算确定。

4.2.2　经验模型计算方法

目前，滑坡风险评估与预测预报技术和模型很多，但是，大多数处于实验室阶段，只是建立在各自具体研究实例（一个或者几个）经验的基础上，而对于普遍实用的技术和模型少之又少。主要包括下列五大类：即确定性评价模型，或称"白箱"模型、统计评价模型，又称"黑箱"模型、灰色模型、人工智能模型和基于 GIS 技术的滑坡预测评估模型。滑坡风险评价过程中，可依据实际情况选择相关模型，建议使用基于 GIS 技术的滑坡风险评估模型。

4.2.3　数值模拟法

基于数值模拟技术的评估方法主要用于灾害体的变形失稳及运动学特征的定量描述，相应的对坡体地质力学建模的要求很高。为了达到逼近真实坡体的地质和力学特征的目标，通常需要投入大量的调查、勘察与测试工作量，因此该方法主要适用于单体滑坡的稳定性分析、Runout 模拟和危险性评估等，难以在区域尺度的危险性评估中取得理想的效果。

同时，由于滑体的物质本构关系和运动学研究的限制，目前利用数值模拟技术进行滑坡危险性评估时，在倾向于流动性、平移式、坠落或滚动形式的坡体失稳机制方面较为成熟，主要适用于泥石流、崩塌或失稳机制简单的滑坡，对于发生在弹塑性岩土体中的破坏和运移问题，缺乏较为成熟的本构关系和数值仿真技术。

目前，一维极限平衡分析法是最为常见的模型方法，假设滑块的下滑剪切力超过摩阻力或者滑带出现塑性变形，滑块出现滑动或滑动带贯通，斜坡处于不稳定变形状态。典型的模型包括基于 GIS 平台的柱体单元模型、扩展的 Bishop 模型等。这些模型适用于斜坡的静态易发性分析，或者考虑不同强度的地震、降雨作用诱发的滑坡危险性评估。二维与三维的斜坡运动变形模拟还可求解滑坡体的速度、位移与动量、动能等运动学参数，定量评估滑坡体的危险性、承灾体的易损性等。不同运动形式的滑坡，其边界条件与数值方程可解性也有差异。基于材料弹塑性变形、块体滑动与物质流动方程建立的完备方程组，均有相应的软件计算平台可供选择，如模拟崩塌的 Rockfall 4.0、模拟块体滑动的 UDEC 3.0、3DEC 软件以及模拟碎屑流的 DAN3D 软件等。

5　黄土城镇（场地）滑坡风险评估区划基本流程

5.1　滑坡调查与数据库建设

黄土城镇区域工程地质资料收集、滑坡和边坡调查编录和数据库建设是城镇滑坡灾害风险评估极为重要的基础性工作，主要包括。

5.1.1　城镇周边区域工程地质资料搜集分析

重点包括区域地形地貌、地震活动、活动断裂、工程岩土条件、气象水文、工程活动（灌溉、切坡等）、重大滑坡分布及极端滑坡灾害事件收集分析，重点地段与典型滑坡灾害考察分析。

5.1.2　城镇附近边坡（含斜坡下同）与滑坡调查编录

（1）城镇附近滑坡调查编录：城镇附近滑坡大比例尺（1∶10000～1∶2000）调查编录，详细调查编录每个滑坡基本参数、主要影响因素（地形、岩土、斜坡结构等）、关键诱发因子（强降雨、工程活动、地震）等。

（2）城镇附近边坡调查编录：城镇周边所有边坡调查编录（1∶10000～1∶5000），详细调查编录不同边坡的基本特征、稳定性状态、影响因素和潜在诱发因素，对比分析不同区段边坡地形地貌、岩土特征、岩性组合关系和坡体结构，进行分段编录。

5.1.3　滑坡数据库建设

空间数据库是滑坡信息系统建设和空间分析评估的主要组成部分，是一项量大而繁杂的基础性工作。

1. 资料整理编录

不同途径采集的各种资料、数据、图件及其相关的地质报告、滑坡勘察报告、科研专题报告、专著和论文，按数据库有关规范和标准等进行基础资料分类，按格式录入数据库；图形资料包括地理底图、地形图、地质图和滑坡分布图等各纸质原始资料（地形，行政，交通，水系，基础地质等）进行扫描并矢量化，这是空间数据库和空间图形库建设的基础数据源。

根据野外调查资料、监测资料和收集的资料及各灾害点历史编录数据进行分类整理，并建立相应的说明文件。在编录灾害点的属性时，需从是否有滑动变形历史、灾害体规模、诱发破坏因素等当面着重考虑。在如下情况下应把灾害当做潜在问题考虑。

（1）当存在滑坡历史时，例如：

①自然斜坡上的深层滑动，以及陡峭滑壁的卸荷裂隙分布区；

②陡峭的自然斜坡上广泛分布的浅层滑动；

③陡坡和悬崖上的崩塌；

④公路、铁路沿线及与城市发展相关的切坡、填方及挡土墙中发生的滑坡；

⑤对于现今不活动的大型滑坡，由于坡脚处正在遭受的侵蚀作用，从而导致滑体易受掏蚀的情况，或者由于人类开发导致滑坡易于复活的情况；

⑥源自先前已失稳斜坡的碎屑流动和土体滑动；

⑦任意倾角的斜坡上广泛分布的浅层蠕动型滑坡。

（2）当没有滑动历史时，在地貌形态支配下可能发生滑坡的情形，如：

①窑洞上方及卸荷裂隙发育的坡肩部位；

②坡角大于35°的自然斜坡（很可能出现快速运动的滑坡）；

③坡角介于20°～35°的自然斜坡（有可能出现快速滑坡）；

④公路或铁路沿线的高陡切坡；

⑤由于新近的森林采伐、森林火灾以及道路建设剥露的陡坡；

⑥对于现今不活动的大型滑坡，由于造林和农业活动等原因，易于使地下水位升高的情形；

⑦潜在强震区中陡峭的自然斜坡或局部突出地形；

⑧分布在有地震活动的地区，由易于液化的松散饱和土体构成的斜坡。

（3）存在结构破坏则可能发生快速滑动的结构特征时，如：

①陡坡上非斜坡物质的填方；

②大型挡土墙；

③灌溉渠道沿线的堆积黄土（黄土状土）陡坡；

④矿山开采中尾矿的超负堆积和废弃物倾倒，特别是当堆积或倾倒在山坡上时；

⑤利用逆流建设方法建设的尾矿坝。

2. 建库文档准备

由于空间数据库管理的数据种类繁多、数据量大、涉及诸多领域，在进行矢量化和数据分析之前，进行良好的建库文档准备，对以后的工作进行有效的规划和制定监督机制是十分必要的。

建库文档准备主要是指根据相关标准及实际应用需要，对建立空间数据库所需的文档进行准备并制定各种相关规则，如图层划分规则、图层内容及属性表格式、图层及属性表命名规则、滑坡"统一编号"规则、图元编号规则、TIC点编号规则、外挂属性表字段及类型等，还要制定质量控制规则及相关表格，并建立工作日志制度。这一部分工作需要综合考虑GIS软件特点、空间数据库设计、GIS原理以及滑坡分析模型。不管是图层划分还是属性字段的选定，既要全面地包含所需数据，又要简洁，符合逻辑，减少数据冗余。

3. 滑坡属性数据库建设

属性表分为两类：内部属性表和外部连接属性表。内部属性表结构前面已经说明，这里简要说明有关外部属性表的相关规则。内部属性表可以通过字段与外部属性表连接。空间数据库主要用于存储滑坡的空间信息及空间分析。滑坡灾害相关的大量的属性信息对于灾害的管理以及决策等同样具有十分重要的价值，为此，需要专门建立了滑坡灾害属性数据库（详细参考滑坡崩塌泥石流灾害详细调查规范）。

4. 空间数据管理

空间数据管理功能主要是通过数据库完成的。空间数据库除了具有一般数据库的功能以外，还能够存储、维护、更新和检索空间物体、属性数据及元数据，并以图形形式、图与表相结合形式、文图表相结合的形式及多媒体形式显示。

5.2　易发性评估

5.2.1　定性评价

滑坡灾害易发程度定性评估：主要从一定地区的地质背景条件，包括：地形地貌、地质构造、工程岩组、斜坡结构和斜坡水文地质条件5个方面，分析滑坡灾害从极易发到不易发的条件组合特征和分布范围，植被覆盖条件。

　　定性分析其空间变化及其与滑坡形成发展的关系尤为重要。在区域滑坡调查编录和数据库建设的基础上，从地形地貌方面：对比分析黄土梁峁区易发、还是黄土塬边易发，或者是中低山区丘陵与黄土过渡地区易发等；1 级河流两岸易发，还是 2 级或者 3 级冲沟易发滑坡；河流高陡岸坡易发还是中等或缓坡易发滑坡，并从高到低排列相对易发的顺序；从工程岩组方面：分析黄土、软岩、薄层软弱岩组（泥岩–页岩–煤层组合）–中厚层软硬相间岩组–厚层坚硬岩组与块状岩体之间的滑坡易发程度差异；从斜坡结构与类型方面：分析松散土坡与岩体边坡与混合边坡的滑坡易发程度差异；顺向坡–斜向坡–横反向坡的滑坡易发程度差异。总之，从 5 个方面分析列出从极易发到不易发的条件和分布大致范围（附表 3），将满足 A 类（极易发）条件 2 条以上（含 2 条）的地段或满足 A 类条件之一同时满足 B 类（易发）条件 2 条以上（含 2 条）的地段划分为极高易发区；类似地满足 B 类条件 2 条以上（含 2 条）的地段或满足 B 类条件之一同时满足 C 类条件 2 条以上（含 2 条）的地段划分为高易发区；类似地满足 C 类条件 2 条以上（含 2 条）的地段或满足 C 类条件之一同时满足 D 类条件 2 条以上（含 2 条）的地段划分为中易发区；类似地满足 D 类条件 2 条以上（含 2 条）或满足 C 类条件之一同时满足 D 类条件 2 条以上（含 2 条）的地段划分为的地段划分为低易发区，只满足 E 类条件的地段属于极低（不）易发区。

附表 3　滑坡易发程度定性分析评估简表

	极易发条件（A_i）	高易发条件（B_i）	中易发条件（C_i）	低易发条件（D_i）	不易发条件（E_i）
地形地貌	特征及分布 A1	特征及分布 B1	特征及分布 C1	特征及分布 D1	特征及分布 E1
地质构造	特征及分布 A2	B2	C2	D2	E2
工程岩组	特征及分布 A3	B3	C3	D3	E3
斜坡结构类型	特征及分布 A4	B4	C4	D4	E4
水文地质条件	特征及分布 A5	B5	C5	D5	E5

5.2.2　定量评估

　　提倡基于地理信息系统（GIS）技术进行易发性定量统计分析评价，这也是目前国际上滑坡评估区划的主要途径之一。其中，滑坡空间分布的面密度和点密度（小型灾害，一般小于 1000m³）统计计算，是评价预测滑坡易发程度的重要依据之一（附表 4）。对于具体的评估区，需要统计分析区域上的最大、平均、最小面密度和点密度。需要注意，最大面密度是评估区滑坡分布最密集斜坡带的所有灾害体面积与该斜坡带总面积之比。在具体划分确定高、中易发区的临界值，可以依据实际情况，在上下有 3% ~5% 的变化。

　　在定性和统计分析的基础上，利用数值或统计模型定量预测评价滑坡易发程度，最终获得易发程度分区图。目前，定量化应用明显比较多，建议采用基于 GIS 系统的滑坡半定量–定量预测评价模型。

附表 4　滑坡易发程度定量统计分析评价简表

	极高易发区	高易发区	中易发区	低易发区	极低易发区
滑坡面密度（概率）	>50%	20%~50%	5%~20%	0.1%~5%	0
点密度/[点数/（100km²）]	>50	20~50	5~20	1~5	0

值得注意的是，定量预测评价是相对的，不是绝对的，因为各种影响因素的定量化都可能存在误差，从而必然导致计算结果存在误差，这不是模型能解决的，因此，需要强调定性分析的重要性。

5.3　危险性评估

危险性区划制图利用滑坡易发性的成果，并指出潜在滑坡的估计频率（年概率）。危险性可以表示为具有特定体积或者类型、体积及速度（常随与滑坡源区距离的不同而变化）滑坡的发生频率；或者在某些情况下，危险性也可以表示为具有特定强度滑坡的发生频率，其中强度可以用表示动能的术语来量度。

5.3.1　定性评价

黄土城镇附近滑坡灾害危险性定性分析评估：主要在滑坡易发程度分区的基础上，分析评价由于降雨、地震及人类工程活动等因素诱发滑坡灾害的危险程度，即重点评价极端诱发条件下边坡变形和滑坡发生的时间概率及其扩展影响范围。重点进行两方面的评估：

其一：区域内强震、极端降雨和工程活动诱发滑坡的频率和强度，重大诱发事件的年发生概率，评估区域强震和强降雨诱发滑坡的危险性；特别是分析每年暴雨季节，降雨量的空间、时间发展趋势，以气象预警为基础，分析评价强暴雨诱发滑坡的危险性；利用地震危险性区划成果，开展特定概率水平的地震动条件下诱发滑坡的危险性评估。

其二：区滑坡可能发生的频率、运动的速度、强度、最大距离、平均距离、差异位移和最小位移等等，评价滑坡扩展影响范围；具体包括：

（1）分析滑坡位移：区域上已经发生或者潜在可能发生滑坡的最大位移，即每个流域、冲沟范围内滑坡的最大位移，滑坡是否可能冲入河谷、冲过河沟对岸、分析统计位移可能大于1km、大于100m的滑坡数量及分布；从地形地貌特征分析位移的限制条件：如狭窄冲沟两侧滑坡位移和影响范围有限，斜坡高度小于200m，滑坡剪出口低（在坡角）等，滑坡的位移就受到限制；如果滑坡剪出口高，斜坡高差大、河谷宽阔，滑坡位移可能较大。

从位移条件和最大位移分析，初步确定每个小流域滑坡可能的影响威胁范围，为区域滑坡危险性定量评价提供基础资料。

（2）分析崩塌、滑坡扩展影响范围：重点从滑坡后缘和两侧分析滑坡破裂发展趋势及影响范围，可以选择每个小流域有代表性滑坡分析后缘和侧向扩展变形特征，为定量化评价提供依据；

（3）分析滑坡运动速度：定性分析滑坡速度：可分为高速、快速、慢速和蠕滑四类

（附表5）；滑坡剪出口高，（从地形地貌分析）滑动（可能）脱离滑面"飞行"，速度大于5m/s，或者大于人跑的极限速度，滑动的绝对位移大于1km，称为高速（远程）滑坡（附表5）；滑体没有离开滑面的块体快速滑动称为快速滑坡，速度大致与人跑步相当；滑体位移速度为0.5~2m/(km·a)，可以称为慢速滑动；滑体位移速度为小于0.5m/(km·a)，可以称为蠕滑（附表5）。

附表5　滑坡滑动速度分类简表

分类	高速（远程）	快速	缓慢	蠕滑
特征	剪出口高、滑体（可能）脱离滑面"飞行"、速度≥5m/s，或者大于人跑速度，绝对位移距离大于1km	滑体不能离开滑面的块体快速滑动，速度相当于人跑速度	滑体位移速度为0.5~2m/(km·a)	位移速度为小于0.5m/(km·a)

（4）分析滑坡发生频率：区域上有资料记录以来，滑坡发生的年平均概率，暴雨诱发的频率，历史上滑坡发生的最大频率，比较不同小流域、不同斜坡地段滑坡发生的空间频率、程度差异（附表6）；分析滑坡发生的时空频率和强度差异及趋势，是危险性定性评估的重点。

附表6　滑坡发生频率分级简表

滑坡发生频率分级	滑坡时间频率	滑坡空间频率
高频率	≥1（次/a）	≥1（次/1km斜坡）
中等频率	1次/3~5a	1次/3~5km
低频率	1次<5~10	1次<5~10km

（5）危险性定性分析评估：在条件概率、发生频率、扩展影响范围、速度和位移定性分析的基础上，结合典型滑坡单体危险性分区评估，定性划分危险性分区（附表7），其中应注意近场特大地震作用下，不易发滑坡地区中的高山峡谷地段也可能成为高危险地域（附表7）。

附表7　滑坡危险性定性分析评价简表

	极高危险	高危险	中等危险	低危险	极低危险
极高易发区	极高易发区及影响范围、滑坡高频率	极高易发区缓慢变形及其影响范围、滑坡高频率	无	无	无
高易发区	极端暴雨或强降雨带内的高易发区及影响范围、滑坡高频率	强降雨带内的高易发区及影响范围、滑坡高频率	高易发区缓慢变形、低强度灾害及其影响范围、中频率滑坡区	无	无
中等易发区	强降雨带内的中等易发区（高强度、快速灾害）及其影响范围	较强降雨带内的中等易发区（高强度、快速灾害）及其影响范围	中等易发区及其影响范围	低强度变形灾害及其影响范围	无

续表

	极高危险	高危险	中等危险	低危险	极低危险
低易发区	强地震作用下低易发区中的高山峡谷地段	较强地震作用下低易发区中的高山峡谷地段	强降雨带内的中等易发区	低易发区及其影响范围	缓变灾害及其影响范围
不易发区	近场特大地震作用下不易发区中的高山峡谷地段	较近场特大地震作用下不易发区中的高山峡谷地段	强地震作用下不易发区中的高山峡谷地段	强震和强降雨带内的不易发区	其他地区

5.3.2　定量评估

滑坡危险性定量化评估可以在易发程度分区评估的基础上，结合危险性定性分析评价和定量化统计分析，考虑条件概率和动态发生频率（附表7），进行模拟计算评价，危险性评价更加强调动态变化过程，如每年暴雨期的危险性相比平常月份高；也可在易发程度定量化评价过程中直接叠加动态参数，即给定极端地震、暴雨和人类活动情况，定量评估滑坡危险性。依据黄土地区城镇化特点，可重点进行下列3个方面的定量化滑坡危险性评估。

（1）给定极端降雨条件下城镇边坡危险性评估分区：依据具体黄土城镇历史上极端降雨情况分析，可以分别计算日降雨50mm、100mm、200mm，个别偏南方的城镇300mm情况下，评估城镇附近所有边坡的稳定性，分段计算评估分区，形成不同降雨条件下的边坡危险性分区图，有利于城镇管理部门结合气象预警减灾防灾。日降雨量超过100mm条件下（主汛期日最大降雨量），所有冲沟泥石流危险性模拟计算评价，特别注意处于休止期的泥石流大规模复活形成舟曲式高位冲沟型泥石流灾害。

（2）给定极端地震条件下城镇边坡危险性评价分区：依据最新地震危险性区划图，设定城镇边坡未来潜在极端地震条件下，分别计算近场8级、远场8级近场7级地震作用下滑坡危险性，特别是高陡边坡的滑坡危险性评估分区；需要重视，黄土边坡相对于基岩边坡更易诱发地震滑坡。

（3）工程开挖高于10m以上的陡边坡危险性评估分区：分别计算规划开挖10m以上黄土边坡、20m以上黄土-泥岩混合边坡的滑坡危险性，特别是老滑坡前缘开挖超过10mm高的人工边坡需要前期预评估滑坡危险性；高于20mm人工边坡需要评价极端降雨条件下，新开挖边坡的危险性。

在上述评价的高危险地段需要结合滑坡勘察分析滑坡破坏模式，重点考虑4种破坏模式：

其一：强降雨诱发表层黄土群发小规模滑坡、崩塌、坡面流；

其二：强降雨或灌溉诱发塬边高位剪出高速远程滑坡（如黑方台滑坡群）；

其三：黄土梁峁区巨型缓倾角高速远程滑坡（如洒勒山滑坡）；

其四：黄土塬边深层多级旋转滑坡（如宝鸡塬边滑坡群）。

上述4种破坏模式，在不确定情况下，可以采用排除法，选择可能发生的模式进行滑坡危险性定量评估。

5.4 风险评估

5.4.1 定性分析评价

黄土城镇滑坡灾害风险定性分析评估重点分析评估滑坡发生并且可能到达受灾体的时空概率及其易损性分析，其中，城镇受灾体定性分析以人为核心，关键是人口密度，人口密度越高，易损性越大。具体风险概率大小定性分析评估分级，可以参考附表8，还需要在实践中进一步完善。

附表8　滑坡灾害风险定性分析评估简表

灾害发生可能性	对人类生命和财产产生的后果				
	灾难性的	重大的	中等的	较轻的	轻微的
极可能发生	VH	VH	H	H	M
基本确定	VH	H	H	M	M-L
可能的	H	H	M	M-L	L
可能性很小	H	M	L	L	VL
不可能	M	VL	VL	VL	VL

注：VH. 极高风险；H. 高风险；M. 中等风险；L. 低风险；VL. 极低风险。

5.4.2 定量评估

（1）依据过去人员死亡概率和财产损失概率类推估算滑坡风险概率：主要依据城镇过去一定地段人员死亡概率和财产损失概率统计分析，进行滑坡风险统计评估计算，在参考国际上的工作程序和标准的基础上，结合国内实际情况，利用前面定性分析基础，初步分析将每年人员死亡大于 1 人$/km^2$，财产损失每年大于 20 万元$/km^2$ 的地区确定为高风险区，其他等级划分可以类推（附表9）。

附表9　滑坡风险统计评估简表

	极高风险	高风险	中等风险	低风险	极低风险
死亡人数/（km^2/a）	>5	1～5	0.1～1	0.01～0.1	<0.01
损失财产/（km^2/a）	>50	20万～50万元	2万～20万元	0.2万～2万元	<0.2万元

（2）公式法计算：采用国际通用的滑坡风险定量计算公式，即滑坡风险等于滑坡危险性（P）和承灾体易损性（V）的乘积［式（3）、式（4）］。其中，对于城镇而言，承灾体易损性评估需要考虑的主要因素是承灾体特征、位置、人口密度分布。其中，人口密度是最关键因素。

①承灾体特征、类型，如城市建筑、乡镇民用建筑、水库大坝、铁路和公路、运行的火车和汽车等；

②承灾体分布位置，如在滑坡体上，还是在滑体正下方，还是偏离滑坡一定距离，在露天场地还是在交通工具或建筑物中；

③城镇人口密度分布，人口密度越大，易损性也大，风险越高；学校、火车站是关注重点。特别需要注意，城镇居民区夜间人口密度大于白天，其易损性成倍增大，风险显著增加。

具体的滑坡风险评估模型如下式所示

$$FX_i = Xz \cdot WX_i \cdot YS_i \tag{3}$$

$$YS_i = \sum_{j=m+1}^{m} R(j) \cdot X(i, j) \tag{4}$$

式中，FX_i 为评估单元的风险性指数；WX_i 为评估单元的危险性指数；YS_i 为评估单元的易损性指数；Xz 为修正系数，使风险指数的值落在一定的范围内；M 为关联因子总数；$R(j)$ 为各关联因子的权重值；$X(i, j)$ 为各关联因子概化后的数据。

滑坡灾害的风险程度可用概率或风险指数来表示。概率或风险性指数越高，未来发生滑坡灾害的风险就越大。利用危险性和易损性相乘叠加进行栅格运算得到滑坡的风险指数，然后进行归一化处理，按风险指数进行等差分级，或采用 GIS 中自然断点法进行分级，共分成五级：极高风险区、高风险区、中风险区、低风险区、极低风险区（附表10）。

在定量风险评估的基础上，将形成条件和易损性条件类似的地区进行归并，绘制出风险综合分区图。滑坡风险最多分为五级（研究工作）：极高风险区、高风险区、中等风险区、低风险区和极低风险区（附表10）。实际应用过程中一般分为三级（实践应用）：高风险区、中等风险区、低风险区。

评估过程自动形成风险分区专题评估结果图。根据风险定量评估结果图，人工勾画出滑坡风险区划图。统计各风险级别的单元数、面积和所占区域面积的百分比。统计各风险级别灾害点种类、总数及灾害点密度或面密度，进行风险现状分析，根据滑坡的潜在形成条件和当地社会经济发展规划进行预测评估。

附表10 滑坡风险评估等级划分表

项目	等级	极高	高	中	低	极低
危险性评估	危险指数	0.8 ~ 1.0	0.6 ~ 0.8	0.4 ~ 0.6	0.2 ~ 0.4	0.0 ~ 0.2
	危险性等级	极高危险	高危险	中危险	低危险	极低危险
易损性评估	易损性指数	0.8 ~ 1.0	0.6 ~ 0.8	0.4 ~ 0.6	0.2 ~ 0.4	0.0 ~ 0.2
	易损性等级	极高易损	高易损	中易损	低易损	极低易损
风险评估	风险指数	0.8 ~ 1.0	0.6 ~ 0.8	0.4 ~ 0.6	0.2 ~ 0.4	0.0 ~ 0.2
	风险等级	极高风险	高风险	中风险	低风险	极低风险

6 重大单体滑坡灾害风险评估流程概述

单体、特定人工边坡和场地滑坡等灾害风险评估的流程主要包括：滑坡基本特征、稳定性和危险性、易损性与危害性评估计算，单体评估流程与场地有些相似，只是更强调精度和定量化。

6.1 滑坡基本特征分析

滑坡及潜在滑坡基本特征、附近地形地貌条件、平面和剖面形态、斜坡结构与岩土性质、变形破坏过程和规模、滑坡曾经产生的伤亡和损失、斜坡水文地质条件，特别是动态诱发因素等，将这些因素分门别类，分析每个因子对滑坡发生危险性的影响（附表11），通过单体滑坡各种影响因子的统计分析，归纳提炼出滑坡危险性及风险评估的主要参数，为定量评估提供依据。

附表 11　控制滑坡发生要素和不同的滑坡机理相关的危险性和风险评价因子统计

因素	参数	滑坡易发性和风险性关系	因素类型		滑坡机理		
			C	T	R	S	L
地形条件	地形高程	斜坡运动由于高程不同势能不同	●		H	C	H
	坡度	坡度是滑坡的主导因素	●	●	C	C	C
	坡向	可能反映岩土体湿度、植被的差异以及相关不连续性起重要的作用	●		C	M	M
	坡长，形状，曲率，地形起伏度	坡面水文指标，运动轨迹建模的重要性	●		C	H	H
	流动方向	用于边坡水文建模，如湿度指数	●		M	C	H
地质条件	岩体类型	确定岩石的工程性质	●		C	H	C
	风化	风化作用类型（物理、化学），风化深度，各风化带和剪出口测年重要因素	●		C	H	H
	不连续面	不连续面和特征，坡度向和倾角的关系	●		C	M	H
	结构面	在关系到边坡角度、方向的地质构造	●		H	H	H
	断层	活动断裂带距离或断裂区域宽度	●		H	H	H
岩土条件	土体类型	土体的起源决定了它的性质和形态	●		L	C	H
	土体厚度	在浅地层的、深度决定潜在的活动量	●		L	C	H
	岩土工程特性	力度、凝聚力、摩擦角、堆积密度	●		L	C	H
	水文特性	孔隙体积、饱和导水率、PF曲线	●		L	H	H

续表

因素	参数	滑坡易发性和风险性关系	因素类型		滑坡机理		
			C	T	R	S	L
水文条件	地下水	潜水位、滞水面、湿润锋、孔隙水压力和土吸力时空变化	●	●	L	H	H
	土体水分	土体水分含量的时空变化	●	●	L	H	H
	水文成分	水文截流、蒸发量、降雨、坡面径流、渗流和气渗	●	●	M	H	H
	河流网密度	缓冲区；小规模的评估可为排水密度作地形指示	●		L	H	H
地貌条件	地貌环境	高山、河谷、冰川、丘陵等	●		H		H
	老滑坡	物质组成和地形特征发生变化，使这些地区更容易滑坡	●		M	H	C
	过去滑坡活动	滑坡活动历史信息确定滑坡的危害和风险很重要	●		C	C	C
土地利用人类活动	土地利用现状	土地利用、土地覆盖，植被类型和覆盖率，根深度，根内聚力，重量	●		H	H	H
	土地利用变化	土地利用、土地覆盖的时间变化	●	●	M	C	H
	交通基础设施	斜坡区道路开挖；缓冲区道路开挖	●		M	H	H
	建筑用地	建筑削坡	●	●	M	H	H
	排水和灌溉网	排水和灌溉网络的漏可能滑坡的重要原因	●	●	L	H	H
	采石和采矿	这些活动改变了边坡形状、应力重分布、爆破震动可触发滑坡	●	●	H		H
	水坝和水库	水库改变了水文条件，水库可能会失稳	●		L	H	H
天气气候	降雨量	日或连续数据，天气模式，幅度、频率关系，IDF 曲线，前期降雨阈值，降雨 PADF 曲线		●	C	C	C
	气温	在水文和植被状况的重要影响，快速温度变化，融雪、霜冻、多年冻土	●	●	H	H	H
地震	地震动加速度	常遇地震、基本设计地震、罕遇地震		●	C	C	C
	地震动场地效应	地形放大效应、土层放大效应等		●	H	H	H

注：R. 崩塌；S. 浅表层滑坡和泥石流；L. 大型蠕滑型滑坡；滑坡机理；C. 条件因子；T. 触发因素。

6.2　危险性分析评估

灾害危险性分析主要包括：发生频率（或概率）、稳定性、运动特征（Runout）和影响范围分析。

6.2.1　滑坡发生频率（或概率）

单体滑坡的危险性，也就是确定滑坡发生滑动的可能性有多大，需要分析一年内（汛期）发生的可能性大小和 5～10 年发生的可能性大小；这可以用滑坡频率（pH）进行定量化估算。滑坡频率（pH）一般可利用 3 种方式进行描述：

①滑坡在一年内的发生次数；

②在给定期限内斜坡可能发生滑动的概率；

③下滑力超过抗滑力的概率或可能性，在分析中，通过考虑超出临界孔隙水压力的年概率来决定滑坡风险发生的频率。

具体的分析和求解方法有多种，主要包括：

① 利用评估区或相似的（地质、地貌等特征）地区以往的数据资料；

② 基于边坡稳定性分级系统得出的相关经验方法；

③ 运用地貌学证据加上以往数据或根据专家的判断；

④ 将频率与诱发事件（降雨、地震等）的强度联系起来；

⑤ 参考概念模型如利用事件树法，根据专家的判断直接评估；

⑥ 模拟主要变量如孔隙水压力与诱发因素的关系，并将各种级别的剪切强度考虑在内；

⑦ 应用概率论方法，考虑边坡形态、剪切强度、破坏机制和孔隙水压力等参数的不确定性。既可用可靠性分析，也可以用破坏频率等方法。可以根据实际情况选取一种方法或多种方法的联合运用。

6.2.2　滑坡稳定性计算

（1）进行滑坡宏观稳定性调查分析，后缘扩展变形、前缘和两侧变形破坏现象分析，滑体局部破裂分析；

（2）结合滑坡勘察、试验测试分析，获得滑坡稳定性计算参数，利用静力学极限平衡原理计算下滑力超过抗滑力的概率或可能性；

（3）分析地表水和地下水对滑坡稳定性的影响和作用，分析岩土-水耦合作用机理，分析暴雨或连阴雨作用下滑坡稳定性，不同渗透率和饱和度状态下滑坡稳定性等；

（4）分析远场强震和近场中强地震对滑坡稳定性的影响；

（5）滑坡稳定性综合模拟计算，重点是 2～3 维数值模拟计算。

6.2.3　滑坡运动特征（Runout）和影响范围分析

滑坡运动路径、速度、距离和影响范围分析，重点包括：

① 滑坡规模、斜坡和滑动面产状、剪出口高度分析，特别是多层滑动面可能发生滑动的运动路径、距离和影响范围定性分析；

② 分析滑坡运动速度：定性分析滑坡速度：可分为高速、快速、慢速和蠕滑四类，不同速度滑坡影响范围不同；基于滑动带残余强度特征测试和含水量状态分析，预测评估

互滑动速度。

6.2.4　危险性评估

单体灾害危险性评估参数定量化难度较大。针对不同的灾害因其形成机制、运动速度、影响范围（滑动距离、路径等），其参数的定量化过程必须具体问题具体对待。参数的定量化过程中要选取主要影响因素，舍弃次要影响因素。依据各因素的权重值选择或者建立数学评价模型，根据危险性计算指数进行单体滑坡活动强度、危险程度评估和分区。并在评价的基础上提供滑坡的防治对策或减缓控制方案的建议。

滑坡的活动强度是表征滑坡活动过程中释放能量大小的参数，对单体滑坡强度而言，是对滑坡体的发生频率、体积与速度相乘的结果。监测识别滑坡体的运动变形历史、模拟滑坡的运动过程是强度计算的常用方法。前一种方法侧重于历史变形数据，是对其地质地貌演化序列的综合判断；后一种方法侧重于力学模型的解析，是对滑体极端运动过程的计算。

$$I（活动强度）= F（频次）\times V（体积）\times S（速度）$$

监测与识别滑坡体的运动变形过程主要通过高时空分辨率影像、永久散体干涉雷达（InSAR）与高精度数字高程模型（DEM）数据分析实现。位移量的大小是活动强弱、变形快慢的直观反映。在短时间内，十年或者二三十年内，可利用雷达所获得的斜坡体毫米级的变形位移进行积分、扩展分析，估算滑坡地面变形的单位时间内的变形量，确定滑体的活动状态。在更长的时间尺度内，斜坡的体的位移的变化等同于微地貌的改变，可利用多期遥感影像，配合地理信息进行综合判断，按照活动强度的概念，逐步确定滑坡体积、频率及强度，具体分为3个步骤（附图3）。

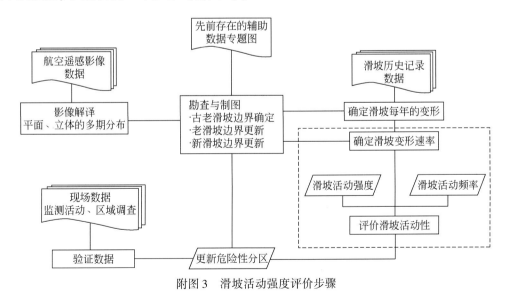

附图3　滑坡活动强度评价步骤

（1）确定滑坡的体积，在多期遥感影像、DEM模型基础上，搜集强降雨、地震等诱发滑坡事件，建立滑坡数据库。按照形成的时序进行分时段整理，制作多期滑坡活动分布图，该图需综合反映出古滑坡、老滑坡边界及后期改造过程。对编录的滑坡进行运动特征、活动级别、滑面深度及速度的分析，按滑体边界确定地貌计算单元及其破坏形式。例如，可将旋转型滑坡、滑坡流滑及复活型滑坡划为慢速破坏，液化式流动分为快速运动类型，岩石崩塌及坠曲为高速运动类型。或者，按照滑面深度将滑坡分为深层滑坡、浅层滑坡；

（2）确定各地貌单元内滑坡的活动频率，以一个地区 60 年来滑坡活动情况为例，一个地方滑坡通过资料记录被识别出来在 1954～1955 年，同时另外一个滑坡被识别出来在 1977 年的遥感图片上，这二者具有相同活动频率；

（3）确定各计算单元的强度，是滑坡体积与活动频率的叠加。综合分析各计算单元滑坡破坏类型、体积及滑动面可能的深度，半定量叠加滑坡破坏形式与活动频率。通常认为，一个给定体积的滑坡，快速的岩崩具有较高的活动强度，而快速活动的泥流具有中等的强度，慢速滑动的滑坡具有最低的活动强度，频率与滑坡的活动期次是统计分析的结果。

模拟滑坡的运动过程是获得运动速度、滑动位移及堆积形式的有效手段。理论上，滑坡体的变形属于地质力学过程。在对滑坡形成机制准确理解的基础上，经概化的地质模型若遵守动能定理、能量守恒定律等物理规律，即可获得相应的速度、加速度等参数。这种计算分析属于极端情况解析，所获取的参数是评估灾害的危险性的基础。

6.3　易损性分析评估

滑坡危害分析包括识别承灾体的种类以及对其包括财产和人口在内的定量化；估算承灾体受到滑坡威胁的时空概率（PL）和（PS）；根据财产损失率（VP：T）和生命死亡率（VD：T），估算承灾体的易损性。

1）承灾体识别

包括区域内受到滑坡灾害影响的人、建筑物、工程设施、基础设施、运输工具、土地及经济活动等，也就是在滑坡上或滑坡体运动时经过地区内的所有物体，还包括紧邻滑坡或滑坡上部受到滑动影响的物体；历史上滑坡影响范围和财产损失分析。

2）滑坡危及承灾体的空间概率（PL）

滑坡体达到承灾体的概率取决于滑坡体与承灾体各自的位置以及滑坡体可能的运动路径。它是一个在 0 和 1 之间的条件概率。

确定 PL 是比较复杂的，如对位于滑坡体下方和滑坡体滑移路径上的建筑或人员来说，PL 的估算综合考虑滑坡体运移距离、滑坡物源区的位置和承灾体的情况；对于交通工具及其中的人员，或是行走在滑坡下方滑坡路径上的人而言，PL 的估算要综合考虑滑坡体的滑移距离、交通工具或者人员的行走路径。根据时间概率（PS）来考虑交通工具或人员是否在滑坡发生时的路线上。但对于坐落在滑坡体上的建筑来说，一般可直接确定 PL =1。

3）滑坡危及承灾体的时间概率（PS）

时间概率是指灾害发生时，承灾体在灾害影响区内的概率。它是一个条件概率，其值介于 0～1。

确定 PS 一般可以根据不同情况确定，例如：①位于滑坡体上或在滑动路径上的建筑物，其时间概率 PS=1；②对于单个滑坡体影响范围内的交通工具，时空概率就是其一年来在滑坡体上通行的时间；③对于所有的交通工具，其时空概率是单个交通工具一年内在滑坡体上通行的时间总和；④对于建筑物中的人员来说，其时间概率就是一年内这些人员呆在建筑物中的时间，对每一个人来说，概率可能不同，需要分时段分析估算。

　　4）承灾体的易损性（VP∶T 或 VD∶T）

　　承灾体易损性就是在滑坡灾害影响范围地区，一个对象或是多个对象受破坏或损害的程度。它是一个条件概率，条件是滑坡发生，且承灾体在滑坡体上或在滑坡路线上。对财产的损失程度可以用 0（没有损失或破坏）到 1（完全损失或破坏）范围值来表示；对在滑坡或滑移路线上的人员的死亡概率可以用 0（无死亡）到 1（完全死亡）范围值来表示。

　　最能影响财产易损性的因素有：①与承灾体有关的滑坡体积；②承灾体所处的位置，如在滑坡体上，还是滑坡体正下方；③滑坡位移量的大小，以及在滑坡体内的相对位移。

　　最能影响人员易损性的因素有：①滑坡滑动速度。快速滑坡比慢速滑坡更容易造成人员死亡；②滑坡体积。大的滑坡比小的滑坡更容易把人们掩埋或挤压；③人员在露天或是交通工具、建筑物内（人员的保护程度）；④如果有建筑物，建筑物在滑坡影响下是否会坍塌、坍塌的类型。

6.4　风险评估

　　单体滑坡风险分析评估，在定性分析基础上，利用国际上通用公式［式（1）、式（2）］进行定量评估计算。主要分析计算汛期降雨量滑坡风险、极端降雨量滑坡风险、强震和人工切坡作用下滑坡风险（附表 12）。

附表 12　数据输入和对不同的滑坡机理相关的定量化风险性评价统计

主要来源	数据组	例子	M	尺度				关联性		
				N	R	L	S	R	S	L
试验分析	土体性质	粒径的分布、饱和的和不饱和的剪切强度、土体持水曲线、饱和导水率、黏土矿物成分、灵敏度、黏度、密度	Ps	×	×	○	●	L	C	H
	岩体性质	无侧限抗压强度、抗剪强度、矿物成分	Ps	×	×	○	●	C	L	C
	根系支撑	根系的抗拉强度、根拉力、蒸发量	Ps	×	×	○	●	L	H	M
	测年数据	放射性^{14}C、花粉分析	Pf	○	○	○	●	L	L	H

续表

主要来源	数据组	例子	M	尺度				关联性		
				N	R	L	S	R	S	L
野外测量	滑坡测年	树木年轮、地衣测量法、纹泥、火山灰测年、考古文物	Pf	○	○	○	●	M	M	H
	埋深	钻孔、沟道、坑、地层露头	Ps	×	×	○	●	L	C	M
	地球物理	地震折射、微震监测、电阻率、电磁法、电磁法、探地雷达、钻孔地球物理方法	Ps	×	×	○	●	L	M	H
	土体特征	标准贯入试验、现场十字板试验	Ps	×	×	○	●	L	C	M
	岩体特征	岩性、不连续性（类型、间距、方向、孔径、充填物）、岩体质量评价	Ps	×	×	○	●	C	L	H
	水文特征	入渗量、水位波动、土壤吸力、孔隙水压力	Ps	×	×	○	●	H	C	C
	植被特征	根深、根密度、植被物种、作物系数、冠层存储、冠层透雨率	Ps	×	×	○	●	M	H	L
监测网络	滑坡位移	电子测距仪、经纬仪、全球定位系统、地面激光扫描仪、陆基干涉测量等	Pf	×	×	○	●	H	H	H
	地下水	水压计、液体表面张力计、排放监测站	P	×	×	○	●	H	C	C
	气象数据	温度、湿度、风速	Pn	●	●	●	●	H	H	H
	地震数据	地震台站、强震台站、微震的研究	Pn	●	●	●	●	H	H	H
野外填图	滑坡	类型、（相对）年龄、运动速度、活动状态、运动特征、传送、跳动区、面积、深度、体积、原因、发展情况	Af	○	●	●	●	C	C	C
	地形地貌	地貌特征、过程和表层土体性质	Ac	○	○	●	●	L	H	H
	土体	性质、土体分类、制图边界、转换工程土体	Ac	○	○	●	●	L	C	H
	岩体	岩性制图、风化带、边界制图、构造、部件、转换成工程岩体类型	Ac	○	○	●	●	C	H	H
	地质构造	层理走向和倾角测量、不连续性、地层结构、断层制图、构造重建	Ac	○	○	●	●	H	L	H
	植被	植被类型、密度、叶面积指数	Ac	○	○	●	●	L	H	M
	土地利用	土地利用类型、每个土地利用植被特征	Ac	○	○	●	●	H	H	H
	风险元素	建筑类型、结构体系、建筑高度、地基系统、道路类型、管线类型	AfL	○	○	●	●	H	H	H

续表

主要来源	数据组	例子	M	尺度				关联性		
				N	R	L	S	R	S	L
以往文件的研究和辅助数据	滑坡事件	地点历史信息、发生的日期、触发机制、规模、体积、滑距	AfPf	○	○	●	●	H	H	C
	灾害数据	经济损失和位置、人口特征的影响	Pf	○	○	○	○	H	H	H
	气象数据	降水（连续或每天）、温度、风速、湿度	Pn	●	●	●	●	H	H	H
	土地利用	历史不同时期土地利用、土地覆盖图	Ac	●	●	●	●	M	H	H
	风险要素	建筑物、交通基础设施、经济活动和人口特征历史图	AfL	●	●	●	●	H	H	H
	数字高程	现有目录的等高线地形图、数字高程模型	Ac	●	●	●	●	H	H	H
	专题图	地质、地貌、水系和其他现有的专题图	Ac	●	●	●	●	H	H	H
遥感分析	航拍照片和高分辨卫星图	制图和滑坡的位置特征，地形地貌，断层地貌，土地利用、土地覆盖，风险制图要素的图像判读	Af Ac	○	●	●	●	C	C	C
	多光谱影像	滑坡制图的图像分类方法，土地利用、土地覆盖，归一化植被指数，叶面积指数	Af Ac	●	●	●	●	M	H	M
	数字高程数据	机载激光雷达、卫星立体摄影测量、立体摄影测量、干涉合成孔径雷达	Ac	●	●	●	●	C	C	C

注：R. 崩塌；S. 浅表层滑坡和泥石流；L. 大型蠕滑型滑坡；滑坡机理：C. 条件因子；T. 触发因素；关联性 C（关键）；H. 非常重要；M. 比较重要的；L. 不重要。从不同比例尺收集潜在信息还表现为：●可能○困难×不可能。比例尺为 N. 全国范围；R. 区域；L. 当地规模；S. 特定地点的规模。M 表示用于空间数据采集方法；Pf. 点数据链接到特定的特征（如滑坡）；Ps. 样本点空间单元特征（如土体类型，植被类型）；Pn. 点的网络，需要插值；Af. 基于区域的数据特征（如滑坡的多边形，建筑物）；Ac. 完整的区域覆盖；L. 线数据。

1）汛期降雨诱发滑坡风险分析评估

研究分析滑坡近年来汛期变形特征、变形位置、受灾范围、影响范围及发展趋势，特别是局部变形及其灾情分析评估，模拟计算汛期滑坡的稳定性和运动过程，对于每年汛期有变形的滑坡需要分析监测资料进行危险性分析评估和损失评估，分析评价不同威胁地段每年汛期生命财产风险大小，提出风险减缓、避让、控制措施建议。

2）极端降雨量诱发滑坡分析评价

研究分析滑坡区历史上有记录的极端降雨量情况下滑坡的变形情况，考虑一天降雨量在 100mm、200mm、300mm 情况下，滑坡可能发生的变形和发展趋势及其周围的影响和危害，模拟计算滑坡在极端降雨状态下的稳定性和运动过程，重点是极端降雨情况下、连续降雨情况下，未来 3～5 年内滑坡稳定性、危险性和危害性分析评价，分析评价滑坡整体快速滑动风险大小，提出风险减缓、避让、控制措施建议。

3）强震诱发滑坡风险分析评估

研究分析区域历史上有记录的地震事件和主要活动断裂特征，依据地震基本烈度和场地地震烈度分析近场地震（7级）和远场（8级）强震对滑坡稳定性、危险性和危害性的影响，模拟计算滑坡地震作用下的稳定性和运动过程，分析未来3~5年滑坡局部变形和整体滑动，特别需要关注发震断裂沿线或极震区发生高速远程滑动的危险性、危害性和风险大小，提出风险减缓、避让、控制措施建议。

4）人工切坡诱发滑坡风险分析评估

对于人工边坡和有人工切坡影响的滑坡风险评估，需要进行边坡基本特征、结构特征和稳定性分析计算，分析研究边坡潜在软弱结构面的性质，结合岩土体性质测试进行数值模拟计算分析边坡稳定性和危险性，分析边坡变形破坏方式、规模和成灾模式，确定边坡变形破坏范围和影响范围，分析每年汛期降雨作用下边坡破坏的危害性和风险大小，特别是老滑坡前缘人工开挖切坡，需要在开挖前进行切坡情况下滑坡危险性和施工风险评估，提出有针对性的风险减缓、避让、控制措施建议。

7　风险评估的可靠性分析

7.1　潜在的误差来源

7.1.1　描　　述

在不同层次评估分区过程中，有许多潜在的误差来源，其中包括：

（1）滑坡编录的局限性，通过风险评估模型间接传递并累积到区划结果中。

（2）地质环境演化导致稳定性变化的局限性，如评估区的树木被采伐后，触发因素（如降雨）与滑坡发生频率的关系可能也随之改变。

（3）由于现有技术水平限制，导致地形、地质、地貌、降雨、地震及其他输入空间数据的局限。

（4）模型和技术方法的不确定性，即在根据编录、地形、地质、地貌及触发事件如降雨，预测滑坡易发性、危险性及风险性时所采用方法的局限性。

（5）具体执行人员技能的局限性。

必须认识到风险分区不是一门精确的科学，相应的分区成果仅仅是基于现有数据对斜坡行为的预测。随着空间数据精度和评估比例尺不断放大，更加利于风险区划结果的误差控制。

7.1.2　滑坡编录

最大的误差来源是滑坡编录的局限性，特别是小比例尺航片解译误差尤甚。这些误差主要源于航片解译中的主观性和评估区植被的影响。滑坡解译应用与野外校核相结合，针对公路、铁路及城市建设中的切坡、填方及挡土墙滑坡进行的编录通常并不完善。

7.1.3 地 形 图

对于中—大比例尺的滑坡风险评估而言，高质量的地形图是非常重要的数据输入，具有适当精度的地形图有助于滑坡分区边界的模拟和绘制。对于大比例尺分区，要求 2m 或最多 5m 间隔的等值线；尽管如此，分区边界也应当进行地面检查，因为边界的误差对于土地拥有者而言意义重大。

7.1.4 模型的不确定性

分区中存在模型的不确定性问题是实际情况，其中没有哪种方法是特别精确的。一般情况下，对于基于输入数据统计分析的危险性和风险性评估，通过使用中等水平的输入数据即可获得最佳的精度。

基于斜坡安全系数等计算的确定性评估方法，尽管物理力学模型较为严格，并且在表面上能够产生更好的精度。实际上，输入数据认识的局限（如抗剪强度和孔隙压力）很大程度上造成运算参数的不确定性，从而导致高级的方法难以获得比其他模拟方法更好的精度。

7.2 制图的有效性

7.2.1 同 行 监 督

对于土地利用规划中的大多数分区研究，应当指定一名同行作为监督者，以针对易发性、危险性及风险性分区提出独立的评价。监督者在技能和经验方面，都应当具备高水平。另外，在研究开展之初，或许在开始制图之后（视项目的规模而定）以及在分区即将完成之时，监督者应当置身项目组中间监督研究者们的工作进展。这个过程是一种质量控制的基本形式，如果监督者具有十分丰富的经验，则可以确保分区工作的有效性。

7.2.2 误差分析与鉴定

对于更重要的高水平的制图项目，在研究内部可能会对成果的有效性进行鉴定。滑坡编录被相应的随机分为两组：一组进行分析，另一组负责鉴定。分析工作在评估区的某部分进行，并在区内其他部分利用不同的滑坡进行检验。高级制图项目还可以实施一种替换方案，即根据某一特定时期发生的滑坡进行分析，同时利用发生在不同时期的滑坡对其进行检验。鉴定工作也可以在制图完成和土地利用规划方案出台一段时间之后，通过上述方法执行；不过这仅适用于滑坡发生频率较高的情形，因为收集动态数据往往需要一定时间。

7.3 气候变化的潜在影响

当今对于气候变化及其降雨和降雪影响的认识正处在发展阶段；有些情形是可以预料

的，如高强度降雨的减少会相应降低陡峭山坡上浅层滑坡的发生频率；然而，预测气候变化造成的影响和降雨诱发滑坡的发生频率的科学当前仍然不够先进，以致在进行分区研究时无法将气候变化纳入考虑。

8　风险评判与风险控制建议

鉴于我国尚未出台滑坡灾害风险管理的法规和规定，因此，专业技术方面评价的滑坡风险高低和风险区划，需要向有关城市管理部门提供滑坡灾害风险评判标准和风险控制建议。

8.1　城镇滑坡灾害风险评判标准

社会容许风险标准本身没有绝对的界线，风险标准只是社会普遍评价观点的一个数学表达，随着社会经济的发展进步和人类生活条件的改善，社会容许风险标准会不断提高，目前，国际上一些有影响的研究机构，提出的比较公认一般容许滑坡风险界线，可以参考作为城镇滑坡风险评判标准。

（1）国际上及香港地区一般使用人员死亡概率 $\leqslant 10\sim4$ 作为滑坡灾害可接受风险标准，场地和单体灾害风险评价可以参考使用这个标准；

（2）依据近 10 年全国正常年度滑坡死亡人员数量为 1000 左右，是公众认为可接受的总体风险标准，按 13 人计算，则中国大陆滑坡造成人员死亡概率 $\leqslant 10\sim6$ 为可接受总体风险，比国际上还高；因此，城市可以把人员死亡概率 $\leqslant 10\sim4$ 至 $\leqslant 10\sim6$ 作为可接受风险标准，或者用近 10 年死亡人数平均数量作为可接受标准；

（3）城镇潜在的财产损失可接受风险总体标准为近 10 年财产损失平均数量（排除极端条件情况）。

8.2　风险控制建议

（1）城镇滑坡风险评价区划高风险区及不可接受风险地段居民小区和居民，依据目前经济发展水平和社会城镇化发展需要，建议优先考虑搬迁避让到低风险区集中建立新片小区，改善发展环境。

（2）滑坡灾害高风险区及不可接受风险地区土地利用规划建议作为种树造林土地利用。

（3）城镇范围内国家重大工程规划建设、铁路、公路应该避开滑坡灾害高风险区，不可避免者需要采取降低风险和控制风险措施，包括监测预警和必要的工程治理措施。

（4）在有条件的城镇，可以实施滑坡灾害风险保险制度，依据风险高低参加滑坡灾害保险示范运作。